U0338851

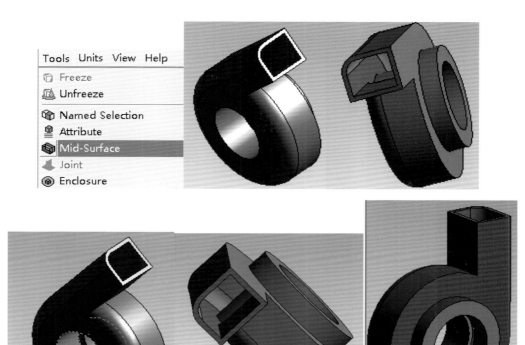

图 2.72　选择面对

(a) 等效应力

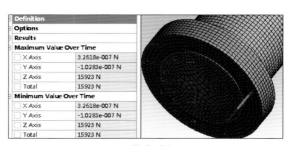

(b) 约束反力

图 4.30　结果后处理

Maximum Value Over Time	
☐ Z Axis	-91121 N·mm
☐ Total	91121 N·mm
Minimum Value Over Time	
☐ Z Axis	-91121 N·mm
☐	91121 N·mm

(a) 变形   (b) 受力

图 4.39 查看结果

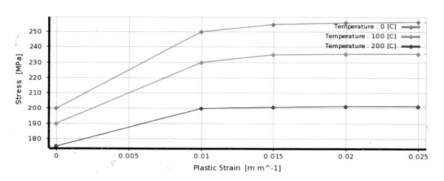

图 4.44 不同温度下的多线性应力-应变曲线

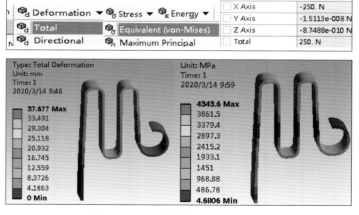

Maximum Value Over Time	
☐ X Axis	-250. N
☐ Y Axis	-1.5113e-008 N
☐ Z Axis	-8.7488e-010 N
☐ Total	250. N

图 4.48 不开启大变形选项的结果

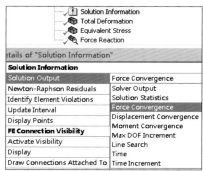
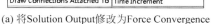

(a) 将Solution Output修改为Force Convergence

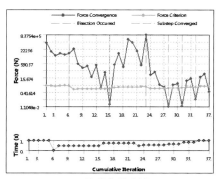

(b) 迭代收敛曲线

图 4.52　解输出设置和迭代收敛曲线

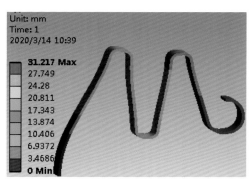

(a) Total Deformation总变形

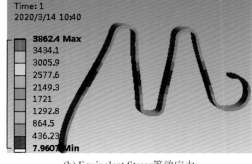

(b) Equivalent Stress等效应力

图 4.53　开启大变形选项的结果

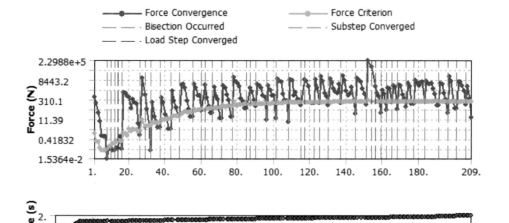

图 4.63　收敛曲线

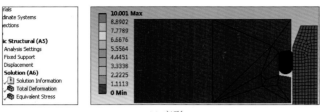 

(a) 变形   (b) 等效应力

图 4.64　后处理

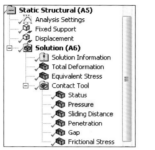 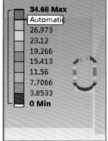

图 4.66　接触工具

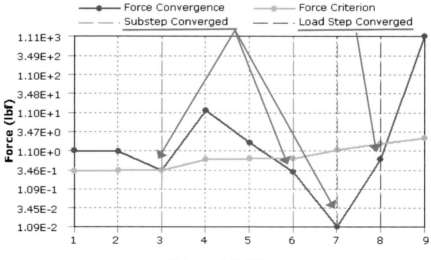

图 4.67　收敛曲线

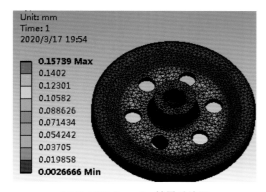
(a) Total Deformation结果后处理

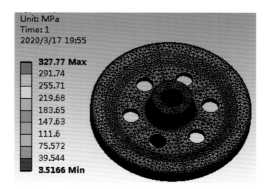
(b) Equivalent Stress结果后处理

图 4.73　结果后处理

	Time [s]	✓ Bolt Prete...	✓ Bolt Pretension
1	0.2	7.626e-004	0.
2	0.4	1.5252e-003	0.
3	0.7	2.669e-003	0.
4	1.	3.8133e-003	0.
5	1.2	3.8133e-003	1500.
6	1.4	3.8133e-003	1500.
7	1.7	3.8133e-003	1500.
8	2.	3.8133e-003	1500.
9	2.2	3.8133e-003	1336.4
10	2.4	3.8133e-003	1173.1
11	2.7	3.8133e-003	929.56
12	3.	3.8133e-003	1046.

(a) 表格形式显示

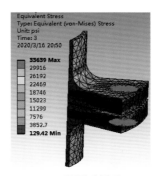
(b) 云图形式显示

图 4.96　结果后处理

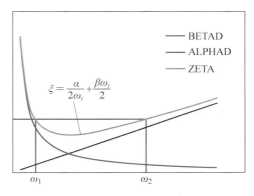

$$\xi = \frac{\alpha}{2\omega_i} + \frac{\beta\omega_i}{2}$$

图 5.18　系统的阻尼

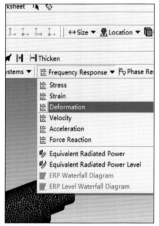
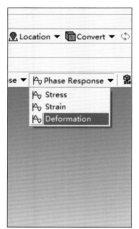
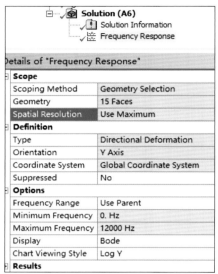

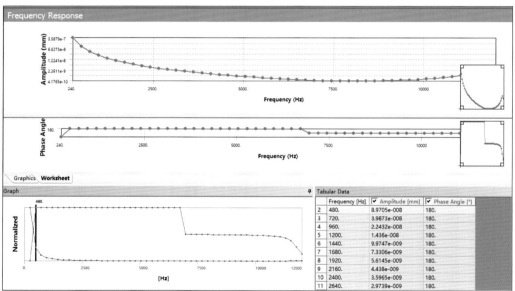

图 5.27 结果后处理

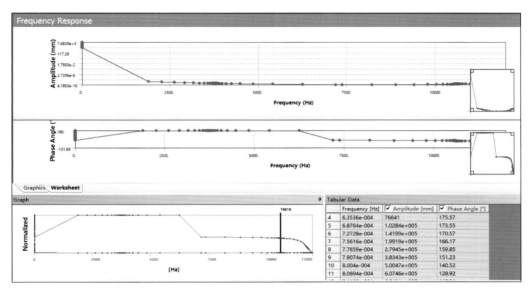

图 5.29 加密的频响曲线

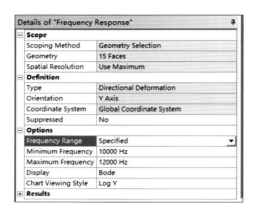

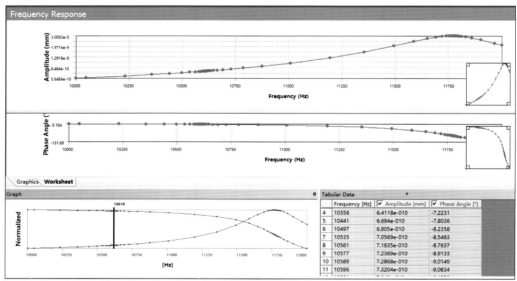

图 5.30　查看指定频率范围的频响曲线

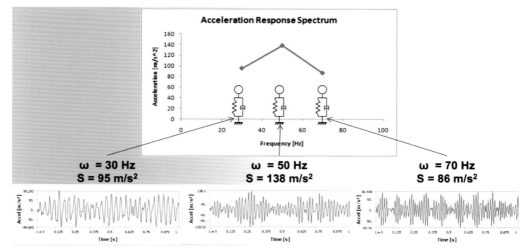

(a) 响应谱生成原理

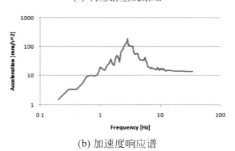

(b) 加速度响应谱

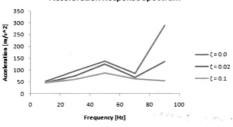

(c) 不同阻尼比的加速度响应谱

图 5.34　单自由度质量-弹簧-阻尼系统的输出影响折线图

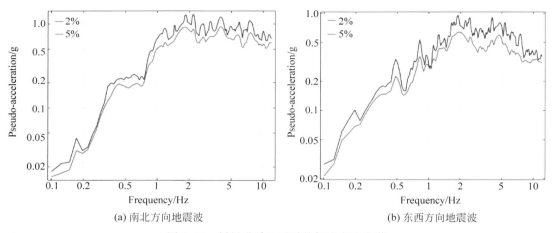

(a) 南北方向地震波   (b) 东西方向地震波

图 5.39　桥梁遭受地震时的加速度响应谱

图 5.46　变形结果云图

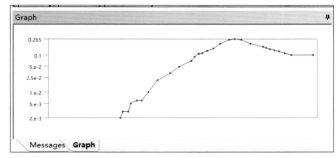

	Scope	
	Boundary Condition	All Supports
	Definition	
	Load Data	Tabular Data
	Scale Factor	1.
	Direction	Y Axis
	Missing Mass Effect	No
	Rigid Response Effect	No
	Suppressed	No

Graph

	Frequency [Hz]	☑ Acceleration [(m/s²)]
1	0.1	2.e-003
2	0.11	3.e-003
3	0.13	3.e-003
4	0.14	5.e-003
5	0.17	6.e-003
6	0.2	6.e-003
7	0.25	1.e-002
8	0.33	2.1e-002
9	0.5	3.2e-002
10	0.67	4.7e-002

(a) 加速度响应谱表格数据处理

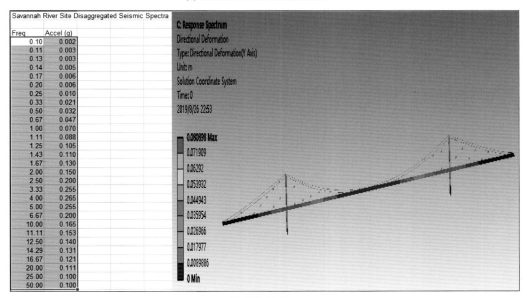

(b) 变形云图

图 5.49　参数设置和变形结果显示

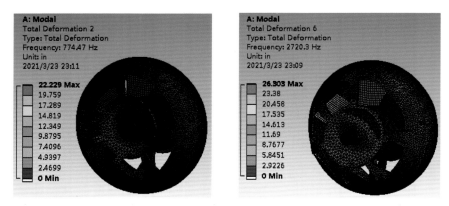

图 5.59　第 2 阶和第 6 阶模态振型

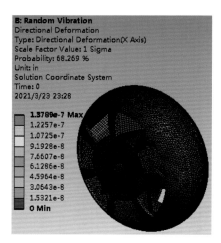

图 5.61　设置结果选项

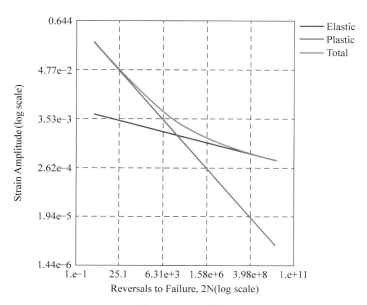

图 6.4　E-N 曲线

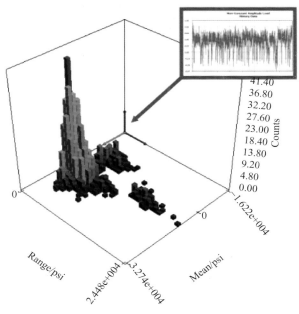

图 6.6　雨流矩阵图

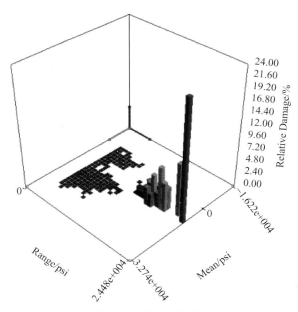

图 6.7　疲劳损伤累积

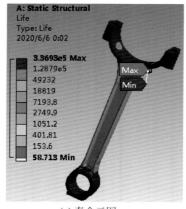

(a) 寿命云图

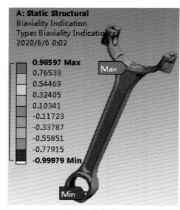

(b) 双向指数

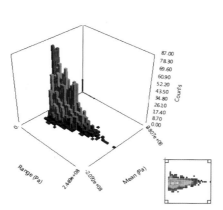

(c) 柱状图

(d) 安全因子

图 6.20　结果后处理 1

(a) 拉伸疲劳寿命

(b) 压缩疲劳寿命

图 6.36　拉伸、压缩状态下的疲劳寿命

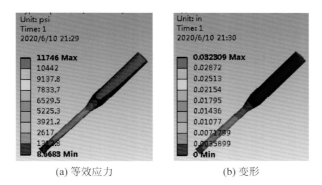

(a) 等效应力   (b) 变形

图 6.45 结果后处理

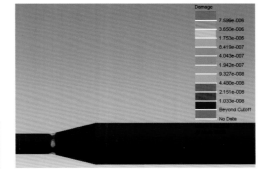

图 6.65 显示选项设置及云图显示

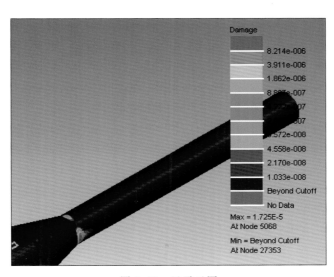

图 6.67 显示云图

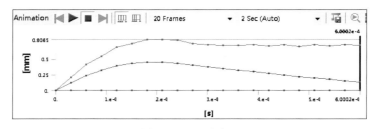

图 6.92　显示动画

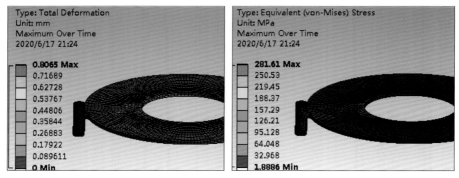

图 6.93　变形和等效应力

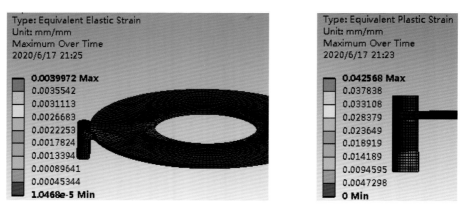

图 6.94　等效弹性和塑性应变

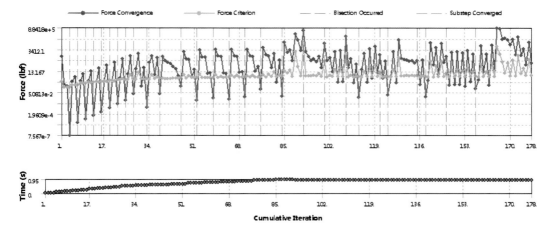

图 7.20　力收敛曲线

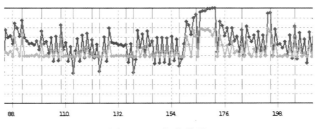

图 7.23　收敛曲线

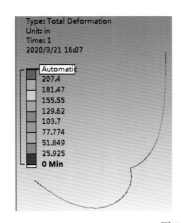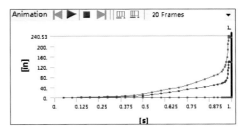

图 7.24　变形及动画

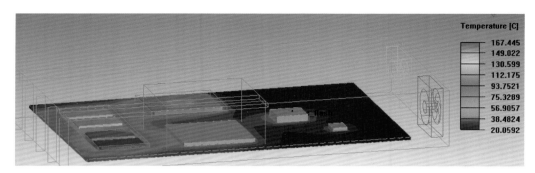

图 8.92　显示云图

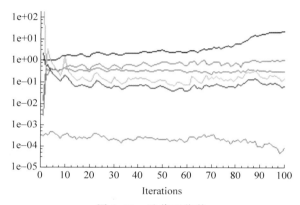

图 9.21　迭代不收敛

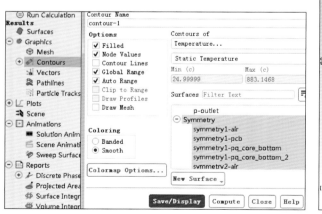
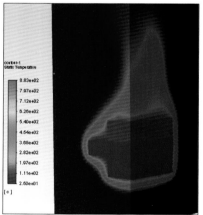

图 9.101　显示温度云图

Scope	
Scoping Method	Geometry Selection
Contact	3 Faces
Target	5 Faces
Contact Bodies	core
Target Bodies	air
Protected	No
Advanced	
Small Sliding	Program Controlled

图 9.109　检查接触对

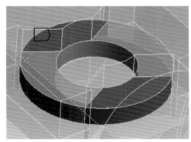 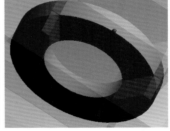

图 9.111　重新匹配接触对

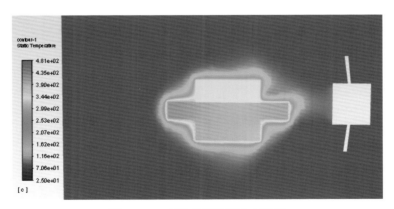

图 9.121　查看截面温度分布云图

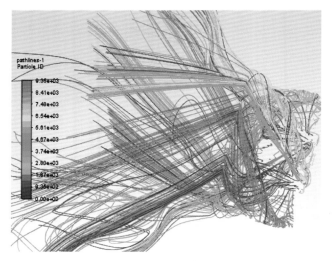

图 9.123　迹线图

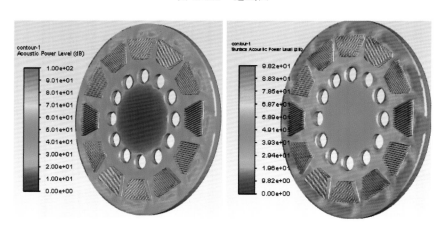

图 9.133　查看声功率级及表面声功率级

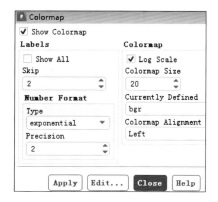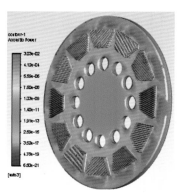

图 9.134　查看声功率

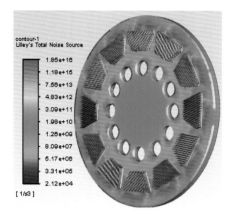

图 9.135　查看 Lilley 总噪声源

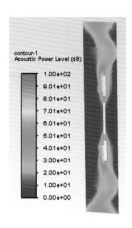

图 9.136　查看截面声功率级

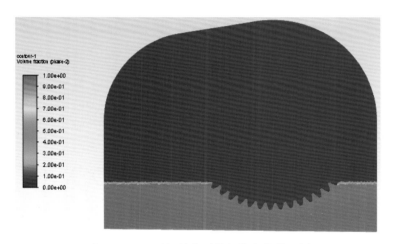

图 9.172　显示初始化后的相体积分数云图

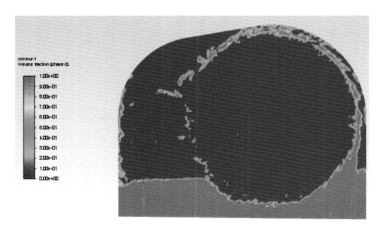

图 9.177　计算过程中的云图动画

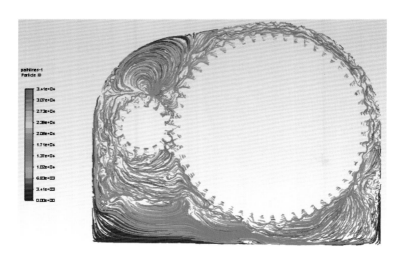

图 9.179　显示迹线

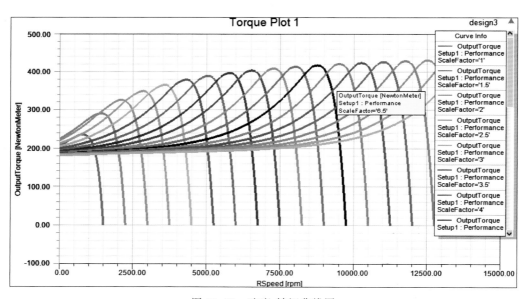

图 10.62　速度-转矩曲线图

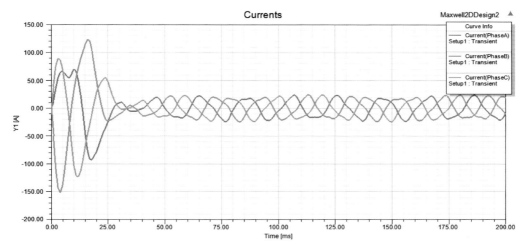

图 10.69　电流曲线图

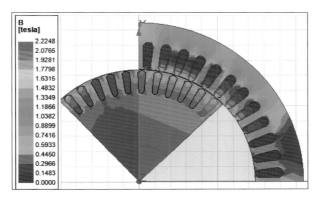

图 10.79　显示磁通密度云图

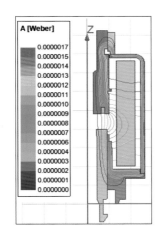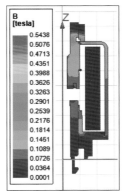

图 10.119　查看云图

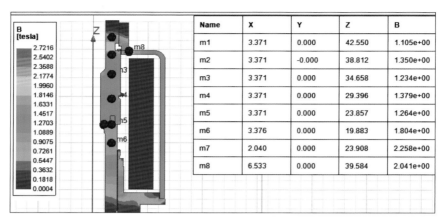

Name	X	Y	Z	B
m1	3.371	0.000	42.550	1.105e+00
m2	3.371	-0.000	38.812	1.350e+00
m3	3.371	0.000	34.658	1.234e+00
m4	3.371	0.000	29.396	1.379e+00
m5	3.371	0.000	23.857	1.264e+00
m6	3.376	0.000	19.883	1.804e+00
m7	2.040	0.000	23.908	2.258e+00
m8	6.533	0.000	39.584	2.041e+00

图 10.138　显示各点的 B 值

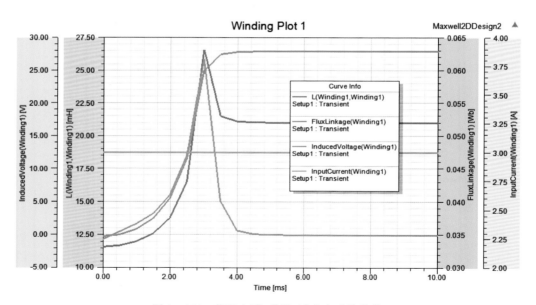

图 10.171　绕组电感、磁链、感应电动势曲线

图 10.204　查看发热功率云图

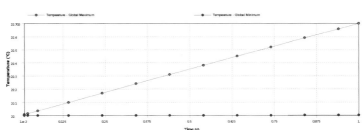

图 10.206　结果后处理

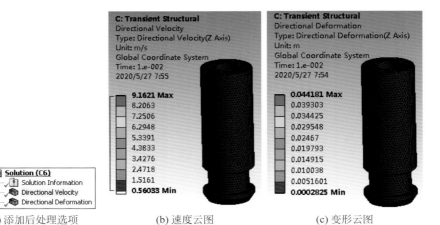

(a) 添加后处理选项　　　　　　(b) 速度云图　　　　　　(c) 变形云图

图 10.221　添加结果后处理

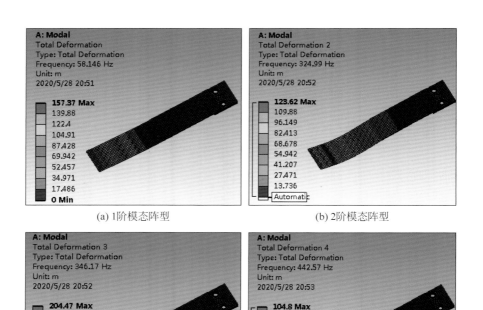

(a) 1阶模态阵型

(b) 2阶模态阵型

(c) 3阶模态阵型

(d) 4阶模态阵型

图 11.19　模态振型

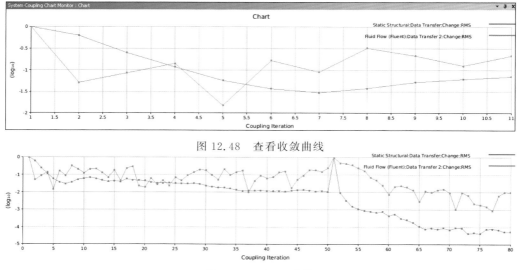

图 12.48　查看收敛曲线

图 12.52　RMS 曲线

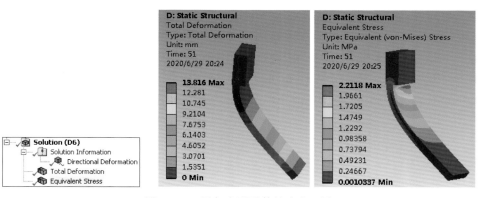

图 12.54　添加变形及等效应力云图

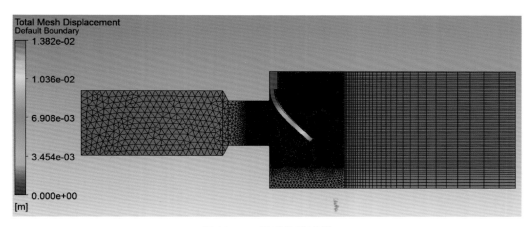

图 12.59　显示位移云图

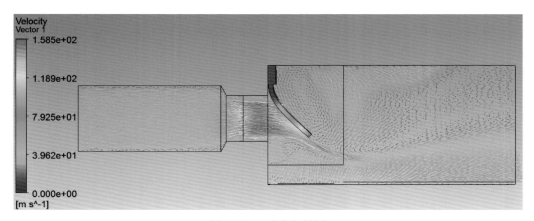

图 12.61　速度矢量图

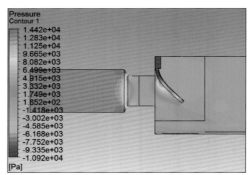

图 12.62　显示压力云图

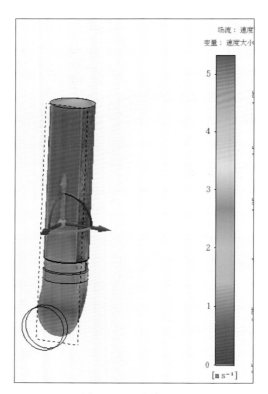

图 12.87　速度云图

计算机技术开发与应用丛书

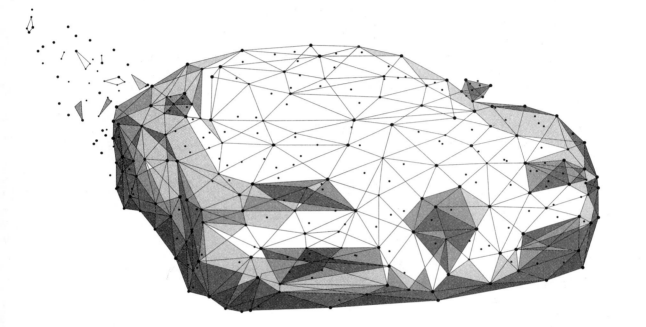

ANSYS 19.0
实例详解

李大勇　周　宝 ◎ 编著

清華大學出版社

北京

内 容 简 介

本书作者总结多年教学和工程经验,从使学习者快速入门并能够解决实际问题的角度出发,通过大量典型实例系统地介绍了 ANSYS 软件的使用方法及其在机电工程领域的实际应用。本书以 ANSYS 软件的使用方法为中心,其他内容围绕该中心展开,其目的是让读者从实际应用出发,循序渐进地掌握该软件的精髓,并能够有效地解决实际工作和科研中遇到的问题。

全书共 12 章,第 1 章介绍产品设计流程及 ANSYS 软件;第 2 章讲解 ANSYS 几何建模及模型修复和简化;第 3 章介绍网格划分基础、网格质量评定标准及改善网格质量的措施;第 4 章介绍结构静力学分析及结构仿真模块通用工具和结果后处理工具;第 5 章介绍结构动力学仿真;第 6 章介绍振动及疲劳耐久分析;第 7 章介绍屈曲分析;第 8 章介绍热分析及热相关耦合仿真;第 9 章介绍流体仿真分析;第 10 章介绍电磁场仿真基础,并通过具体实例演示了磁热及磁结构场仿真基本流程;第 11 章概述 ACT 插件;第 12 章介绍多物理场耦合。

本书 ANSYS 软件应用案例丰富,每个案例都提供了详细的操作流程及参数设置方法,为方便读者学习,配套全部案例源文件和讲解视频。

本书可作为高等院校机电、力学类相关专业本科生和研究生的教科书,也可作为工程技术人员和培训机构学习 ANSYS 软件的参考书。

图书在版编目(CIP)数据

ANSYS 19.0实例详解/李大勇,周宝编著.—北京:清华大学出版社,2022.1
(计算机技术开发与应用丛书)
ISBN 978-7-302-59253-2

Ⅰ.①A… Ⅱ.①李… ②周… Ⅲ.①有限元分析—应用软件 Ⅳ.①O241.82-39

中国版本图书馆 CIP 数据核字(2021)第 192565 号

责任编辑:赵佳霓
封面设计:吴 刚
责任校对:郝美丽
责任印制:朱雨萌

出版发行:清华大学出版社
   网 址:http://www.tup.com.cn,http://www.wqbook.com
   地 址:北京清华大学学研大厦 A 座   邮 编:100084
   社 总 机:010-83470000   邮 购:010-83470235
   投稿与读者服务:010-62776969,c-service@tup.tsinghua.edu.cn
   质量反馈:010-62772015,zhiliang@tup.tsinghua.edu.cn
   课件下载:http://www.tup.com.cn,010-83470236
印 装 者:北京嘉实印刷有限公司
经 销:全国新华书店
开 本:186mm×240mm 印 张:29.5 彩 插:14 字 数:704 千字
版 次:2022 年 3 月第 1 版   印 次:2022 年 3 月第 1 次印刷
印 数:1~2000
定 价:109.00 元

产品编号:086121-01

前 言
PREFACE

ANSYS 软件是大型通用有限元分析（FEA）软件，是世界范围内增长速度最快的计算机辅助工程（CAE）软件，提供了与多数计算机辅助设计（Computer Aided Design，CAD）软件接口，从而实现数据的共享和交换，是融结构、流体、电场、磁场、声场分析于一体的大型通用有限元分析软件。在铁道、石油化工、航空航天、机械制造、能源、汽车交通、国防军工、电子、土木工程、造船等领域有着广泛的应用。ANSYS 功能强大，操作简单方便，现在已成为国际流行的有限元分析软件之一。

本书作者长期从事机械、电磁、流体及控制等领域的设计、研发及教学工作，有着丰富的工程经验及教学经验。

写作本书的目的是传播 ANSYS 软件工程实际应用知识。通过写作本书，笔者查阅了大量的资料，收获良多。

本书特色

目前市场上与 ANSYS 软件相关的书籍大多偏重软件操作，较少结合工程实际，难以解决工程实际应用问题。本书基于全新的机电工程实际应用案例，以基础理论、分析思路、标准操作流程、结果判读等为主线，将多年工程分析教学经验与 ANSYS 软件完美结合，给出了工程分析的最佳仿真方案。本书配套全部模型素材及仿真结果文件，方便读者实操及核对仿真结果。

本书主要内容

第 1 章介绍产品设计流程及 ANSYS 软件，包括机电产品开发设计概述、行业软件现状、ANSYS 协同仿真简介等，并给出了本书的学习建议。

第 2 章介绍 ANSYS 几何建模，包括 DM 几何建模概述、实用工具、DM 参数化功能、SpaceClaim 几何建模概述、SpaceClaim 参数化建模、材料数据的传递、综合实例讲解等。

第 3 章介绍网格划分基础，包括网格介绍、Meshing 网格工具、Fluent Meshing 专业流体网格划分工具、综合实例讲解等。

第 4 章介绍结构静力学仿真，包括结构静力学基础、材料设置、结构强度与刚度仿真、非线性问题求解、综合实例讲解等。

第 5 章介绍结构动力学仿真，包括模态分析基础、谐响应分析、响应谱分析、综合实例讲解等。

第 6 章介绍振动及疲劳耐久分析，包括疲劳分析基础、ANSYS nCode 疲劳分析模块、振动分析基础、显式动力学仿真、综合实例讲解等。

第 7 章介绍屈曲分析,包括稳定性理论简介、屈曲分析流程等。

第 8 章介绍热分析,包括热分析基础、几种热分析模块比较、基于 Mechanical 求解器的热仿真、Icepack 基础、综合实例等。

第 9 章介绍流体仿真分析,包括流体分析基础、Fluent 流体仿真界面简介、Fluent 流体仿真一般流程、Fluent 自然对流散热仿真实例、Fluent 强制对流散热仿真实例、Fluent 气动噪声简介、Fluent 气动噪声仿真实例、Fluent 动网格及多相流简介、Fluent 动网格实例、Fluent 多相流实例等。

第 10 章简单介绍电磁仿真,包括电磁仿真简介、Maxwell 简介、电磁阀仿真实例讲解、Maxwell 在电机行业的应用、RMxprt 介绍、直流无刷电机实例、永磁同步电机实例等。

第 11 章简单介绍 ACT 插件,包括 ACT 插件功能及安装、acoustics 湿模态仿真实例、acoustics 结构振动噪声实例、LS-DYNA 插件实例等。

第 12 章介绍多物理场耦合,包括多场耦合简介、多场耦合仿真实例、AIM 模块简介、AIM 模块实例讲解等。

本书配套素材

本书配套素材适用于 ANSYS 2019R1(ANSYS 19.3)及以上版本,扫描下方二维码,可获取本书配套素材。

编写分工

本书第 2~9 章、第 10 章和第 12 章由李大勇编著,第 1 章和第 11 章由成都航空职业技术学院周宝编著。全书由李大勇统稿,周宝参与全书的审核与校对。

致谢

感谢清华大学出版社赵佳霓编辑的耐心指点,她的信任与鼓励促成了本书的出版。感谢家人、同事、朋友及热心网友的鼓励与支持。

由于时间仓促,书中难免存在不妥之处,请读者见谅,并提宝贵意见,共同促进本书下一版本的质量提升。

编　者

2022 年 1 月

配套素材

---

*　本书部分彩图请见插页。

目 录
CONTENTS

第 1 章　产品设计流程及 ANSYS 软件简介

随着工业的飞速发展和竞争,产品的设计越来越精细、复杂和快速,传统的基于经验的设计已经难以满足市场对效率、性能和创造性的要求。仿真技术的发展大大提高了产品开发、设计、分析和制造的效率和产品性能。在机电产品设计中有限元已逐渐成为工程师实现工程创新和产品创新的得力助手和有效工具。

1.1　机电产品开发设计概述

1.1.1　机电产品开发流程

传统的机电产品设计开发是基于原型样机的设计开发流程,设计过程中的缺陷只能在原型样机制作和测试过程中发现,这时工程师若想变更设计,其成本是非常昂贵的。近些年,一些公司会利用 CAE 软件对已有的产品进行设计、优化、仿真或对关键零部件进行可靠性校核,最终还要把样机做出来后进行整机测试。随着仿真技术的发展和软硬件成本的降低,多物理场仿真及大型整机联合仿真已具备条件,基于仿真驱动的设计理念正在日益深刻地影响产品开发流程,仿真驱动设计理念希望在研发前期就能够通过虚拟的原型样机模拟制造、装配及使用时的各种工况,帮助工程师及时发现并解决各种产品设计问题,以便大大提高产品的一次成功率,加速产品的研发进程并节约成本。传统及新型开发流程如图 1.1 所示。

1.1.2　机电产品仿真模拟需求

由于市场对产品开发成本和效率的要求及机电产品自身复杂程度的提高,要求 CAE 软件能够对多种类型工程和产品的物理力学性能进行仿真。具体包括以下几方面。

(1) 强大的建模能力:软件自身能够建立复杂模型,近年来所见即所得的实时仿真功能随着显卡计算能力的增强而逐渐流行,用户可以方便地通过拉动、切除等操作实时观察到质量和力学性能的变化,以 ANSYS Discovery Live 为代表的实时仿真模块已经在增材制造领域得到了广泛应用。

(2) 强大的求解能力:数值模拟需要软件提供多种求解器并能根据问题的不同自动选

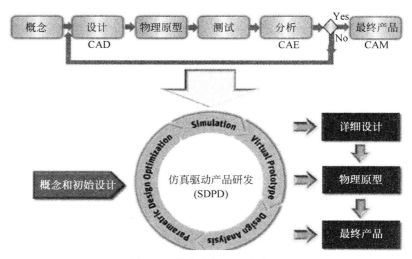

图 1.1　传统及新型开发流程

择合适的求解器,除了传统的迭代求解器、直接求解器、特征值求解器外,随着计算机硬件成本的降低,并行计算求解器已在科学计算、工业仿真中大量部署,极大地降低了仿真模拟时间。

(3) 强大的非线性分析能力:可以对几何非线性、材料非线性和接触非线性进行分析,以应对复杂工况和复杂材料,如橡胶、记忆合金及各种功能材料等。

(4) 强大的网格划分能力:针对不同模型、不同物理场提供最适合的网格单元类型,能够对模型特征进行自适应捕捉,可以方便地进行网格编辑、高效地划分网格、提供局部网格更新功能等。

(5) 智能的优化功能:具备参数化、优化实验、敏感性分析等优化功能,提供丰富的优化算法,具有完整的拓扑优化解决方案。

(6) 多物理场耦合分析能力:不仅要提供结构、热、流体、电磁等单一物理场分析功能,还要具备热-流-固、磁-热、结构-热、磁-流体、磁-固等多场耦合分析能力。

(7) 具有丰富的接口:提供多种 CAD 软件的数据接口,便于实现数据共享和交换。

(8) 具备强大的数据管理及后处理能力:采用统一数据库进行管理,诸如几何模型、网格、求解结果等数据,方便查询和调用。可获得任意节点和单元的数据,具备表格、曲线、云图、动画等多种后处理工具,提供自定义函数和表达式功能,方便获得各种物理量。

(9) 具备二次开发接口:提供丰富的接口函数、二次开发工具和完备的二次开发用户手册,方便用户扩展功能及添加软件,并且提供最新算法。

(10) 良好的兼容性:支持多种硬件平台及不同的操作系统,方便数据移植,将软、硬件系统对分析结果的影响降到最低。

1.2　行业软件现状

从产品物理模型抽象出数学模型,并对数学模型进行求解是性能分析的前提,物理模型如何抽象出数学模型需要专业背景和工程经验。不同领域及分析的侧重点不同,即使同一模型也可以得到不同的数学模型,数学建模的合理性直接影响最终结论。数学模型的求解要求软件具备强大的求解能力,对偏微分方程、非线性方程、大型矩阵的求解效率、收敛性及资源占用提出了很高的要求。根据对偏微分方程的求解算法的不同,主要有 3 种求解数值模型方法:有限元法、有限体积法和有限差分法。有限差分法由于其适应性比较差,商业软件极少采用。基于有限元方法的数值模拟商业软件最多,它们主要面向固体力学和结构力学问题,基于有限体积法的商业软件也不少,它们主要面向流体力学和传热传质学问题。

1.2.1　有限单元法、有限体积法概述

本书中涉及的仿真以有限单元法为主,仅流体部分采用的是有限体积法,故此处仅对有限体积法进行简单概述,而重点对有限单元法进行说明。

有限单元法、有限体积法都是偏微分方程的数值解法。有限单元法的基础是变分原理和加权余量法,其基本思想是把计算域划分为有限个互不重叠的单元,在每个单元内,选择一些合适的节点作为求解函数的插值点,将微分方程中的变量改写成由各变量或其导数的节点值与所选用的插值函数组成的线性表达式,借助于变分原理或加权余量法,将微分方程离散求解。

采用不同的权函数和插值函数形式,便构成了不同的单元。在有限单元法中,把计算域离散剖分为有限个互不重叠且相互连接的单元,在每个单元内选择基函数,用单元基函数的线性组合来逼近单元中的真值,整个计算域上总体的基函数可以看作由每个单元基函数组成,而整个计算域内的解可以看作由所有单元上的近似解构成。

有限单元法的基本求解步骤如下。

(1)建立积分方程:根据变分原理或方程余量与权函数正交化原理,建立与微分方程初值问题等价的积分表达式。

(2)区域单元剖分:根据求解区域的形状及实际问题的物理特点,将区域剖分为若干相互连接、不重叠的单元。区域剖分是求解的前期准备工作,剖分的合理性直接影响求解精度和求解时间,这部分工作量较大,除了给计算单元和节点编号和确定相互关系外,还要表示节点坐标,并列出自然边界和本质边界的节点和相应边界值,目前大部分商业软件已经提供了自适应网格剖分功能,而节点编号和确定节点坐标等工作已经完全由程序实现。

(3)单元基函数:根据单元中节点数目及对近似解精度的要求,选择满足一定插值条件的插值函数作为单元基函数。有限单元法中的基函数是在单元中选取的,由于单元具有规则的几何形状,所以在选择基函数时可以遵循一定的规则。

(4)单元分析:将各个单元中的求解函数用单元基函数的线性组合表达式进行逼近,

再将近似函数代入积分方程,并对单元区域进行积分,可以获得含有待定系数的代数方程组,称为单元有限元方程。

（5）总体合成:在得出单元有限元方程后,将区域中所有单元有限元方程按一定法则进行累加,形成总体有限元方程。

（6）边界条件的处理:一般边界条件有三类,分别为狄利克雷边界条件、黎曼边界条件、柯西边界条件。对于黎曼边界条件一般在积分表达式中可自动得到满足,其他两种则需要按一定规则对总体有限元方程进行修正。

（7）解有限元方程:根据边界条件修正的总体有限元方程组是含有所有待求解未知量的封闭方程,选择适当的计算法即可求得各节点的函数值。

有限体积法的特点是将计算区域划分为一系列不重复的控制体积,利用控制体积包围网格节点,在每个控制体积内对待求解微分方程进行积分,得出一组离散方程。有限体积法属于加权剩余法中的子区域法,它的求解思路直观且易于理解,在无限小控制体积内因变量都能满足守恒条件,这也是大多数流体求解器使用有限体积法的原因。

1.2.2　有限元软件概述

随着计算机技术的飞速发展,基于有限元方法原理的软件大量出现,并在实际工程中发挥了愈来愈重要的作用。目前,专业的著名有限元分析软件公司有几十家,国际上著名的通用有限元分析软件有 ANSYS、ABAQUS、MSC/NASTRAN、MSC/MARC、HYPERWORKS、ADINA、ALGOR、COMSOL、IDEAS,还有一些专门的有限元分析软件,如 LS-DYNA、DEFORM、PAM-STAMP、AUTOFORM、SUPER-FORGE 等。这些商业有限元软件通常有良好的界面、完善的帮助文档,以及可靠的计算结果和强大的前后处理功能。在选择软件时可以根据分析问题类型、求解器求解时间及资源占用情况、成本等进行综合评估。

1.3　ANSYS 协同仿真简介

1.3.1　ANSYS 产品家族介绍

早期的 ANSYS 采用了基于命令窗口的经典界面。虽然可以通过图形窗口和鼠标进行操作,但界面粗糙,菜单层级不够友好,当涉及多物理场仿真及模型导入时不够直观,操作烦琐。除一些学术领域,工程界已逐步转向使用更方便,更便于工程师上手的 ANSYS Workbench 协同仿真平台。故本书的所有仿真选项讲解及操作案例仅针对 ANSYS Workbench 协同仿真环境。ANSYS Workbench 是 ANSYS 公司旗下各类求解器功能的顶层接口,采用项目管理工具进行工程项目流程管理,将整体仿真分析流程紧密结合起来,通过对工具箱窗口内工程仿真模拟所需的各种类型组件模块进行拖曳,就可以实现一般分析及复杂多物理场分析流程的创建。针对常见分析流程,系统还提供了各种分析流程模板,直接双击即可一键创建诸如结构、流体、电磁场等仿真流程。ANSYS Workbench 可以实现和主流 CAD 软件(如 Pro/E、CATIA、SolidWorks、NX 等)的双向数据交互,能够针对不同物理场提供多种网格划分工具,可以方便地实现几何模型、网格、求解器设置及后处理结果之间数据的传递和数据文件的存储及调用,并可传递给其他模块实现多物理场耦合或传递给优化分析模块实现参数化定义及优化分析,实现仿真驱动产品研发,达到最优设计目标。

随着 ANSYS 公司不断发展壮大,通过不断收购、合并、自有产品的深度研发与扩展,ANSYS 已具备了结构、通用流场、电磁场、显式动力学、电子产品散热、疲劳耐久、直接建模等模块,几乎涵盖了常规产品分析的方方面面,其中常用的模块简介如下。

(1) Mechanical:利用 ANSYS MAPDL 求解器进行结构和热分析,并将网格划分和结果后处理也包含在 Mechanical 应用中。

(2) Mechanical APDL:通过该模块可以使用传统的 APDL 用户界面对结构及多物理场进行分析。

(3) CFX:CFX 是 ANSYS 公司于 2003 年收购的基于有限元法的计算流体力学软件,在处理复杂模型、网格、求解方法及自带的表达式语言方面极具特色,在流体机械仿真中应用极广。

(4) Fluent:Fluent 是计算流体力学软件的全球领导者,在模拟流动及其他相关真实物理现象的完整流体动力学现象中提供了无与伦比的分析功能,其可靠性经过众多科研人员、第三方机构、技术合作伙伴及广大用户的充分验证。Fluent 几乎可以称为计算流体力学软件的标杆,基于其他计算流体力学软件的计算结果在发表前往往需要和 Fluent 的计算结果进行对标。

(5) Icepack:面向电子产品热设计及热分析的行业性软件,针对电子行业提供大量建模及分析工具,内嵌适合电子行业模型的网格划分方法,求解时可调用 Fluent 求解器。

(6) DM:集成在 ANSYS Workbench 下的几何建模平台,除具备建模功能外,还针对数值仿真提供独一无二的几何简化及修复功能。通过调整许可证,可以加载叶轮机械插件,也可以和其他叶轮机械仿真模块进行无缝对接。

(7) SpaceClaim:基于直接建模思想的参数化几何建模与修复工具,与大多数基于约束及尺寸驱动方式建模的 CAD 软件不同,它采用更符合思维习惯的基于拉动的方式进行直接建模,是 ANSYS 重点推广的建模及修复工具,也是 ANSYS 旗下少数支持简体中文界面的模块。

(8) ANSYS LS-DYNA:显式动力学分析软件。以显式求解为主,兼有隐式求解功能;以结构分析为主,兼有热分析、不可压缩流场分析及流-固耦合分析功能;以非线性动力学分析为主,兼有静力分析功能,在汽车碰撞领域占据约 80% 市场份额。早期的两家公司采取合作方法,LS-DYNA 作为插件内嵌在 ANSYS 软件中,现已被 ANSYS 公司于 2019 年以 7.75 亿美元全额收购,后续全部功能集成在 ANSYS Workbench 下的 LS-DYNA 的易用性及前后处理的灵活性将为用户提供更好的体验。

(9) Autodyn:Autodyn 早期是由美国一家专门从事弹药战斗部、爆炸、冲击领域数值模拟的软件公司开发的软件,于 2005 年被 ANSYS 公司收购,它广泛应用于国防工业并提供了很多高级功能,具有浓厚的军工背景,尤其在战斗部设计、水下爆炸、空间防护等领域有其不可替代性。该软件在军工行业有很高的市场占有率。它有很完备的材料库,后处理工具与求解器集成在一个界面,使用非常方便。

（10）Maxwell：业界顶级的电磁场仿真分析软件,可以帮助工程师完成电磁设备与机电设备的仿真分析,例如电机、作动器、变压器、传感器与线圈等设备的性能分析。Maxwell 使用有限元算法,可以完成静态、频域及时域磁场与电场仿真分析。Maxwell 模块在 ANSYS ElectromagneticsSuite 软件包中,需独立安装。若 ANSYS ElectromagneticsSuite 和 ANSYS 软件包版本匹配,则 Maxwell 将会被集成在 ANSYS Workbench 主界面中。

（11）ANSYS nCode DesignLife：ANSYS nCode DesignLife 是行业领先的疲劳耐久性仿真软件 nSoft 与 ANSYS 结构力学仿真结合的产品,完全集成于 ANSYS Workbench 环境中,提供了完整的疲劳分析流程,可以进行焊缝疲劳、热疲劳、随机振动疲劳及其他结构疲劳等仿真,它需要安装额外的软件包才能出现在 ANSYS Workbench 界面中。

（12）Design Exploration：Design Exploration 是 ANSYS 的优化分析模块,含参数扫描、设计试验、敏感性分析等参数化设计工具及目标驱动优化、相关参数法、响应面法、六西格玛设计等快速优化工具,通过该模块可以对产品进行优化设计。

（13）Topology Optimization：拓扑优化是寻求一种能够根据给定负载情况、约束条件和性能指标,在指定区域内对材料分布进行优化的数学方法,对系统材料发挥最大利用率。Topology Optimization 拓扑优化模块能够结合 ANSYS Mechanical 进行强度和模态两种分析下的拓扑优化分析计算,SpaceClaim 能够在拓扑优化之后对于较为粗陋的刻面片体结构完成光顺化处理,STL 文件的生成并直接送入 3D 打印机进行打印,满足轻量化设计需求。

（14）ACP：ACP 是复合材料结构仿真的一个前后处理插件,主要用于对分层复合材料进行材料设置、模型建立及性能评估。

（15）ACT：ACT 是 ANSYS Workbench 的二次开发工具,可以根据用户需要及性能要求在 ANSYS Workbench 环境下加载运行。ACT 是定制化插件,用于解决用户在仿真中遇到的功能自定义及程序拓展问题。用户可以在 ANSYS Workbench 已有功能的基础上,定制开发适合自身专业特点与业务需求的新功能,也可以在 ANSYS 应用商店购买官方提供的拓展插件,如压力容器插件、压电陶瓷插件、生死单元插件等。

1.3.2　ANSYS 产品界面

如图 1.2 所示,软件首次安装后,可以在开始菜单中单击 ANSYS 2019 R1,在展开的列表中选择 Workbench 2019 R1,软件随后会弹出启动界面,稍等片刻后,会显示如图 1.3 所示的软件主界面。主界面主要由左侧的 Toolbox(工具箱)、上方的主菜单栏、基本工具栏、最下方的状态栏及中间最大的 Project Schematic(项目流程图)等几个区域构成。可以通过单击 View 菜单栏打开诸如文件(Files)、大纲(Outline)、消息(Message)、属性(Properties)、进

图 1.2 ANSYS Workbench 的启动方式(一)

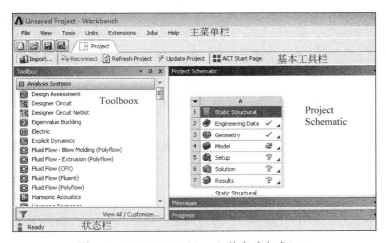

图 1.3 ANSYS Workbench 的启动方式(二)

程(Progress)等多个隐藏窗口。主界面中的所有窗口均可以通过鼠标拉动调整大小和位置,并会在下次打开时保留当前状态。当需要恢复默认布局时,只需单击 View 菜单栏中的 Reset Workspace 或 Reset Window Layout,便可以恢复默认布局,如图 1.4 所示。

工具箱 Toolbox 位于 Workbench 界面左侧,工具箱的

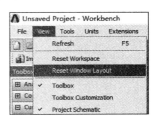

图 1.4 View 菜单选项

窗口中包含了工程数值模拟所需的所有模块,包括分析系统(Analysis Systems)、组件系统(Component Systems)、用户自定义系统(Custom Systems)、设计优化(Design Exploration)和功能扩展插件(ACT)。

分析系统:在一张图表中包含了一个常见的分析类型的基本流程,通过双击相应图标或将该图标拖到主界面中,即可在主界面中添加该分析流程,用户只需按流程图所示的顺序编辑各单元格便可以完成分析。

组件系统:包含用于各领域求解器及几何建模、网格划分等独立功能模块,用户可以通过对各模块的自定义链接创建系统没有提供的功能组合。

用户自定义系统:系统已在其中添加了若干个多物理场耦合分析系统,并支持用户添加自定义的定制系统。与组件系统不同,在该处添加的自定义系统将会在下次打开软件后继续保留。

设计优化:提供参数化管理工具及优化设计工具。

功能扩展插件:双击图标可以打开 ACT Workflow Designer,添加自定义插件相关信息。

下面介绍几个常用菜单功能,更多功能会在后续使用时进行详细讲解。

(1)选择 Tools 菜单下的 Options 选项即可打开如图 1.5 所示的选项对话框。在这里可以对诸如文件的默认存放位置、窗口的颜色设置、图标、Logo、标尺等进行调整及隐藏,也可以对求解器调用的内存及 CPU 核数进行设置,还可以勾选 Appearance 下的 Beta Options,以便打开附加的测试功能选项,该选项能提供更多暂时未发布的隐藏功能。当需要恢复默认选项时,可以单击左下角的 Restore Defaults 恢复到最初状态。

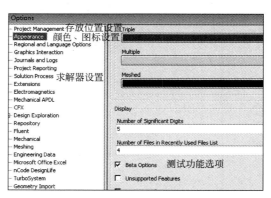

图 1.5　选项对话框

(2)调整单位系统:如图 1.6 所示,可以通过选择 Units 菜单下的选项选择所需的单位系统,通过 Display Values as Defined 和 Display Values in Project Units 两个选项来决定采用原始程序定义的单位显示值还是采用项目单位显示值。若提供的单位组合不满足要求,则可以选择 Unit Systems 打开单位自定义对话框进行自定义组合。

(3)文件菜单:一个 Workbench 项目由很多个文件及文件夹组成,不同的文件会存放在不同的位置,File 菜单中提供了 Archive 打包功能,可以将与项目相关的全部文档打包,避免引用的外部文件在复制过程中丢失或因接收者的路径不同而找不到被引用的文件。使用 Archive 功能时会弹出如图 1.7 所示的对话框,通过勾选或取消勾选复选框,决定是否将求解结果文件和外部引用文件一并打包。

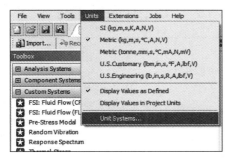 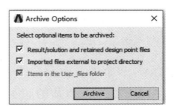

图 1.6 单位设置选项   图 1.7 打包对话框选项

1.3.3 有限元学习建议

(1)勤动手:有限元软件相比其他通用软件及 CAD 软件更难上手,需要亲自动手实际操作才会加深对选项的理解。受篇幅限制,本书不可能讲解所有选项,更不可能针对不同选项都举实例,希望读者能够读书时多去思考,多动手对比不同选项对结果的影响。当遇到问题或疑惑时,不要过于依赖搜索引擎、论坛或寄希望于他人的指导,有限元排查问题需要对方熟悉你的问题的背景、边界条件、各种设置选项,以及计算机软硬件条件。清楚地描述问题并复现它需要大量时间进行沟通及实际操作工作,指望热心网友很多时候是不现实的。要多翻阅帮助文档,当对结果不确定时,可以通过控制变量的方式搭建一些非常简单的模型去验证自己的猜想。

(2)夯实基础:多数初学者前期会更关注软件的操作,遇到问题可以去模仿典型实例解决一部分实际问题,当掌握了基本仿真流程后,会进入一个瓶颈期,这是一种正常现象,不要因为自我怀疑而放弃。多数情况下,这种自我怀疑往往是因为不确定模型该如何简化、边界条件选择是否合理、对分析的结果没有把握等情况导致的。这时应夯实力学基础,对于静力学问题应多去翻阅材料力学、结构力学、弹性力学等教材。对于动力学问题应多去翻阅振动力学、结构动力学、随机过程等教材。对于流体及热分析问题应多去翻阅流体力学、传热学、工程热力学等教材,并在学习的过程中适当补充数学知识。在学习理论的过程中多思考相关理论是如何在软件中实现的,对应的是软件中的哪些选项,因此通过加强相关理论知识可以更快速地度过瓶颈期,实现技术进阶。

(3)多个角度验证结果的可靠性:目前与有限元相关的行业标准及企业规范还不够成熟,这时要多将结果和国家标准、行业规范及设计手册的结果作对比,总结仿真结果与规范及手册计算结果的异同,有条件的情况下可以做一些验证性实验。

第 2 章

ANSYS 几何建模

ANSYS 自带 DesignModeler(以下简称 DM)及 SpaceClaim 两种几何建模及前处理工具。在 ANSYS 17.0 以前的版本中,SpaceClaim 需要单独安装,新版本的 ANSYS 已经内嵌了 SpaceClaim 并将其作为默认几何建模工具,SpaceClaim 有很多新特性,是 ANSYS 重点推广的几何建模工具,大家应重点掌握。DM 和 SpaceClaim 相比,占用内存更少,启动更快,并且内嵌了叶轮机械插件 BladeModeler,大家可以根据需要选择其中一款作为自己常用的几何建模及前处理工具。

2.1 DM 几何建模概述

DM 可以完成几何建模(二维草绘、3D 实体、创建壳体、梁结构等)、模型导入及几何的简化与修复(缝隙填充、修复破损面及孔洞、去除圆角、倒角等)、仿真预处理(包围流体域、填充流体域、创建焊点、中性面、对称面、命名边界条件等)、创建尺寸参数等工作。

2.1.1 平面创建及草图绘制工具

ANSYS 作为一套仿真软件,其几何建模的效率不如 CAD 软件。通常情况下,应该在 CAD 软件中创建好几何模型并将其导入 DM 中,但有时需要跨单位、跨部门合作,模型由他人提供并且是不可编辑的 CAD 格式,这时若需要添加一些特征,则需要直接在 DM 中先创建草图,再以草图为基础创建 3D 特征。DM 的草图绘制过程和 CAD 软件中的草绘过程完全相同,均需要先添加基准面,绘制 2D 草图并添加几何约束及尺寸标注。

如图 2.1 所示,在 Workbench 中双击 Geometry,将其添加到主界面,右击对应单元格,选择 New DesignModeler Geometry 选项,打开 DM。

DM 的工作界面如图 2.2 所示,它由顶部的菜单栏、常用工具栏、左侧的导航树、详细视图、底部的状态栏、中间的工作区组成。在工作区中有标尺、坐标轴图标及 ANSYS 的 Logo,正如第 1 章讲解的,View 菜单可以找到和界面显示相关的选项,通过它们可以控制标尺、坐标轴、Logo 等元素的显示和隐藏。在所有操作之前,我们需要先根据需要在 Units 菜单中设置所需单位,对于尺寸过大的模型,可以开启 Large Model Support＝On 选项,如

图 2.1　将 DM 添加到工作区

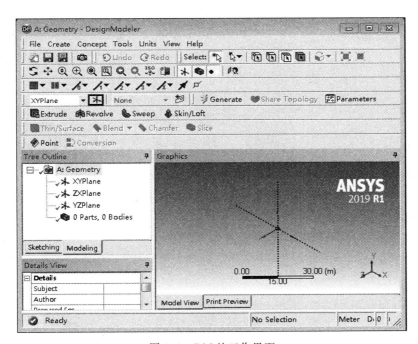

图 2.2　DM 的工作界面

图 2.3 所示。

在常用工具栏中选择创建新平面按钮,位置如图 2.2 所示中的黑色矩形框,我们需要在 Details View 详细视图中分别设置 Type 和 Transform 1 等选项。如图 2.4 所示,Type 为我们提供了诸如基于现有平面(From Plane)、实体面(From Face)、体心(From Centroid)、

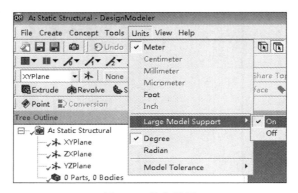

图 2.3　单位设置

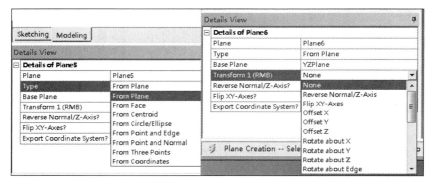

图 2.4　创建新平面选项

圆＋椭圆（From Circle/Ellipse）、点＋边（From Point and Edge）、点＋法线（From Point and Normal）、三点（From Three Points）及坐标系（From Coordinates）方式来创建平面。Transform 1（RMB）提供了诸如平移、绕坐标轴旋转等控制选项。选项设置好后，根据提示（如图 2.2），在常用工具栏中单击 Generate ⚡ 图标即可完成新平面的创建。

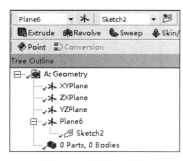

图 2.5　创建新草绘

单击导航树中 3 个基准平面或自定义的新平面，将其置为当前激活平面，如图 2.5 所示，此时创建新平面图标前的下拉列表中会变为当前激活平面。选择旁边的创建新草绘图标按钮，此时新草绘 Sketch2 会出现在当前激活平面的下方。同理，当导航树中有多个草绘时，单击其中某一个草绘会将其置为当前草绘，当前草绘会在草绘按钮前的列表中显示。

如图 2.6 所示，在进行草绘时，我们可以选择工具栏中的正视图按钮，将轴侧图视角调整为正视图视角。

图 2.6　调整草绘视角

如图 2.7 所示，在 Sketching Toolboxes 选项页上单击，切换到草绘工具列表，在 Draw 绘图工具中有直线、矩形、多边形、圆及圆弧、点等基本图形绘制工具。单击某一基本图形，可以在弹出的 DetailsView 中设置具体参数。这些基本图形的设置方法和常用 CAD 软件的设置方法基本相同。

Modify 工具箱有许多编辑草绘的工具，可以执行圆角、倒角、移动、复制、粘贴、切断、延伸等修改操作。

在 Dimensions 中可以进行尺寸标注、尺寸移动及尺寸显示模式的切换。

Constraints 可以设置水平、垂直、平行、共线、同心等约束，其操作类似于 AutoCAD，使用时应养成时刻观察状态栏及看左下角操作提示的习惯。草图中会用不同颜色显示当前的约束状态。

（1）青色：无约束或欠约束状态。

（2）蓝色：完全约束。

（3）黑色：固定。

（4）红色：过约束。

（5）灰色：约束矛盾或未知约束。

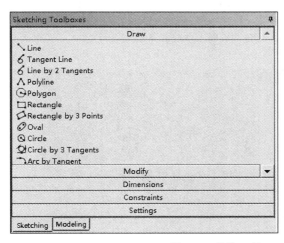

图 2.7　草绘工具

Settings 主要用于定义和显示栅格。

【例 2.1】　典型零件的草绘操作

这里以国家标准 GB/T 9119—2010《突面板式平焊钢制管法兰》为例，选取 PN1.0MPa

4min

及 DN50 系列 2 尺寸,演示一下其草绘操作过程。

(1) 打开 Workbench,双击左侧 Toolbox 中 Geometry 模块,右击 Geometry,选择 New DesignModeler Geometry,在 DM 中将单位设置为 mm,操作过程如图 2.1、图 2.2 及图 2.3 所示。

(2) 单击 XYPlane,将其作为草绘平面,单击 NewSketch 按钮,创建一个新的草绘,单击正视图按钮并单击 Sketching 选项页,切换到草绘模式,如图 2.8 所示。

(3) 单击 Circle,将鼠标放在原点处直到出现 P 标识后单击鼠标,表示圆心和坐标原点重合,拉动鼠标后在适当位置单击,如图 2.9 所示。

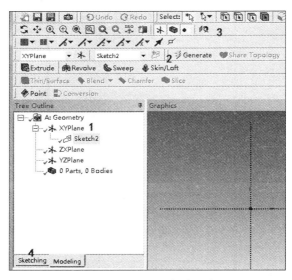

图 2.8 在 XY 面上创建新草绘

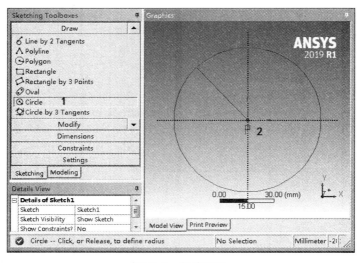

图 2.9 创建圆形

（4）如图 2.10 所示，单击 Dimensions，默认以 General 标注模式进行标注，该模式能智能地根据类型进行标注调整，也可以按类型选择具体的标注工具，此时注意图 2.10 中数字 5 处的提示，接下来的操作应时刻按系统提示进行操作，养成这样的操作习惯。在圆上单击进行标注，并在输入框中输入直径尺寸 165。

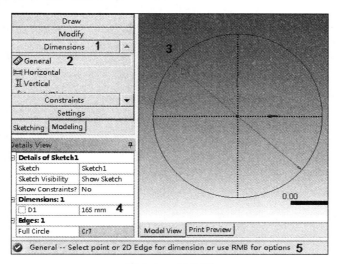

图 2.10　标注圆

（5）如图 2.11 所示，继续选择绘制圆工具，将鼠标移动到 Y 轴上，当出现 C 提示时表示圆心将和 Y 轴重合，单击确定圆心，拖动鼠标在合适位置单击，完成小圆的绘制。

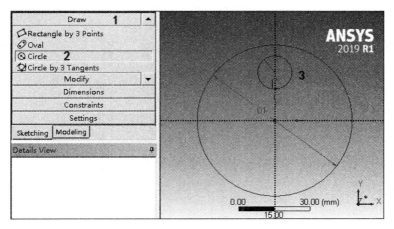

图 2.11　创建小孔

（6）如图 2.12 所示，选择 Dimensions，标注小圆直径并将其尺寸设置为 18mm。对小圆位置进行标注时，应先选择小圆圆心，再选择 X 轴，在尺寸输入框中输入 62.5，在草绘的过程中可以随时滚动鼠标滚轮来调整视图的大小。

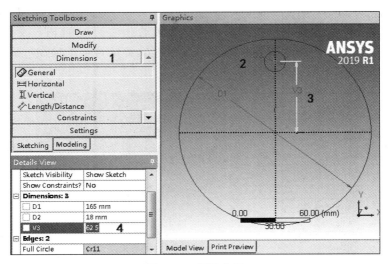

图 2.12　标注位置

（7）剩下的 3 个圆可以在创建好实体模型后通过阵列功能以更快捷的方式获得，但在这里，希望通过另外 3 个圆的绘制给大家演示一下草绘的 Copy/Paste 功能。如图 2.13 所示，选择 Modify 中的 Copy 按钮，单击选择小圆边线，在空白处右击后会弹出快捷菜单，选择 End/Set Paste Handle。此时系统提示让我们设置复制的基准点，单击平面原点，也可以直接选择 End/Use Plane Origin as Handle 代替上述操作。这时我们会发现系统自动帮我们切换到了 Paste 选项，如图 2.14 所示，在 Paste 选项右侧有 r 和 f 两个输入框，r 代表旋转角度，f 代表缩放的倍数。右击空白处，在这里有旋转和缩放选项，在我们这个例子中只需

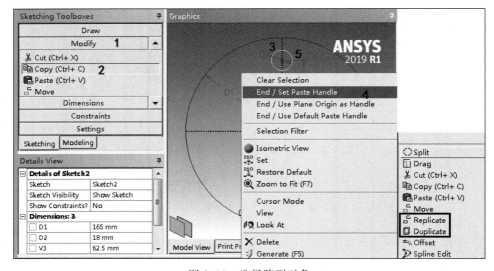

图 2.13　选择阵列对象

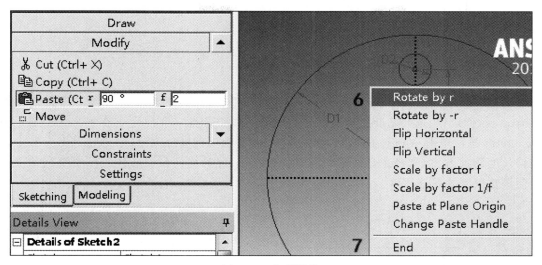

图 2.14　复制操作

设置旋转,故选择 Rotate by r,在平面原点单击便可放置第 2 个小圆,再次右击,重复上述操作直到放置好全部小圆,最后在快捷菜单中选择 End,结束复制。在 Modify 中还有一个 Replicate 功能,它实际是 Copy 和 Paste 功能的组合,大家也可以练习一下该选项,它的所有操作都和上述操作含义相同。

（8）最后还剩下一个中间的圆,其尺寸为 59mm,由大家自己完成,最终效果如图 2.15 所示。回到主界面,选择保存按钮,选择合适文件名和位置保存该项目。注意项目的文件名和路径中均不要含有中文,尽管 ANSYS 现在已经在部分模块支持中文,但使用中文仍有可能出现不可预测的问题,本书的案例会按章节进行保存,如本例保存在 chapter2 文件夹下,文件名为 eg2.1wbpz,以打包文件形式提供,读者可以用不低于 ANSYS 2019 R1 版本的软件打开。

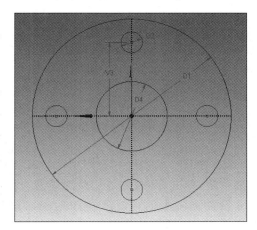

图 2.15　最终效果

2.1.2　3D 基础建模工具

3D 特征通常是由 2D 草绘生成的 3D 几何体,DM 提供了 Extrude(拉伸)、Revolve(旋转)、Sweep(扫描)、Skin/Loft(蒙皮/放样)等建模工具,还提供了 Blend(圆角)、Chamfer(倒角)、Slice(切片)等 3D 特征编辑工具,如图 2.16 所示。这些 3D 建模工具和常见 CAD 软件(如 SolidWorks、Pro/E)的用法相似。

图 2.16　3D 工具栏

🎥 3min

【例 2.2】 典型零件的拉伸操作演示

我们在上次绘制的草绘基础上添加 3D 特征。

（1）如图 2.17 所示，单击 Modeling 选项页，切换到 3D 建模状态。单击工具栏上的 Extrude 拉伸按钮，选择基准面 XY 面下创建的草绘。如图 2.18 所示，在 Details View 中 Geometry 选项单击 Apply 按钮，表示以选中的草图为基础进行拉伸，在 FD1 和 Depth 中将拉伸长度设置为 20，选择工具栏中的闪电更新按钮，此时我们可以按住鼠标中键拖动鼠标以便调整模型的观察视角。

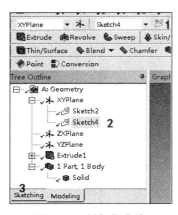

图 2.17　添加新草绘

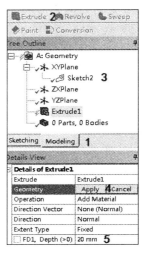

图 2.18　添加拉伸特征

（2）如图 2.19 所示，按图中顺序在 XY 平面下添加一新的草绘，单击该草绘将其置为当前草绘，单击 Sketching 切换到草绘工作模式。选择创建圆工具，并绘制一个小圆，将其尺寸设置为 99mm，再创建一个圆，当出现 T 标志时，表示当前的圆和另一个圆相切，单击鼠标左键完成该圆的绘制。

（3）如图 2.20 所示，重新切换到 Modeling，单击拉伸工具，选择新草图，并在 Details View 中单击 Apply 按钮。在 Operation 中选择 Cut Material，并在 FD1 和 Depth 中输入 2mm，单击更新按钮即可完成法兰的绘制，如图 2.21 所示。

对于该实例，我们这里采用的方法是在基体上切除材料获得凸台，另一种方法是通过在基体上增加材料获得凸台，大家可以自行练习。

默认状态下，DM 会自动将新几何体和已有的与之接触的几何体合并。通过激活体和冻结体可以控制几何体的合并。激活体在特征树中显示为深蓝色，图形区为不透明显示，通过 Add Material 或者通过 Tools 菜单下的 Unfreeze 命令均可以获得激活体。

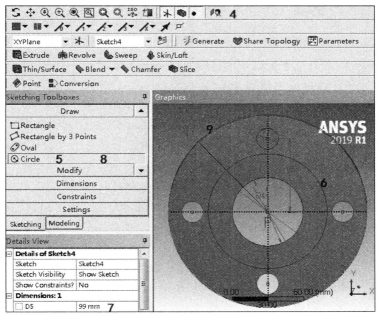

图 2.19　添加新草绘(一)

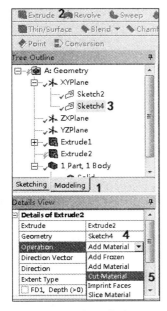

图 2.20　添加新草绘(二)

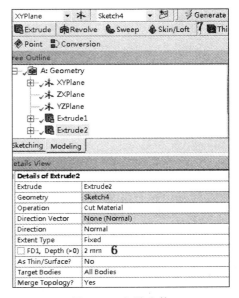

图 2.21　切除实体

冻结体与激活体相对,不会自动与其接触的其他体合并。目录树中图标将冻结体显示为淡蓝白色,在图形区中显示为透明。冻结体只能通过布尔操作合并或先将其通过 Tools 菜单下的 Unfreeze 将其转化成激活体。冻结体可以使用 Add Frozen 或 Tools 菜单下的 Freeze 获得。冻结体主要用于生成装配体及创建 Slice(切片)。切片操作可以将一个实体切割成多个部分,便于每部分单独划分网格。

接下来我们详细介绍一下拉伸特征 Details View 中的选项,其他 3D 工具中的选项与之类似。

Add Material:添加材料,创建并合并到激活体中。

Cut Material:从激活体中切除材料。

Slice Material:将冻结体切片,仅当操作体被冻结时才可用。

Imprint Faces:和切片相似,但仅仅分割体上的面,若需要,则可以在边上增加。

Add Frozen:和添加材料类似,但新增特征体并不被合并到已有的模型中,而是作为冻结体加入,线体不能进行切除、印记和切片操作。

Direction Vector:指定拉伸的方向向量,默认使用草图的法向方向。

Direction:方向选项有 Normal(正法线)、Reversed(负法线)、Both-Symmetric(两边对称)、Both-Asymmetric(两边不对称)4 个选项。

Extent Type:可以设置 Fixed(指定延伸长度)、Through All(完全贯穿)、To Next(到下一个面或体)、To Faces(延伸到某一个或多个交界面)、To Surface(延伸到某一表面)。

As Thin/Surface:可以通过设置厚度,将封闭或非封闭草图设置为薄壁体,当设置的厚度为 0 时,则生成面体。

Merge Topology:让系统通过该选项决定是否保留小的细节特征,一般保持默认值。

在 Create 菜单中,系统还提供了一些基本几何实体,如球体、六面体、棱柱等。可以不必创建草图,直接设置其特征尺寸方便快捷地创建规则几何实体。

2.1.3　概念建模工具

在 Concept 菜单中提供了创建线体、面体、曲线、截面等概念建模工具,通常用概念建模去创建梁、杆、壳等结构,如图 2.22 所示。

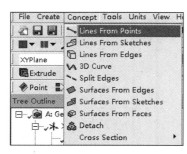

图 2.22　概念建模菜单

Lines From Points(从点生成线):这里的点可以是草绘中的点或 3D 模型的顶点、体心、面心等特征点。切换到点选择模式,选中两个点即可在两点之间生成线体。

Lines From Sketches(从草图生成线):在草图中绘制好线,用草图中的线直接生成线体。

Lines From Edges(从边生成线):在常用工具栏中切换到边选择模式,选中现有模型的边线来生成线体。

3D Curve(3D 曲线)：可以通过当前可选点或基于坐标系文件创建 3D 曲线。

Split Edges(分割线体)：可以长度间隔、段数等均分线体，也可以对分割位置进行自定义。

Surfaces From Edges(边线创建面体)：线体必须是没有交叉的闭合围线，选择线体时需先切换到边线选择模式，选择多条几何体边线时需按住 Ctrl 键。

Surfaces From Sketches(从草绘创建面体)：先在草图中创建不自相交的封闭曲线，然后选择该草图创建面体。

Surfaces From Faces(利用实体面创建面体)：当所选择的实体表面有孔洞时，以该面创建面体时，可以选择孔洞的修复方式，故该功能常用来修复指定面上的孔洞。

Detach(分离面)：利用实体所有看得见的外表面创建面体，大家可以对刚创建好的法兰使用该菜单命令，将会看到原来的实体会被 10 个面体代替。

Cross Section(截面)：系统提供了常见梁截面，如工字型、T 型、U 型、圆钢、方钢、用户自定义型截面等。选中所需的截面类型，设置长和宽、截面惯性矩等截面属性后，可以在目录树的 Part、Body 列表中选中需要设置截面的线体，为其赋予该截面。

2.2　实用工具

几何模型在传递到网格划分模块及后续求解模块前，需要做一系列的准备工作，DM 为我们提供了很多前处理的实用工具。在使用这些工具前，需要先提供所需的几何模型，可以在 DM 中直接绘制，也可以在 CAD 软件中绘制好后导入 DM 中。可以将 SolidWorks、Pro/E、NX、CATIA 等模型直接导入 DM 中，也可以将这些模型先另存为中间格式，如 IGES、STEP、Parasolid、ACIS 等。导入本章提供的素材模型 motor.igs，在 DM 文件菜单中选择 Import External Geometry File，选择 motor.igs，在 Details View 中可以设置相关参数选项，默认情况下以 XY 平面为基准面，以冻结体方式导入，更改这些选项可以调整导入行为，一般均保持默认选项即可，如图 2.23 所示。在工具栏中单击 Generate 更新按钮即可显示模型。同理导出模型则可以选择 File 文件菜单中的 Export，在对话框下拉列表中选择所需导出的格式即可。

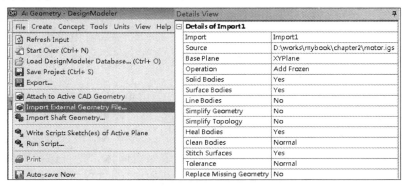

图 2.23　导入外部几何模型

2.2.1 填充、包围及抽取中性面

在进行流场及电磁场仿真时,经常需要根据内流道抽取流道内流体或创建外部计算区域。在抽取内部流体时,可以使用 Tools 菜单下的 Fill 填充工具,其选项如图 2.24(a)所示。它提供了 By Cavity 和 By Caps 两个选项,By Cavity 需要选中所有被流体浸润的表面,对于内表面比较少的管道类模型,可以使用该方法;By Caps 需要将流道封闭起来,系统检索几何模型内存在的封闭腔体并用流体填充这些封闭腔体,当内部流道复杂且浸润面选择不方便时可以使用这种方式,如果需要抽取流体的部分是敞口的,则需要先对敞口进行封闭处理。

在创建外部计算区域时,可以使用 Tools 菜单下的 Enclosure 工具,其设置选项如图 2.24(b)所示。

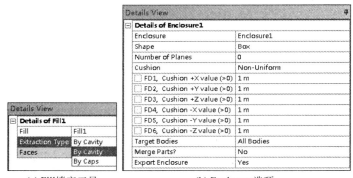

(a) Fill填充工具　　　　　　(b) Enclosure选项

图 2.24　Fill 及 Enclosure 选项

【**例 2.3**】　Fill 及 Enclosure 工具操作演示

(1) 如图 2.23 所示,针对导入的 motor.igs 文件,我们演示一下 Fill 及 Enclosure 工具的用法。该模型是一个水冷电机模型,首先需要根据机壳内的螺旋空腔抽取内部的流体。因为该模型内部流道有很多遮挡,不方便直接选择,所以我们使用 By Caps 方法抽取内部流体,这需要先创建辅助面将入口和出口临时封闭。

(2) 如图 2.25 所示,在 Concept 菜单中选择 Surfaces From Faces,确保当前处于面选择模式。按住 Ctrl 键选择入口和出口两个表面,在 Details View 中单击 Apply 按钮,确保 Faces 栏中选中的是 2 Faces,将 Holes Repair Method 设置为 Natural Healing,对孔进行修补。用鼠标单击 Generate 生成按钮。

(3) 如图 2.26 所示,在 Tools 菜单中选择 Fill 工具,将 Extraction Type 改为 By Caps。Target Bodies 中可以设置针对哪个几何体抽取流道,我们这里保持默认选项,即对全部实体的流道抽取内部流体选项。Preserve Capping Bodies 选择 No,该选项表示当抽取完流体后辅助面会被删除。Preserve Solids 选择 Yes,表示保留固体。是否保留固体取决于我们后续仿真的目的,如果想研究螺旋水道中流体的流动情况,则可以不保留固体,如果研究的

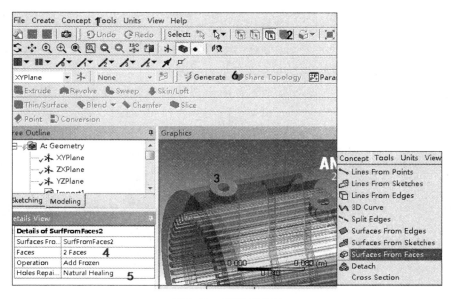

图 2.25　创建辅助面

是水冷电机流体能将固体温度降低多少度，则需要保留固体。

（4）如果只考虑水冷电机的水冷部分的冷却能力，忽略该电机因为自然散热带走的热量，则该模型已经完成了全部流体区域的创建工作，但如果想更真实地模拟该电机的实际散热情况，还需要考虑固体与空气接触后由空气带走的热量，这时还需要创建一个包围区域作为空气域。如图 2.27 所示，选择 Tools 下的 Enclosure，在 Details View 的 Shape 下拉列表中可以选择不同形状，如立方体、圆柱体、球体等，其实当选择的包围体足够大时，这里具体的形状对结果影响不大。我们以立方体为例，选项中提供了 6 个方向的尺寸，这些尺寸指的是在包围体占据的空间基础上增加的尺寸，我们这里将 +Y 设置为 0.4m，其余方向设置为

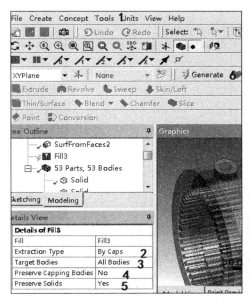

图 2.26　Fill 选项设置

0.15m，单击 Generate 按钮，完成包围区域的生成。选项中的 Number of Planes 可以设置对称面，当模型具有对称性时可以通过该选项减小计算量。

（5）如图 2.28 所示，在模型树中，右击选中的实体，可以对相应实体进行隐藏、压缩、生成多体零件及重命名等操作。例如本例中，利用 Fill 及 Enclosure 功能生成的两个实体是

Enclosure	Enclosure1
Shape	Box
Number of Planes	0
Cushion	Non-Uniform
☐ FD1, Cushion +X value (>0)	0.15 m
☐ FD2, Cushion +Y value (>0)	0.4 m
☐ FD3, Cushion +Z value (>0)	0.15 m
☐ FD4, Cushion -X value (>0)	0.15 m
☐ FD5, Cushion -Y value (>0)	0.15 m
☐ FD6, Cushion -Z value (>0)	0.15 m
Target Bodies	All Bodies
Export Enclosure	Yes

图 2.27　Enclosure 选项设置

流体类型,而其余导入的实体是固体类型,如图 2.26 和图 2.27 所示。可以利用 Suppress Solid Bodies 先压缩固体,剩下的两个实体就是流体了,可以对这两个流体改名后重新对被压缩的固体解除压缩,这些功能都是通过该右击快捷菜单提供的。因为 DM 中无法对导入模型进行删除操作,这时可以通过 Suppress Body 功能将某个实体压缩,压缩后的实体后续不参与仿真计算。

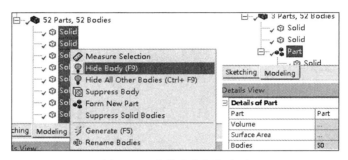

图 2.28　隐藏及改名等选项

2.2.2　多体零件及共享拓扑

Form New Part 功能是生成多体零件,如图 2.28 所示,模型树中共显示了 52 Parts 和 52 Bodies。若将所有固体选中并使用 Form New Part 功能,则此时将变成 3 Parts 和 52 Bodies。此时新生成的 Part 下有 50 Bodies,它就是一个多体零件。多体零件不仅将零件分组管理,更重要的是它决定了后续网格节点的划分方式及如何处理接触面之间数据的传递方式,在 DM 中默认的非多体零件之间是非共享拓扑的,即接触面处相接触的两个面各自独立划分网格节点,ANSYS 中数据是通过节点传递的,如果节点不匹配,则数据将无法传递,只能通过定义接触对来处理不匹配的节点。对于多体零件,其内部的 Bodies 是共享拓扑的,彼此接触的面上网格节点是重合的,这样就可以直接传递数据而不需要额外设置接触对。关于多体零件及共享拓扑,在网格部分我们还会对该功能作重点阐述。

2.2.3　体操作及 Bool 工具

在 Create 菜单中提供了很多体操作及布尔工具,我们可以利用这些工具对模型进行简化、切割、合并、移动、旋转、镜像、阵列等操作。

列出的 Body Transformation 中的选项如图 2.29 所示,当导入的模型方位不正确时,可利用 Move、Translate、Rotate 等工具对模型进行移动及旋转操作,如果按面移动及旋转,则需要先创建两个辅助面,将原面移动和目标面重合的同时,所有实体也会随着面的移动一起移动。如果用点的方式移动及旋转,则在两点之间连线形成的向量将作为平移及旋转的参考向量。在 Body Transformation 中还提供了 Mirror 镜像及 Scale 缩放功能。在使用 Mirror 时只需设置镜像面及被镜像的对象。Scale 需设置缩放参考点及缩放比例,缩放参考点可以是坐标点或体心、顶点等特征点。

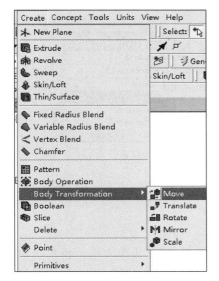

(a) 选项类型   (b) Move选项

Details of Scale1	
Scale	Scale1
Preserve Bodies?	No
Scaling Origin	World Origin
Bodies	0
Scaling Type	Uniform
☐ FD1, Global Scaling Factor (>0)	1

(c) Scaling Origin选项

图 2.29 Body Transformation 选项

列出的 Body Operation 中的选项如图 2.30 所示,其中 Sew、Simplify、Clean Bodies 可以对模型进行缝合、简化及清理工作,这些都是系统自动完成的,选项设置比较简单,但修复的结果并不一定满足需求。Body Operation 中最重要的是 Imprint Faces 工具,利用它可以创建印记面以便实现对接触面的自动切割工作,之所以要切割接触面是因为两个接触面的大小并不一定相同,通过 Imprint Faces 工具的切割能够实现接触对面积上的精确匹配。

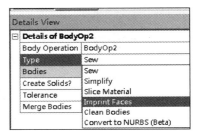

图 2.30 Body Operation 中的选项

阵列及布尔操作选项如图 2.31 所示,提供了沿直线、圆周及矩阵方式 3 种阵列方式,布尔操作中提供了加、减、相交及印记面等选项,它们和常见 CAD 软件中的阵列及布尔操作类似。这里的 Imprint Faces 和 Body Operation 中的 Imprint Faces 的区别在于,前者是手工选择,而后者是自动判断。

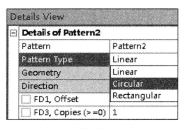
(a) 阵列选项

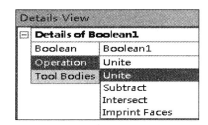
(b) 布尔选项

图 2.31　阵列及布尔操作选项

2.2.4　Icepack 工具

Icepack 是电子散热仿真模块,几何模型在进入 Icepack 前需转换为能被该模块识别的格式。在 DM 的 Tools 中提供了一套 Electronics 工具,专门用来处理 Icepack 的模型转换问题,如图 2.32 所示,其中最常用的是 Simplify 工具,通过该工具处理后,模型就能够被 Icepack 识别了。重新打开素材中的 motor.igs,选择 Tools 菜单的 Electronics 列表中的 Simplify,此时会打开如图 2.33 所示的选项。选中所有实体后在 Select Bodies 中单击 Apply 按钮即可对全部实体进行一次性转换。在 Simplification Type 中有 3 个级别的简化,一般选择 Level 3(CAD object),另外两个级别的简化会丢失几何形状等信息,很少使用。Facet Quality 可以根据模型规模选择不同面的质量,质量越高,转换后面的数目就越多。当这些选项设置好后,单击 Generate 按钮,模型树中的图标会变成红色,表示已转换为 Icepack 实体。

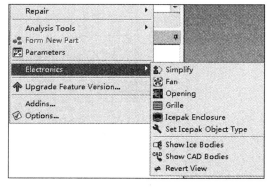

图 2.32　Icepack 工具

图 2.33　Simplify 选项

2.2.5 修复、测量工具

在 Tools 中还有两类比较常用的工具集。Repair（修复）工具集及 Analysis Tools（分析）工具集。如图 2.34 所示。

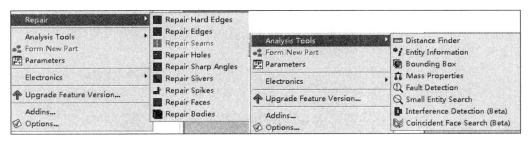

图 2.34 Icepack 选项

在 Repair 工具集中可以清理硬边、去除缝隙、孔洞、尖角、修复窄面、面体及实体，各功能的用法类似。Repair Faces 选项如图 2.35 所示，只需设置需要修复的面的一个范围值，然后双击 Find Faults Now 中的 No，此时系统会自动将其调整为 Yes，并自动在指定面积范围内查找。Repair Method 可以使用系统设置的自动修复法，也可以手工修改其他选项，设置好后单击 Generate 按钮。

在 Analysis Tools 工具集中，提供了距离测量、尺寸测量、质量测量等选项，还提供了诸如实体干涉检查及面干涉检查功能，这两个选项需要打开 Beta 选项，Beta 选项如何打开可以翻阅第 1 章所讲解的 Workbench 设置选项。这几个干涉检查的使用方法类似，如图 2.36 所示，只需要在 Go 选项中设置为 Yes，系统会自动查找存在干涉的几何体并高亮显示。可以对 Search Criteria 选项进行设置，当将 Interference 设置为 Contact 时，则会对接触情况进行检查。

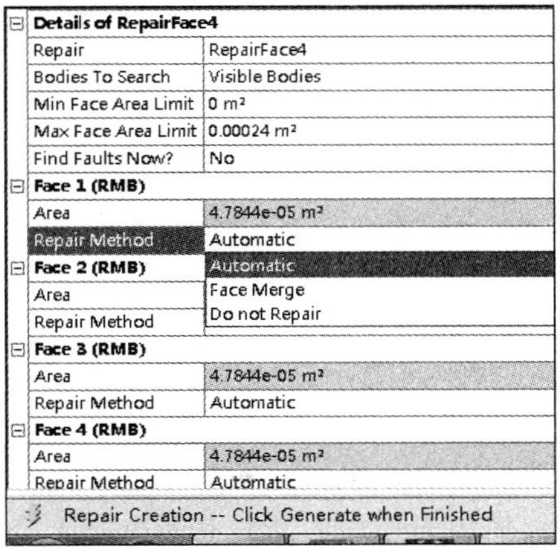

图 2.35 Repair Faces 选项

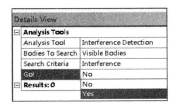

图 2.36 干涉检查选项

2.3　DM 参数化功能

参数化是指将模型尺寸设置为参数或建立与其他尺寸之间的函数关系,通过修改参数的数值驱动模型尺寸,避免相同形状模型只因尺寸不同而重绘,是优化设计的前提。

我们通过一个简单的实例来演示一下参数化过程中涉及的概念及参数化的用法。

【例 2.4】 参数及参数化实例演示

(1) 新建一个工程,打开 DM,将单位设置为 mm,在 XY 基准面上新建一草图,切换到草绘模式,绘制一如图 2.37 所示的矩形,将长度和宽度标注为 30mm 和 16mm。

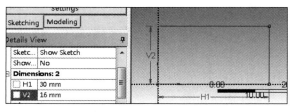

图 2.37　绘制矩形

(2) 单击 H1 和 V2 前的方框,此时会弹出如图 2.38 所示的对话框,分别在 H1 及 V2 对话框中输入 L1 及 W1。

(3) 切换到 Modeling 状态,以该草图创建拉伸特征,将拉伸厚度设置为 5mm,单击该尺寸前的方框,弹出如图 2.39 所示的对话框,将参数设置为 Ex3。单击 Generate 按钮生成模型。

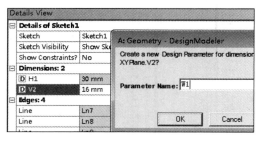
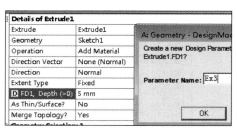

图 2.38　设置草图参数　　　　　　图 2.39　设置拉伸特征参数

(4) 如图 2.40 所示,在工具栏中选择 Fixed Radius 圆角工具,选择矩形特征的四条边线,将其半径设置为 3mm,单击该尺寸前的方框,将参数名修改为 R4。单击 Generate 按钮生成模型。

(5) 如图 2.41 所示,单击 Parameters 按钮后将在窗口底部显示 Parameter Editor 参数编辑器列表,其中 Design Parameters 中显示的是驱动参数名、驱动参数值及驱动参数类型,Parameter/Dimension Assignments 显示的是被驱动尺寸及表达式。表达式中的@代表取驱动参数的数值。

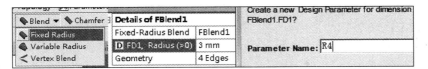

图 2.40　设置圆角参数

（6）如图 2.42 所示，将 FBlend1.FD1 的驱动表达式修改为@W1/2-2，这样就可以避免因宽度变化而导致圆角干涉了，单击下边的 Check 按钮可以检查表达式是否正确，修改完成后再单击 Generate 按钮重新生成几何模型，此时会发现圆角大小已经发生变化了，此时 R4 被称为一个悬空的参数，它不驱动任何特征尺寸了。修改 Design Parameters 中的驱动参数的值同样可以改变几何体的尺寸，大家可以自行尝试，注意驱动参数只能是具体数值而非表达式。

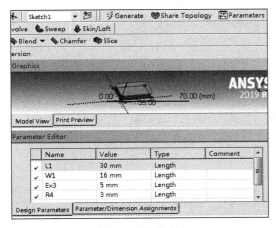

图 2.41　参数列表

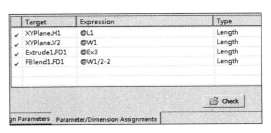

图 2.42　修改驱动表达式

（7）如图 2.43 所示，回到 Workbench 主界面，可以看到此时会出现一个 Parameter Set，双击它会打开参数集界面，在 Table of Design Points 中可以添加多组参数值，参数优化就是从这些参数值的计算结果中筛选出最优值，关于这部分知识我们后续再讲解。

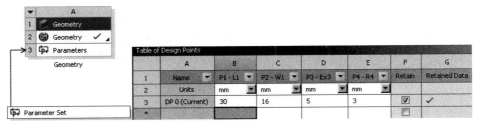

图 2.43　Workbench 中的参数集

2.4　综合实例讲解

在实际工程应用中,DM 一般用来修复几何模型、抽取流体域或将实体模型转化为线体、面体,以便充分利用有限元软件中提供的梁单元、壳单元工具集并可以减少计算量。我们通过一个综合实例演示一下工程中模型简化、修复过程及如何抽取流体域并介绍如何将实体转化为梁单元或壳单元。

【例 2.5】　综合实例

20min

(1) 打开 Workbench,在左侧 Toolbox 中双击 Geometry 模块,右击 Geometry,选择 New DesignModeler Geometry。在 File 菜单中选择 Import External Geometry File,选择本书提供的素材文件 eg2.5.x_t,将其导入 DM 中。单击工具栏中的 Generate 按钮,加载几何模型。在 DM 中将单位设置为 mm,操作过程如图 2.44 和图 2.45 所示。

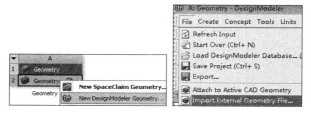

图 2.44　加载 DM 模块

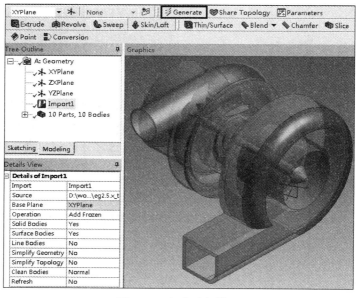

图 2.45　加载几何模型

（2）在 Units 菜单中，将单位设置为 Millimeter。为了便于观察，将 View 菜单中的
Frozen Body Transparency 的对钩去掉。此时模型将由默认的半透明显示模式切换为非透
明显示模式，如图 2.46 所示。

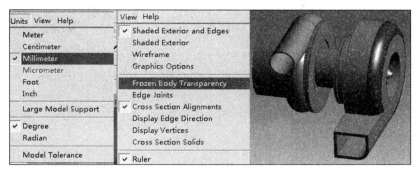

图 2.46　切换单位及显示模式

（3）在 View 菜单中，将边线的颜色显示模式修改为 By Connection，如图 2.47 所示。
此时系统将用不同颜色标识边线的连接状态。当模型存在缝隙、孔洞等缺陷时，边线为独立
边线，这类边线将以红色高亮显示。

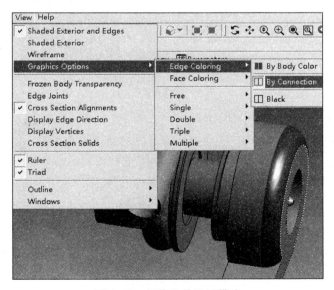

图 2.47　切换边线显示模式

（4）在 Create 菜单中，选择 Body Operation，将类型设置为 Sew，选择如图 2.48 所示的
两个面体。将 Create Solids 设置为 No，不对缝合的面体生成实体。单击 Generate 按钮，将
存在缝隙的 2 个面体缝合为 1 个面体。

（5）在 Tools 菜单中，选择 Surface Patch。选择如图 2.49 所示的 4 条边线，单击

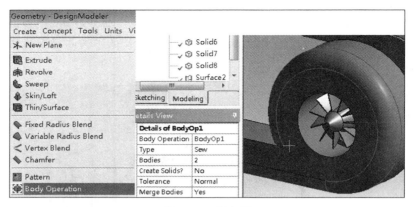

图 2.48　缝合面

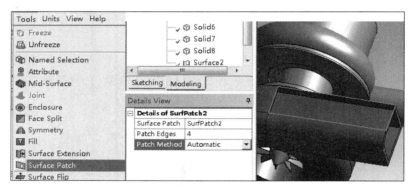

图 2.49　封闭孔洞

Generate 按钮,此时缺失的面便完成修补了。

（6）如图 2.50 所示,选择模型树中的面体,对应的面体将高亮显示。该面体经过前面的修补后已经是一个封闭的面体了。在 Create 菜单中,选择 Body Operation,将类型设置为 Sew。将 Create Solids 设置为 Yes,单击 Generate 按钮,此时面体将转换为 Solid 实体类型。

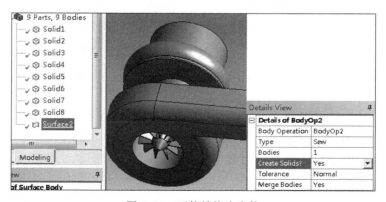

图 2.50　面体转换为实体

（7）如图 2.51 所示，选择 Tools 菜单中的 Repair→Repair Hard Edges 命令。双击
Find Faults Now，系统将高亮显示存在缺陷的边线，单击 Generate 按钮即可对边线进行
修复。

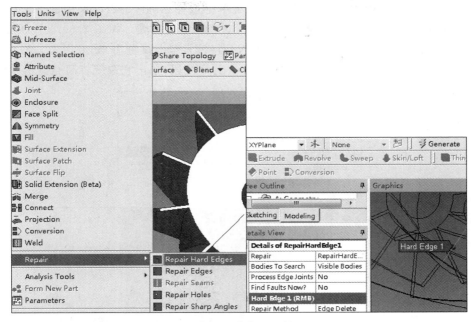

图 2.51　修复硬边线

（8）选择 Tools 菜单中的 Repair→Repair Silvers 命令，在弹出的 Details View 中，将搜
索范围设置为 0～0.5mm，系统将寻找介于该范围的狭窄面体。将 Find Faults Now 设置
为 Yes，此时高亮显示满足要求的狭窄面体，为了更清晰地显示该面体，可以将 View 菜单中
的显示模型设置为 Shaded Exterior and Edges，如图 2.52 所示。单击工具栏中的 Generate
按钮，修复该面体。

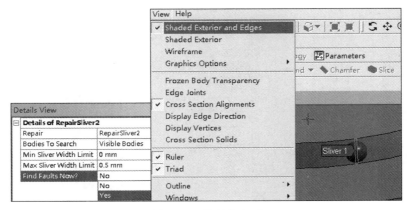

图 2.52　修复狭窄面

（9）模型中的短线段会影响后续的网格数量和网格质量，DM 中提供了 Small Entity Search 功能，用于查找并修复短线段。对于本例，由于存在叶轮叶片、螺母、垫片、螺纹等较薄的结构，若不加限制地使用 Small Entity Search，则会影响到无须修复的零件，因此我们需要将它们排除。如图 2.53 所示，在 Tools 菜单中选择 Analysis Tools 中的 Small Entity Search 命令，在 Details View 中，将 Entity Set 设置为 3 个外壳。按图 2.54 设置相应选项，除 Check for Short Edges 外，其余均设置为 No，将搜索范围设置为 3mm 以下。将 Go 设置为 Yes，此时可以搜索到 1 条长度为 2.6743mm 的短线段，单击它系统将高亮显示该线段。

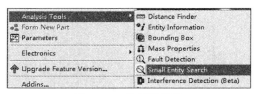

图 2.53　修复短线段

图 2.54　设置选项

（10）选择 Tools 菜单中的 Merge 命令，选中如图 2.55 所示两条线段，单击 Generate 按钮，通过合并清除短线段。

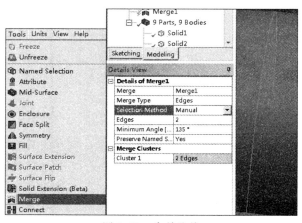

图 2.55　合并边线

（11）如图 2.56 所示，模型中存在干涉及缝隙。系统提供了干涉检查功能，该功能需要打开 Beta 选项。选择 Tools 菜单中的 Analysis Tools→Interfere Detection 命令。在选项设置中将 Bodies To Search 设置为 All Bodies，将 Search Criteria 设置为 All，将 Go 设置为 Yes，系统找到存在干涉的零件，并高亮显示，如图 2.57 所示。

图 2.56　干涉及缝隙

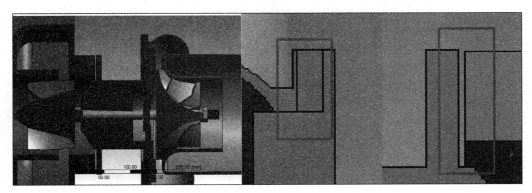

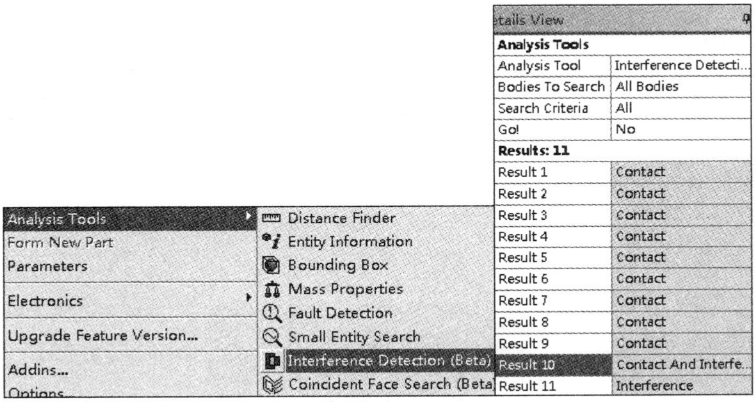

图 2.57　干涉检查

（12）为了便于观察内部干涉情况，可以将显示模式切换为线框形式，如图 2.58 所示。通过查看不同的干涉零件，可以发现泵壳与叶片、泵壳与中间连接件均存在干涉，因此可以通过调整泵壳解决干涉问题。

（13）针对干涉的零件分别进行处理。如图 2.59 所示，选择 View 菜单中的 Shaded Exterior and Edges 命令，重新切换回实体显示模式。在左侧模型树中选中泵壳和中间件，将其余模型隐藏。

（14）如图 2.60 所示，在 Tools 菜单下的 Analysis Tools 中选择 Distance Finder 命令。在弹出的选项设置中，依次激活 Entity Set1 和 Entity Set2。在常用工具栏中，将选择模式切换到面选择模式。如图 2.61 所示，由于泵壳和中间件匹配的面均被实体遮挡，故选择左

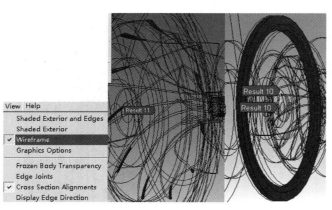

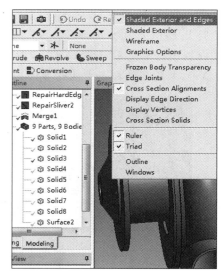

图 2.58　干涉分析　　　　　　　　　　图 2.59　干涉处理

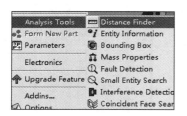

图 2.60　测量干涉距离

侧面,在左下方弹出的面集合中分别选择第 2 个和第 3 个面,测量得到二者之间的距离为 9mm。这两个面为配合面,因此需要将泵壳沿－X 方向移动 9mm。

(15) 如图 2.62 所示,在 Create 菜单中的 Body Transformation 下选择 Translate 命令。在选项中,选中泵壳实体,将移动类型设置为 Coordinates,移动距离设置为－9mm。

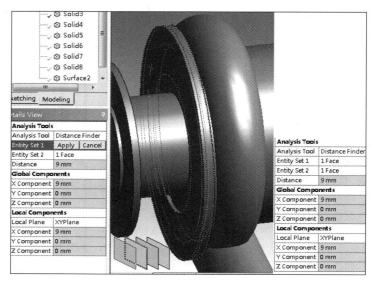

图 2.61　测量干涉距离

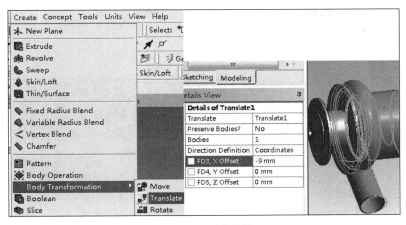

图 2.62 平移实体

（16）与上述步骤类似，测量蜗壳与中间件之间缝隙为 2mm，如图 2.63 所示。我们只需将蜗壳的对应面拉伸 2mm 便可以修补该处缝隙。

（17）如图 2.64 所示，为了便于观察，选中泵壳，右击，在弹出的快捷菜单中选择 Hide All Other Bodies 命令。单击工具栏中的 Extrude 按钮，选中如图 2.65 所示的相应选项，将拉伸长度设置为 2mm。若方向与所需方向不符，则可以通过左下角的切换方向箭头图标切换拉伸方向。

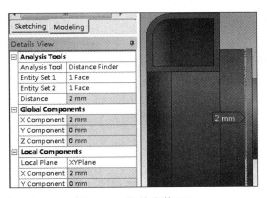

图 2.63 拉伸实体（1）

图 2.64 隐藏其他实体

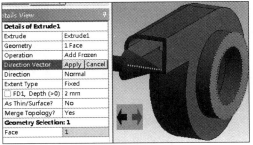

图 2.65 拉伸实体（2）

（18）如图 2.66 所示，选择 Create 菜单中的 Boolean 命令，在弹出的选项中，将类型设置为 Unite。如图 2.67 所示，选择两个实体，单击工具栏中的 Generate 按钮，完成两个实体的合并。

图 2.66 Boolean 操作

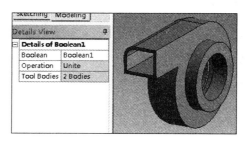

图 2.67 合并实体

（19）在流场仿真中，类似于螺纹等特征对流场的影响可以忽略不计，我们需要去除螺栓的螺纹。

（20）单独显示螺栓零件，单击如图 2.68 所示的界面以便选择模式开关。在 Create 菜单中，选择 Delete 中的 Face Delete 命令，选中构成螺纹的 3 个面，将 Healing Method 设置为 Automatic，然后单击工具栏中的 Generate 按钮。

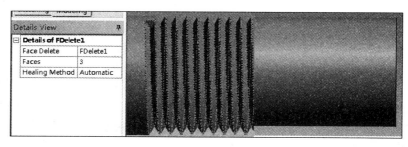

图 2.68 删除螺纹

（21）接下来需要抽取流道内的流体，这需要先封闭所有对外的开口。如图 2.69 所示，选择 Concept 菜单中的 Surfaces From Edges 命令，然后选中 8 条边线构成的 4 个环，单击 Generate 按钮，生成 4 个封闭面便可以将模型完全封闭。

（22）选择 Tools 菜单中的 Fill 命令，将 Extraction Type 设置为 By Caps，将 Preserve Solids 设置为 Yes，单击 Generate 按钮，将抽取内部流体并保留固体，如图 2.70 所示。若将 Preserve Solids 设置为 No，则仅保留生成的流体，如图 2.71 所示，实体类型为 Fluid。

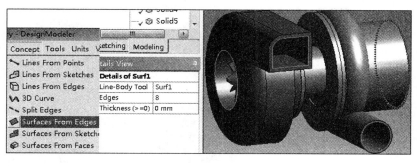

图 2.69 创建封闭面

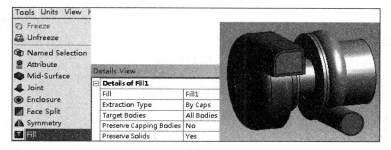

图 2.70 抽取内部流体

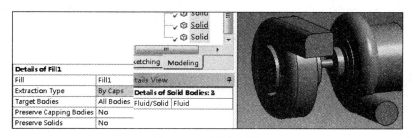

图 2.71 不保留固体

(23) 在进行流固耦合仿真时,经常需要分析薄壁件(如蜗壳)的振动特性。若将蜗壳从实体类型转换为壳类型将极大减小计算量并可利用系统提供的多种壳分析工具。我们以蜗壳为例介绍如何利用 DM 将实体转化为壳体。

(24) 单独显示蜗壳零件,在 Tools 菜单中选择 Mid-Surface 抽取中性面功能。如图 2.72 所示,按住 Ctrl 键选择一个外表面和与之相对的内表面,此时系统以紫色高亮显示匹配的面。以同样的方法依次选择其余面对,直到全部内外表面全部匹配好,只剩 3 个出口不需匹配,如图 2.72 所示的最后一张图片。

(25) 匹配好面对后单击 Apply 按钮,其余选项保持默认值,单击工具栏中的 Generate 按钮,生成壳体,如图 2.73 所示。在抽取中性面时可能会出现裂缝,此时可以利用前面讲述

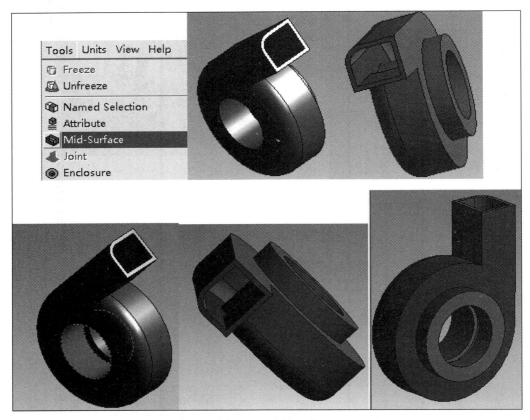

图 2.72　选择面对

的方法手工修复,也可通过调整 Sewing Tolerance 的数值实现自动缝合。本例可以将该值修改为 9mm,即可自动缝合,如图 2.74 所示。

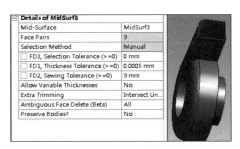

图 2.73　抽取中性面　　　　　　　　　　　　图 2.74　缝合中性面

（26）返回 Workbench 主界面,选择 File 菜单中的 Save 命令,保存工程。

2.5 SpaceClaim 几何建模概述

SpaceClaim(以下简称 SCDM)是一款三维实体直接建模工具,它不同于传统的基于特征的参数化建模的 CAD 软件,它的命令简洁高效,能够以更自然直观的方式创建及修改模型,有丰富的数据接口和强大的特征识别能力。

如图 2.75 所示,在 Workbench 中添加 Geometry,默认情况下双击或右击选 New SpaceClaim Geometry。SCDM 默认为英文界面,可以在 File 菜单下选择 SpaceClaim Options 命令,在该选项对话框中有很多和软件设置相关的选项,例如颜色、单位设置、键盘快捷键、语言设置等。在 Advanced 中找到 Language,选择简体中文即可将界面改为中文界面,如图 2.76 所示。下面我们简单介绍一下 SCDM 的基本界面组成,如图 2.77 所示,界面最上方左侧为快速访问工具栏,可以通过它访问一些快捷方式。它的下边是工具栏,当切换不同菜单时,工具栏会发生相应的变化,在这里可以访问全部工具。界面左侧是一系列面板,包括结构面板、选项-选择面板、属性面板等,可以通过这些面板设置一些具体工具的选项和参数。最下方是状态栏,会实时给出一些操作提示,如坐标信息等。中间最大的区域为设计窗口,当选择不同工具时,设计窗口会有相应的工具向导,为该工具提供了更多可访问的特性。

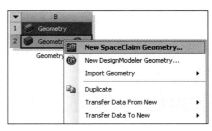

图 2.75 SpaceClaim 创建方式

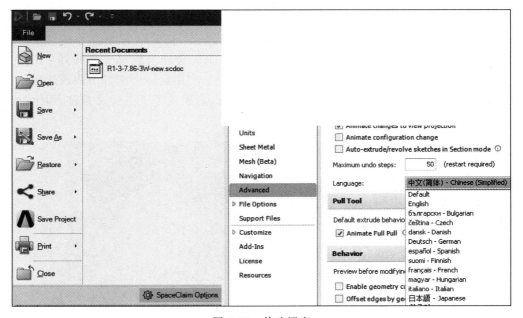

图 2.76 修改语言

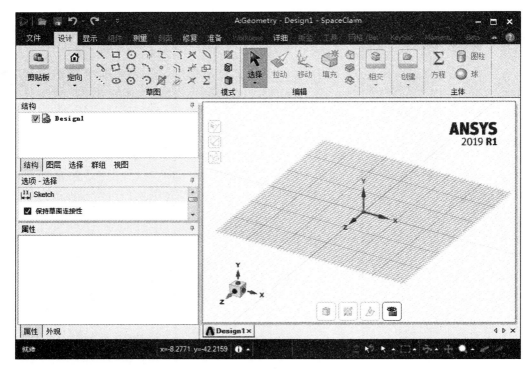

图 2.77　基本界面组成

2.5.1　选择工具

在 SCDM 中,鼠标在不同对象上操作会有不同的效果,在如图 2.78 所示的边上单击会选中边本身,双击则会选择包含边的一个环,继续双击则会切换到另一侧的环;在面上单击,会选中该面,在面上快速三击,则会选中整个实体;利用鼠标框选可以快速选择被框中的点、线、面。除了鼠标操作外,在左侧有个选择面板,它提供了更多筛选条件,用于批量选择。关于选择面板我们后面会详细讲解。

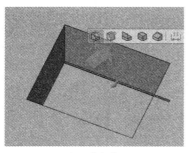

(a) 选中边

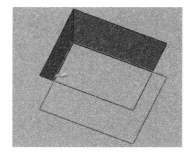

(b) 选中包含边的一个环

图 2.78　鼠标选择及选择面板

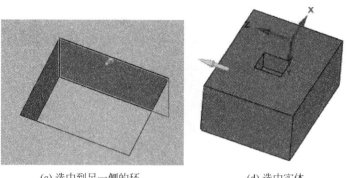

(c) 选中到另一侧的环　　　　　　(d) 选中实体

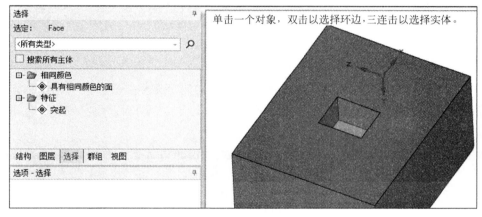

(e) 选中一个面

图 2.78 （续）

2.5.2 草绘工具

同 DM 一样,在创建 3D 模型前先要创建草绘,草绘工具如图 2.79 所示,我们通过一个实例演示一下草绘工具及其选项的具体用法。

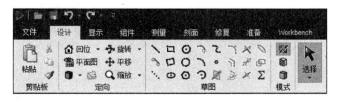

图 2.79 草绘工具

【例 2.6】 草绘实例

（1）选择矩形工具,如图 2.80 所示,在选项中勾选从中心定义矩形选项,在坐标系的中心单击后拉动,在高亮的尺寸框中将长度输入为 80,注意此时不要按 Enter 键,而是按 Tab 键将输入切换到另一个输入框中,将长度输入为 50 后按 Enter 键。

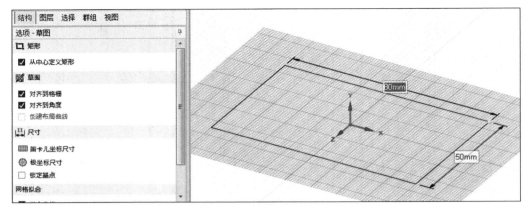

图 2.80　绘制矩形

(2) 如图 2.81 所示,在工具栏中选择平面图按钮便可调整视图。选择绘制圆工具,在左上角选择圆心,输入 25mm 作为直径,再在另一侧单击并拉动圆直到左侧高亮显示,这表明两个圆大小相等,按下鼠标,完成另一个圆的绘制。

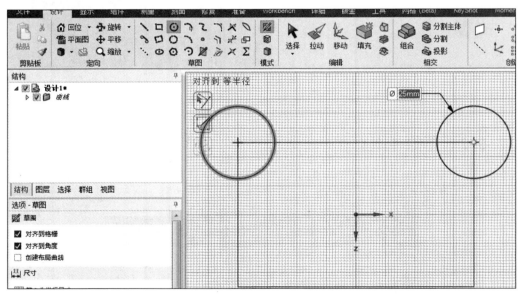

图 2.81　绘制圆

(3) 如图 2.82 所示,选择草绘工具中的参考线工具,捕捉到上下边的中点绘制参考线,随后在右击弹出的快捷菜单中选择"设置为镜像线"。选择矩形工具,在左下角绘制边长为 14mm 的正方形,此时会发现系统自动添加关于镜像线的对称正方形。

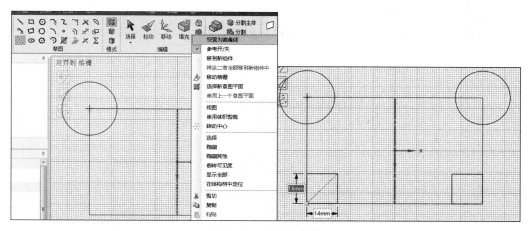

图 2.82 创建镜像线

（4）选择直线工具，在左侧选项中选择笛卡儿坐标尺寸，此时会出现一个十字圆圈，在底边中点单击放置参考的基准点，将鼠标向右上角拉动，输入长度和宽度尺寸，使直线的起始点在如图 2.83 所示的位置。其长度和宽度的正负取决于左下角的直角坐标系的方向。在左侧选项中选择极坐标尺寸，此时拉动鼠标后将以角度和长度显示直线，将长度设置为16mm，将角度设置为 30°。

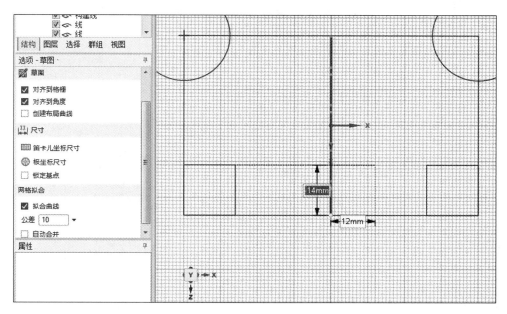

图 2.83 创建坐标原点及极坐标直线

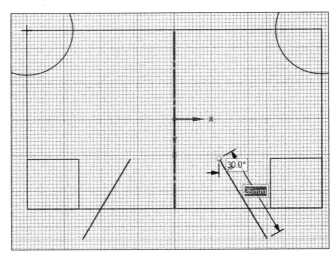

图 2.83 （续）

（5）如图 2.84 所示，选择直线工具，绘制上方水平线，将梯形封闭。在工具栏中选择剪掉工具，将底部多余线条剪掉，此时我们的草绘已经绘制好了。注意观察左侧结构树，可以看出草绘均由曲线构成。

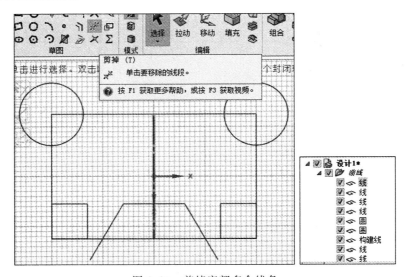

图 2.84 剪掉底部多余线条

（6）在绘制过程中可以看出 SCDM 可以捕捉中点、等直径、共线、角平分线等特征，为绘图带来了极大的方便，同 DM 一样，在绘图过程中要时刻关注状态栏的操作提示。

（7）回到 Workbench 主界面，以 eg2.6 为文件名保存工程文件。

2.5.3　拉动工具

拉动工具是 SCDM 中最重要、最灵活的工具,利用该工具可以完成添加材料、去除材料、绘制圆角、倒角、旋转拉伸、扫描实体、拔模等功能。

【例 2.7】　拉伸实例

(1) 如图 2.85 所示,打开 eg2.6 工程文件,双击打开 SCDM,在工具栏中单击拉动,此时由草绘模式进入 3D 模式,封闭的曲线也变成了曲面。拉动工具有很多引导工具和工具选项。按鼠标中键并拉动旋转视角,在中间最大的区域单击鼠标左键向上拉动,鼠标左键不要松开,输入 15 后按 Enter 键。

(2) 如图 2.86 所示,选中两个圆,向上随意拉动,形成两个 3/4 圆柱,单击圆柱的上表面后选中左侧选项中的标注工具,再选择圆柱底面形成完整标注,输入高度 25。

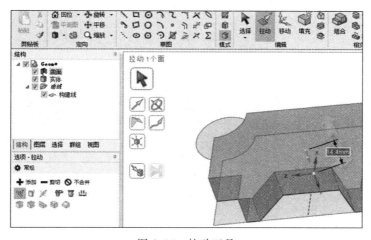

图 2.85　拉动工具

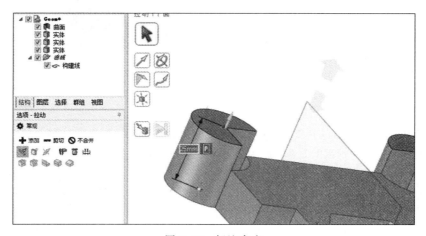

图 2.86　标注高度

（3）如图 2.87 所示，选择 1/4 圆，在左侧导引工具中选择"直到"按钮，再在最大的平面上单击，此时 1/4 圆会被拉伸成和主体一样高并和主体合并。

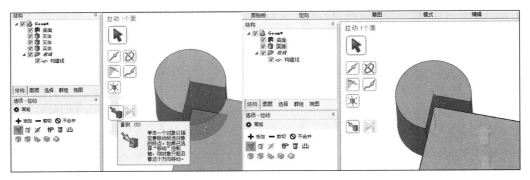

图 2.87　直到选项

（4）如图 2.88 所示，选择左上角的撤销按钮，撤销刚才的操作，选择选项中的不合并，重复上述操作，此时会发现 1/4 圆柱并没有和主体合并，同时左侧结构树中的实体数量也比之前增多了。

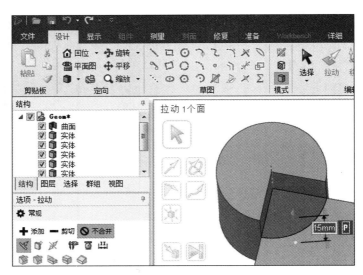

图 2.88　不合并选项

（5）如图 2.89 所示，选择 3/4 圆的上边线，拉动该边线，直到半径显示为 1mm。按住 Ctrl 键选中如图 2.90 所示的边线，在右上角弹出的临时选项中选择倒角选项，拉动鼠标直至倒角为 2.5mm 为止。

（6）如图 2.91 所示，选择草绘模式，单击主体上表面，将其选为新的草绘面。

（7）如图 2.92 所示，切换主视图视角，选择圆工具，以坐标原点为圆心绘制直径为 10mm 的圆，选择拉动工具，向下拉动圆面直到拉通为止。

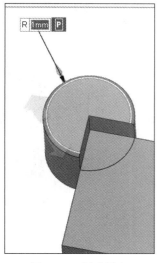

图 2.89　创建圆角

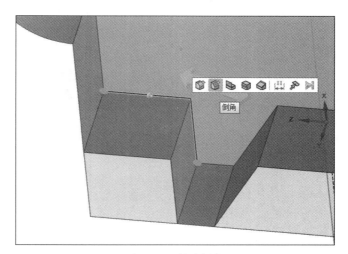

图 2.90　创建倒角

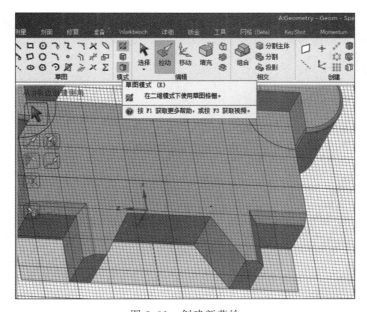

图 2.91　创建新草绘

（8）如图 2.93 所示，选择实体的侧面，此时将鼠标移动到中间对称面附近，它会高亮显示，选中它后单击草图模式，并选择主视图视角，绘制一直径为 3mm 的圆。

（9）如图 2.94 所示，选择拉伸工具，选中刚刚创建的圆面，在选项中选择剪切和双向按钮，拉动圆面直到拉通为止，模型绘制完成，将模型以 eg2.7 的文件名另存。

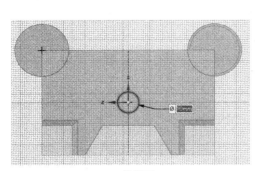
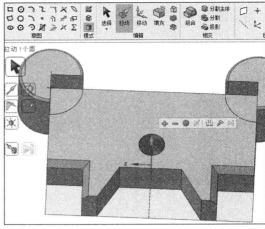

(a) 绘制图　　　　　　　　　　　　　　　　(b) 生成特征

图 2.92　创建圆

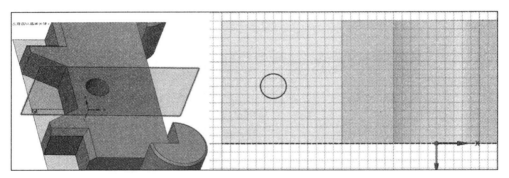

图 2.93　创建草绘面

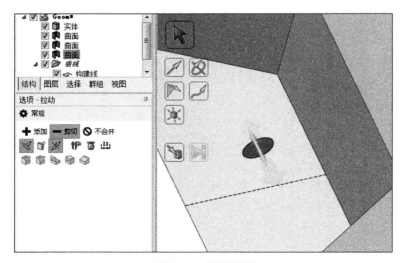

图 2.94　拉动选项

这个实例说明拉动这一工具是十分灵活的，在引导选项中还有扫描及旋转功能，由于这两种功能对从外部导入的模型进行修复及简化过程中很少使用，这里不进行讲解，大家可以自行尝试。

2.5.4 移动工具

通过移动工具可以实现对几何要素的移动及旋转。

【例2.8】 移动实例

（1）打开素材中的 eg2.7 实例，选择如图 2.95 所示的面，选择移动工具，沿着垂直该面的箭头拉动鼠标，该面位置随着拉动而变化，输入距离完成面的移动。可以看出，当对一个面进行移动时，移动工具和拉动工具效果相同。

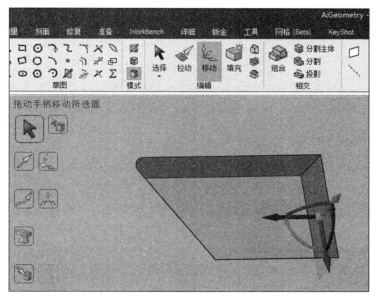

图 2.95 面的移动

（2）框选整个凹陷区域，此时移动图标在区域中心，拉动如图 2.96 所示的轴线向右的坐标轴，输入 3mm 作为移动的距离，可以看出此时的移动为整体移动。

（3）选择圆角面，拉动如图 2.97 所示的法向轴线，输入 0.5mm 作为移动距离。可以看出移动工具和拉动工具使用时在圆角上的区别，拉动圆角改变的是圆角的大小，而移动圆角改变的是圆角的位置。

（4）框选凹陷面，移动图标位于中心，选择如图 2.98 所示的定位按钮，选择序号 2 对应的面，将移动图标的定位球移动到序号 2 对应的面上，选择"直到"按钮，选择序号 3 对应的轴线，选择圆柱面，将凹陷面整体移动，使序号 3 对应的面和圆柱轴线对齐。

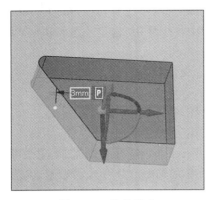

图 2.96　整体移动

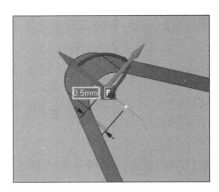

图 2.97　移动圆角

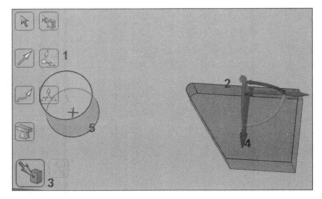

图 2.98　移动到选项(一)

(5) 如图 2.99(a)所示,单击侧面,选择旋转轴拉动后输入 30°。如图 2.99(b)所示,选择旋转中心的小球并拉到侧边线上,拉动旋转轴后输入 330°。

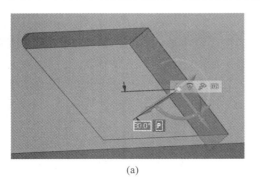

(a)

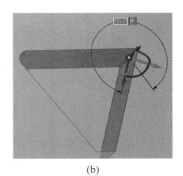

(b)

图 2.99　移动到选项(二)

（6）如图2.100所示，框选凹陷面，按住Ctrl键拉动并输入10mm作为拉动距离，此时移动选项可以对特征进行复制。

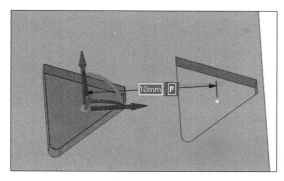

图2.100 复制特征

2.5.5 组合及剖面模式

组合工具类似于DM中的布尔操作工具，可以实现合并及求交集功能。选择组合工具，选择小立方体作为被剪切对象，选择大立方体作为剪切工具，此时小立方体被剪切成3个实体，如图2.101所示。若需要去除某个实体，则选择下方去除按钮后选择被去除的实体，若不需要去除，则按键盘上的Esc键。组合工具默认进行剪切，若选择引导工具中的合并按钮，则进行合并操作。

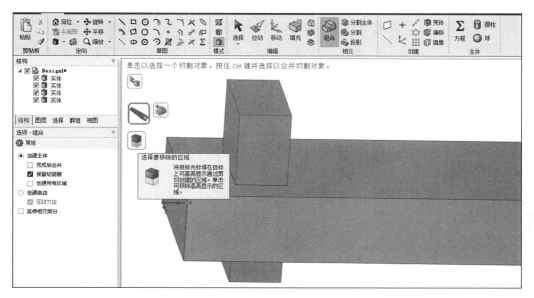

图2.101 组合工具

剖面模式用得比较少,如图 2.102 所示,选中相对的两个面后,选择剖面模式即可在截面上创建草图,返回三维状态时将生成面体。

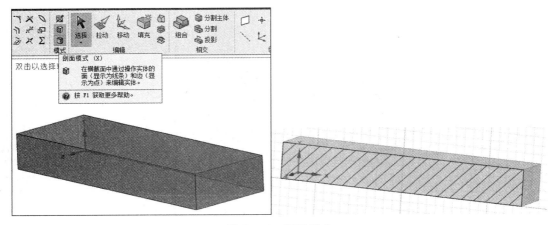

图 2.102　剖面模式

2.5.6　填充、包围及抽取中性面

填充工具对选中的面进行移除,同时与该面相邻的面自动延伸到形成可封闭的几何,否则填充操作就会失败。如图 2.103 所示,选择圆角面和小平面后将这两个面移除,周边的面延伸至相交。选择 3 个侧面,则会将 3 个面均去除,将凹陷填平。填充工具经常用来去除小孔、倒角、圆角等特征。如图 2.104 所示,双击边线,直到选中图中边线为止,然后使用填充工具,此时会在边线上创建一个面体,将边线封口,这个功能类似于 DM 中对开口域进行封口操作。

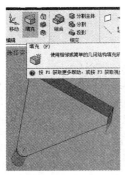 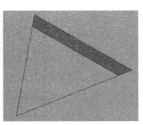 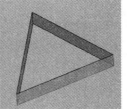 

(a) 选择圆角面和小平面　　(b) 周边的面延伸至相交　　(c) 选择3个侧面　　(d) 凹陷填平

图 2.103　填充工具

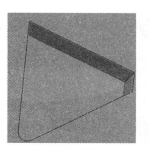 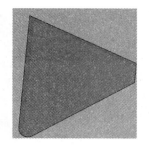

(a) 选择边线　　　　　　　　(b) 边线封口

图 2.104　封闭面工具

与 DM 类似，SCDM 也提供了抽取内流体及创建包围区域等工具。

【例 2.9】　体积抽取及外壳工具

（1）如图 2.105 所示，打开 Workbench，添加 Geometry 模块，在其上右击，选择 Import Geometry 命令，导入我们之前使用过的 motor.igs 素材文件，双击该模块打开 SCDM。

📹5min

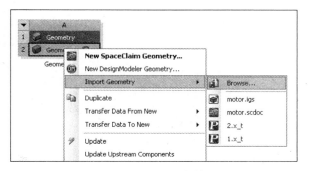

图 2.105　导入几何模型

（2）切换到准备面板，选择体积抽取工具，按住 Ctrl 键选择如图 2.106 所示的两个封顶表面，切换到如图 2.107 所示的选择矢量面按钮，选择任意内流道面，此时绿色对钩高亮显示，选择该对钩则会生成内部流体。

（3）如图 2.108 所示，在结构树上隐藏所有零部件，只保留新生成的体积，观察内部流体是否提取成功。

（4）如图 2.109 所示，显示所有隐藏模型，选择外壳工具，框选几何模型，此时将出现尺寸边界框，分别修改各方向尺寸，在左侧选项中还可以修改包围的形状，设置好参数后选择绿色对钩即可。

（5）如图 2.110 所示，选择中性面工具，无须按住 Ctrl 键，先后选择需要抽取中性面的相对表面，勾选对钩即可，注意只有选好一对面时被选面才会高亮显示，抽取完中性面后原模型会被压缩，中性面功能一般用在梁结构中，这里仅演示其创建方法。

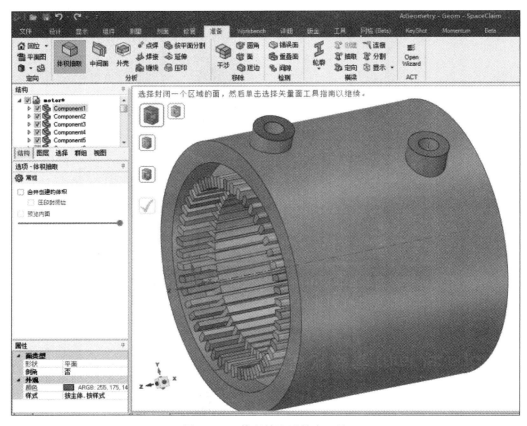

图 2.106　体积抽取及外壳工具

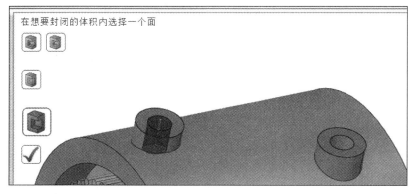

图 2.107　选择封顶面

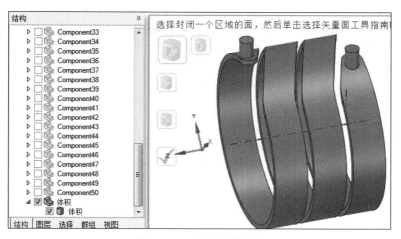

图 2.108　观察内部流体

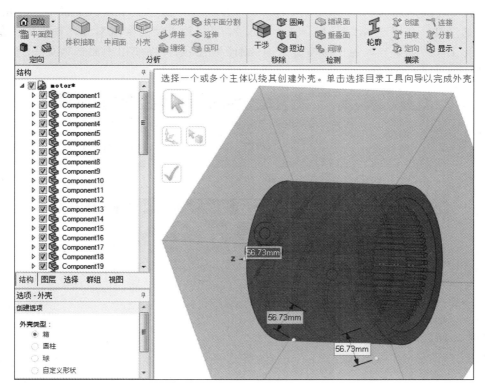

图 2.109　创建外流场

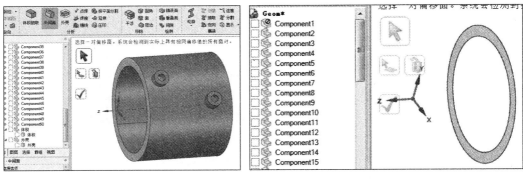

(a) 选择相对表面	(b) 创建结果

图 2.110　创建中性面

2.5.7　修复、修补

如图 2.111 所示,系统在修复、Workbench、准备 3 个选项页中提供了很多与简化及修复相关的工具。利用这些工具,配合选择选项页,可以很方便地实现对导入模型的修复、修补及简化工作。如果导入的几何模型为 stl 刻面格式,则可以使用刻面选项页中的工具对 stl 文件进行前处理。

(a) 修复页

(b) Workbench页	(c) 准备页

图 2.111　修复及简化工具

【例 2.10】　去除圆角及凹陷

(1) 打开 Workbench,双击 Geometry,导入素材文件 eg2.10. scdoc 后双击便可进入 SCDM 主界面。

(2) 我们需要去除模型的圆角、窄边、尖角等不利于网格划分的几何要素。如图 2.112 所示,选择去除面工具,框选 3 个凹陷面,选择绿色对钩完成修复,去除面工具类似于填充工具。

(3) 如图 2.113 所示,选择去除圆角工具,双击圆角面以便选中圆角形成的环,单击对钩完成对选中圆角的去除,该功能同样类似于填充工具。

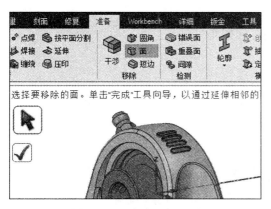

图 2.112　去除面工具图

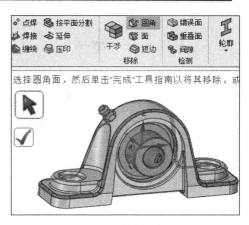

图 2.113　去除圆角工具

（4）切换到选择面板，选择如图 2.114 所示的任意一段小圆弧，在左侧选择面板中选择所有小于或等于 0.75mm 的圆角，此时会选中一系列满足条件的圆角，选择对钩完成修复。

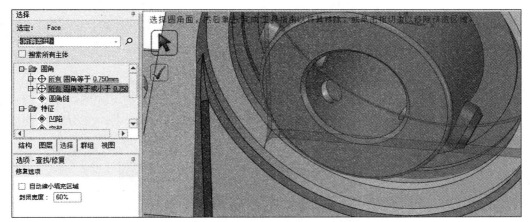

(a) 选择圆角面

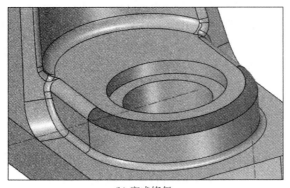

(b) 完成修复

图 2.114　选择面板

（5）圆角如图 2.115 所示，这部分很多圆角相切交叠，直接用上面的方法一次性去除会失败，需要适当打断并分段去除。先选中图中高亮处圆角并将其去除。切换到设计选项页，选中分割工具，在边线大约 1/3 处单击一次，在剩下的 1/3 处再单击一次，将该段圆角分成三段。

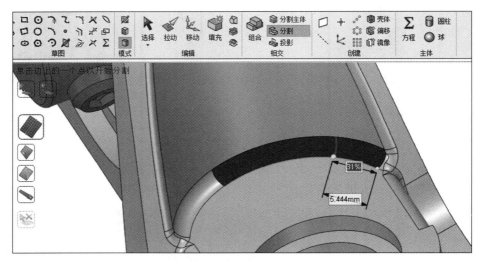

图 2.115　去除圆角

（6）不断重复进行面的打断与去除圆角操作，直到在重叠处只剩下如图 2.116 所示很小的一部分圆角位置。框选该处，选择填充，将该处圆角去除。同理，另外三处对称部分也可以去除。

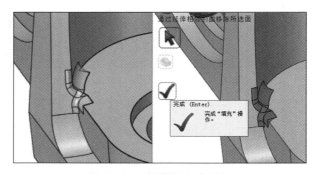

图 2.116　打断与去除圆角

2.5.8　共享拓扑

在 SCDM 中也可以设置共享拓扑，其含义同 DM 中的共享拓扑含义相同。DM 用多体零件创建共享拓扑，而 SCDM 则需创建组件并设置组件的共享拓扑选项。如图 2.117 所示，展开 eg2.9 素材的结构树，在其上创建一个新的组件，将所有零件选中后拉到新组件中，将新组件的共享拓扑选项设置为共享即可将该组件下的全部零件设置为共享拓扑。若有多个组件,则组件内部共享拓扑,但组件之间不共享拓扑。

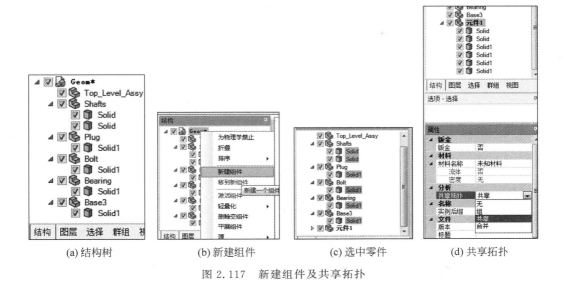

(a) 结构树　　(b) 新建组件　　(c) 选中零件　　(d) 共享拓扑

图 2.117　新建组件及共享拓扑

2.6　SpaceClaim 参数化建模

可以将 SpaceClaim 中的驱动尺寸设置为参数,驱动尺寸一般是在拉伸、移动过程中形成的尺寸,这些尺寸可以改变几何体的形状或位置,参数的管理在群组功能面板中。如图 2.118 所示,当选择拉动工具并选中圆角后,可以通过继续拉动鼠标改变圆角的尺寸,也

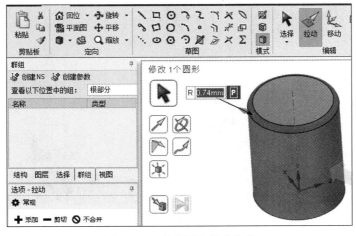

图 2.118　创建圆角尺寸参数

可以直接编辑圆角的数值。圆角在这里就是一个驱动尺寸,可以将它设置为参数。一种方式是单击群组面板中的创建参数按钮,另一种方式是直接在尺寸右侧单击字母 P,设置好参数后,该参数会出现在参数列表中,可以编辑驱动尺寸的名字和数值。

如图 2.119 所示,在拉动状态下,选中某个面时会在右上角出现标尺图标,选中后可以对长度进行标注,此时可以对该长度设置参数。

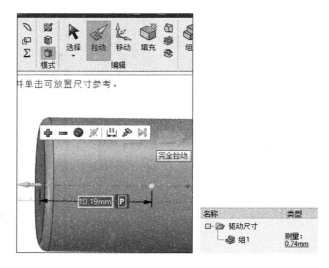

图 2.119 创建长度参数

与拉动工具类似,移动工具设置参数的过程如图 2.120 所示,当选中移动轴线后,选中在右上角弹出的尺寸标注选项即可对该尺寸设置参数。

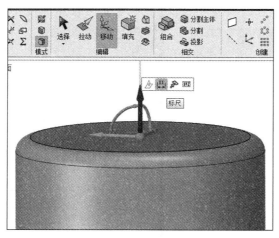
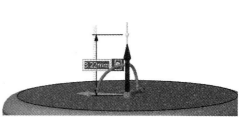

图 2.120 创建移动尺寸参数

设置好参数后,返回 Workbench 主界面,同样会出现如图 2.121 所示的 Parameter Set 参数集,双击该参数集会出现详细的参数设置界面,如图 2.122 所示。在该界面中可以批量设置参数的数值。

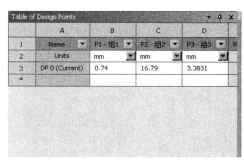

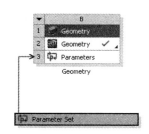

图 2.121　Parameter Set 参数集　　　　　　　　图 2.122　参数设置界面

群组面板中也可以设置命名选择。如图 2.123 所示,常规选择模式下,选中几何模型,在群组中选择创建 NS 按钮即可创建一个命名选择,该命名选择后续会传递到分析界面作为边界条件。

2.7　材料数据的传递

和 DM 不同,SCDM 中可以对零件或组件设置材料。如图 2.124 所示,选中零件或组件,在属性中选择材料即可弹出材料列表。如使材料能够传递到接下来的仿真模块,则需要

图 2.123　群组面板

返回 Workbench 主界面,在 Options 选项菜单中选择 Geometry Import 命令,勾选右侧的 Material Properties 选项,如图 2.125 所示。

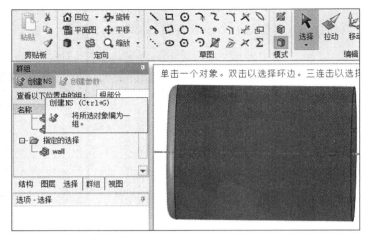

图 2.124　命名选择

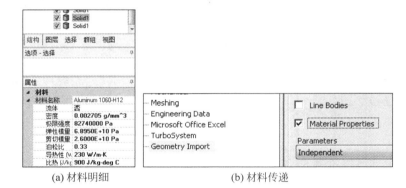

(a) 材料明细　　　　　　　　　　(b) 材料传递

图 2.125　设置材料

2.8　综合实例讲解

很多时候当模型从设计软件转化格式后导入仿真软件时,模型会出现缺失面、多重边线、过渡不平滑等缺陷。模型修复是一个精细的体力劳动,仿真中很大一部分工作量来自对模型的修复与简化,模型前处理的好坏直接决定网格划分质量、求解能否顺利进行及求解精度。图 2.126 所示的模型是一个比较常见的脏模型,它有很多典型的缺陷,通过该实例希望大家能学会模型修复的基本思路和掌握常见模型修复工具的用法。

【例 2.11】　修复脏模型

(1) 打开一个新的 Workbench 工程,拖进来一个 Geometry 模块,导入 eg2.11.scdoc 素材文件。该素材文件在原始设计软件将模型转化为中间格式文件的过程中出现了缺失面等错误,导致该模型只剩下一些破损的面体。我们需要对破损面体进行修补,使其封闭,并对

9min

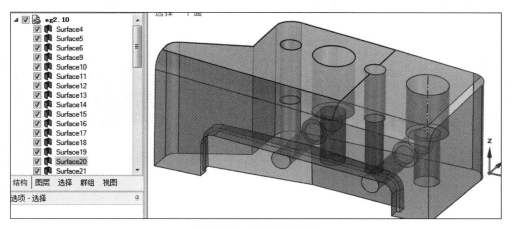

图 2.126 典型的脏模型

封闭体进行填充,转化为实体。

（2）选择拼接工具,如图 2.127（a）所示,系统会自动搜索满足拼合条件的面体,将多块小面体缝合成一个大面体。选择绿色对钩后,模型树中的多个面会消失,只剩下一个大面体,如图 2.127（b）所示。

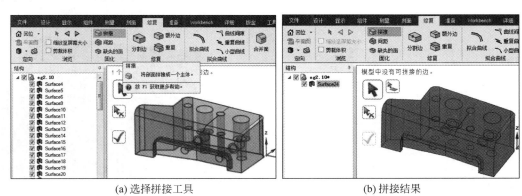

(a) 选择拼接工具   (b) 拼接结果

图 2.127 拼接工具的使用

（3）如图 2.128（a）所示,选择缺失面工具,系统发现了 1 处缺失面,对于缺失的面,系统的默认修复方式是有限延伸周边的面以便对该面进行修补,如果不成功,则新生成一个面,新生成的面和周围边界缝合。勾选绿色对钩,此时模型面已完全形成密封面,并自动填充为实体,如图 2.128（b）所示。

（4）当模型两条边线之间存在错位且形成更细小的缝隙时,可以继续使用间距工具对缝隙进行搜索并修复。修复时,系统对错位边线进行适当扭曲使其重合。如果使用的是英文界面,则拼接、间距和缺失的面工具对应的是 Stitch、Gaps 和 Missing Faces。

（5）接下来我们对模型进行简化,选择如图 2.129 所示的非精确边工具,非精确边一般

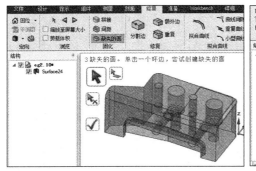

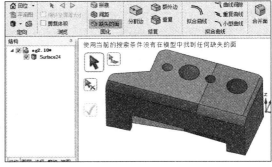

(a) 选择缺失面工具 　　　　　　　　　(b) 修复结果

图 2.128　缺失面工具的使用

指边线没有精确匹配,多数情况下不会影响网格划分,单击对钩后完成边的自动匹配。

(6) 如图 2.130 所示,选择简化功能,系统会高亮显示可以简化的面,勾选对钩,自动用分析面替换原来的样条曲线。此时除了右上角的面简化失败外,其余的面已经简化好了。如图 2.131 所示,选择右上角的失败面,属性中该面仍然是样条曲线类型,该面我们最后再处理。

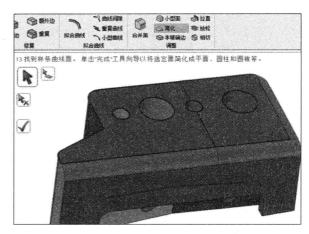

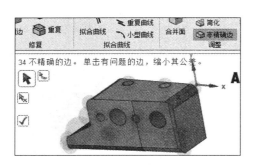

图 2.129　非精确边工具 　　　　　　　　　图 2.130　简化工具

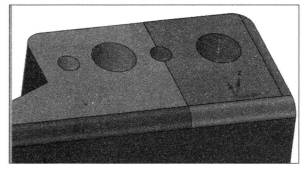

图 2.131　样条曲线面

（7）选择填充工具去除圆角模型上的圆角,去除圆角后的模型如图 2.132 所示。

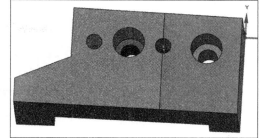

图 2.132 去除圆角后的模型

（8）到此为止,只剩一个样条面用常规工具无法修复,我们需要进行面的替换。先按住 Ctrl 键选中如图 2.133 所示的 3 个点,再选择平面工具,利用这 3 个点创建一个平面。

（9）如图 2.134 所示,选择工具栏中填充工具旁边的替换工具,按住 Ctrl 键选中被替换的两个目标面,随后左侧引导工具会变成源面,选择新建的平面作为源面,单击对钩完成顶面的修复。

图 2.133 生成平面

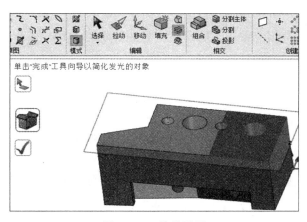

图 2.134 替换平面

第 3 章

网格划分基础

3.1 网格介绍

在有限元分析中,几何模型处理好后就需要进行网格划分,网格划分过程就是模型离散化处理的过程。网格划分的好坏直接影响仿真求解的精度和效率。网格划分是所有有限元分析的通用性技术,市面上有许多网格划分工具,网格的形状也有多种选择。一个有经验的仿真工程师会根据求解问题对模型进行合理分割,选择合理的网格单元和网格划分工具划分出疏密得当的网格。网格划分是一个选择和取舍的过程,从这个意义上讲,网格划分不仅是一种技术,更是一门艺术。

ANSYS Workbench 平台下有多种网格划分工具可供选择,例如 ICEM CFD、TurboGrid、ANSYS Meshing、Fluent Meshing,这些网格划分工具除了 ANSYS Meshing 是 ANSYS 原有的网格划分工具外,其余均是收购软件自带的,它们有些是通用网格划分工具,有些只适用于特定领域。近年来 ANSYS 公司重点发展 ANSYS Meshing 和 Fluent Meshing,前者适合结构有限元和多物理场问题的网格划分,后者适合划分流体网格。本书重点讲解 ANSYS Meshing,但会通过一个具体实例对 Fluent Meshing 进行简单介绍。

3.1.1 网格类型

根据网格单元形状的不同,网格可以分为如图 3.1 所示的四面体网格(a)、六面体网格(b)、棱锥(c)、棱柱(d)、多面体网格(e)及平面三角形和四边形网格,一些软件还有多面体网格。ANSYS 的网格类型以四面体和六面体为主,也存在棱柱、楔形(g)等网格类型,主要存在于四面体和六面体网格之间的过渡区域。结构仿真网格以四面体为主,但具备条件时应优先选择六面体网格;流体网格的质量和平滑度对计算结果的精度至关重要,六面体网格是首选,但个别复杂的计算域也经常使用四面体网格。一般认为六面体网格可以在数量更少的情况下获得和四面体网格同样的精度,早期的有限元计算在内存资源十分宝贵的历史条件下,十分推崇六面体网格。随着计算机硬件的发展,内存已经不是计算的瓶颈,为了追求网格划分效率,多数使用者已倾向于使用自动化程度更高的四面体网格。

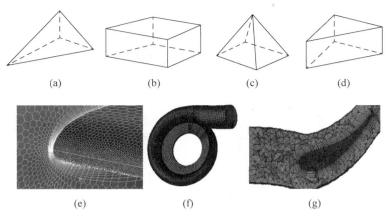

图 3.1 常见网格类型

3.1.2 网格质量评价

如图 3.2 所示,这是一个网格疏密如何影响求解结果精度及显示效果的经典案例。模拟超声速中的激波如图 3.3 所示。不合理的网格划分甚至不会出现激波现象,从这两个案例可以看出网格质量对仿真至关重要。

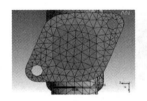
(a) 局部位置稀疏网格划分放大图

(b) 全局稀疏网格划分

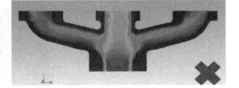
(c) 稀疏网格划分仿真结果

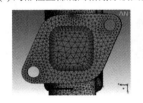
(d) 局部位置密网格划分放大图

(e) 全局密网格划分

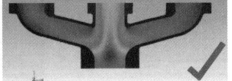
(f) 密网格划分仿真结果

图 3.2 网格疏密对比结果

网格单元数量及划分精细程度直接影响网格的质量,尤其局部网格划分不合理会导致网格畸变,出现局部极值,导致对结构强度做出错误性判断,如图 3.4 所示。为了评价网格质量,需要制定网格质量的判断标准。如图 3.5 所示,ANSYS Meshing 提供了多种网格质量评价标准。对于结构仿真,经常使用单元畸变度 Skewness 评价标准。畸变度是单元对其理想形状的相对扭曲程度的度量,取值范围为 0~1,0 代表极好,1 代表无法接受,网格从

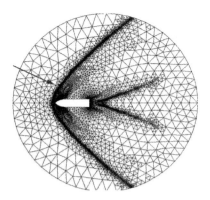

(a) 合理的网格划分   (b) 不合理的网格划分

图 3.3   网格划分对激波模拟结果的影响

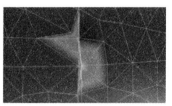

(a) 不合理网格   (b) 局部网格畸变

(c) 合理网格   (d) 局部网格

图 3.4   局部特征的网格分辨率

图 3.5   网格评价标准

左到右畸变度依次增大,如图 3.6 所示。

(a) 小畸变度单元　　(b) 中畸变度单元　　(c) 大畸变度单元

图 3.6　网格畸变

3.2　Meshing 网格工具

Meshing 是 ANSYS 旗下重点发展的多物理场网格划分工具,它具有以下特点。

（1）参数化:Meshing 网格划分可以通过参数进行驱动及控制。

（2）稳定性:生成的模型随着系统参数的变化可以实时更新,出现假死及崩溃的概率较低。

（3）高度自动化:大部分参数有默认值且有较广泛的适用性,输入少量参数即可完成模型网格的划分工作,对初学者十分友好。

（4）灵活性:根据使用者要求,提供局部参数设置及手动控制选项,在高效自动的前提下不失灵活性。

（5）物理场相关:针对不同的物理问题,有适合不同物理场的默认值和推荐设置。

（6）自适应性:针对模型特点对局部特征及曲率进行分析,提供几何特征自适应网格,保证网格贴体性,最大程度保留模型形状。

3.2.1　Meshing 工具界面组成

Meshing 平台要求必须载入几何模型,在 Workbench 的 Component Systems 中双击 Mesh,即可在主界面添加如图 3.7 所示的 Meshing 模块。载入几何模型后,双击 Mesh 单元格便可以打开如图 3.8 所示的 Meshing 平台。

Meshing 平台界面主要有以下几个主要部分:上方的菜单栏和常用工具栏,中间最大的部分是图形操作窗口,左侧为模型树、详细讲解列表窗口,界面最下方是状态栏。

图 3.7　Meshing 模块

如图 3.9 所示,菜单栏中比较常用的是 File 文件菜单、View 视图菜单和 Units 单位设置菜单。

File 文件菜单中可以使用 Export 将划分好的网格以常用文件格式导出。Clear Generated Data 可以清除已有的网格,重新进行划分。

View 视图菜单中可以设置模型显示选项、界面中的标尺、坐标轴的显示、概念建模的截面显示、工具栏的显示与隐藏、窗口调整后的恢复等。

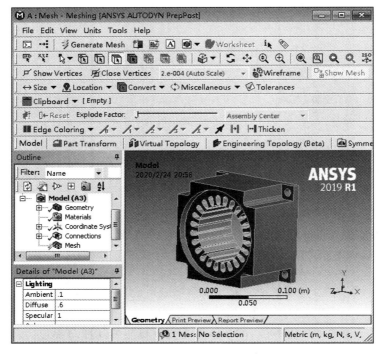

图 3.8　Meshing 界面组成

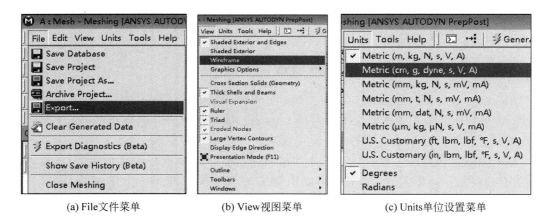

(a) File文件菜单　　　　　　(b) View视图菜单　　　　　　(c) Units单位设置菜单

图 3.9　Meshing 常用菜单

在 Units 单位设置菜单中可以选择常用的单位组合。

Tools 工具菜单中最常用的是 Options 选项,其内容如图 3.10 所示。在这里可以设置 Meshing 中的默认行为,如默认网格形状、默认尺寸、默认物理场等。此外还可以在 Number of CPUs for Meshing Methods 中开启并设置多核并行网格划分功能。

工具栏中有常用的视图控制选项及选择选项,如图 3.11 所示,可以在这里控制窗口的

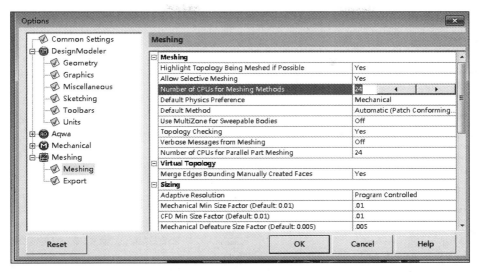

图 3.10　Options 选项

缩放、旋转及点、线、面选择模式的切换。工具栏中的部分选项称为环境工具,它随着在模型树中选择的对象的不同而变化。

图 3.11　工具栏选项

状态栏主要用于显示一些操作提示,以及当前单位制等信息。

模型树和详细窗口中的选项可以设置网格的类型、全局尺寸、局部尺寸等,这些选项是下面讲解的重点。

3.2.2　全局网格参数设置

在进行网格划分时通常遵循先设置全局网格,再设置局部网格的顺序对模型进行网格划分。当单击模型树中的 Mesh 时,会显示如图 3.12 所示的网格全局参数设置选项。在 Physics Preference 中可以设置物理场,如图 3.13 所示,该处提供了结构、流体、电磁及显式动力学等多种物理场。每种物理场的默认单元设置及默认的全局网格尺寸会根据物理场对网格的不同要求而不同。当选择的是 CFD 流场时,下面还会出现求解器选项列表,可以选择 Fluent、CFX 或 Polyflow 求解器。

在 Element Order 中可以设置网格单元的阶次,分为线性单元和二次单元,二者的节点数不同,一般保持默认的程序控制即可,系统会根据不同的物理场对单元阶次的要求自动选择单元阶次。

图 3.12　全局网格设置选项图　　　　　图 3.13　物理场选项

Element Size 中可以设置全局网格尺寸,输入 0 表示利用默认尺寸作为全局尺寸大小,调整该处数值可以改变全局网格尺寸大小。图 3.14 显示了当选择默认网格、5mm 和 2mm时,网格划分的效果。

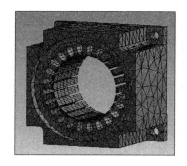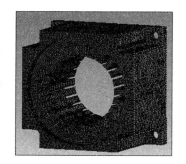

图 3.14　不同单元尺寸的全局网格

在 Sizing 中,Use Adaptive Sizing 和 Resolution 配合使用,Resolution 设置的值越大,网格越密,其取值范围为 1～7。Mesh Defeaturing 用于设置网格划分程序对特征的捕捉程度,当特征小于默认值时会忽略该特征,一般保持默认值即可。Transition 用于设置网格过渡选项,有 Fast 和 Slow 两个选项,它控制相邻网格之间的变化速率及疏密网格之间的过渡平滑程度。Span Angle Center 称为跨角中心,它基于曲率对网格进行细化,在进行网格划分时,在弧形区域内细分网格,保证单元内网格边线夹角不超过设置值,分为 Coarse、Medium、Fine 共 3 个级别。Initial Size Seed 可以将初始网格种子设置为基于 Assembly 装配体或 Part 零件类型，它决定了单个零件网格设置对其他零件及装配体网格的影响程度，一般保持默认值即可。Sizing 中的其他几个选项只是用来显示信息，其大小取决于其他参数的数值。从这里可以看出，Sizing 中多数网格选项都用于设置网格疏密，它们可以配合使用，从不同角度影响网格尺寸。

当将 Sizing 中的 Use Adaptive Sizing 设置为 No 时，将出现如图 3.15 所示的几个选项，这也是 CFD 分析中网格的默认选项。Growth Rate 表示相邻网格之间的增长率，一般保持默认值 1.2 即可，Max Size 用于设置最大面网格尺寸，从而间接限制了体网格尺寸。Capture Curvature 可以设置曲率捕捉，打开该选项时会在曲率较大或变化较快处加密网格。Capture Proximity 用于设置邻近元素之间网格的填充数量，其选项如图 3.16 所示，打开该选项的网格划分效果如图 3.17 所示。

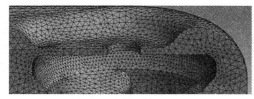

Use Adaptive Sizing	No
Growth Rate	1.2
Max Size	Default (2.0255e-002 m)
Mesh Defeaturing	Yes
Defeature Size	Default (5.0478e-005 m)
Capture Curvature	No
Capture Proximity	No
Size Formulation (Beta)	Program Controlled

图 3.15　网格选项

Capture Curvature	Yes
Curvature Min Size	Default (1.0096e-004 m)
Curvature Normal Angle	Default (70.395°)
Capture Proximity	Yes
Proximity Min Size	Default (1.0096e-004 m)
Num Cells Across Gap	3
Proximity Size Function Sources	Faces and Edges
Size Formulation (Beta)	Program Controlled

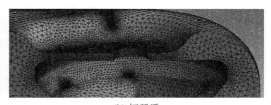

图 3.16　Proximity 选项

(a) 打开前　　(b) 打开后

图 3.17　打开 Proximity 选项前后的网格划分效果

如图 3.18 所示，Quality 中可以设置网格质量的一些检查选项，最常使用的是 Smoothing 及 Mesh Metric。Smoothing 用于设置网格之间的平滑程度，平滑度越高，则网格越密，计算误差就越小。Mesh Metric 中可以设置网格质量评价标准，以比较常用的 Skewness 为例，它可以基于单元边或角度与理想的网格边或角度之间的差异作为网格扭曲的计算准则，取值范围为 0～1，越小越接近理想网格，一般建议该值的最大值不应超过 0.8，当网格单元为四面体单元时，可适当放宽至 0.9。当选择了网格评价标准后，在消息窗口中会自动出现网格质量的统计图。如图 3.19 所示，单击某个直方图会显示该直方图范围内的网格位置。选择 Controls 可以对统计图的选项进行详细设置，例如显示扭曲度为 0.9～1 的网格，可以查看哪些位置网格质量较差，然后针对这些位置进行局部网格设置。

Inflation 中可以设置全局膨胀层，例如设置了膨胀层的孔的效果如图 3.20(a)所示。膨胀层是一种棱柱型网格，它的长宽比较大，法向距离逐渐变大。膨胀层可以在法向网格分

Quality	
Check Mesh Quality	Yes, Errors
Error Limits	Standard Mechanical
☐ Target Quality	1.e-002
Smoothing	Medium
Mesh Metric	Skewness ▾
☐ Min	8.7771e-003
☐ Max	0.96712
☐ Average	0.37653
☐ Standard Deviation	0.20341

图 3.18 Quality 选项

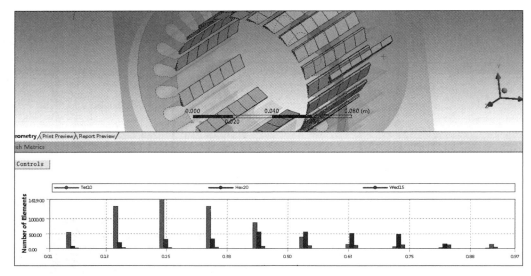

图 3.19 网格质量统计图

辨率较高且周向网格分辨率要求一般的情况下使用。在涉及流体边界层问题时应用非常普遍。如图 3.20 所示,膨胀层选项有 Smooth Transition、Total Thickness、First Layer Thickness、First Aspect Ratio、Last Aspect Ratio、Growth Rate 等。Smooth Transition 为默认选项,它使用固定的四面体单元尺寸计算每处的初始高度及总高度,使膨胀层内体积变化平滑,膨

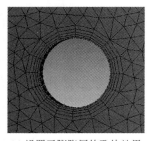

Inflation	
Use Automatic Inflation	All Faces in Chosen Named Selection
Named Selection	holes
Inflation Option	Smooth Transition
☐ Transition Ratio	0.272
☐ Maximum Layers	5
☐ Growth Rate	1.2
Inflation Algorithm	Pre
View Advanced Options	No

(a) 设置了膨胀层的孔的效果　　　　　　　　　　　　　　　(b) 膨胀层

图 3.20 膨胀层及其选项

胀层内单元的初始高度随面积变化而变化。其他选项分别控制第一层网格、网格层数、第一层网格长宽比、最后一层网格长宽比等控制膨胀层的网格尺寸及层数。膨胀层推荐在设置局部网格时添加。

如图 3.21 所示,高级选项中可以设置并行网格划分时调用的 CPU 核数,可根据实际物理核数设置该处数值,其他高级选项建议使用系统默认值。Statistics 中会统计当前

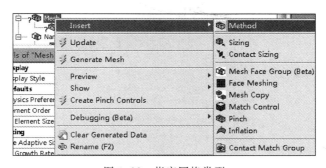

Advanced	
Number of CPUs for Parallel Part Meshing	24
Straight Sided Elements	No
Rigid Body Behavior	Dimensionally Reduced
Triangle Surface Mesher	Program Controlled
Use Asymmetric Mapped Mesh (Beta)	No
Topology Checking	Yes
Pinch Tolerance	Default (1.8e-005 m)
Generate Pinch on Refresh	No
Statistics	
☐ Nodes	715763
☐ Elements	351252

图 3.21　高级选项及网格数量统计

网格划分中节点数和单元数,有经验的工程师能够根据节点及单元数量估算出仿真总时间。

3.2.3　网格类型设置

当不明确指定网格类型时,系统会针对当前模型自动判断,如果能生成全六面体网格,则生成六面体网格,若不能,则全部按四面体网格处理。如图 3.22 所示,我们可以通过快捷菜单插入 Method 来指定网格类型。

图 3.22　指定网格类型

图 3.23 列出了 ANSYS Meshing 支持的网格类型。其中 Automatic 自动网格类型的行为同默认网格方法相同,此处不赘述。选择 Tetrahedrons 四面体网格将针对所选择的对象设置四面体网格。四面体网格适应性强,可以应用在任何实体网格划分场合中。四面体网格有 Patch Conforming 及 Patch Independent 两种方法。二者最主要的区别在于前者先生成表面网格再填充内部体网格,而后者先生成体网格,最后生成表面网格。正是由于这种顺序上的差别导致前者能够很好地捕捉复杂的几何形状及微小特征,但有可能出现网格划分失败的情况,后者能够忽略一些小特征,从而容忍模型存在一些缝隙、孔洞等几何缺陷。

Hex Dominant 六面体主导类型网格会根据几何模型的特点,生成以六面体网格为主、以四面体网格为辅并在二者之间用棱柱、棱锥等网格进行过渡填充的混合网格。如图 3.24 所示,当系统判断模型大部分适合生成四面体网格,并且只能生成少部分六面体网格时会给出警告信息。在设置六面体主导类型网格时,可以将自由面网格选择为三角形/四边形混合

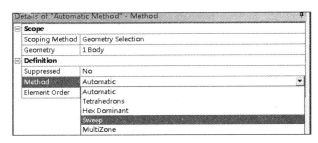

图 3.23 网格类型

网格,也可以选择全四边形网格。

Sweep 扫略网格可以生成纯六面体网格。如图 3.25 所示,快捷菜单提供了扫略网格预览功能,当存在可扫描实体时,系统会绿色高亮显示该实体,建议在进行网格划分前先使用该功能判断一下是否存在可以划分为纯六面体网格的实体。

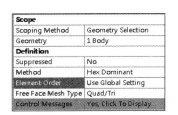

图 3.24 六面体主导网格类型

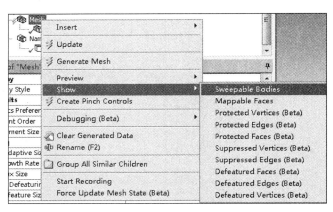

图 3.25 可扫略网格预览

一般情况下,几何体的侧面只有一个环或壳,如果源面和目标面相对,则可以将几何体用扫略法划分六面体网格。如图 3.26 所示,在扫略网格中可以手工指定源面和目标面。对于简单模型,可以让系统判断源面、目标面或仅指定源面而让系统根据模型走向判断出目标面。当模型复杂或可能存在多种扫描方向时,则需手工指定源面和目标面。Automatic Thin 及 Manual Thin 选项针对源面和目标面之间距离很近的薄壳体模型,此时仅在扫略方向上生成一层网格,如图 3.27 所示。

在 Free Face Mesh Type 中,可以将自由面的网格设置为纯三角形、纯四边形或三角形和四边形的混合网格,自由面全三角形的效果如图 3.28 所示。

在 Type 中可以将扫描的层数设置为扫描方向网格的尺寸,将扫描层数设置为 10 的效果如图 3.29 所示。

在高级选项中,可以设置 Sweep Bias Type 偏移类型,系统提供了几种偏移模式,从宽

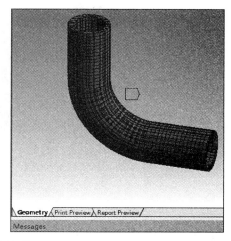

图 3.26 扫略网格选项

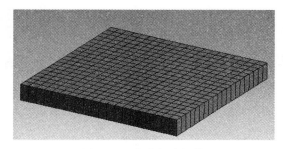

图 3.27 薄壳扫略网格

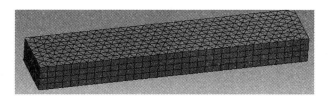

图 3.28 自由面全三角形扫略网格

图 3.29 设置扫描层数

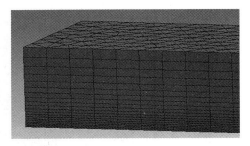

图 3.30　设置偏移类型

到窄的偏移模式划分的网格效果如图 3.30 所示,在诸如流体边界层问题中可以使用这种网格划分技巧。

　　为了划分六面体网格,有时会对模型进行切割处理,让每个切割的部分可以生成六面体网格。MultiZone 多区网格则提供了一种自动分解几何模型的功能,通过合理地设置源面而不需切割几何模型即可创建六面体网格。对于类似于如图 3.31 所示的阶梯轴,自动网格划分只能生成四面体网格,如图 3.31(a)所示,而无法直接生成六面体网格,可以在 DM 中通过 Slice 切片功能先将其分成三段,每段单独划分六面体网格,如图 3.31 (b)所示。使用多区网格可以实现同样功能且无须切割模型。多区网格选项如图 3.32 所示。

(a)四面体网格

(b)六面体网格

图 3.31　阶梯轴网格

　　在 Mapped Mesh Type 中包含 Hexa 六面体、Hexa/Prism 六面体和棱柱混合网格、Prism 棱柱网格共 3 种类型。此时源面及目标面分别为四边形网格、四边形和三角形网格及全三角形网格。

　　在 Surface Mesh Method 中可以选择 Uniform 和 Pave 两种表面网格类型。Uniform 选项使用递归循环切割方法,能够创建高度一致的网格,而 Pave 选项能够创建高曲率的面网格,相邻边有高的纵横比,我们一般保持默认的 Program Controlled 程序控制选项,让系统在这两种模式中选择最优选项。

　　Free Mesh Type 中可以设置多种混合网格去构建自由网格,通常情况下保持默认选项即可,但有时使用 Hexa Dominant 或 Hexa Core 能够获得意想不到的极佳效果。

　　在 Src/Trg Selection 中可以将程序设置为自动或手动两种模式,有明显分段分层的模型系统多数情况下可以自动识别阶梯面并将其设置为源面,当系统出现误判断时可以手动设置源面,类似于图 3.31 中的阶

Scope	
Scoping Method	Geometry Selection
Geometry	1 Body
Definition	
Suppressed	No
Method	MultiZone
Mapped Mesh Type	Hexa
Surface Mesh Method	Program Controlled
Free Mesh Type	Not Allowed
Element Order	Use Global Setting
Src/Trg Selection	Manual Source
Source Scoping Method	Geometry Selection
Source	No Selection
Sweep Size Behavior	Sweep Element Size
☐ Sweep Element Size	Default
Element Option	Solid

图 3.32　多区网格选项

梯轴,应将直径不同处的两个分界面设置为源面。

【例3.1】 全局网格设置

(1) 在 Workbench 中双击 Mesh,并在 Geometry 上右击并选择提供的素材 eg3.1,双击 Geometry 打开 DM。在模型树中选中零件,使其全部可见,如图 3.33 所示。

10min

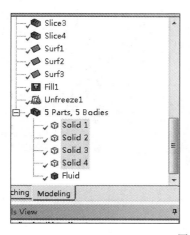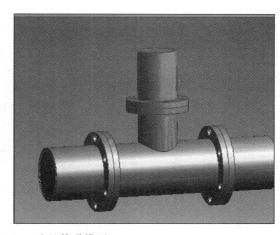

图 3.33 法兰管道模型

(2) 双击 Mesh 打开 Mechanical 界面,网格划分和 Mechanical 共用一个界面,在模型树中选择 Mesh 并右击,选择 Generate Mesh 命令。如图 3.34(a)所示,生成的默认网格非常粗糙,无法满足使用要求。将 Resolution 修改为 7,重新生成网格,如图 3.34(b)所示,此时网格的分辨率明显改善,但一个合理的网格应该是重点位置网格分辨率高,其他位置可以适当稀疏,从而减少求解时间,避免浪费计算资源。对于本例,管道在法兰连接处使用螺栓连接,为了达到密封要求,螺栓孔会受到较大的螺栓预紧力,所以应对螺栓孔处网格进行加密。流体在管道内流动时应会与管道交换热量,流动明显受到壁面的影响,应在流体和壁面接触处的流体侧添加边界层网格。

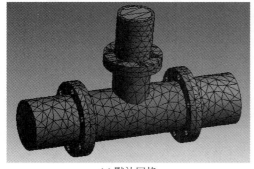

(a) 默认网格　　　　　　　　　　　　　(b) 合理网格

图 3.34 默认网格及改变网格分辨率

（3）如图 3.35 所示，在 Element Size 中将网格尺寸设置为 1. e－002m，关闭 Use Adaptive Sizing 选项，此时将出现 Capture Curvature 选项，将其 Curvature Normal Angle 设置为 10°，此时系统将根据曲率变化设置网格尺寸，曲率大的地方网格会被加密，重新生成网格后将显示如图 3.36 所示的网格，可以看出螺栓孔处的网格得到了明显的加密。

Physics Preference	Mechanical
Element Order	Program Controlled
☐ Element Size	1.e-002 m
Sizing	
Use Adaptive Sizing	No
☐ Growth Rate	Default (1.85)
☐ Max Size	Default (2.e-002 m)
Mesh Defeaturing	Yes
☐ Defeature Size	Default (5.e-005 m)
Capture Curvature	Yes
☐ Curvature Min Size	Default (1.e-004 m)
☐ Curvature Normal Angle	10.0°
Capture Proximity	No

图 3.35　调整全局网格选项

图 3.36　根据曲率变化生成的网格

（4）如图 3.37 所示，先隐藏固体部分，切换到面选择模式后，选择与固体接触的液体表面，右击，选择 Create Name Selection 创建命名选择，将其名字设置为 wall。

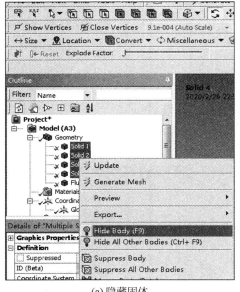

(a)隐藏固体

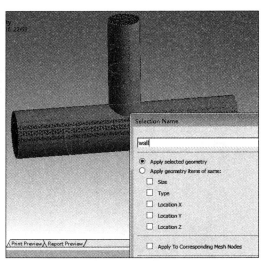

(b)创建名称

图 3.37　创建命名选择

（5）如图 3.38 所示，在 Quality 中将 Mesh Metric 设置为 Skewness。在 Inflation 中将 Use Automatic Inflation 设置为 All Faces in Chosen Named Selection，选择刚创建的 wall，

其他膨胀层选项保持默认值,重新生成网格。

Quality	
Check Mesh Quality	Yes, Errors
Error Limits	Standard Mechanical
☐ Target Quality	Default (0.050000)
Smoothing	Medium
Mesh Metric	Skewness
☐ Min	3.6023e-007
☐ Max	0.95021
☐ Average	0.27572
☐ Standard Deviation	0.16729
Inflation	
Use Automatic Inflation	All Faces in Chosen Named Selection
Named Selection	wall
Inflation Option	Smooth Transition
☐ Transition Ratio	0.272
☐ Maximum Layers	5
☐ Growth Rate	1.2
Inflation Algorithm	Pre
View Advanced Options	No

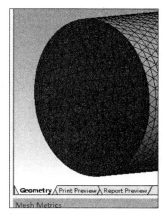

图 3.38　设置膨胀层

(6) 在网格柱状图窗口中选择 Controls,打开如图 3.39 所示的参数设置界面,将 X-Axis 的最小值修改为 0.9,单击 Update Y-Axis,关闭该界面。

(7) 按住 Ctrl 键选择所有柱状图,在主界面中将显示对应的网格。如图 3.40 所示,有十几个质量较差的网格,可以通过网格整体加密消除这几个质量差的网格,也可以使用后面讲解的局部网格设置处理这几个网格。

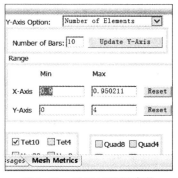

图 3.39　设置柱状图参数

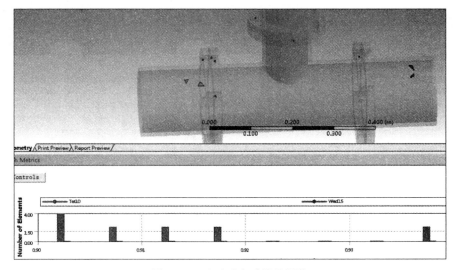

图 3.40　显示对应质量的网格

3.2.4 局部网格尺寸设置

局部网格包括尺寸控制、接触尺寸控制、细化、映射面、匹配控制、收缩及局部膨胀层等。在 Mesh 上右击即可显示如图 3.41 所示的局部网格选项。

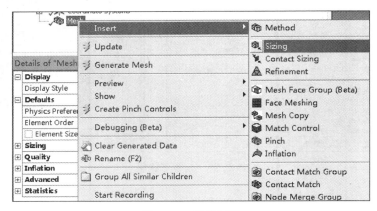

图 3.41 局部网格

Sizing 方法可以设置所选对象的尺寸或网格划分份数,根据选择的对象其体、面、边对应的名称分别为 Body Sizing、Face Sizing 和 Edge Sizing,针对弯管的四条边将划分份数设置为 50 时的网格划分效果如图 3.42 所示。在 Type 中还有一种 Sphere of Influence,它可以将作用域限制在影响区范围内。使用该选项时需要先创建一个局部坐标系,以局部坐标系的原点为圆心创建一个球体并对球体内部设置单独的网格尺寸,其选项及效果如图 3.43 所示。局部坐标系会在后处理部分详细讲解。在 Sizing 方法中,高级选项里有 Soft 和 Hard 两种行为模式,Soft 选项的单元大小将会受到整体划分网格单元大小的影响,让过渡平滑,Hard 选项则严格要求局部网格满足设置的尺寸要求。

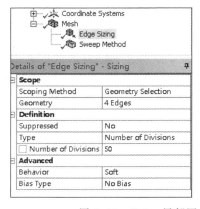

图 3.42 Sizing 局部网格设置

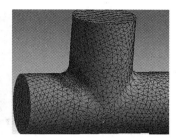

(a) Sphere of Influence选项　　　　　(b) 创建球体　　　　　　　(c) 网格划分效果

图 3.43　影响球

Contact Sizing 接触尺寸允许在接触面上产生大小一致的单元。接触面定义了零件之间的相互作用,在接触面上采用相同的网格密度有利于接触零件之间数据的传递,减少接触节点之间因插值带来的数值误差。如图 3.44 所示,接触网格可以按单元尺寸或相关性调整网格尺寸,相关性越大,则网格越密。

Refinement 单元细化功能可以对已经划分的网格再进行细化。一般用于整体和局部网格控制之后,网格细化的几何对象可以分为点、线、面。细化等级为 1～3,因细化功能对平滑过渡处理得不好,应优先使用其他途径处理网格。网格细化对网格的影响如图 3.45 所示,右侧孔为经过 2 级细化后的结果。

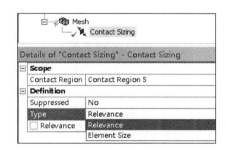

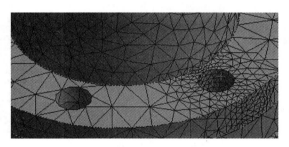

图 3.44　接触网格设置　　　　　　　图 3.45　网格细化对网格的影响

如图 3.46 所示,Face Meshing 可以创建映射面网格,其特点是网格尺寸高度一致并呈现放射状,当模型因某些原因无法生成映射面网格时,将出现一个禁止标志,但不影响网格继续划分,此时将会用普通网格代替映射面网格,可以使用预览扫描网格的方法查看模型是否存在可以创建映射面网格的面体。当设置映射面网格的面由两个环组成时,可以设置径向划分份数,创建沿径向划分的多层网格,圆环面和侧圆柱面份数均设置为 3 的效果如图 3.47 所示。对于可扫略的管状模型,使用该选项可以生成质量非常高的源面和目标面网格。

Pinch 收缩网格只对点和边线起作用,对面和体不能设置 Pinch,它主要用于将某条边线压缩到顶点,消除质量较差的网格。如图 3.48 所示,圈中的几何模型有一较短边线,当生

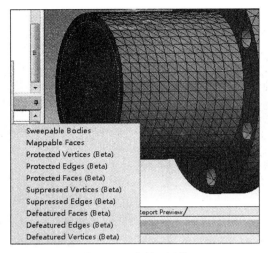

图 3.46　映射面网格

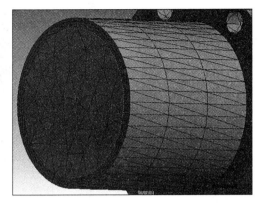

图 3.47　设置映射面网格划分份数

成网格时,该网格扭曲则会较严重,可以通过 Pinch 功能将该边线收缩到顶点处,此时该扭曲网格被吸收,最终该处网格如图 3.49 所示。对于这类几何模型,我们建议在几何模型处理时就将该短边处理掉,所以 Pinch 功能并不常用。

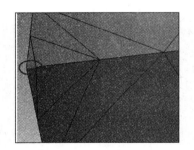

图 3.48　收缩前的网格

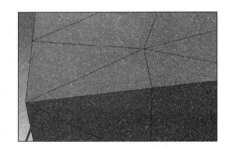

图 3.49　收缩后的网格

3.2.5　膨胀层网格

关于局部膨胀层网格,它的大部分选项含义和全局膨胀层网格相同。如图 3.50 所示,它可以通过选择几何模型及指定需要添加膨胀层的边界面创建膨胀层,也可以像全局网格一样通过命名选择指定需要添加膨胀层的面。它的设置更灵活,在需要添加膨胀层网格时,推荐使用局部膨胀层网格。

3.2.6　周期网格设置

Match Control 可以在周期对称面或边上划分出匹配的网格,在有周期性的旋转机械上用得比较多,其效果如图 3.51 所示,关于利用 Match Control 创建周期网格的方法,后续在讲解周期性零件仿真时会通过实例演示。

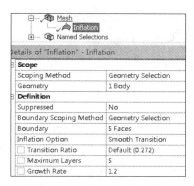

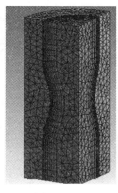

图 3.50　局部膨胀层网格　　　　　图 3.51　匹配面网格及 A、B 主从面

3.2.7　综合实例讲解

【例 3.2】　网格设置综合实例

(1) 新建一个 Workbench 工程,双击添加 Mesh 模块,右击 Geometry,导入 eg3.2.stp 素材文件,双击 Mesh 单元格,进入网格划分界面。我们将对如图 3.52 所示的装配体进行网格划分,此装配体由 3 个零件构成。

🎥 16min

(2) 右击 Part2 和 Part3,选择 Suppress Body 将 Part2 和 Part3 暂时压缩,右击 Mesh 后选择 Generate Mesh 命令,对 Part1 生成默认网格,如图 3.53 所示,可以看出默认网格质量很差,远达不到使用要求。

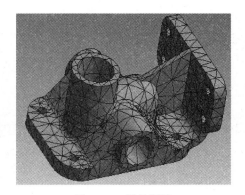

图 3.52　装配体模型　　　　　　　图 3.53　默认网格

(3) 如图 3.54 所示,在全局网格选项中将 Element Size 修改为 4.0mm,如果单位不是 mm,则应先在 Units 菜单中将长度单位修改为 mm,然后重新生成网格。

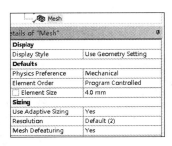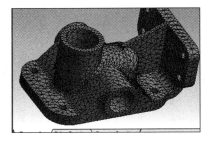

图 3.54   更改全局网格尺寸

（4）选中如图 3.55 所示的 3 个圆柱表面，添加 Face Meshing，并将 Internal Number of Divisions 修改为 2，然后重新生成网格。

图 3.55   生成映射面网格

（5）如图 3.56 所示，选中加强筋面，添加 Sizing 局部网格，将 Element Size 修改为 3.0mm，然后重新生成网格。

图 3.56   添加局部面网格尺寸控制

（6）按住 Ctrl 键，选中一个圆柱孔的两半，在其上右击，选择 Create Named Selection 命令。如图 3.57 所示，在弹出的对话框中选择 Size 命令，并将名称设置为 holes。

（7）如图 3.58 所示，右击 Mesh，添加 Face Meshing，在 Scoping Method 中选择 Named Selection 命令，选择 holes，然后重新生成网格。

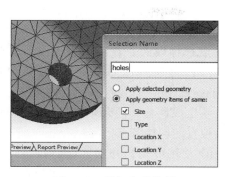

图 3.57　添加命名选择

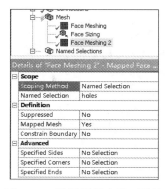

图 3.58　设置局部映射面网格

（8）放大图 3.59 所示的位置，观察该处网格，可以看到此处因两条边线距离近而形成了一条窄面，窄面上的网格尺寸很差。如图 3.60 所示，右击 Mesh，添加 Pinch，在工具栏上单击边选择模式按钮，选择右侧两条边线作为 Master Geometry，选择左侧两条边线作为 Slave Geometry，将 Tolerance 修改为 2.0mm，重新生成的网格如图 3.61 所示。

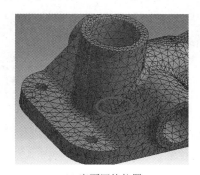

(a) 窄面网格位置

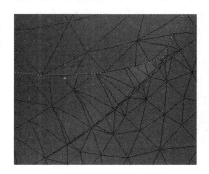

(b) 窄面网格位置放大图

图 3.59　窄面网格

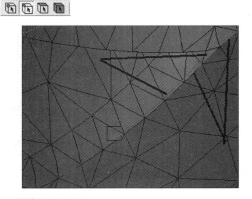

图 3.60　创建收缩网格

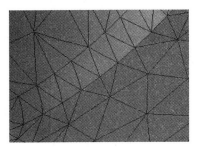

图 3.61　收缩后的网格

（9）放大如图 3.62 所示的区域，可以看到此处因为有几条短边而导致网格扭曲严重，在工具栏中切换到点选择模式。右击 Mesh，添加 Pinch，选择最右侧点作为 Master Geometry，选择左侧 3 个点作为 Slave Geometry，将 Tolerance 设置为 2.0mm，然后重新生成网格。同理，可以使用同样的方法处理对面位置的网格节点。

（10）使用虚拟拓扑功能，能够将一些短边、窄面用大块的几何实体替换，同样可以起到 Pinch 网格的功能，两者多数情况可以替换，若一种方式失败，则可使用另一种方式再重新尝试。加强筋两侧与加强筋相交的面处网格质量较差，因此可使用虚拟拓扑改善此处的网格质量。如图 3.63 所示，在 Model 上右击并选择 Virtual Topology 命令，切换到面选择模式，选中如图 3.64 所示的面，选择工具栏中的 Merge Cells，然后重新生成网格。

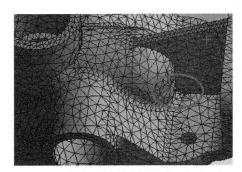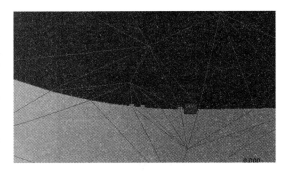

图 3.62　短边的收缩

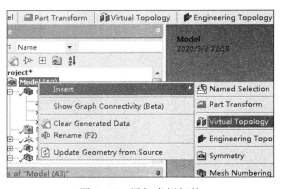

图 3.63　添加虚拟拓扑

（11）对另外两个零件解除压缩，选择 Part2 并对其添加 Sizing，如图 3.65 所示，将 Element Size 设置为 3.0mm。

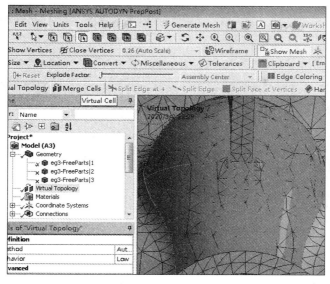

图 3.64　合并单元

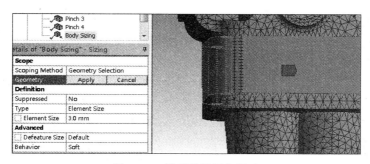

图 3.65　设置局部网格尺寸

（12）如图 3.66 所示，右击 Mesh，添加 Method，选择 Part3 并将网格设置为 MultiZone，将 Free Mesh Type 设置为 Hexa Dominant，其余选项保持默认。

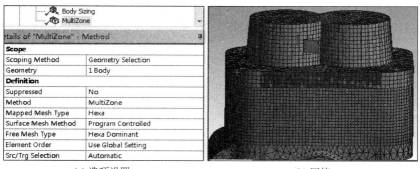

(a) 选项设置　　　　　　　　　　　(b) 网格

图 3.66　添加多区网格

12min

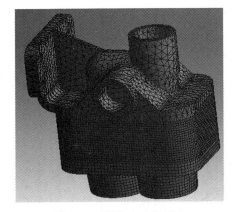

图 3.67　最终生成的网格

（13）最终生成的网格如图 3.67 所示。

【例 3.3】　2D 网格实例

ANSYS 中结构及 Fluent 流体模块支持 2D 模型，2D 网格是 3D 网格的特例，仅通过本例演示 2D 网格选项的含义及设置方法。

（1）新建一个 Workbench 工程，双击 Mesh 模块，右击 Geometry，导入 eg3.3 素材文件，双击 Mesh 单元格，打开 Meshing 界面，如图 3.68 所示，在模型树中将两个线体压缩。

（2）如图 3.69 所示，将 Physics Preference 修改为 CFD，将 Solver Preference 设置为 Fluent，可以看到，2D 网格的全局参数选项同 3D 网格的全局参数选项完全相同，保持默认参数值，生成网格。

（3）切换到边选择模式，选中如图 3.70 所示的 4 条边，右击 Mesh，选择 Sizing。在参数列表中将 Type 设置为 Number of Divisions，将数量设置为 10，将 Behavior 由 Soft 修改为 Hard，表示严格遵守参数设置划分网格。将 Bias 选项修改为中间长、两端短的偏移模式，并将比例设置为 10.0，生成网格。

（4）选中如图 3.71 所示的 4 条边，将边网格数设置为 16，将 Behavior 设置为 Hard，并将 Bias Type 设置为 No Bias。

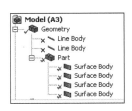

图 3.68　压缩线体

(a) 选项设置

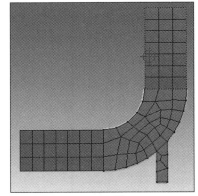

(b) 2D网格

图 3.69　全局网格

（5）按图 3.72 和图 3.73 所示的选项分别设置侧面的 2 条边，注意二者的偏移方向相反。

（6）按图 3.74、图 3.75 和图 3.76 所示的参数设置边网格，所有边网格的设置都是为了实现成对的边之间网格数量的匹配及生成类似于膨胀层的网格。

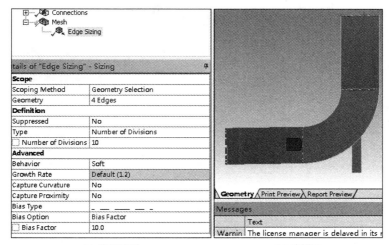

(a) 选项设置   (b) 选择边

图 3.70 设置边线网格尺寸及偏移

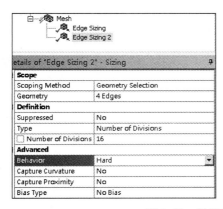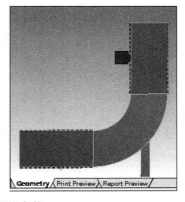

图 3.71 设置边网格参数

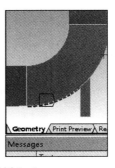

图 3.72 边偏移方向设置(一)

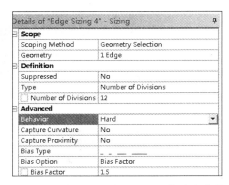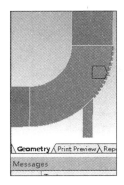

图 3.73　边偏移方向设置(二)

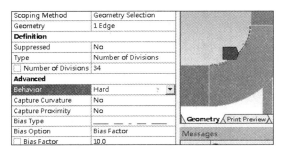

图 3.74　边偏移方向设置(三)

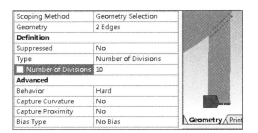

图 3.75　边偏移方向设置(四)

　　(7) 如图 3.77(a)所示,选中 4 个面,右击 Mesh,选择 Face Meshing 命令,保持默认的 Quadrilaterals 四边形网格,生成如图 3.77(b)所示的网格。

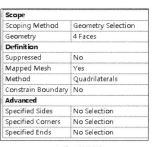

图 3.76　边偏移方向设置(五)

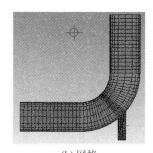

(a) 选项设置　　　　　　(b) 网格

图 3.77　映射面网格

　　(8) 映射面网格中的高级选项中可以指定交点,其设置效果如图 3.78 所示。

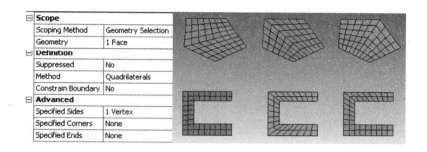

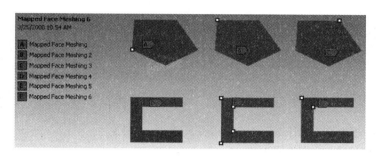

图 3.78 高级选项——选择不同节点网格指向不同

3.3 Fluent Meshing

Fluent Meshing 的前身是 TGid，TGid 是一个具备面网格编辑与修复功能的体网格填充工具，曾广泛应用在航空航天及汽车制造行业，用来划分大型高质量的流体网格及混合网格。它的界面可以实现和 Fluent 的无缝链接，能够通过脚本实现批处理运行并可处理多达数十亿的超大规模网格，是近几年来 ANSYS 公司重点推广的流体网格划分工具。最近几个版本的 ANSYS 对 Fluent Meshing 进行了大幅功能上的更新，解决了早期 Fluent Meshing 界面简陋、不直观等缺点，使这款优秀且低调的网格划分工具受到越来越多 CAE 工程师的关注。

3.3.1 界面简介

在 ANSYS Workbench 的 Toolbox 中找到 Fluent(with Fluent Meshing)，双击此选项便可将其添加到主界面中，如图 3.79 所示。双击 Mesh 单元格，进入 Fluent Meshing 的启动界面，如图 3.80 所示。启动界面几乎和 Fluent 完全相同，唯一的区别在于 Dimension 中已经选中了 3D 且 Options 选中了 Meshing Mode，并且是灰色不可编辑状态。Fluent Meshing 只能对 3D 模型进行网格划分，这是其美中不足之处。在 Processing Options 中可以分别对 Meshing 网格划分和 Solver 求解器设置并行计算核心数。

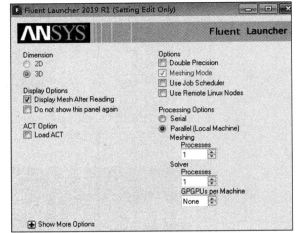

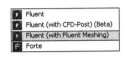

图 3.79　加载 Fluent Meshing 模块　　　　　图 3.80　启动 Fluent Meshing

　　设置好启动参数后,打开 Fluent Meshing 界面,如图 3.81 所示。新版本对界面及工作流程进行了大幅更新,默认进入 Workflow 的基于向导的选项页,切换到 Outline View 则可以进入之前版本的界面。选择 Workflow 中的 Watertight Geometry,此时会显示如图 3.82 所示的流程向导,按从上到下的顺序依次设置各步骤即可完成网格划分。

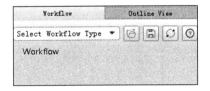

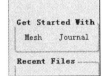

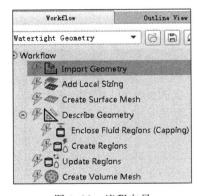

图 3.81　Fluent Meshing 界面　　　　　　　图 3.82　流程向导

　　Fluent Meshing 进行网格划分的一般流程为导入几何模型、对模型进行修复、生成表面网格、调整表面网格质量后生成体网格、调整体网格质量满足要求后进入求解模式。

3.3.2　模型导入参数设置

　　Fluent Meshing 可以导入常见的 3D 格式的几何模型,也可以直接导入表面网格或体网格。导入几何模型时,根据设置选项的不同,可以用刻面格式读取几何模型,也可以用表面网格形式导入几何模型。在 File 菜单中选择 Import 中的 CAD 选项后,将弹出如图 3.83

所示的对话框。选择 CAD Faceting 刻面格式和 CFD Surface Mesh 表面网格将显示不同的选项,表面网格提供了全局网格参数设置选项,导入后将直接以面网格的形式存在于 Mesh Objects 目录下,如图 3.84 所示,而 CAD Faceting 则位于 Geometry Objects 下,后续需要通过设置全局及局部网格参数后转换为面网格。由于 CAD Faceting 在导入时没有进行网格划分,因此导入速度更快。单击 Options 按钮后,系统提供了更多的控制选项,可以进行更精细的模型导入控制,如图 3.85 所示。

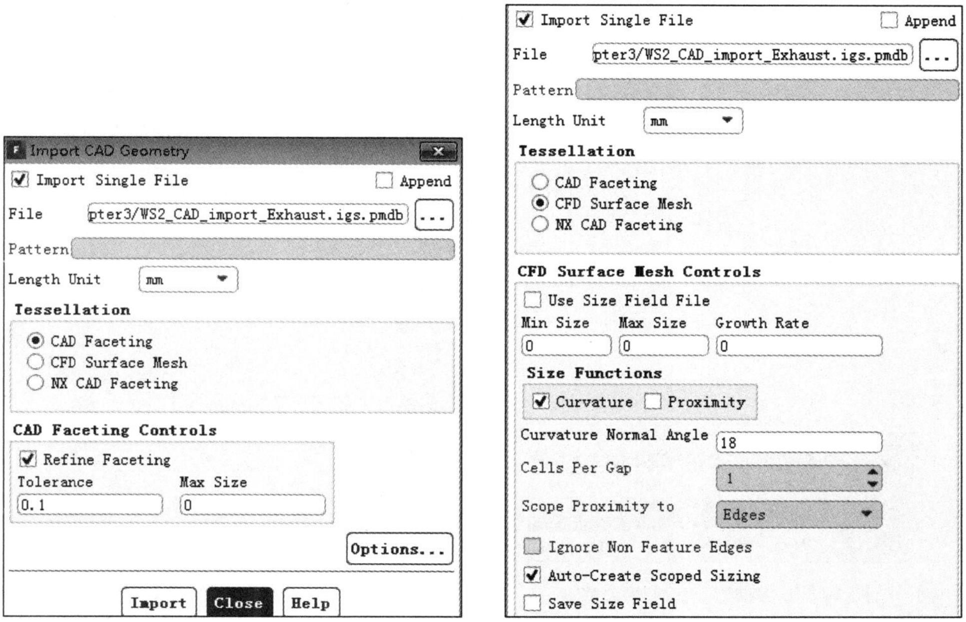

(a) CAD Faceting刻面格式选项设置　　　　(b) CFD Surface Mesh表面网格选项设置

图 3.83　导入模型选项

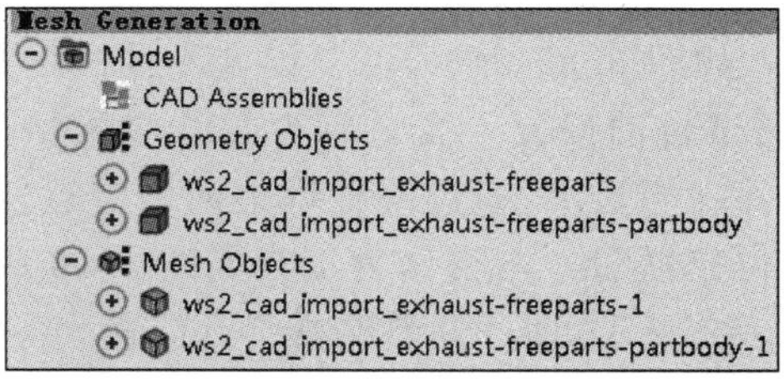

图 3.84　特征树　　　　　　　　　　图 3.85　导入选项

3.3.3 全局参数设置

模型导入后,右击 Model,选择 Sizing 命令,如图 3.86 所示,系统提供了 Scoped 和 Functions 的参数设置界面。当参数为灰色时,需要先选择 Delete Size Field 以便删除已有的全局设置。关于全局网格参数,可以设置其尺寸范围及类型,类型及含义与 ANSYS Mesh 中的含义相同,作用范围可以是边线、面或体,类型可以选择 Geom 或 Mesh,如图 3.87 所示。

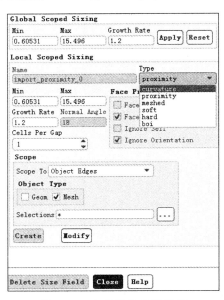

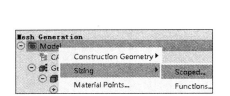

图 3.86　添加全局网格参数　　　　图 3.87　全局网格参数设置

3.3.4 表面网格修复

Fluent Meshing 在生成体网格前需要先生成封闭的面网格,面网格的质量直接决定了接下来要生成的体网格的质量。Fluent Meshing 中提供了大量面网格诊断及修复工具,如图 3.88 所示。由于 Fluent Meshing 中提供的面修复功能有可能造成模型变形失真,因此建议大家在导入 Fluent Meshing 前,在前处理时对几何模型进行修复。表面网格修复更重要的是通过网格修复工具提升面网格质量。如图 3.89 所示,可以设定不同的网格评价标准,通过 Operations 中提供的工具进行面网格自动修复。当只有少数几个网格质量较差时,可以通过 Mark 工具标记网格所在位置并高亮显示,通过手工调整网格节点位置、拆分网格单元边线、网格删除与合并等手段改善网格质量。网格修复工具如图 3.90 所示,如何使用局部网格重绘改善网格扭曲问题如图 3.91 所示,通过调整网格节点位置改善网格质量如图 3.92 所示。网格节点操作工具如图 3.93 所示,通过这些工具可方便地调整网格节点位置以便达到改善面网格质量的目的。

图 3.88 诊断及修复工具

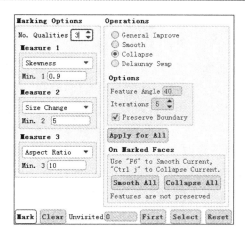

图 3.89 面网格自动修复工具

图 3.90 网格修复工具

(a) 改善前 　　　　　　(b) 改善后

图 3.91 局部网格重绘

(a) 网格缺陷位置 　　　　(b) 需移动的节点 　　　　(c) 改善后

图 3.92 移动网格节点

(a) 节点操作工具 　　　(b) 改善前 　　　(c) 改善后

图 3.93 网格节点操作

3.3.5 体网格设置

生成面网格后,需填充其内部区域,并可对不同区域设置不同区域类型,如图 3.94 和图 3.95 所示。这里需要注意的是面网格构成的表面需要完全封闭。当内部区域填充好后,可以对不同区域生成体网格。如图 3.96 所示,选择 Auto Mesh 命令,打开体网格设置对话框。如图 3.97 所示,可以设置不同体网格类型,除了常见的四面体、四面体＋六面体混合网格外,还可以设置多面体网格及多面体＋六面体混合网格。如图 3.98 所示,从左到右分别为四面体网格、六面体网格及多面体网格。

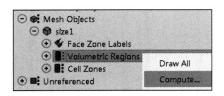

图 3.94 填充内部区域

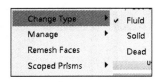

图 3.95 修改类型

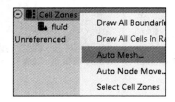

图 3.96 创建体网格

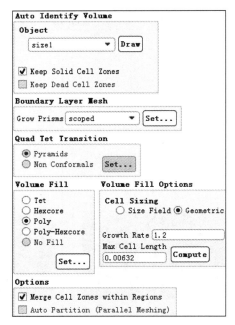

图 3.97 体网格选项

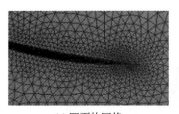

(a)四面体网格

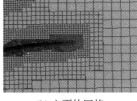

(b)六面体网格

(c)多面体网格

图 3.98 不同体网格类型

在 Boundary Layer Mesh 右侧选择 Set,如图 3.97 所示,可以打开如图 3.99 所示的边

界层网格设置对话框,在这里可以设置边界层网格尺寸及边界层所在区域。

当体网格生成后,可以通过 Auto Node Move 功能改善体网格质量。如图 3.100 所示,设定好体网格质量目标后进行自动及半自动体网格节点移动来改善体网格质量。

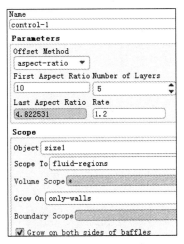

图 3.99 边界层网格

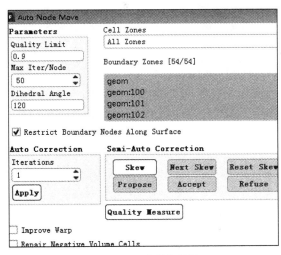

图 3.100 改善体网格

3.3.6 网格传递与导出

当体网格划分好后,需设置边界条件。选中面域,在工具栏中单击 Rename 按钮,此时会显示如图 3.101 所示的边界条件设置对话框。设置好边界条件后,可以选择如图 3.102 所示的 Prepare for Solve,此时会弹出如图 3.103 所示的对话框,提示网格传递前会进行节点、边、面及区域的清理工作。清理完成后选择文件菜单中的导出功能,可以将网格导出,如图 3.104 所示。单击 Switch to Solution,进入 Fluent 求解模式,如图 3.105 所示。

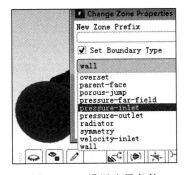

图 3.101 设置边界条件

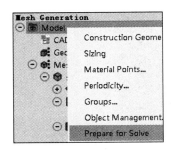

图 3.102 求解准备

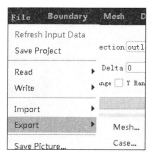

Prepare for Solve performs the following operations:
- Delete backup zones
- Delete dead zones
- Delete geom objects
- Delete all edge zones
- Delete unused faces
- Delete unused nodes
- Cleanup face and cell zone names

图 3.103　网格传递前的清理工作　　图 3.104　导出网格图　　图 3.105　进入求解器

3.3.7　综合实例讲解

【例 3.4】 燃烧喷管流体域网格

（1）新建一个 Workbench 工程，双击 Toolbox 中的 Geometry，添加一个几何建模模块。在其上右击，导入素材文件 eg3.4. scdoc。

（2）双击后便可打开 SCDM，在工具栏中选择 Prepare 选项页中的 Volume Extract，按住 Ctrl 键，选择如图 3.106 所示的 4 个边界面。切换到内部面选择模式，选择任意一个内部面，如图 3.107 所示，按对钩后即可完成内部流道的抽取。

19min

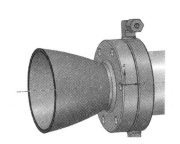

图 3.106　选择边界面

图 3.107　选择内部面

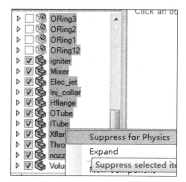

图 3.108　压缩固体

（3）在模型树中，选中除 Volume 外的其他全部实体，右击并选择 Suppress for Physics 将固体模型压缩，再单击选中 Hide，隐藏全部固体，如图 3.108 所示。

（4）切换到 Selected 选项页，单击任意一个如图 3.109 所示的小特征，选择 All equal radius protrusions，选中与特征尺寸相同的同类型特征，单击工具栏中的 Fill，去除这些特征。

（5）将一个 Fluent(with Fluent Meshing)模块拖动到 Geometry 单元格上，如图 3.110 所示。双击 Mesh

单元格,在弹出的启动界面中勾选 Double Precision,并设置多核并行求解,核数可根据自己计算机的实际核数设定,这里使用 12 核。单击 OK 按钮便可进入 Fluent Meshing 界面。

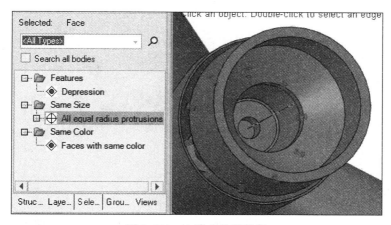

图 3.109　去除非关键特征

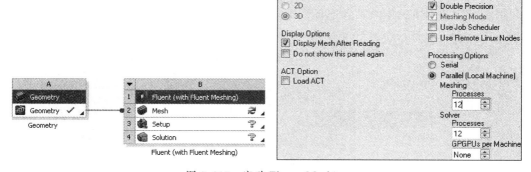

图 3.110　启动 Fluent Meshing

（6）切换到 Outline View 选项页中,目录树显示的内容如图 3.111 所示,模型位于 Geometry Objects 下,表明模型以刻面格式导入。在其上右击,选择 Draw All,此时会显示全部几何模型。如图 3.112 所示,在工具栏中选择 Display,可以对显示的内容进行设置,窗口右侧为视图操作工具,可以进行平移、旋转、缩放等操作。在 Fluent Meshing 中,右击的默认功能为选择对象,按快捷键 F3 可以将其切换为平移功能。

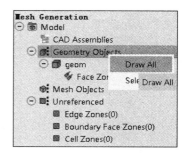

图 3.111　目录树

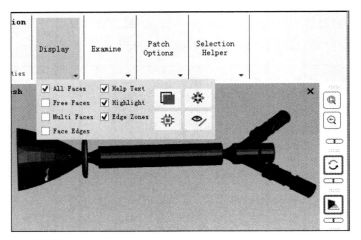

图 3.112　显示模式切换

　　（7）右击 Geometry Objects，选择 Diagnostics，通过诊断功能可以识别模型中是否存在自交叉、自由面、孔洞等缺陷。Geometry 和 Connectivity and Quality 可以诊断的选项如图3.113 和图 3.114 所示，单击下方的 Summary 按钮可以显示具体的数量。当存在问题时可以利用诊断对话框中提供的工具进行修复。

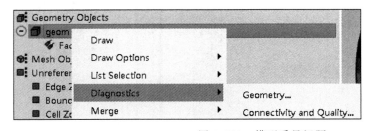
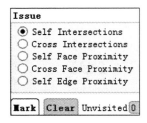

图 3.113　模型质量问题

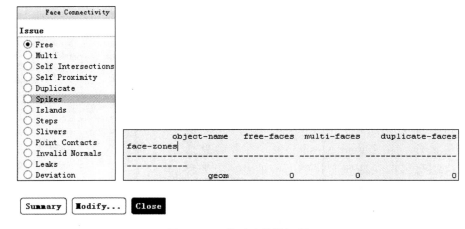

图 3.114　模型连接性问题

(8) 如图 3.115 所示,右击 Model,选择 Sizing 中的 Scoped,此时会显示网格尺寸设置对话框,该对话框用于设置面网格的全局和局部尺寸。其中上方用于设置全局尺寸,如图 3.116 所示,设置最大尺寸、最小尺寸及变化率后单击 Apply 按钮即可生效。

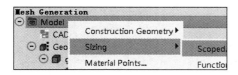

图 3.115 添加网格尺寸 图 3.116 设置全局网格尺寸

(9) 如图 3.117 所示,设置 curvature 局部尺寸,单击 Create 按钮即可添加基于曲率变化的局部网格尺寸。同理,通过设置 proximity 可以添加基于邻近面和边的局部网格尺寸。

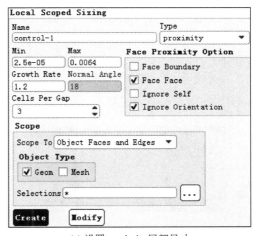

(b) 设置curvature局部尺寸 (a) 设置proximity局部尺寸

图 3.117 设置局部尺寸

(10) 如图 3.118 所示,设置好网格尺寸后,右击 geom,选择 Remesh,将刻面几何模型转化为 Mesh Object 模型,Remesh 提供了两种选项,其中 Collectively 可以针对不同网格设置生成多个面网格对象,便于比较网格尺寸对网格质量的影响,优先推荐大家使用这个选项。在转化过程中,网格生成器将根据上一步设置的全局和局部网格尺寸生成相应的面网格。此时的目录树如图 3.119 所示,模型从 Geometry Objects 转移到 Mesh Objects 中。

(11) 在 Display 工具栏中勾选 Face Edges 即可显示面网格,如图 3.120 所示。在图 3.119 左侧所示的目录树中右击 size1,选择 Diagnosis 中的 Connectivity and Quality,切换到 Quality 选项页,单击下方的 Summary 即可显示面网格质量,如图 3.121 所示,从显示结果看,网格扭曲度超过 0.85 的有 3577 个网格,最大扭曲度为 0.999 以上。为了后续生成高质量体网格,首先需要保证面网格质量。如图 3.122 所示,我们将目标扭曲度设定在 0.6,将 Feature Angle 设置为 120,使用 General Improve 改善网格质量,单击 Apply for All 后单击

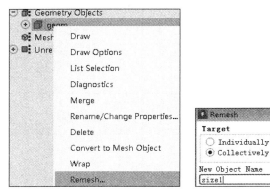

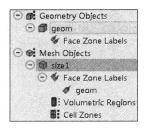

图 3.118　转化面网格　　　　　　　　　　图 3.119　目录树变化

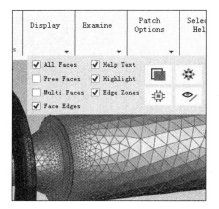

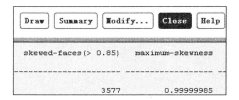

图 3.120　显示面网格　　　　　　　　　　图 3.121　查看面网格质量

Summary 按钮查看改善后的网格质量,此时网格质量已经达到 0.59,满足目标要求了。当只有几个网格质量比较差时,可以手动修复网格。将网格扭曲度目标值设置为 0.58,单击 Mark 按钮,此时有 3 个网格扭曲度超过 0.58,单击 First 按钮,显示被标记的面网格,如图 3.123 所示。如图 3.124 所示,单击下方的 Remesh 按钮,在弹出的 Local Remesh 对话框中将 Rings 设置为 5,被标记的面网格将与周边 5 个网格进行局部重绘,在重绘过程中调整网格质量,重绘后的网格如图 3.125 所示。继续单击 Next 按钮,即可显示剩余的标记网格,按同样的方法处理即可,这里不再赘述。

（12）在工具栏中选择 Reset 后,右击 Mesh Objects 即可显示完整网格,如图 3.126 所示。

（13）如图 3.127 所示,右击 Volumetric,选择 Compute,生成内部区域。默认情况下,生成的内部区域的类型为 Fluid,如图 3.128 所示,图中的环形区域不与任何其他流体域相通,也不参与流动,可以直接将其删除,还可修改为死区类型,当导入 Fluent 时,死区会被清

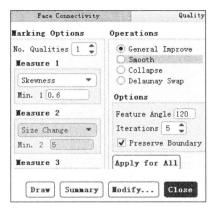

图 3.122 改善面网格质量

图 3.123 标记面网格

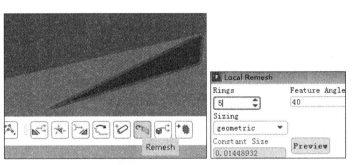

图 3.124 局部网格重绘

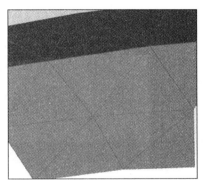

图 3.125 重绘后的网格

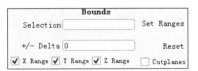

图 3.126 显示完整网格

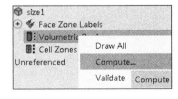

图 3.127 生成内部区域

理掉,不参与仿真。在目录树中选中该环形区域,右击,将其类型修改为 Dead。如图 3.129 所示,右击另一区域,将其类型修改为 Fluid,并通过右击后显示的 Manage 功能将该区域重命名为 fluid,如图 3.130 所示。

(14) 在下方工具栏中选择如图 3.131 所示的 Zone Selection Filter,切换到区域选择模式,右击模型,此时模型为一整体,单击 Separate 按钮,将其拆分为多个面域。当选择错误时,可以通过使用 Clear Selection 按钮清除选择。

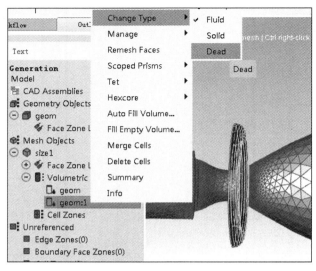

图 3.128　修改死区

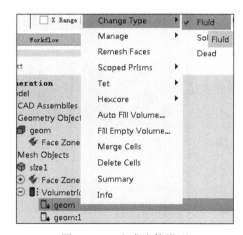

图 3.129　生成流体类型

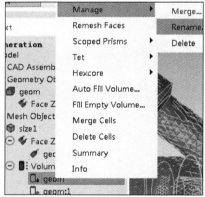
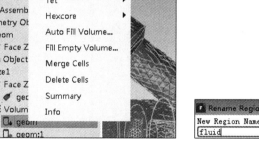
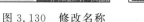

图 3.130　修改名称

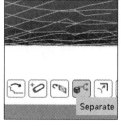
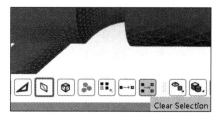

图 3.131　拆分面域

（15）选择入口处其中的一个面，选择如图 3.132 所示的 Rename 按钮，在弹出的对话框中将名称修改为 inlet1，勾选 Set Boundary Type，将类型修改为 velocity-inlet。采样同样的方法，选择另一个入口，将其名称修改为 inlet2。选择另一侧的出口，将其名称修改为 outlet，并将类型修改为 pressure-outlet，如图 3.133 所示。

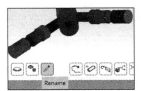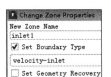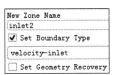

图 3.132 修改入口边界条件

图 3.133 修改出口边界条件

（16）如图 3.134 所示，右击 Cell Zones，选择 Auto Mesh，弹出如图 3.135 所示的体网格设置对话框。在 Boundary Layer Mesh 中选择 scoped，将名称修改为 inflation，单击 Create 按钮，使用默认参数创建边界层网格。在 Volume Fill 中可以设置不同的体网格类型，其中 Poly 为多面体类型网格，是 Fluent Meshing 中特有的网格类型，它可以在较少的网格单元数量的情况下达到较高的网格质量。它的缺点在于无法并行生成网格，若需并行生成网格，则可以使用 Poly-Hexcore 多面体＋六面体混合类型网格。勾选 Merge Cell Zones within Regions，确保边界层网格与内部网格处于同一区域内。右击 Mesh Objects，选择 Draw All，刷新后的网格如图 3.136 和图 3.137 所示。

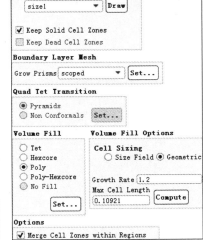

图 3.134 创建体网格

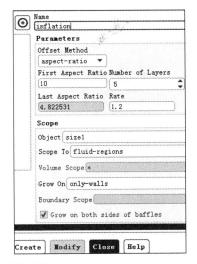

图 3.135 生成体网格

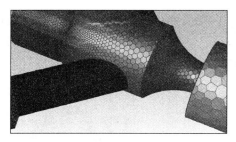

图 3.136　生成的体网格

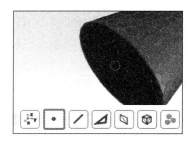

图 3.137　在下方选择刷新

（17）在下方选择模式中选择点选择模式，右击出口面中心，选中一点后勾选工具栏中的 Insert Clipping Planes 及 Draw Cell Layer，内部截面网格如图 3.138 所示。

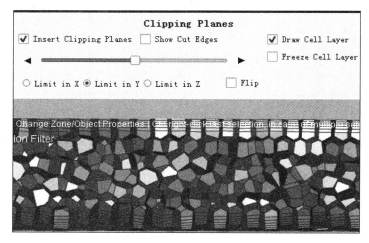

图 3.138　内部截面网格

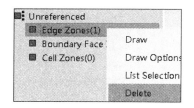

图 3.139　删除边区域

（18）如图 3.139 所示，在 Unreferenced 中存在未被引用的边线，右击 Edge Zones，选择 Delete 将其删除，也可以在后续让程序自动删除。

（19）右击 Cell Zones，选择 Summary，此时会在消息窗口显示体网格质量信息，如图 3.140 所示，其最大扭曲度约为 0.896，需要提高网格质量。

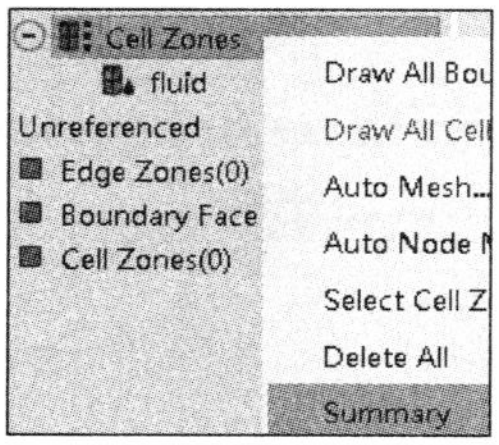

name	id	skewed-cells(> 0.90)	maximum-skewness	cell count
fluid	162	0	0.89629046	715005
Overall Summary	none	0	0.89629046	715005

图 3.140　显示体网格质量

（20）如图 3.141 所示，右击 Cell Zones，选择 Auto Node Move。在弹出的对话框中将 Quality Limit 设置为 0.7，如图 3.142 所示。单击 Apply 按钮，自动调整网格节点。

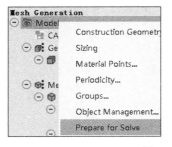
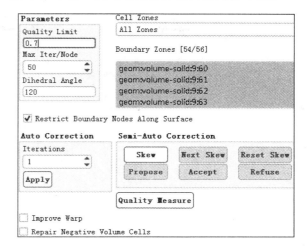

图 3.141　调整网格质量　　　　　图 3.142　移动网格节点

（21）再次查看网格质量，如图 3.143 所示，右击 Cell Zones，选择 Auto Node Move。在弹出的对话框中将 Quality Limit 再次设置为 0.7。

name	id	skewed-cells(> 0.90)	maximum-skewness	cell count
fluid	162	0	0.75132975	715005
Overall Summary	none	0	0.75132975	715005

图 3.143　查看网格质量

（22）至此网格划分工作已经结束。右击 Model，选择 Prepare for Solve，系统会在网格导入 Fluent 前进行清理工作，清除几何实体、死区、边线区域、未被引用的面体与节点等，如图 3.144 所示。

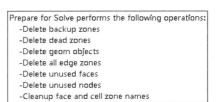

图 3.144　清理网格

（23）单击工具栏中的 Switch to Solution 按钮，此时将进入 Fluent 求解模式，如图 3.145

所示。在执行该操作前也可先通过 File 菜单中的导出功能保存网格，如图 3.146 所示。

图 3.145　进入 Fluent 求解模式

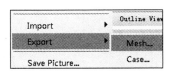

图 3.146　保存网格

第4章

结构静力学仿真

结构静力学研究结构在静态或准静态时,受到不随时间变化的载荷作用下的强度和刚度问题。ANSYS结构仿真包括结构静力学、结构动力学(模态分析、谐响应分析、响应谱分析、随机振动分析、瞬态动力学)、显式动力学、疲劳分析等,其中结构静力学、结构动力学、显式动力学、疲劳分析都是在 Mechanical 界面中完成的,结构静力学是这些仿真的基础,它涉及了接触、坐标系、载荷及边界条件、求解器设置及结果后处理,处理方法同样适用于其他类型的结构仿真,因此后续章节中与本章内容相关的部分不再重复介绍。

4.1 结构静力学基础

结构静力学的主要目的是计算结构的强度和刚度,在 Workbench 中,双击 Static Structural 即可添加如图 4.1 所示的静力学分析模块,该模块各单元格反映了静力学仿真的基本流程,即设置材料、加载及处理几何模型、生成网格、添加边界条件及载荷、设置求解器参数、结果后处理,这也是其他结构仿真的基本流程。在每一行单元格后都有该单元格的状态图标,状态图标直观地显示了当前所处的阶段,Workbench 常见的状态图标如图 4.2 所

图 4.1 结构仿真流程

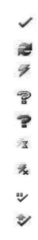

图 4.2 Workbench 常见的状态图标

示,从上到下分别表示更新完成、上游数据变化需要刷新、本地数据变化需要更新、无数据、需要注意、等待、更新失败、更新被暂停、本地完成更新后上游数据又发生变化。

4.2　材料设置

双击 Engineering Data 单元格会打开如图 4.3 所示的材料设置界面,在最上方有 Engineering Data Sources 按钮。未按此按钮时,界面中只有 Structural Steel 结构钢这一种材料,它是系统中的默认材料,未设置材料时,所有实体默认的材料都是结构钢。按下此按钮后将显示通用材料、流体材料、热材料、磁性材料等按特性分类的材料库,其中最常用的是通用材料库。如图 4.4 所示,选择通用材料库,下方将显示通用材料库中的材料列表,在所需材料处单击加号,后边会出现一个蓝色的方形文本状图标,表示将材料库中的材料加载到当前工程中。单击 Engineering Data Sources 按钮将返回材料参数设置界面。如图 4.5 所示,在材料列表中可以修改(如杨氏模量、泊松比、密度等)材料数据。若需自定义材料,则可在空白单元格中输入自定义材料的名字,在左侧 Toolbox 中展开各项属性,双击某一项即可添加该材料的属性。在静力学仿真中,只需添加杨氏模量、泊松比,其他特性可选。如图 4.6 所示,自定义材料创建好后,可以选中该材料,在 File 菜单中选择 Export Engineering Data,将材料导出,下次可以通过 Import Engineering Data 加载该材料。材料设置好后在上方选项页中关闭 Engineering Data 便可返回 Workbench 主界面。

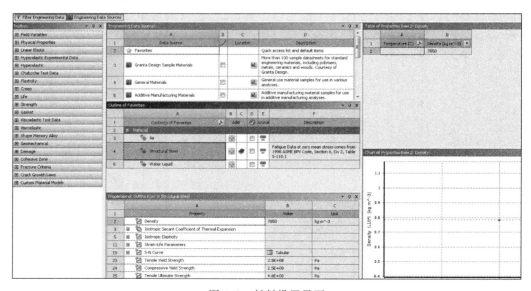

图 4.3　材料设置界面

	A	B	C	D	E
1	Contents of General Materials		Add	Source	Description
2	Material				
3	Air				General properties for air.
4	Aluminum Alloy				General aluminum alloy. Fatigue properties come from MIL-HDBK-5H, page 3-277.
5	Concrete				
6	Copper Alloy				
7	FR-4				Sample FR-4 material, data is averaged from various sources and meant for illustrative purposes. It is assumed that the material x direction is the length-wise (LW), or warp yarn

Properties of Outline Row 4: Aluminum Alloy			
	A	B	C
1	Property	Value	Unit
2	Density	2770	kg m^-3
3	Isotropic Secant Coefficient of Thermal Expansion		
5	Isotropic Elasticity		
11	S-N Curve	Tabular	
15	Tensile Yield Strength	2.8E+08	Pa
16	Compressive Yield Strength	2.8E+08	Pa
17	Tensile Ultimate Strength	3.1E+08	Pa
18	Compressive Ultimate Strength	0	Pa

图 4.4   加载通用材料

Field Variables			A	B	C	D	Source	E
Physical Properties		1	Contents of Engineering Data				Source	Description
Density		2	Material					
Isotropic Secant Coefficient of Thermal Exp		3	Aluminum Alloy					General aluminum alloy. Fatigue properties come from MIL-HDBK-5H, page 3-277.
Orthotropic Secant Coefficient of Thermal I		4	my_material					
Isotropic Instantaneous Coefficient of The		5	Structural Steel					Fatigue Data at zero mean stress comes from 1998 ASME BPV Code, Section 8, Div 2, Table 5 -110.1
Orthotropic Instantaneous Coefficient of T		*	Click here to add a new material					
Melting Temperature								
Linear Elastic								
Isotropic Elasticity								
Orthotropic Elasticity								
Anisotropic Elasticity								

Properties of Outline Row 4: my_material					
	A	B	C	D	E
1	Property	Value	Unit		
2	Material Field Variables	Table			
3	Density		kg m^-3		
4	Isotropic Elasticity				

图 4.5   自定义材料

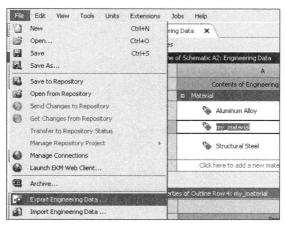

图 4.6   导入及导出材料

4.3 结构强度、刚度仿真

4.3.1 加载模型及界面简介

在 Geometry 中载入模型并完成模型的简化及修复工作后，双击 Modal 单元格进入 Mechanical 界面，如图 4.7 所示，该界面与 Meshing 界面布局基本相同，左侧是模型树，结构选项对话框和工具栏可以完成模型材料设置、添加坐标系、修改接触、设置网格参数、调整求解器选项、进行边界条件设置及结果后处理等工作。

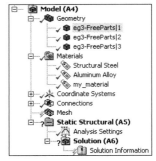

如图 4.8 所示，在工具栏中，最后一行是自适应工具栏，它会随着选择对象的不同而发生变化。自适应工具栏上方为标准工具栏，其用法和功能与其他模块相似，这里不再赘述了。

图 4.7　模型树

图 4.8　自适应工具栏

模型加载后，首先需要设置模型刚性属性及模型材料，如图 4.9 所示，在 Geometry 下选择实体，详细对话框中会出现该实体的属性。其中 Stiffness Behavior 中可以将其设置为 Flexible 或 Rigid，若设置为 Rigid，则该实体将被视为刚体。当实体的刚度极大并和其他实体相比可以忽略变形时，可以将该实体设置为刚体，设置为刚体的模型不划分网格，能减少计算量，此时的仿真也称为刚柔耦合仿真。

在材料设置中添加的材料仅将材料加载到了当前工程，并没有分配给实体，需要在 Material 中通过 Assignment 分配材料，未分配材料时系统会将 Structural Steel 结构钢分配给实体。

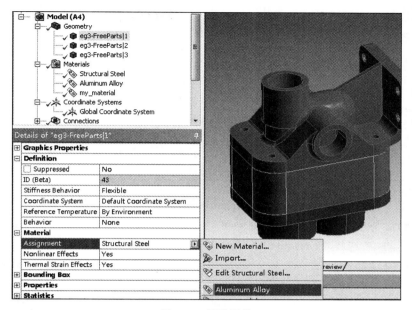

图 4.9 模型属性

4.3.2 接触类型及接触设置

在 Connections 中可以添加如图 4.10 所示的 Manual Contact Region(接触区)、Spot Weld(焊点)、Joint(运动副)、Spring(弹簧连接)、Bearing(轴承连接)、Beam(梁连接)等连接形式。在结构静力学仿真中接触是最重要的连接形式。

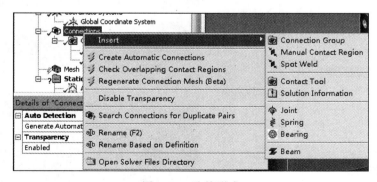

图 4.10 连接形式

接触决定了零件之间作用力的传递方式及相对运动形式,零件之间如果没有接触,则零件可以彼此穿过对方。接触都是成对出现的,其中一侧称为 contact,另一侧称为 target,但二者面积及包含面的数量可以不同,例如 contact 中可以是 2 个面,而 target 中可以是 5 个面。

当装配体导入 Mechanical 后,系统会根据距离容差自动创建接触对,自动创建的接触对默认为 Bonded 绑定类型。Mechanical 中共有 5 种接触类型,它们的特性如表 4.1 所示。

表 4.1 接触行为的特性

接触类型	迭代次数	法向行为	切向行为
Bonded	1 次,线性接触	无间隙	不允许滑动
No Separation	1 次,线性接触	无间隙	允许滑动,无摩擦力
Frictionless	多次,非线性接触	允许间隙	允许滑动,无摩擦力
Rough	多次,非线性接触	允许间隙	不允许滑动
Frictional	多次,非线性接触	允许间隙	允许滑动,有摩擦力

如图 4.11 所示,单击 Contact 或 Target 旁边的选项,此时实体对应的面会高亮显示,可以重新编辑参与接触的面。在 Type 中可以选择上述 5 种接触中的一种,每种所对应的选项会有所不同,当选择 Frictional 时,会在下方要求输入 Friction Coefficient 摩擦系数。Behavior 中可以设置 asymmetric contact 或 symmetric contact。在求解前,接触对都是对称的,即两个接触实体的接触面上的每一侧既有接触面,也有目标面;当求解时,系统会做出判断并删除一对接触,此时两个实体仅一侧为接触面,另一侧为目标面。求解前的接触称为对称接触,求解时的接触称为非对称接触,通常将该选项保持为程序控制类型。在 Advanced 选项中有设置切向刚度、法向刚度和阻尼的选项,一般保持默认的程序控制类型,当系统出现因非线性而导致不收敛时,可以根据经验调整这些选项。在 Interface Treatment 中

图 4.11 接触选项

可以设置 Add Offset、No ramping 及 Add Offset、Ramped Effect 及 Adjust to Touch 共 3 个选项。前两者用于添加单边过盈或间隙值,正值为过盈,负值为间隙。当包含 Ramp 效应时,会在一个载荷加载的不同子步内逐渐加载 Offset 值,否则在第 1 个子步一次性加载 Offset 值。Adjust to Touch 用来将初始存在的间隙或干涉的零件在求解时调整到刚好接触而不用修改几何模型。

如图 4.12 所示,单击 Contact 文件夹,选项中会显示自动接触选项,在这里可以设置距离容差,在容差范围内的几何要素才会自动创建接触,还可以在这里设置面/面、面/边、边/边之间的接触行为及接触在不同几何要素创建接触时的优先级。

Connections	
Contacts	
Bonded - eg3-FreeParts|1 To	
Details of "Contacts"	
Definition	
Connection Type	Contact
Scope	
Scoping Method	Geometry Selection
Geometry	All Bodies
Auto Detection	
Tolerance Type	Slider
Tolerance Slider	0.
Tolerance Value	0.78195 mm
Use Range	No
Face/Face	Yes
Face-Face Angle Tolerance	75. °
Face Overlap Tolerance	Off
Cylindrical Faces	Include
Face/Edge	No
Edge/Edge	No
Priority	Include All
Group By	Bodies
Search Across	Bodies

图 4.12　自动接触选项

4.3.3　载荷及约束条件类型

Mechanical 支持多种类型的载荷及约束条件,通过设置载荷及约束条件可以限制零件的自由度。其中载荷分为惯性载荷和非惯性载荷,惯性载荷与质量相关,设置惯性载荷要求材料中必须添加密度属性,惯性载荷包含加速度、重力加速度、角速度和角加速度共 4 种。载荷类型如图 4.13 所示,它们的含义及用法如下。

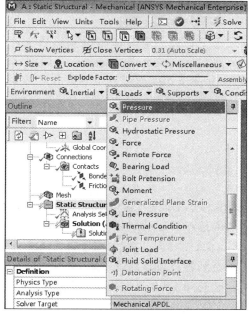

图 4.13　载荷类型

（1）Pressure（压强）：垂直作用在所选择的面上，并随着面的变形而调整方向，当指向面时为正，反之为负。

（2）Hydrostatic Pressure（静水压强）：在面上施加一个随位置线性变化的力，模拟流体的压强。需要指定加速度的大小和方向、流体的密度、流体自由面的坐标系并提供顶面/底面选项，流体可以作用于结构内部或外部。

（3）Force（集中力）：集中力可以施加在点、线、面上并在所选的几何要素上均匀分布。可以通过矢量或 3 个方向的分量方式定义。

（4）Remote Force（远程力）：可以设置距离面或边指定距离的偏置力，该力能够等效为力及偏置引起的力矩，可以通过矢量或 3 个方向的分量方式定义。

（5）Bearing Load（轴承载荷）：如图 4.14 所示，轴承载荷仅适用于圆柱面，当圆柱面由两半构成时需将两半全部选中，径向分量根据投影面积分配压力载荷，可以模拟轴在轴承孔、销在销孔时的载荷。

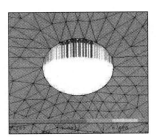

图 4.14　轴承载荷

（6）Bolt Pretension（螺栓预紧力）：当用 Beam 或圆杆模拟螺栓连接需要施加预紧力时，可以使用螺栓预紧力，可通过添加 Load 预紧载荷及 Adjustment 调整预紧位移的方式添加预紧力，螺栓预紧力是多载荷步仿真，第一步添加了预紧后，其他载荷步在保持当前预紧力或预紧位移的情况下再施加外部载荷。

（7）Moment（力矩）：3D 实体需将力矩施加在面上，若选择多个面，则多个面分摊该力矩，2D 模型则可以将力矩施加在顶点或边上，力矩可以用矢量或分量定义。

（8）Line Pressure（线压力）：在边上施加的分布载荷，仅支持 3D 模型。

（9）Thermal Condition（热载荷）：在结构中添加一个温度，同时设定一个参考温度，在温差作用下结构会发生热膨胀并产生热应变。热应变由下式计算：

$$\varepsilon_x^{th} = \varepsilon_y^{th} = \varepsilon_z^{th} = \alpha(T - T_{ref}) \tag{4.1}$$

其中，

α 为热膨胀系数；

T 为设定的温度；

T_{ref} 为参考温度。

（10）Joint Load（运动副载荷）：运动副载荷主要用在刚体动力学中，静力学中也可以使用运动副载荷，需开启大变形选项。运动副载荷可参见结构动力学部分。

（11）Fluid Solid Interface（流固界面载荷）：用于将流体中的载荷耦合在固体结构上。

从数学的角度来讲，为了得到微分方程的唯一解，必须提供初始条件和边界条件。对于结构静力学问题，求解参数不随时间变化，只需提供边界条件便可以获得唯一解，边界条件的合理性对仿真结果至关重要。

结构静力学中提供的边界条件类型如图 4.15 所示。

（1）Fixed Support（固定约束）：可以限制全部平动和转动自由度。

（2）Displacement（位移约束）：可以约束 x 轴、y 轴、z 轴 3 个方向的平动自由度，输入 0 时表示固定该方向的位移，而 Free 表示该方向可自由移动。

（3）Remote Displacement（远程位移约束）：允许在远端施加平动和转动位移，通过选取某点或直接输入点的坐标值，设定载荷作用点。当选中几何模型时，默认选中的是模型的重心位置，输入坐标点建议使用局部坐标系。

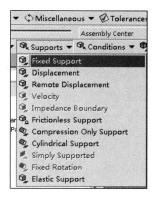

图 4.15 边界条件类型

（4）Frictionless Support（无摩擦约束）：在面上添加该约束，它可以约束法向位移、允许轴向平动和切向转动。在对称面上添加该约束时，可以用它模拟对称边界条件。

（5）Cylindrical Support（圆柱约束）：施加在圆柱面上，可以约束轴向、径向或切向自由度。

（6）Simply Supported（简支约束）：一般施加在顶点上，可以限制 3 个平动自由度，转动是自由的。

（7）Fixed Rotation（转动约束）：约束 3 个转动自由度，但不限制平动自由度，一般施加在梁或壳单元的面、边或顶点上。

（8）Elastic Support（弹性约束）：用来在面或边界模拟弹簧效应，通过设置刚度系数并结合法向位移施加作用力。

（9）Compression Only Support（仅压缩约束）：只能在压缩面方向施加约束，通常用来模拟圆柱面上销钉、螺栓等的支撑作用，是非线性约束，求解时会发生迭代。

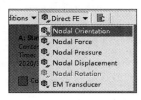

图 4.16 节点边界条件

如图 4.16 所示，Workbench 还允许在网格节点上施加载荷及约束，此时要求对应的网格节点必须设置 Named Selections，每个网格节点都有自己的局部坐标系，默认情况下每个节点均摊总载荷，可以设置 Divide Load by Nodes＝No，关闭载荷均摊选项，此时每个节点都承担施加的载荷。

4.3.4 求解参数设置

当模拟的问题不存在非线性时，一般不需要设置求解器参数和重启选项，只需设置载荷步，默认情况下采用单载荷步求解。当分析的问题按一系列步骤顺序执行时，则为多载荷步问题。多载荷步的载荷需要以表格形式添加，每行为一个载荷步。如图 4.17 所示，在 Number Of Steps 中设置总载荷步，在 Current Step Number 中设置当前载荷步。多载荷步通常要和载荷设置匹配，如图 4.18 所示，载荷要以表格形式输入，此时消息窗口将显示各载荷步的值及载荷曲线，注意静力学中的 Time 没有意义，通常令其等于加载步。

Step Controls	
Number Of Steps	4.
Current Step Number	2.
Step End Time	2. s
Auto Time Stepping	Program Controlled

图 4.17　多载荷步设置

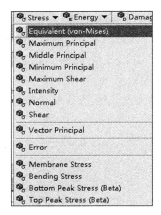

Graph

Tabular Data				
	Steps	Time [s]	☑ Pressure [MPa]	
1	1	0.	0.	
2	1	1.	2.	
3	2	2.	2.	
4	3	3.	= 1.75	
5	4	4.	0.5	
*				

图 4.18　载荷步图标

4.3.5　结果后处理

Mechanical 提供了多种后处理工具,包括变形、应力、应变、支反力等。

如图 4.19 所示,Total 是总变形,为各方向变形的平方和取平方根,Directional 为 x、y、z 方向的变形分量,可以指定在全局坐标系或局部坐标系中显示。

如图 4.20 所示,Equivalent 等效应力也称为 Von-Mises 应力,它的计算公式如下:

$$\sigma_e = \sqrt{\frac{1}{2}\left[(\sigma_1 - \sigma_2)^2 + (\sigma_2 - \sigma_3)^2 + (\sigma_1 - \sigma_3)^2\right]} \tag{4.2}$$

其中 σ_1、σ_2、σ_3 为 3 个主应力。

Equivalent 等效应变的计算公式如下:

$$\varepsilon_e = \frac{1}{1+\nu}\sqrt{\frac{1}{2}\left[(\varepsilon_1 - \varepsilon_2)^2 + (\varepsilon_2 - \varepsilon_3)^2 + (\varepsilon_1 - \varepsilon_3)^2\right]} \tag{4.3}$$

其中 ε_1、ε_2、ε_3 为 3 个主应变。

图 4.19　变形

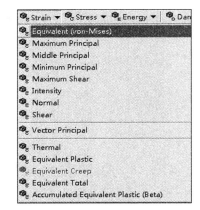

图 4.20　应力及应变

主应力 $\sigma_1 > \sigma_2 > \sigma_3$ 和最大剪应力 τ_{max} 与坐标系无关,称为应力不变量,同理 $\tau_1 > \tau_2 > \tau_3$ 和最大剪应变 γ_{max} 满足同样规律。

Intensity 应力强度的定义如下:

$$\sigma_I = \max(|\sigma_1 - \sigma_2|, |\sigma_2 - \sigma_3|, |\sigma_1 - \sigma_3|) \tag{4.4}$$

它等于最大剪应力 τ_{max} 的 2 倍。

应变强度的定义如下：

$$\varepsilon_I = \max(|\varepsilon_1 - \varepsilon_2|, |\varepsilon_2 - \varepsilon_3|, |\varepsilon_1 - \varepsilon_3|) \tag{4.5}$$

Normal(正应力)、正应变与 Shear(剪切应力)、剪切应变各有 3 个，分别为 x、y、z 方向的正应力、正应变及 xy、yz、xz 3 个方向的剪应力、剪应变。

Maximum Shear(最大剪切力)、剪应变分别为 $\tau_{max} = \dfrac{\sigma_1 - \sigma_2}{2}$ 和 $\gamma_{max} = \varepsilon_1 - \varepsilon_2$，可以用它们预测屈服极限。

Vector Principal(主矢量)，主应力/应变有方向性，可以通过主矢量显示主应力/应变矢量。

Equivalent Plastic Strain 为等效蠕变应变，而 Equivalent Total Strain 为等效总应变，它包括弹性应变、塑性应变和蠕变应变。

壳结构可以使用 Membrane Stress 和 Bending Stress 查看膜应力和弯曲应力。

除了上述通用工具外，还有线性化应力工具、应变工具、接触工具、疲劳工具、梁工具、探测工具、用户自定义结果组合等。

4.3.6 过盈配合仿真

【例 4.1】 轴孔过盈配合仿真

机械结构中过盈连接是常见的连接形式，我们通过本例讲解过盈连接中的应力、应变、过盈装配的压装力及过盈连接能传递的力和转矩。

（1）新建一个 Workbench 工程，双击 Static Structural，创建一个结构静力学仿真流程。

（2）双击 Engineering Data，单击 Engineering Data Sources 按钮。如图 4.21 所示，在 General Materials 中选择 Aluminum Alloy 后的加号，将铝合金材料添加到当前工程中。关闭 Engineering Data 页面，返回 Workbench 主界面。

🎥 10min

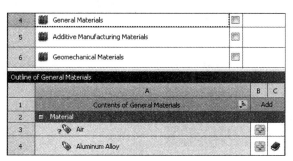

图 4.21 添加新材料

（3）右击 Geometry，选择 DesignModeler。如图 4.22 所示，在 DM 中分别创建一个外径为 100mm、内径为 70mm、厚度为 18mm 的圆环和一根直径为 70mm、长为 50mm 的光轴。在 XY 面内创建 2 个草图，分别创建圆环和轴的截面。在创建实体时应注意后创建的实体要以 Add Frozen 方式创建,分别将零件命名为 ring 和 shaft。

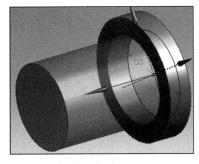

图 4.22　创建几何模型

(4)返回 Workbench 界面,双击 Model,打开 Mechanical。如图 4.23 所示,在模型树中选择 Geometry,分别将 ring 和 shaft 零件设置为铝合金和结构钢材料。

图 4.23　设置材料

(5)如图 4.24 所示,选择 Contact Region,在 Type 中选择 Frictional,并将 Friction Coefficient(摩擦系数)设置为 0.15,在 Offset 中输入 0.01mm,表示单边过盈量为 0.01mm。

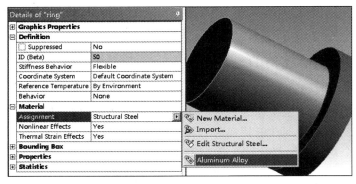

图 4.24　设置过盈

（6）如图 4.25 所示，在 Mesh 中将全局参数 Resolution 设置为 5。切换到选择边线模式，选中圆环的四条边，右击 Mesh，选择 Sizing，并将 Type 设置为 Number of Divisions，将数量修改为 100。右击 Mesh，选择 Face Meshing，选中圆环的一个表面，将 Internal Number of Divisions 设置为 5，生成网格。

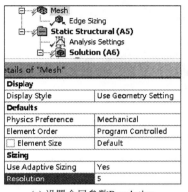

(a) 设置全局参数Resolution

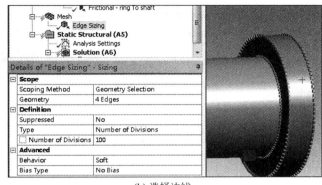

(b) 选择边线

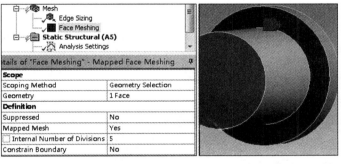

(c) 参数设置　　　　　　(d) 选择表面

(e) 生成网格

图 4.25　设置网格尺寸

（7）选中如图 4.26 所示的面，添加 Fixed Support。

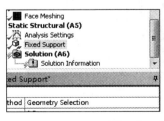

图 4.26　添加固定约束

（8）添加 displacement（位移约束），选中轴的顶面，如图 4.27 所示，将 Z 方向位移设置为 −1mm，在静力学中，我们常添加一个小的位移来计算过盈连接中接触对的最大摩擦力，这个力既是压装中需要克服的力,也是过盈连接能传递的力。单击工具栏上的 Solve 按钮,开始求解。

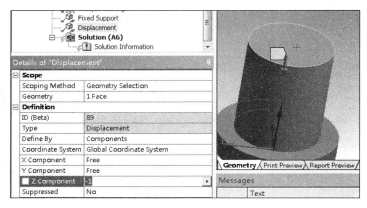

图 4.27　添加位移约束

（9）如图 4.28 所示,选择 Solution,在工具栏中选择 Equivalent Stress,单击 Geometry,选择圆环,类似地再添加一个 Equivalent Stress,这次将 Geometry 选择为轴,单击 Displacement 并拖动鼠标至 Solution 上,松开鼠标后将在 Solution 下出现如图 4.29 所示的 Force Reaction(约束反力),它表示在固定支撑处的反作用力,也就是压装力。右击 Solution,选择 Evaluate All Results,更新结果。

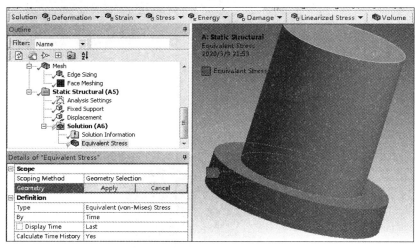

图 4.28　添加等效应力

图 4.29　添加约束反力

（10）如图 4.30 所示,分别选择 ring 及 shaft,此时会出现它们的等效应力,选择 Force Reaction,会在左侧出现对应的约束反力,将最大等效应力与材料的屈服强度进行比较可以计算安全裕度。

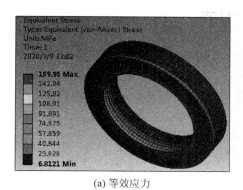
(a) 等效应力

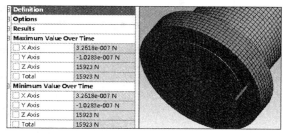
(b) 约束反力

图 4.30 结果后处理

4.3.7 平面应力应变问题仿真

当仿真模型满足平面应力及平面应变条件时,可以使用 2D 模型代替 3D 模型,减小计算量,缩短仿真时间。

平面应力:只在平面内有应力,而与该面垂直方向的应力可忽略,即正应力及剪应力仅有平面内的分量而无垂直平面的分量。它常出现在厚度方向尺寸远小于另外两个方向的尺寸的情况中。例如薄板拉压问题,薄板的中面为平面,其所受外力包括体力均平行于中面,并沿厚度方向不变。

平面应变:只在平面内有应变,而与该面垂直方向的应变可忽略,即正应变及剪切应变只有平面内的分量而无垂直平面的分量。它通常出现在有很长的纵向轴的物体中,横截面大小和形状沿轴线长度不变且作用外力与纵向轴垂直,以及沿长度方向外力大小不变的情况中。例如水坝侧向水压问题。

【例 4.2】 2D 问题仿真

(1) 打开一个新的 Workbench 工程,双击 Static Structural,选中 Geometry 单元格。如图 4.31 所示,在属性窗格中,将 Analysis Type 修改为 2D,注意一定要在导入几何模型前修改该选项。

8min

(2) 右击 Geometry 单元格,导入 eg4.2.stp 素材文件。双击 Model 单元格打开 Mechanical。

(3) 单击模型树中的 Geometry,在 2D Behavior 中选择 Plane Stress,如图 4.32 所示。

(4) 选择两个模型,将其厚度修改为 12mm,如图 4.33 所示。

(5) 如图 4.34 所示,将接触类型由默认的 Bond 类型修改为 No Separation,允许切向的相对位移。

(6) 切换到边选择模式,选择齿轮孔,在模型树中选择 Model。如图 4.35 所示,在工具栏中选择 Remote Point,该远程点用来表示旋转中心。

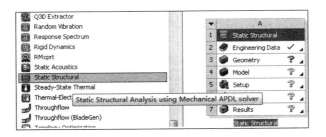

图 4.31　修改模型属性

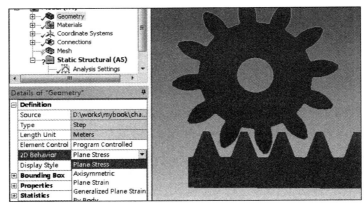

图 4.32　设置平面应力类型

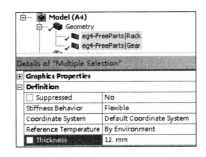

图 4.33　修改模型厚度

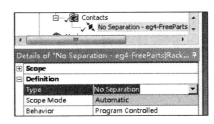

图 4.34　修改接触类型

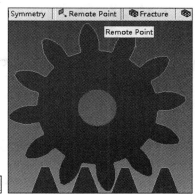

图 4.35　添加远程点

（7）在网格设置中，将 Element Size 修改为 1.5mm，其他选项保持默认值。在 Support 中选择 Remote Displacement，如图 4.36 所示，将 Scoping Method 修改为 Remote Point，在列表中选择刚刚创建的远程点。将 Rotation Z 修改为 0°，以便约束绕 Z 方向的转动。

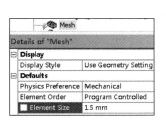

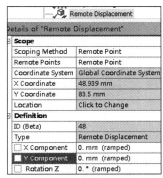

图 4.36　添加远程位移约束

（8）在工具栏中单击 Show Mesh 按钮，关掉网格的显示。在 Support 中选择 Frictionless Support，切换到边选择模式，选择齿条的底边，即图中标记为 A 的边线。在 Load 中选择 Force，将其切换为分量形式，并将 Y 方向力的大小修改为 2500N，方向如图 4.37 所示，单击 Solve 进行求解。

（9）单击 Solution，在工具栏中添加 Deformation 并选择 Total，在 Probe 中选择 Moment Reaction，并在 Boundary Condition 中选择刚刚创建的远程位移，如图 4.38 所示，右击 Solution，选择 Evaluate All Results。

（10）分别查看变形及转矩，结果如图 4.39 所示，由此可以得出当齿轮施加 91121N·mm 转矩时，齿条可以产生 2500N 推力。工程中经常需要计算驱动力，在静力学中我们根据执行机构处的驱动力计算约束处的约束反力，该力即为机构需要提供的驱动力。

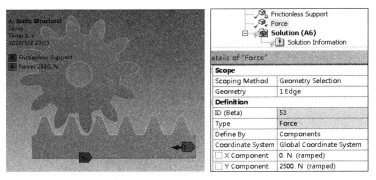

图 4.37　添加约束及载荷

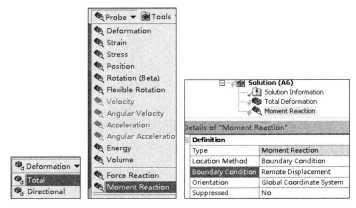

图 4.38　添加结果后处理

(a) 变形　　　　　　　　　　(b) 受力

图 4.39　查看结果

4.4　非线性问题求解

　　本章之前的部分所讨论的都是线性静力学问题,即当位移和受力之间满足胡克定律的静力学问题都属于线性静力学问题。线性静力学其刚度矩阵是线性矩阵,它是无条件收敛的。当刚度系数随着位移或外力而变化并不再保持常数时,此时的结构称为非线性结构。在静力学中主要有 3 种非线性。

(1)几何非线性:当结构出现大变形时,如钓鱼竿发生大的弯曲变形。

(2)材料非线性:如外力使材料超过弹性极限而出现塑性变形或超弹性、黏弹性材料等。

(3)接触非线性:状态发生突变,如由非接触状态突然变成接触状态。

非线性由于刚度随参数当前值而变化,需要迭代求解,Mechanical 中使用 Newton-Raphson 迭代法求解。由于求解前不知道载荷与位移的关系,故迭代时会估算一个初值并在每次迭代结束后对初值进行修正,不合理的初值及过大的迭代步长都有可能导致求解不收敛。非线性仿真的最大挑战就是不收敛问题,调试参数和总结经验在非线性仿真中非常重要。

线性静力学与非线性静力学仿真都在 Mechanical 界面中设置,二者界面完全相同,大多数设置也是一样的,当结构只有轻微非线性出现时,保持默认参数仍可以完成仿真。当结构中存在严重非线性而导致收敛困难时,需要调整接触参数和求解器参数才可以得到收敛的结果,非线性问题对网格的敏感度高于线性问题,应关注不同的网格粗糙度对结果的影响。此外,当应力超过材料屈服强度时,应补充材料与塑性相关的数据。

4.4.1 非线性材料设置

对于塑性金属材料,当应力超过屈服极限时,会出现永久的塑性变形,塑性变形在金属材料成型加工中应用非常广泛,通常认为塑性变形是由金属材料晶格界面滑移导致的,因此与弹性变形是不同的,塑性变形通常可以忽略体积应变。

材料力学中针对金属材料样件进行单轴拉伸试验,并绘制材料的应力-应变曲线。通过该曲线,我们可以获得材料的比例极限、屈服极限和强度极限。由于比例极限和屈服极限数值很接近,在 ANSYS 中认为二者重合并统一,将屈服极限以下部分当作弹性部分,将屈服极限以上部分当作塑性部分,如图 4.40 所示。

由于应力-应变曲线是材料在单轴应力状态下得到的数据,实际材料通常都在多轴应力状态下工作,需要建立多轴应力状态与单轴应力状态下的应力-应变曲线数据之间的关系。

如图 4.41 所示,承受一般应力状态时,可以将其分为两部分:只引起体积变化的应力和只引起扭曲变形的应力。

屈服准则也称为 Von. Mises 准则,多轴应力状态下,当单位体积的材料的扭曲变形能等于单轴应力状态下同样体积材料的扭曲变形能时,材料将发生屈服变形,它通过评价能量来预测屈服变形,并定义如下等效应力:

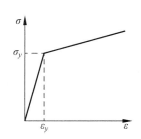

图 4.40 应力-应变曲线

$$\sigma_e = \sqrt{\frac{1}{2}\left[(\sigma_1 - \sigma_2)^2 + (\sigma_2 - \sigma_3)^2 + (\sigma_3 - \sigma_1)^2\right]} \tag{4.6}$$

通过比较等效应力与屈服极限来判断材料是否发生塑性变形。除了屈服准则外，Mechanical 中还支持其他准则。由于在金属材料的强度、刚度计算中屈服准则应用较普遍，受限于篇幅，本书仅介绍屈服准则。

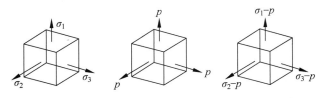

图 4.41　一般应力状态

材料达到屈服极限后，卸载后会存在残余的塑性变形，再次加载后仍然会出现弹性阶段和塑性阶段，并且新的屈服极限等于上次卸载时施加的最大应力，该应力值高于上次的屈服极限。这种屈服极限随着反复加载而升高的现象称为塑性强化。

如果材料在一个方向屈服极限提高伴随着其他方向屈服极限下降，则称这种强化为随动强化，如图 4.42(a)所示。例如一个方向拉伸屈服强度提高伴随着另外两个方向压缩强度的降低，则此时该材料在一个方向经历拉伸和压缩循环加载时，卸载点与屈服点之间保持两倍的初始屈服极限，称该效应为包辛格效应。当材料经历很大的应变（两倍以上的初始屈服极限），并且反向加载会出现反向应变时，显然已经无法满足包辛格效应了，所以随动强化一般用于小应变，循环载荷工况。

如果材料在一个方向屈服强度提高的同时，其他方向的屈服强度也同时提高，则称为等向强化，如图 4.42(b)所示。等向强化模型假设材料塑性变形后，仍保持各向同性，忽略了由于塑性变形而引起的各向异性，适合于大应变或单向加载情况，不适合循环载荷。

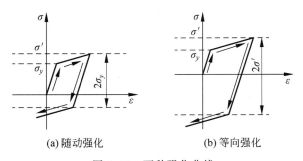

(a)随动强化　　　　(b)等向强化

图 4.42　两种强化曲线

在 ANSYS 中，可以使用双线性或多线性应力-应变曲线描述材料的塑性，如图 4.43 所示。此时除需要提供杨氏模量和泊松比外，还需要提供切向模量（不是剪切模量），可以在材料手册中查找切向模量或通过强度极限与断裂时材料拉伸率计算切向模量。ANSYS 还支持与温度相关的材料应力-应变特性，如图 4.44 所示。

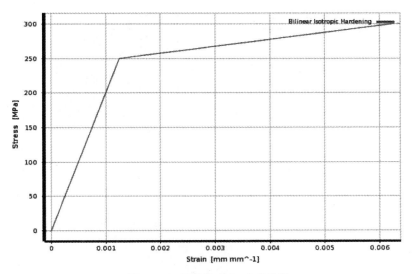

图 4.43 双线性应力-应变曲线

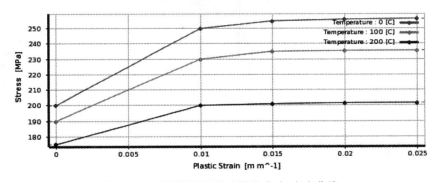

图 4.44 不同温度下的多线性应力-应变曲线

【例 4.3】 几何非线性实例

本例讲解一下因大变形导致的几何非线性,不考虑超过屈服极限时的塑性变形,使用默认的结构钢作为模型的材料,仅对比是否开启 Large Deflection 对仿真结果的影响。

(1) 新建一个 Workbench 工程,双击 Static Structural 以便添加静力学仿真模块。右击 Geometry,导入 eg4.3 素材文件,双击 Model 打开 Mechanical 界面。

(2) 因为是壳体零件,所以将全局网格中的 Element Size 设置为壳体壁厚 1.0mm,其余选项保持默认值,如图 4.45 所示。

(3) 如图 4.46 所示,在板簧的右侧边设置 X 方向,将拉力大小设置为 250N,在左侧边设置 Fixed Support(固定约束)。

(4) 保持默认求解选项及 Large Deflection 为 Off,单击工具栏上的 Solve 进行求解。

(5) 单击选中 Solution Information,查看 Worksheet 中的求解信息,其中关于求解步的

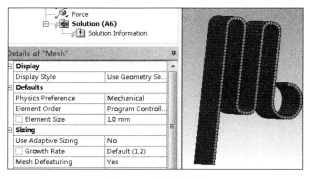

图 4.45　网格设置

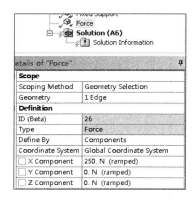

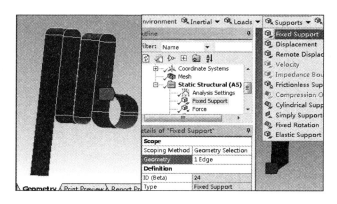

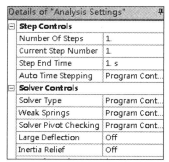

图 4.46　载荷及边界条件设置

信息如图 4.47 所示,可以看到此时只有一个子步、一个载荷步且仅求解了一次就完成了收敛,说明此时为线性仿真。

(6) 在 Solution 中分别添加 Total Deformation、Equivalent Stress 和 Force Reaction,结果如图 4.48 所示,因为不考虑材料超过屈服强度后的切向模量,所以等效应力远超实际值。

(7) 关闭 Mechanical 窗口,返回 Workbench 主界面,右击 Model 单元格,选择

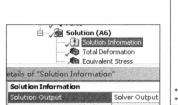

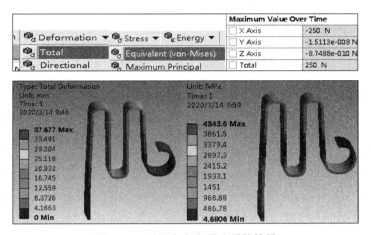

图 4.47　求解信息

图 4.48　不开启大变形选项的结果

Duplicate。如图 4.49 所示，复制的流程中的 Geometry 几何模型与 Engineering Data 工程材料是共用的，在新流程的 Model 上双击打开 Mechanical 界面。

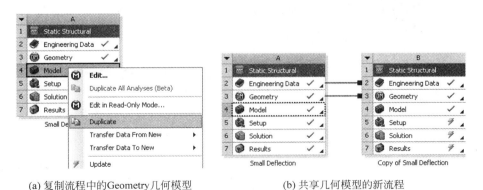

(a) 复制流程中的Geometry几何模型　　　　　　(b) 共享几何模型的新流程

图 4.49　复制仿真模型

(8) 保持网格与前一个例子相同的设置，如图 4.50(a)所示，仅将 Analysis Settings 中的 Large Deflection 设置为 On，单击 Solve 求解。求解完成后单击 Solution Information，如

图 4.50(b)所示,查看求解信息,找到关于迭代的部分,如图 4.51 所示,求解器经历了 5 个迭代子步,共迭代了 37 次,具体迭代次数在不同机器上可能略有不同。因为开启了大变形选项,刚度矩阵会随着变形而变化,所以是非线性迭代求解。

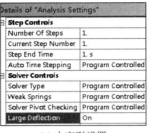

(a) 大变形设置

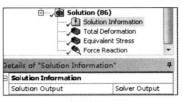

(b) 求解信息设置

图 4.50 分析设置及求解信息设置

```
EQUIL ITER   3 COMPLETED.   NEW TRIANG MATRIX.   MAX DOF INC=  0.3558E-01
    FORCE CONVERGENCE VALUE  =  0.4615     CRITERION=    1.950      <<< CONVERGED
    MOMENT CONVERGENCE VALUE =  0.6460E-01 CRITERION=   11.21      <<< CONVERGED
    >>> SOLUTION CONVERGED AFTER EQUILIBRIUM ITERATION    3
*** LOAD STEP     1   SUBSTEP     5 COMPLETED.      CUM ITER =     37
*** TIME =   1.00000         TIME INC =  0.200000
```

图 4.51 求解信息

(9) 如图 4.52(a)所示,将 Solution Information 中的 Solution Output 修改为 Force Convergence,得到如图 4.52(b)所示的迭代收敛曲线。

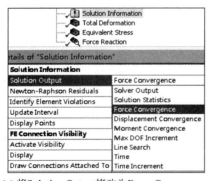

(a) 将Solution Output修改为Force Convergence

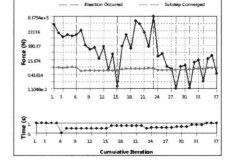

(b) 迭代收敛曲线

图 4.52 解输出设置和迭代收敛曲线

(10) 分别查看 Total Deformation(总变形)及 Equivalent Stress(等效应力),如图 4.53 所示。对比两次的结果可以看出 Large Deflection(大变形)选项对结果有一定的影响,若考虑材料非线性,则差异会更大。

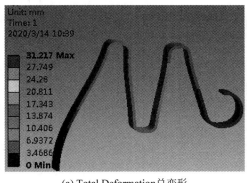
(a) Total Deformation总变形

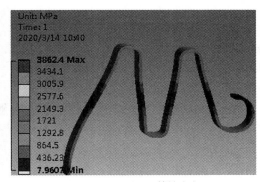
(b) Equivalent Stress等效应力

图 4.53　开启大变形选项的结果

4.4.2　非线性接触设置

在线性部分,我们已经讲解过接触,为了进一步加深对接触的理解,我们归纳一下接触的特征:

(1) 两个独立表面在切向上彼此接触。

(2) 不互相渗透,这一特征也被称作接触兼容性。

(3) 可以传递法向压缩力和切向摩擦力。

(4) 大部分接触不传递法向拉力,允许表面自由分开彼此远离。

(5) 接触具有状态可变的非线性特征。

为了实现接触兼容性,必须在接触面上设置接触方程,接触方程有以下几种。

(1) Pure Penalty(纯罚函数):它将法向接触力 F_n 定义为接触刚度 k_n 与法向渗透量 x_p 的乘积,如图 4.54 所示。理想情况下,法向渗透量应该为 0,此时法向接触刚度为无穷大,这在数值求解中无法实现。在工程应用中,只要渗透量足够小,仍然认为结果是精确的。

$$F_n = k_n x_p \tag{4.7}$$

(2) Normal Lagrange(法向拉格朗日):添加一个额外自由度(接触压力)满足接触兼容性,它不像纯罚函数一样直接求解接触力,而是计算额外的自由度(接触压力)。该方法中接触状态只有开(接触)和关(分离),容易出现求解振荡,在收敛困难时可以选择改进形式——Augmented Lagrange(增强拉格朗日)。

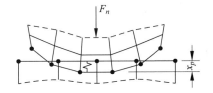

图 4.54　法向接触刚度

(3) Augmented Lagrange(增强拉格朗日):在罚函数法基础上添加一个额外项,有了这个修正项,穿透量与接触刚度之间不再直接相关,收敛性得到了改善。当接触方程使用 Program Controlled 时,Augmented Lagrange 是默认的接触方程形式。

$$F_n = k_n x_p + \lambda \tag{4.8}$$

（4）切向接触方程：与法向兼容类似，切向行为也是通过切向接触方程控制的。在切向总是使用切向罚函数，其定义如式（4.9）所示，与法向接触刚度不同，切向接触刚度不能由用户直接指定。

$$F_t = k_t x_s \tag{4.9}$$

（5）MPC（多点约束方程）：它直接在接触面之间对位移添加约束方程，适用于 Bonded 和 No Separation 接触类型。

如图 4.55 所示，在接触设置中，可以在 Penetration Tolerance 中设置法向渗透深度容差，在默认的程序控制中使用单元厚度的 10％作为渗透深度，当接触方程使用纯罚函数或增强拉格朗日方程时可以由用户指定渗透值。在 Elastic Slip Tolerance 中可以指定切向渗透容差，默认情况下使用单元长度平均值的 1％作为容差。

Normal Stiffness 法向接触刚度只适用于纯罚函数及增强拉格朗日方程。对于 Bonded 及 No Separation 接触类型，该值等于 10，在其他接触类型中，该值为 1。在以弯曲变形为主的仿真中，如果出现收敛困难，则可以将该值调整为更小的值，例如 0.1 或 0.01 等。

Advanced	
Formulation	Program Controlled
Small Sliding	Program Controlled
Detection Method	Program Controlled
Penetration Tolerance	Program Controlled
Elastic Slip Tolerance	Program Controlled
Normal Stiffness	Program Controlled
Update Stiffness	Program Controlled
Pinball Region	Program Controlled

图 4.55　高级接触设置

Update Stiffness 更新刚度可以在迭代过程中改善收敛性，如果收敛困难，系统则会在迭代中自动减小接触刚度。默认情况下，在每次平衡迭代接触后调整刚度。若收敛仍有困难，则可以使用 Aggressive 选项在更宽的范围对接触刚度进行调整。

【例 4.4】　非线性接触设置

本例我们用一个 2D 轴对称活塞-缸体-O 形圈模型演示一下接触及多载荷步设置方法。

（1）新建一个 Workbench 工程，双击 Static Structural 以便添加一个结构静力学仿真流程，双击 Engineering Data，在单元格中输入 elastomer，在左侧工具栏中找到 Hyperelastic（超弹性）材料特征，双击 Neo-Hookean 模型，将如图 4.56 所示的 Initial Shear Modulus Mu 初始剪切模量添加为 20Mpa 及将 Incompressibility Parameter D1（不可压缩参数 D1）添加为 0.015Mpa^{-1}。

（2）返回 Workbench 主界面，右击 Geometry，导入素材模型 eg4.4.agdb。双击 Model 以便进入 Mechanical 界面。

（3）为 3 个零件赋予材料，其中将 O 形圈设置为 elastomer，活塞缸和活塞杆保持默认的 Structural Steel。在 Contact 中系统会为存在接触的装配体零件之间自动添加一对接触，因为 O 形圈是超弹性体，在压缩过程中还会被挤压到活塞与缸体的缝隙里，所以需要手动修改接触对。如图 4.57 所示，将活塞上的 3 条边与 O 形圈设置为接触，注意需将 Contact 设置为刚度低的 O 形圈，这样的设置可以保证刚度大的 Target 可以获得更小的渗透量。将接触类型修改为 Frictional，将摩擦系数设置为 0.2，由于 O 形圈和活塞、缸体相比弹性差别很大，将 Behavior 设置为 Asymmetric（非对称接触），与接触相关的结果仅显示在

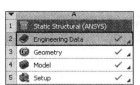

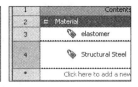

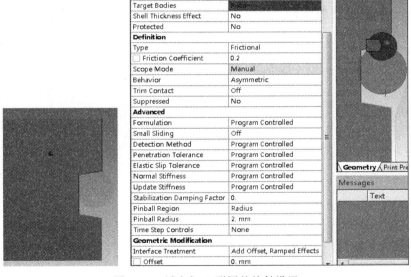

图 4.56 添加橡胶材料参数

Contact 一侧,这样可以提高仿真效率。将 Trim Contact 设置为 Off,该设置的含义是不随着变形而改变接触边线的数量及接触边线的长度。将 PinBall Radius(接触球尺寸)设置为 2mm,并将 Interface Treatment 设置为 Add Offset 和 Ramped Effects,让接触界面逐渐变化,防止接触突然变化而导致收敛困难。同理,在缸体与 O 形圈之间添加如图 4.58 所示的接触,接触选项和图 4.57 所示的选项相同,对应的设置选项如图 4.58 所示。

图 4.57 活塞与 O 形圈的接触设置

(4) 保持默认全局网格参数,添加 Sizing 局部网格尺寸,分别将 O 形圈、活塞及缸体的面网格尺寸设置为 0.25mm、50mm、1mm,如图 4.59 所示,因为活塞的刚度远大于 O 形圈,它的变形量几乎可以忽略,所以网格划分十分粗糙以便减小计算量。

(5) 如图 4.60 所示,在工具栏中选择 Fixed Support 约束,将活塞面体设置为 Fixed

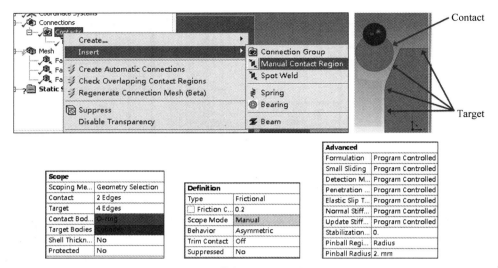

图 4.58 缸体与 O 形圈的接触设置

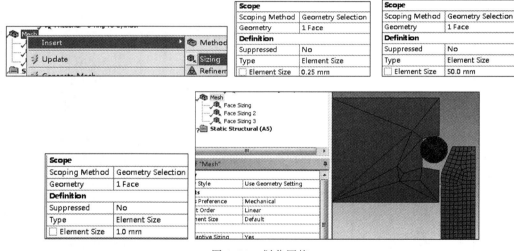

图 4.59 划分网格

Support 类型。添加 Displacement 约束,单击选中缸体底边并将 Displacement 的 3 个位移分量设置为 0。

（6）设置如图 4.61 所示的参数,将 Number Of Steps 载荷步设置为 2,在第 1 个载荷步中将 Auto Time Stepping 选项设置为 On,并将 Initial Substeps（初始子步）、Minimum Substeps（最小子步）、Maximum Substeps（最大子步）分别设置为 5、3、10。将 Current Step Number 由 1 修改为 2,对第 2 个载荷步进行设置。在第 2 个载荷步中将 Initial Substeps、Minimum Substeps、Maximum Substeps 分别设置为 25、5、1000。将 Large Deflection（大变

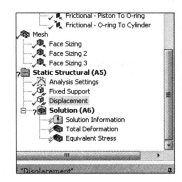 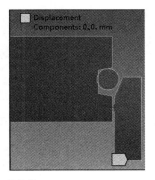

图 4.60 设置约束条件

(a) 第1个载荷步参数设置   (b) 第2个载荷步参数设置

图 4.61 分析设置

形)选项打开,将 Nolinear Controls 中的 Newton-Raphson Option 设置为 Unsymmetric,该选项在模型发生大摩擦滑移变形时,有利于收敛,但会消耗更多的内存。

(7) 如图 4.62 所示,重新将 Displacement 位移约束中的 Y 分量设置为 Tabular,并将第 2 载荷步 Y 方向位移设置为 10mm,选择工具栏中的 Solve 按钮对模型进行求解。

(8) 在左侧模型树中选择 Solution Information,将 Solution Output 设置为 Force Covergence,在 Worksheet 中会实时显示力收敛曲线,收敛曲线如图 4.63 所示,从收敛曲线可以看出,该模型收敛非常困难。

(9) 如图 4.64 所示,添加 Total Deformation 和 Equivalent Stress 后处理,分别查看变形及等效应力。在图 4.65(a)所示的动画中可以播放变形及应力动画,在图 4.65(b)所示表

	Steps	Time [s]	X [mm]	Y [mm]
1	1	0.	= 0.	0.
2	1	1.	0.	0.
3	2	2.	= 0.	10.

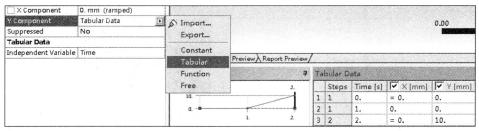

图 4.62　设置位移约束

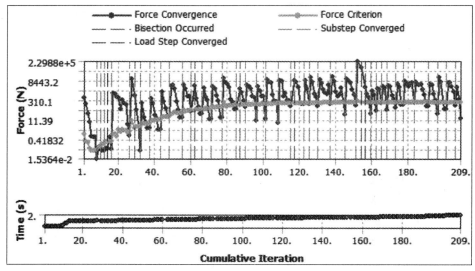

图 4.63　收敛曲线

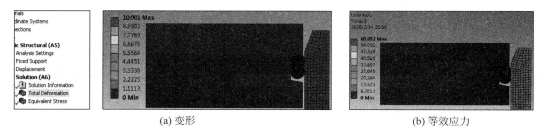

(a) 变形　　(b) 等效应力

图 4.64　后处理

	Time [s]	Minimum [mm]	Maximum [mm]	Average [mm]
1	0.2	0.	7.4287e-002	5.1031e-002
2	0.4	0.	0.14829	0.10195
3	0.7	0.	0.25955	0.17842
4	1.	0.	0.37167	0.25539
5	1.04	0.	0.4	0.35891
6	1.08	0.	0.80001	0.45928

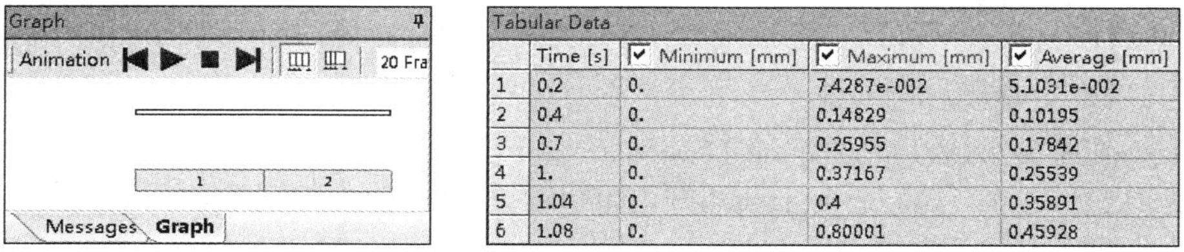

(a) 变形及应力变化动画　　(b) 各载荷子步数据

图 4.65　播放变形、应力变化动画及查看各载荷子步数据

格数据中可查看各载荷子步下的数据。

（10）右击 Solution，选择 Contact Tool，添加接触分析工具，右击 Contact Tool，添加如图 4.66 所示的各种接触后处理结果。

（11）上述挤压变形是由于缸体运动引起的，如果要考虑活塞缸内流体压力导致的 O 形圈变形，则需要添加 APDL 命令对象，感兴趣的读者可以查阅与 APDL 相关的书籍。

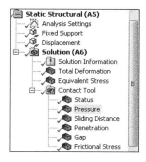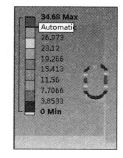

图 4.66　接触工具

4.4.3　求解参数设置

非线性问题经常需要调整求解参数以解决不收敛问题，故我们应了解求解参数的含义及如何通过它们改善收敛特性。

Step Controls（步长控制）选项：默认情况下，系统使用自动时间步长处理非线性问题，根据上一个子步残差及收敛难易程度自动调整时间步长，用户只需提供初始子步长及最大、最小步长范围。当收敛困难时，例如当前子步没有成功收敛，自动时间步长算法会对载荷进行二分处理，即返回上一个收敛子步并使用更小的载荷增量及更多子步做收敛性尝试。

Solver Controls（求解控制）选项：Mechanical 提供了 Direct 直接求解器及 Iterative 迭代求解器，前者稳健性强，收敛困难时可以使用该求解器，它的缺点是效率低于迭代求解器且会消耗更多的内存资源。

Large Deflection（大变形）选项：非线性问题一般需打开该选项，以便在多次迭代求解时考虑刚度矩阵随应力、应变的变化。

Restart Controls（重启控制）选项：当 Generate Restart Points 选项为 Program Controlled 时，线性问题及成功收敛的非线性问题不保存重启文件，被中断的仿真或收敛失败的仿真则会保留最后一次成功收敛的子步文件作为重启点。当设置为 Manual 时，可以指定将上一步或全部载荷步保存，可以各种方式设置一个载荷步中以何种频率来保存重启点，默认最多保存 999 个载荷步，超过后新的载荷步会覆盖最前面的载荷步。利用重启点，可以在收敛失败时返回某一收敛点以便修改参数后继续求解。

Nonlinear Controls（非线性控制）选项：在这里可以设置不同的收敛准则，力收敛准则是最基本的收敛准则项，它是一个绝对准则，必须予以保证，其他的（如位移、转矩等）收敛准则可以作为收敛性的补充准则。在 Nonlinear Controls 中 LineSearch 是一个增强收敛性的补充工具，激活该选项时，如果监测到刚性响应，系统则会使用一个 0～1 的比例因子去乘位移增量，刚性响应一般发生在接触状态突变等情况中，它减小了刚性响应带来位移的过大变化。Stabilization 选项在结构稳定性问题中充当人工阻尼器，同样可以改善稳定性，一般用于屈曲分析。

在仿真过程中及仿真结束后可以通过查看 Solution Information 来了解求解过程中的

收敛性问题,收敛曲线如图 4.67 所示,通过该曲线可以查看各载荷步的收敛情况,而在 Worksheet 中可以查看更多的求解过程信息,当出现求解发散时,可以通过查看求解信息判断哪些子步收敛困难,必要时适当减小步长,以便进行更多的收敛迭代。

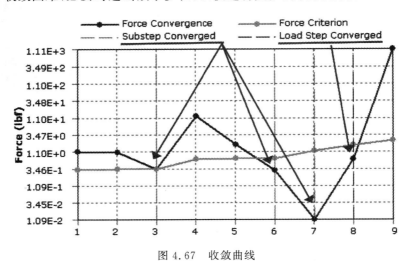

图 4.67　收敛曲线

4.5　综合实例讲解

4.5.1　周期旋转零件仿真

机械结构中经常涉及高速旋转零件,尽管其本质是一个动力学问题,当仅进行强度校核时,如果转速平稳,则可以将其转化为静力学问题。当旋转零件结构具有旋转对称性时,还可以通过周期边界条件对模型进行简化处理。

【例 4.5】 旋转周期性零件静强度仿真

（1）新建一个 Workbench 工程,在 Tools 菜单中选择 Options,打开如图 4.68 所示对话框,勾选 Appearance 中的 Beta Options。双击 Static Structural。右击 Geometry 单元格以便添加 eg4.5. x_t 素材文件,双击 Model 便可进入 Mechanical 界面。

（2）选择圆柱内表面,创建局部柱坐标系,不断调整坐标轴直至其 3 个轴方向如图 4.69 所示。

（3）如图 4.70 所示,右击 Model,添加 Symmetry,因为模型是 1/6 模型,所以将其重复次数设置为 6,并将角度设置为 60°,坐标系选择刚建立的局部柱坐标系。

（4）右击 Symmetry,选择 Cyclic Region。选择如图 4.70 所示的两个面,任取其中一个作为 Low Boundary,另一个作为 High Boundary,并将坐标系设置为刚创建的局部柱坐标系。这一步的目的是让两个面在进行网格划分时能够进行节点匹配,否则左右边界面上的网格节点将会随机划分,无法实现周期边界处的数据传递。

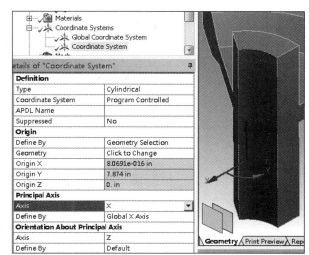

图 4.68 打开 Beta 选项   图 4.69 常见局部柱坐标系

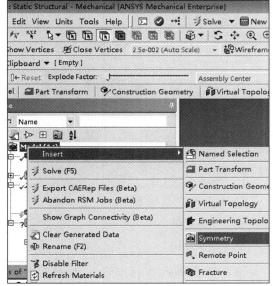

(a) 添加Symmetry   (b) Symmetry设置

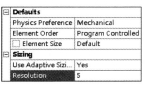

(c) 设置网格参数

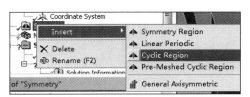

(d) 插入Cyclic Region

图 4.70 设置网格匹配面

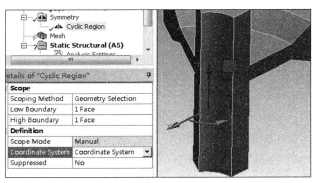

(e) 坐标系选择

图 4.70 （续）

（5）将网格中的 Resolution 设置为 5，其余选项均保持默认值。

（6）添加如图 4.71 所示的转速 Rotational Velocity，将坐标系设置为刚创建的局部柱坐标系。将绕 Z 轴的转速设置为 500rad/s。

(a) 添加转速

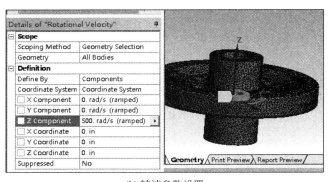

(b) 转速参数设置

图 4.71 设置转速

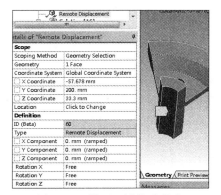

图 4.72 设置远端位移约束

（7）如图 4.72 所示，添加 Remote Displacement（远端位移约束），选择圆柱内表面作为该约束作用面，远端位移约束可以对 6 个自由度分别进行设置，将 3 个方向的位移设置为 0，限制平动位移。

（8）添加 Total Deformation 及 Equivalent Stress 结果后处理，结果如图 4.73 所示。

4.5.2 螺栓连接仿真

螺栓是结构设计中常用的连接结构，重要螺栓需要校核螺栓预紧力，本例讲解螺栓预紧力的设置方法

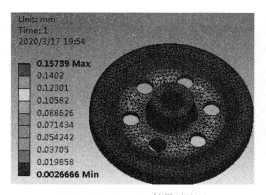
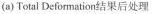
(a) Total Deformation结果后处理

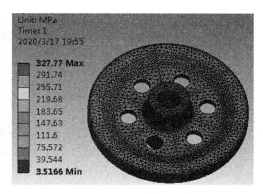
(b) Equivalent Stress结果后处理

图 4.73　结果后处理

及通过接触工具查看预紧力是否满足要求,螺栓仿真有 3 种方法:用梁单元代替螺栓施加预紧力、通过螺杆施加预紧力及建立带螺纹的实际螺栓零件,第 3 种方法很少使用,本例仅讲解前两种方法。

【例 4.6】　螺栓连接仿真实例

(1) 新建一个 Workbench 工程,双击 Static Structural 添加一个结构静力学仿真模块,右击 Geometry,添加素材文件 eg4.6.agdb,保持默认的结构钢作为模型材料。

(2) 双击 Model 打开 Mechanical,由于几何模型是在英制单位下创建的,所以需调整当前模型的单位制,如图 4.74 所示。该模型由上下法兰、法兰垫和螺栓装配体构成,螺栓装配体是在 DM 中通过多体零件的方式生成的,故共计 4 个零件和 6 个实体,右击零件,选择Rename,按如图 4.74 所示的名称对零件进行重命名。

25min

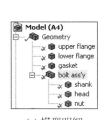
(a) 模型明细

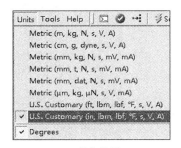
(b) 单位设置

图 4.74　模型及单位制

(3) 由于后续网格中要使用影响体,所以需要对影响体创建局部坐标系,如图 4.75 所示,分别对螺栓头、螺母创建局部坐标系,并分别重命名为 head 和 nut。因为后续需要沿着螺栓轴向添加预紧力,所以在螺栓杆上添加局部柱坐标系,并确保柱坐标系的高度方向与螺栓杆长度方向一致,设置方法如图 4.76 所示,并将其重命名为 shank。

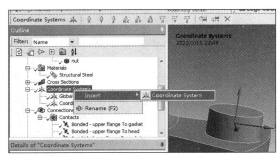
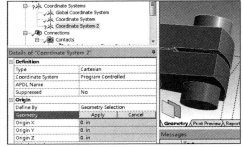

(a) 局部坐标系　　　　　　　　　　　(b) 对螺栓头、螺母创建局部坐标系

图 4.75　添加局部坐标系

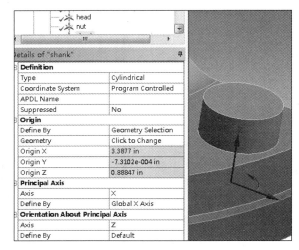
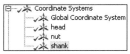

图 4.76　添加局部柱坐标系

（4）如图 4.77 所示，保持默认全局网格参数，将其中任一法兰当作上法兰，在其表面创建局部面网格，由于在螺栓与螺栓孔的挤压面上需要进行局部网格加密，所以将类型设置为 Sphere of Influence（影响球），将 Sphere Center 设置为 bolt head，将 Sphere Radius 设置为 0.5in，并将 Element Size 设置为 0.1in，这样只在螺栓头附近的影响球范围内进行网格的局部加密。同理将另一法兰当作下法兰，对其下表面进行同样设置，唯一不同的是将 Sphere Center 设置为 nut。将其他模型隐藏，仅显示上法兰，因为法兰与垫片之间是受力部分，所以需要对接触面部分的网格进行单独设置。选择法兰与垫片的接触面，设置该面局部网格如图 4.78 所示，将其 Element Size 设置为 0.1in。同理对下法兰进行同样处理。

（5）将其他零件隐藏，单独显示垫片，在该模型上添加 Sweep Method 扫略网格，网格参数如图 4.79 所示，由于厚度很薄，所以使用了 Automatic Thin 作为源面。如图 4.80 所示，单独显示螺栓装配体，为螺栓头和螺母两个零件设置了局部体网格，将网格尺寸设置为 0.25in。

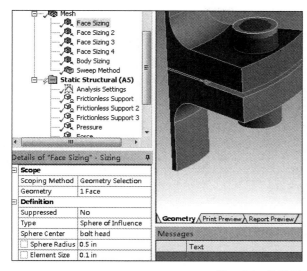

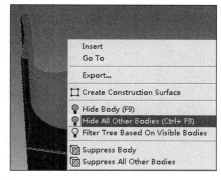

图 4.77　设置影响球

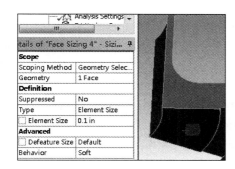

图 4.78　设置面网格

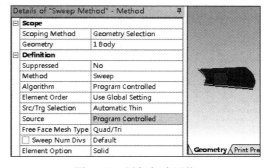

图 4.79　添加扫略网格

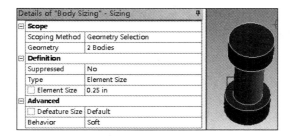

图 4.80　局部体网格

（6）如图 4.81 所示，右击 Contacts，选择 Rename Based on Definition，系统会按零件名称对接触进行重命名，检查自动创建的接触是否正确。由于螺杆与螺栓头、螺母形成了多体零件，三者之间在接触面上网格共用节点，能够正确传递作用力，所以无须再添加额外接触对。

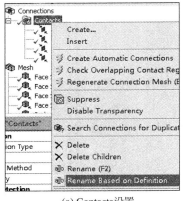

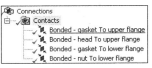

(a) Contacts设置　　　　　　　　(b) 接触命名

图 4.81　接触重命名

（7）在 Analysis Settings 中将 Number Of Steps 设置为 3,并将 Large Deflection 设置为 On,其他选项保持默认,如图 4.82 所示。

(a) 第1个载荷步　　　　　　(b) 第2个载荷步　　　　　　(c) 第3个载荷步

图 4.82　分析设置

（8）由于该模型是周期对称的,所以周期面上应保证只有法向分量,而无切向及径向分量,所以需要在左右周期对称面上添加 Frictionless Support,通过添加合理的边界条件,同样可以达到周期对称仿真的目的。如图 4.83 所示,在下法兰管底面添加一个 Frictionless Support,用来限制模型在 Y 方向的移动。

（9）如图 4.84 所示,选择两个内表面施加压力载荷,将 Magnitude 设置为 Tabular 类型,在第 3 个载荷步中,将压力设置为 1000psi。如图 4.85 所示,在上法兰管表面设置 Force,并在第 3 个载荷步中将其幅值设置为 1048lbf,方向向上。

（10）如图 4.86 所示,在工具栏中添加 Bolt Pretension(螺栓预紧力)载荷,选择螺栓实体,并将其坐标系设置为 shank 局部坐标系。在 Tabular Data 中分别对第 1 个、第 2 个、第 3 个载荷步添加 1500lbf、Lock、Lock 类型载荷,其中 Lock 的含义是保持第 1 个载荷步中螺栓预紧力的作用效果,并将该效果与后续载荷步(第 3 个载荷步)中添加的载荷作用相叠加。

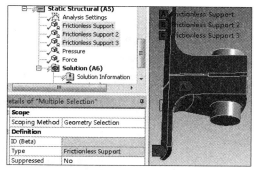

图 4.83 创建边界条件

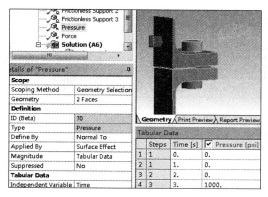

图 4.84 压力载荷

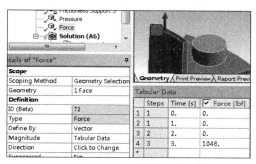

图 4.85 力载荷

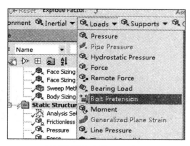

(a) 添加Bolt Pretension

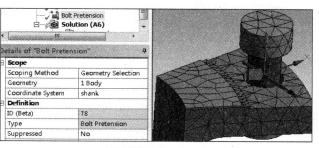

(b) 设置螺栓实体局部坐标系

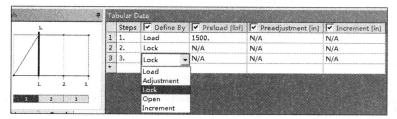

(c) Tabular Data参数设置

图 4.86 设置螺栓预紧力

单击工具栏中的 Solve 进行求解。

（11）如图 4.87 所示，在 Solution 中添加 Total Deformation 和 Equivalent Stress 并在 Probe 中选择 Bolt Pretension，将 Solution Information 中的 Visible On Results 设置为 Yes，设置了该选项后可以在螺栓连接处显示竖线图标，方便查看是否正确施加了螺栓预紧力。

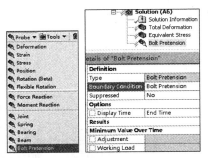
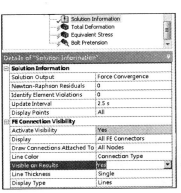

(a) 添加Total Deformation和Equivalent Stress (b) 选项设置

图 4.87　添加结果后处理

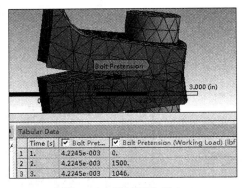

图 4.88　螺栓反作用力

（12）如图 4.88 所示，螺栓预紧力沿轴向，并且在第 2 个载荷步时，Working Load 工作载荷（螺栓上的反作用力）由垫片提供，为 1500lbf。当在第 3 个载荷步加载外部拉力后，垫片压缩量得到部分释放，故螺栓反作用力会减小。

（13）在 Solution 中添加 Contact 工具，并添加如图 4.89 所示的 Pressure 接触后处理，通过查看接触压力可以了解挤压面上的接触状态，其中垫片中的接触压力既有正（压力）也有负（拉力），由于该处接触为 Bonded 类型，所以出现了接触拉力，这是现实中不存在的一种状态。

（14）将上法兰与垫片之间的接触修改为 Rough，保持其他选项不变，重新计算便可得到如图 4.90 所示的接触压力，接触压力为 0 说明在当前外载荷下螺栓预紧力不足，垫片已起不到密封作用。

（15）如图 4.91 所示，返回 Workbench 主界面，右击任一单元格，选择 Duplicate，在复制出的仿真流程中双击 Geometry 单元格。右击多体零件，选择 Supress body，压缩多体零件。右击线体零件，选择 Unsupress body 解除压缩。

（16）双击 Model 单元格以便打开 Mechanical 界面，当出现更新对话框时选择是。由

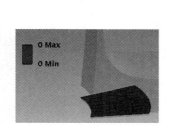

图 4.89　垫片上的接触压力

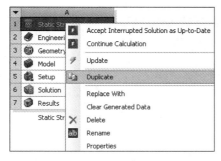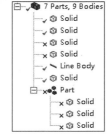

图 4.90　垫片的接触状态

图 4.91　修改模型

于部分零件被压缩,模型树中会出现带有问号的选项,需要分别对它们进行修复处理。如图 4.92 所示,将 Line Body 的材料设置为 Structural Steel。将选择模式切换到顶点选择模式,选中局部坐标系设置中的 Geometry,此时会出现 Apply 按钮,将局部坐标系 head 设置为线体的上顶点,将 nut 设置为线体的下顶点。切换到边线选择模式,将 shank 局部坐标系设置在 Line Body 上。

(17) 如图 4.93 所示,右击 Connection,选择 Joint 关节,此时模型树中会插入一个 Fixed 类型的 Body-Body 的运动副,通过该运动副可以创建线体与上下法兰面之间的连接关系。如图 4.94 所示,为 Reference 的 Scope 选择线体上顶点,为 Mobile 的 Scope 设置上法兰面,将 Pinball 设置为 0.4in。同理为下法兰与线体设置 Fixed 类型的运动副,其余参数

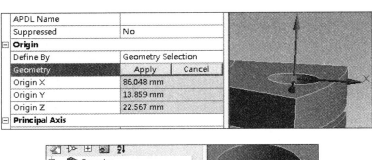

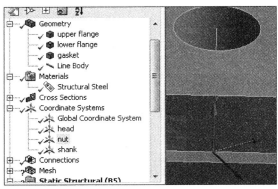

图 4.92　修复材料及局部坐标系

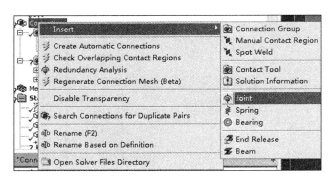

图 4.93　添加运动副

保持默认。

（18）由于模型变化，此时网格和螺栓预紧力需重新设置。如图 4.95 所示，为网格和螺栓预紧力选择 Line Body。

（19）计算出的螺栓的残余预紧力及应力分布如图 4.96 所示，与之前的结果对比，差别较小。在螺杆弯曲变形占主导的仿真中，使用完整的螺杆模型比使用梁代替螺杆计算的结果更精确。

（20）在机械结构中，垫片是一种非常常见的密封结构，它的厚度很薄，但厚度方向呈现的特性非常重要，在 ANSYS 中使用 Gasket 类型来描述它的刚度特性。它在受压后会出现

(a) 线体与上法兰面之间的连接关系

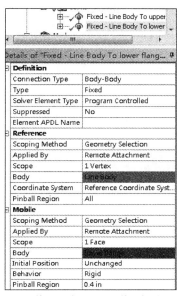
(b) 线体与下法兰面之间的连接关系

图 4.94 设置运动副

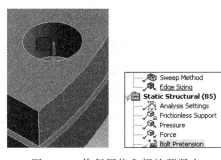

图 4.95 修复网格和螺栓预紧力

	Time [s]	✓ Bolt Prete...	✓ Bolt Pretension
1	0.2	7.626e-004	0.
2	0.4	1.5252e-003	0.
3	0.7	2.669e-003	0.
4	1.	3.8133e-003	0.
5	1.2	3.8133e-003	1500.
6	1.4	3.8133e-003	1500.
7	1.7	3.8133e-003	1500.
8	2.	3.8133e-003	1500.
9	2.2	3.8133e-003	1336.4
10	2.4	3.8133e-003	1173.1
11	2.7	3.8133e-003	929.56
12	3.	3.8133e-003	1046.

(a) 表格形式显示

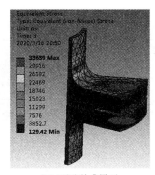

(b) 云图形式显示

图 4.96 结果后处理

永久的塑性变形，并在重复使用时压力与变形量之间呈现出不同的加载和卸载路径，因此需要为垫片使用的材料定义加载和卸载路径。右击第 1 个分析流程，选择 Duplicate，复制一个分析流程。双击它的 Engineering Data，打开如图 4.97 所示的材料设置界面，新建一个名称为 gasket 的垫片材料，在左侧工具箱中双击 Gasket Model。

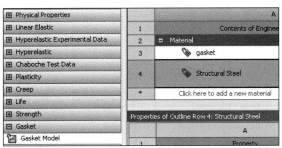

图 4.97 添加新材料

(21) 在 Temperature 中输入 22.2，在 Compression 列表中分别输入如图 4.98 所示的 Closure 和 Pressure 值，注意将单位分别修改为 in 和 psi。

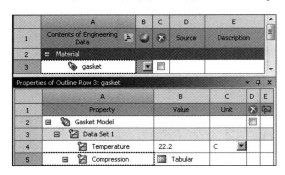

	Closure (in)	Pressure (psi)
1	Closure (in)	Pressure (psi)
2	0.001	1500
3	0.025	22000
4	0.1	40000
5	0.2	52000
*		

图 4.98 添加压缩值

(22) 如图 4.99 所示，选择 Gasket，在左侧双击 Linear Unloading，添加右侧所示的卸载数据，注意单位设置。

	Closure (in)	Unloading Slope (lbf in^-3)
1	Closure (in)	Unloading Slope (lbf in^-3)
2	0.05	9E+05
3	0.1	8E+05
4	0.2	6E+05
*		

(a) 添加材料属性　　　　　　　　　(b) 添加数据

图 4.99 卸载数据

(23) 双击 Model，并在出现更新提示时选择是。在模型树中，选择 Gasket，将它的

Stiffness Behavior 修改为 Gasket,将其材料设置为 gasket,如图 4.100 所示。在 Gasket Mesh Control 中将 Manual Source 设置为垫片其中的一个表面。

（24）在 Contact 设置中,由于 Gasket 类型对象无拉伸属性,所以无须将 Bonded 类型修改为 Rough,并且 Bonded 比 Rough 更容易收敛。为了进一步改善收敛性,将所有的接触 Behavior 修改为 Symmetric,如图 4.101 所示。

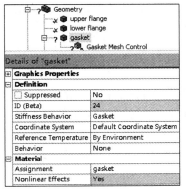
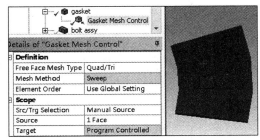

图 4.100 设置垫片材料和刚度行为

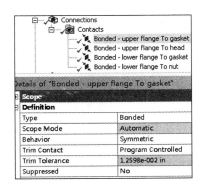

图 4.101 修改为对称绑定类型

（25）单击 Solve 进行求解,并对比后处理结果,从结果可知 3 种方式均能满足工程设计上的精度要求,读者可以根据习惯自行选择 3 种方式中的任一种作为螺栓仿真方法。

第 5 章

结构动力学仿真

结构动力学是力学的一个分支，是研究结构在动态荷载作用下的结构内力和位移的计算理论及方法。动态载荷可以是周期变化荷载、冲击荷载、随机荷载。在动态载荷作用下，结构的响应（如位移、应力、应变等）往往也是随时间变化的。在动力学问题求解时必须考虑惯性力，有时还要考虑阻尼的作用，并且运动方程中的参数是时间的函数。求解动力学的基础是如下运动微分方程组：

$$[M]\ddot{x}(t) + [C]\dot{x}(t) + [K]x(t) = f(t) \tag{5.1}$$

当可以忽略惯性力和阻尼的作用时，微分方程组可简化为代数方程组：

$$[K]x(t) = f(t) \tag{5.2}$$

若参数不随时间变化，则方程组进一步简化为：

$$[K]x = f \tag{5.3}$$

显然，静力学问题是动力学问题的特例，动力学分析比静力学分析更复杂，并且更消耗计算资源，故对于运动非常缓慢，以至于可以忽略惯性力和阻尼影响的准静态问题，工程中经常采用静力学分析代替动力学分析。

动力学分析研究的是结构的动态性能，它包含激励（输入）、系统（传递特性）和响应（输出）三要素。激励可以是力、力矩、位移等；系统要求是线性的，满足叠加原理且保证经过系统后输出频率等于输入频率；系统响应包括系统的位移、速度、加速度、应力、应变等。从这三要素来分类，结构动力学问题可以分为 3 类：

（1）已知激励和系统传递特性，求响应，称为响应预测。

（2）已知输入和输出，求系统传递特性，称为系统辨识。

（3）已知系统传递特性和响应，求激励，称为载荷识别。

系统的传递特性取决于结构的质量和刚度分布，是结构本身的特性，也称为固有属性。固有属性包括固有频率、模态振型、模态阻尼、模态质量、模态刚度等。当外部激励对系统质量和刚度分布影响可以忽略时，系统的传递特性与输入、输出无关，但当外部激励使质量和刚度分布发生变化时，结构的固有属性也会发生变化。由此可见，固有属性的分析是动力学分析的基础，可以通过模态分析得到这些固有属性，这也是为什么做动力学分析前往往先进行模态分析。

5.1 模态分析

模态分析的传统定义为将线性常系数振动微分方程组中的物理坐标,经过线性变换,转换为模态坐标,使方程组解耦。原坐标空间称为物理空间,新的解耦坐标空间称为模态空间,其中坐标变换矩阵称为模态矩阵,每列称为模态振型。

对于一个真实的结构件,当它由密度均匀的(质量矩阵为对称矩阵)各项同性材料(刚度矩阵为对称矩阵)构成时,微分方程组(5.1)中 $x(t)$ 的各个分量 $x_1(t),x_2(t),\cdots,x_n(t)$ 是耦合的,将该方程组两边均左乘一个正交矩阵 $P(x)$,将原 M、C、K 矩阵由对称矩阵变为对角矩阵(仅对角线元素为非零,其余均为零)时,方程组中 $x(t)$ 的各个分量 $x_1(t),x_2(t),\cdots,x_n(t)$ 解耦,这在数学上实际是一个广义特征值问题。特征值为固有频率的平方,特征向量为模态振型。从特征值定义 $Ax=\lambda x$(当广义矩阵为单位矩阵时)定性分析其物理意义:向量 x 左乘一矩阵相当于对 x 进行旋转和拉伸,若想将 x 长度拉伸 λ 倍,显然当 x 沿着自身方向拉伸时,所需驱动力最小。现实问题中这其实就是共振现象,x 代表共振时的变形模式,λ 代表拉伸系数,即振动频率。

如图 5.1 所示,物理模型分解为模态振型的直观解释:一根静止的悬臂梁,由 3 个关键节点组成,该悬臂梁可以假想为由 3 个弯曲梁叠加后构成的。当梁的自由度增加时,可以想象它由更多弯曲梁叠加而成;当梁由连续质点构成时,为无穷多自由度构成,截取前 n 个自由度代替无穷自由度称为模态截取,各自由度称为阶次,用 n 阶模态叠加后的结果代替实际模型的分析方法称为模态叠加法。因为各阶模态彼此正交,相互独立,既不受其他模态影响,也不能被其他模态线性表示,显然所取的阶次越多,精度越高。

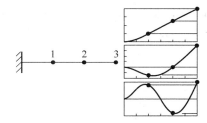

图 5.1 模态振型直观解释

5.2 ANSYS 中模态分析模块的用法

模态叠加法采用的是线性叠加原理,所以分析时不考虑任何非线性行为,当设置了非线性行为时,如接触非线性,系统在实际求解时也会按最初始状态,取其刚度和阻尼矩阵所构成的线性系统进行求解,在 ANSYS 中不同接触类型在进行模态分析时对应的实际接触行为如表 5.1 所示。

表 5.1 接触在模态分析时对应的实际接触类型

接触类型	静力学分析	模态分析		
		Initially Touching	Inside Pinball Region	Outside Pinball Region
Bonded	Bonded	Bonded	Bonded	Free
No Separation	No Separation	No Separation	No Separation	Free

续表

接触类型	静力学分析	模态分析		
		Initially Touching	Inside Pinball Region	Outside Pinball Region
Rough	Rough	Bonded	Free	Free
Frictionless	Frictionless	No Separation	Free	Free
Frictional	Frictional	$\eta=0$，No Separation；$\eta>0$，Bonded	Free	Free

5.2.1　自由模态分析

当对结构本身动力学特性进行研究时，不对结构施加载荷。当结构处于不同的约束状态时，结构的刚度也不同。当结构的 6 个自由度均自由时，所对应的模态称为自由模态，自由模态的前 6 阶的固有频率为 0，表明结构存在刚性运动，针对自由模态，我们要通过非 0 的固有频率来研究结构的各阶模态振型。

【例 5.1】　阶梯轴的自由模态分析

4min

（1）打开 Workbench，在左侧 Toolbox 中双击 Modal 模块，右击 Geometry，选择 Import Geometry，选择创建好的 shaft.x_t 模型，双击进入 Mechanical 模块，如图 5.2 所示。模态分析的界面与静力学很相似，大部分操作也相同。

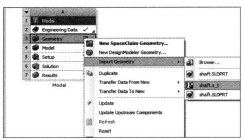

图 5.2　将模型导入 Workbench

（2）将单位修改为 mm、kg、N、s 制，材料保持默认的 Structural Steel。如图 5.3 所示，将网格的 Resolution 改为 7，其他选项保持默认值，进行网格划分。

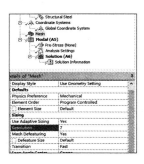
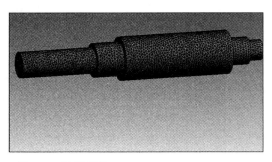

图 5.3　网格划分

（3）如图 5.4 所示，在 Analysis Settings 中，将 Max Modes to Find 由默认的 6 修改为 20。若仅关心某一频率范围，可以将 Limit Search to Range 选项修改为 Yes 并设置频率范围，则消息窗仅输出设定范围内的固有频率。在 Output Controls 中可以设置 Stress、Strain、Nodal Forces 等选项，如图 5.4 所示。单击 Solve 进行求解，求解完成后单击左侧 Solution，消息窗显示如图 5.5 所示。

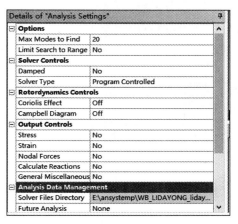

图 5.4　Analysis Settings

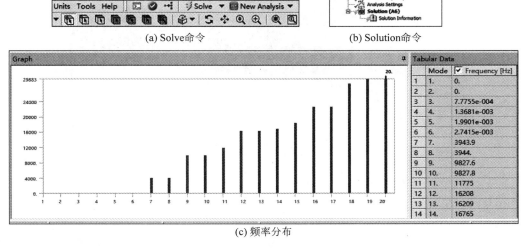

（a）Solve命令　　　　　　　　（b）Solution命令

（c）频率分布

图 5.5　模态分析

（4）观察图 5.5 中前 6 阶频率可以看出，自由状态下，轴的前 6 阶频率接近于 0，表明存在 3 个平动和 3 个转动共 6 种刚性运动。右击 Select All，然后右击并选择 Create Mode Shape Results。再右击左侧 Solution，选择 Evaluate All Results，查看各阶模态振型，如

图 5.6 所示。

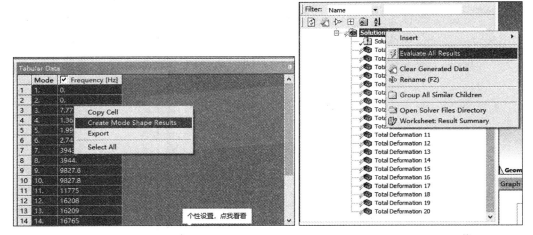

图 5.6　查看模态振型

第 7 阶模态振型如图 5.7 所示,可以选择图中红色箭头以便查看变形的动画。

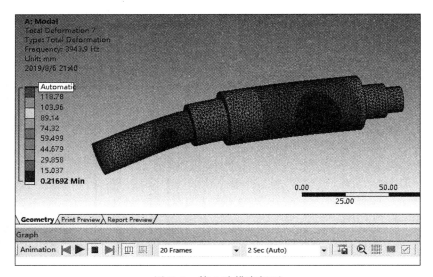

图 5.7　第 7 阶模态振型

通过模态频率和模态振型,我们可以观察到 6 阶、7 阶、8 阶模态频率相同,振型均为单侧弯曲;9 阶、10 阶模态频率相同,振型均为 S 形弯曲,这表明轴具有对称的形状。第 11 阶模态振型为径向缩放,如图 5.8 所示。从依次升高的频率可以推断出对于该轴,弯曲刚度低于扭转刚度。

（5）单击 Solution,可以在工具栏中选择添加形变、应力、应变等云图。注意云图左侧图例中的数值没有意义,因为模态分析是经过坐标变换的,变换后的模态空间各基底向量是

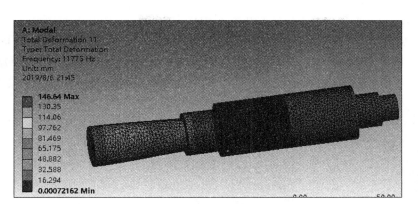

图 5.8　第 11 阶模态

物理空间基底向量的旋转与拉伸,所以绝对数值没有意义,仅可以通过数值比较各量之间的相对大小。

【例 5.2】 阶梯轴在支撑约束下的模态分析

（1）对上述模型继续添加 Cylindrical Support（圆柱支撑）约束,选择如图 5.9 所示的高亮显示的两个圆柱支撑面,并将 Tangential 选项设置为 Free,此时切向可以自由运动,以此来模拟轴架在轴承上,并且轴承处于预紧状态下的工况,单击 Solve 进行求解。

4min

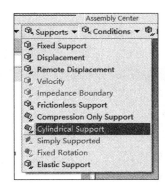

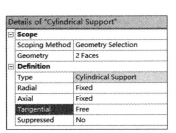

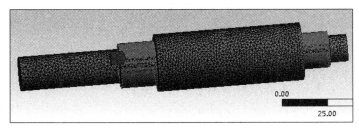

图 5.9　设置 Cylindrical Support

（2）大家可以对比一下自由状态和有约束情况下的固有频率和模态振型的变化,因为部分自由度做了约束,所以仅第 1 阶频率为 0,它表明该轴可以沿着轴向方向自由转动。2 阶、3 阶弯曲模态频率大小不变,均为 3759Hz（因数值计算迭代误差等原因,忽略 0.2Hz 的误差）,表明对于这根轴,轴承并不能增加弯曲刚度,这是因为 2 阶、3 阶模态振型是轴端最细长段的弯曲,与是否存在轴承无关。4 阶、5 阶弯曲模态频率增加代表了轴承对弯曲刚度的影响。对于该轴,当轴承刚度高于 1 阶弯曲刚度时,转子的共振频率取决于轴的 1 阶频率,如图 5.10 所示,该轴的 2 阶频率为 3758.8Hz,换算成转速为 225.528r/min,远超出转子的最高工作转速,可以认为该转子为刚性转子。

Tabular Data					
	Mode	☑ Frequency [Hz]	10	10.	20761
1.	1.	0.	11	11.	23882
2	2.	3758.8	12	12.	23894
3	3.	3759.	13	13.	24750
4	4.	10610	14	14.	30228
5	5.	10613	15	15.	36301
6	6.	11775	16	16.	38370
7	7.	18357	17	17.	38402
8	8.	18759	18	18.	42220
9	9.	18759	19	19.	42220
			20	20.	42238

图 5.10　轴的各阶共振频率

5.2.2　模态参与因子及模态有效质量

对于低频响应,高阶模态影响很小,所以在处理实际问题时往往仅对前几阶模态进行分析,忽略更高阶模态的影响,对于一个实际问题我们应该取多少阶模态,一般有以下 3 个原则。

（1）模态参与因子:模态参与因子计算公式如式（5.4）所示。

$$\gamma_i = \{\phi_i^T\}[M]\{D\} \tag{5.4}$$

其中 D 为某一方向的单位位移谱。如果某一方向计算出的 γ_i 值较大,表明该方向的模态振型容易被该方向的激励激发。软件中我们一般通过查看某一模态参与因子与最大参与因子的比来直观地评估某一模态的贡献。

（2）模态有效质量:模态有效质量的表达式如式（5.5）所示。

$$M_{\text{eff},i} = \frac{\gamma_i^2}{\{\phi\}_i^T[M]\{\phi\}_i} = \gamma_i^2 \tag{5.5}$$

在 ANSYS 中模态空间对质量进行归一化处理,故 $\{\phi\}_i^T[M]\{\phi\}_i = 1$。模态有效质量越大,与总质量的比值就越接近于 1,与真实情况就越接近,我们可以通过该比值判断是否截取了足够多的阶次,一般建议该比值不小于 0.8。

（3）关注的频率范围:当前两个条件都满足时,如果截取的阶次对应的频率仍未完全覆盖感兴趣的频率范围,则需进一步扩大搜索范围。

模态参与因子及比值、模态有效质量及比值可以单击 Solution Information 获取,在信息列表中找到如图 5.11 所示的两种列表,第一种分别列出了 3 个平动、3 个转动的相关信息,只需感兴趣的方向满足模态参与系数和模态有效质量大于 0.8,第二种则是各方向模态有效质量信息的汇总,两种是等效的。

5.2.3　预应力模态

固有频率和模态振型是结构的固有属性,仅取决于质量和刚度的分布,与输入/输出无

```
***** PARTICIPATION FACTOR CALCULATION *****   X  DIRECTION
                                                       CUMULATIVE      RATIO EFF.MASS
MODE  FREQUENCY    PERIOD      PARTIC.FACTOR    RATIO    EFFECTIVE MASS  MASS FRACTION   TO TOTAL MASS
 1    0.00000     0.0000       0.0000          0.000000  0.00000         0.00000         0.00000
 2    3758.79     0.26604E-03  0.35509E-06     0.000017  0.126086E-12    0.208397E-09    0.166887E-09
 3    3758.98     0.26603E-03  0.20125E-06     0.000009  0.404999E-13    0.275336E-09    0.536055E-10
 4    10610.5     0.94246E-04  0.70767E-05     0.000333  0.500799E-10    0.830481E-07    0.662855E-07
 5    10613.4     0.94220E-04 -0.69431E-05     0.000326  0.482061E-10    0.162724E-06    0.638054E-07
 6    11774.5     0.84929E-04 -0.13162E-06     0.000006  0.173249E-13    0.162753E-06    0.229311E-10
 7    18356.6     0.54476E-04 -0.66378E-08     0.000000  0.440603E-16    0.162753E-06    0.583180E-13
 8    18758.6     0.53309E-04 -0.62481E-05     0.000294  0.390386E-10    0.227276E-06    0.516713E-07
 9    18759.0     0.53308E-04 -0.23373E-06     0.000110  0.546277E-11    0.236305E-06    0.723050E-08
10    20761.4     0.48166E-04  0.12351E-01     0.580606  0.152535E-03    0.252112         0.201895
11    23881.7     0.41873E-04 -0.72205E-04     0.003394  0.521353E-08    0.252121         0.690060E-05
12    23893.7     0.41852E-04 -0.96162E-05     0.000452  0.924705E-10    0.252121         0.122394E-06
13    24749.9     0.40404E-04  0.21272E-01     1.000000  0.452488E-03    1.00000          0.598911
14    30227.7     0.33082E-04  0.47203E-07     0.000002  0.222811E-14    1.00000          0.294912E-11
15    36300.8     0.27548E-04  0.32673E-06     0.000015  0.106755E-12    1.00000          0.141300E-09
16    38370.2     0.26062E-04  0.43502E-06     0.000020  0.189239E-12    1.00000          0.250476E-09
17    38401.5     0.26041E-04 -0.91061E-06     0.000428  0.829215E-10    1.00000          0.109754E-06
18    42219.9     0.23686E-04 -0.10243E-06     0.000005  0.104923E-12    1.00000          0.138876E-10
19    42220.0     0.23685E-04  0.56914E-07     0.000003  0.323915E-14    1.00000          0.428733E-11
20    42237.8     0.23675E-04  0.11837E-06     0.000006  0.140105E-13    1.00000          0.185443E-10
sum                                                      0.605028E-03                    0.800813
```

(a) 3个平动和3个转动的相关信息

```
***** MODAL MASSES, KINETIC ENERGIES, AND TRANSLATIONAL EFFECTIVE MASSES SUMMARY *****
                                                            EFFECTIVE MASS
MODE  FREQUENCY   MODAL MASS   KENE        |  X-DIR       RATIO%  Y-DIR       RATIO%  Z-DIR       RATIO%
 1    0.000       0.3064E-03   0.000       |  0.000        0.00   0.1056E-17   0.00   0.1385E-17   0.00
 2    3759.       0.3512E-04   9794.       |  0.1261E-12   0.00   0.1864E-05   0.25   0.7544E-04   9.98
 3    3759.       0.3512E-04   9794.       |  0.4050E-13   0.00   0.7544E-04   9.99   0.1864E-04   0.25
 4    0.1061E+05  0.2572E-03   0.5716E+06  |  0.5008E-10   0.00   0.1507E-04   1.99   0.4030E-03   53.34
 5    0.1061E+05  0.2573E-03   0.5720E+06  |  0.4821E-10   0.00   0.4030E-03   53.34  0.1506E-04   1.99
 6    0.1177E+05  0.4650E-04   0.1273E+06  |  0.1732E-13   0.00   0.2134E-12   0.00   0.3217E-12   0.00
 7    0.1836E+05  0.1562E-03   0.1039E+07  |  0.4406E-16   0.00   0.1699E-14   0.00   0.1096E-11   0.00
 8    0.1876E+05  0.4717E-04   0.3277E+06  |  0.3904E-10   0.00   0.7343E-06   0.10   0.2664E-04   3.53
 9    0.1876E+05  0.4717E-04   0.3277E+06  |  0.5463E-11   0.00   0.2665E-04   3.53   0.7343E-06   0.10
10    0.2076E+05  0.6768E-04   0.5758E+06  |  0.1525E-03   20.19  0.1161E-12   0.00   0.1547E-10   0.00
11    0.2388E+05  0.4222E-03   0.4753E+07  |  0.5214E-08   0.00   0.9812E-07   0.01   0.1417E-06   0.02
12    0.2389E+05  0.4221E-03   0.4757E+07  |  0.9247E-10   0.00   0.1468E-06   0.02   0.1048E-06   0.01
13    0.2475E+05  0.3053E-03   0.3692E+07  |  0.4525E-03   59.89  0.7194E-10   0.00   0.1585E-09   0.00
14    0.3023E+05  0.8924E-04   0.1610E+07  |  0.2228E-14   0.00   0.4315E-13   0.00   0.2329E-13   0.00
15    0.3630E+05  0.3090E-04   0.8039E+06  |  0.1068E-12   0.00   0.2565E-11   0.00   0.9645E-13   0.00
16    0.3837E+05  0.2502E-03   0.7270E+07  |  0.1892E-12   0.00   0.3594E-04   4.76   0.4329E-04   5.73
17    0.3840E+05  0.2518E-03   0.7328E+07  |  0.8292E-10   0.00   0.4327E-04   5.73   0.3592E-04   4.75
18    0.4222E+05  0.5205E-04   0.1831E+07  |  0.1049E-13   0.00   0.2209E-07   0.00   0.1131E-04   1.50
19    0.4222E+05  0.5195E-04   0.1828E+07  |  0.3239E-14   0.00   0.1132E-04   1.50   0.2247E-07   0.00
20    0.4224E+05  0.4813E-04   0.1695E+07  |  0.1401E-13   0.00   0.2333E-09   0.00   0.3263E-08   0.00
sum                                        |  0.6050E-03   80.08  0.6135E-03   81.21  0.6136E-03   81.21
```

(b) 各方向模态有效质量信息的汇总

图 5.11　Solution Information

关,但是输入有时会通过改变质量和刚度的分布而影响模态分析结果,这时要先计算出输入产生的应力及应变,将它作为模态分析的边界条件,考虑它对质量和刚度分布的影响,这种分析称为预应力模态分析。

　　生活中有很多这类现象,吉他调弦就是这种原理,通过调整琴头旋钮改变对应琴弦的张力,张力增加,发声的频率就会变高,反之就会变低,而按压对应的品丝时,则是在改变琴弦结构的支撑边界条件,同一根琴弦长度越短,则音调越高,代表发声频率越高。

【例 5.3】　预应力模态分析

我们以"民谣标准弦"012 为例,演示预应力模态分析流程,其第 5 弦直径为 0.042in

7min

（注：$1in \approx 2.54cm$），对应大字组 A 音，频率为 110Hz，41 寸（注：1 寸 $\approx 3.33cm$）D 型民谣吉他有效琴弦长度约为 650mm，琴弦材料这里以软件中的结构钢来代替。

（1）因为预应力分析是一种比较常用的标准分析流程，所以在 Custom Systems 中可以直接找到。双击 Pre-Stress Modal 模块建立预应力分析，如图 5.12(a)所示。也可以用标准模块来自己搭建，如图 5.12(b)所示，从此流程框图可以看出，静力分析的结果被当作边界条件传递给了模态分析模块，而材料、几何模型及网格二者公用。

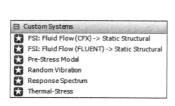

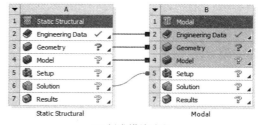

(a) Pre-Stress Modal模块建立　　　　　　　　(b) 标准模块建立

图 5.12　建立预应力分析流程

（2）在 Geometry 上右击并选择 DesignModeler，我们使用概念建模绘制圆形截面梁来模拟琴弦，在 XY 平面草绘一条长度为 650mm 的直线，如图 5.13 所示，选择 Concept→Lines From Sketches，再设置 Cross Section→Circular，在 R 中输入半径为 5.334mm，在模型树中选择 Line Body，将其截面设置为刚创建的圆形截面，如图 5.14 所示。

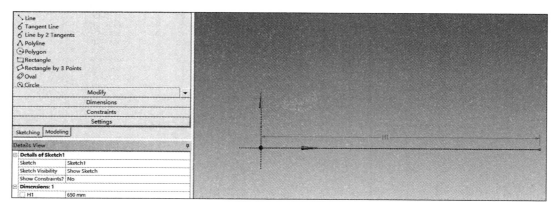

图 5.13　绘制草图

（3）关闭建模界面，回到主界面，双击 Model 单元格，进入 Mechanical 界面。将网格单元尺寸设置为 5.0mm，切换到点选择模式，选择直线的一端并设置为固定约束，选择另一端并设置为位移约束，沿着轴向方向拉伸 0.491mm，另外两个方向设置为 0mm，转动角度均设置为 0°，如图 5.15 所示。注意在分析设置中打开 Large Deflection 选项。

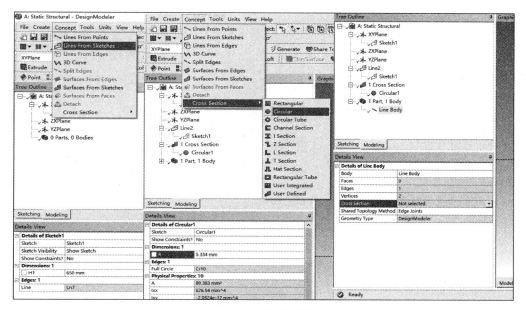

图 5.14　创建截面

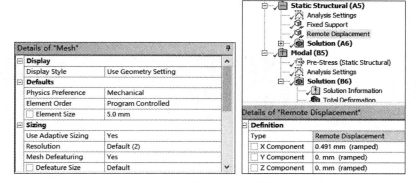

图 5.15　网格及边界条件设置

（4）因为模型为梁单元模型，所以无法访问常规的应力、应变选项，需要通过 Beam Tool 查看相应的应力选项，如图 5.16 所示。由于我们仅关注第 1 阶固有频率，所以这里可以考虑模态质量和参与因子的大小，模态设置选项保持默认，计算前 6 阶模态。

（5）如图 5.17 所示，可以看到，受到预拉伸的模型其第 1 阶的频率为 110Hz，大家也可以通过添加力载荷的方式实现同样效果，注意力的方向应沿着轴线，同时要通过位移约束另外两个方向的位移。模态结果显示的变形仅用来表示相对变形的分布，绝对数值没有意义。

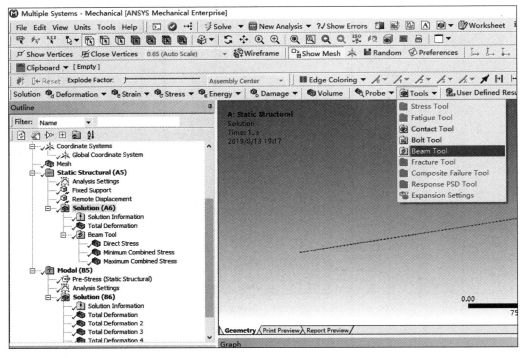

图 5.16　结果后处理

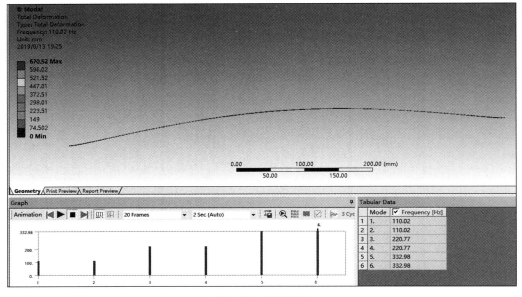

图 5.17　查看结果

5.3　阻尼

在动力学系统中,共振频率和模态是系统的固有属性,它们对系统动力特性起着决定性作用,对于一个运动着的系统,阻尼也是对系统运动特性起关键作用的重要因素,现实世界中的运动均含阻尼,没有阻尼处于共振的结构将出现无限大振幅,阻尼将系统的能量耗散掉,阻尼的大小和属性决定了系统运动是否稳定及是否存在振荡。

阻尼的作用机理比较复杂,我们在分析中将其分为黏滞阻尼、材料阻尼(内摩擦阻尼)、库伦摩擦阻尼(滑动摩擦阻尼)、数值阻尼。

对解耦后的单自由度运动方程 $m\ddot{u}+c\dot{u}+ku=f$ 整理为如下的自由振动微分方程

$$\ddot{u}+2\xi\omega_n\dot{u}+\omega_n^2u=0 \tag{5.6}$$

其中:

$\omega_n=\sqrt{k/m}$ 为无阻尼自然圆频率;

$c_c=2\sqrt{k/m}$ 为临界阻尼;

$\xi=c/c_c$ 为阻尼比。

在 ANSYS 中,当对应的单元为弹簧单元时,可以直接输入阻尼 c。当进行完全瞬态分析及含阻尼的模态分析时,阻尼可以表示为如下阻尼矩阵:

$$[C]=\alpha[M]+\sum_{i=1}^{N_{ma}}\alpha_i^m[M_i]+\beta[K]+\sum_{j=1}^{N_{mb}}\beta_j^m[K_j]+\sum_{k=1}^{N_e}[C_k]+\sum_{l=1}^{N_g}[G_l] \tag{5.7}$$

其中前两项为质量阻尼,中间两项为结构阻尼,最后两项分别为单元阻尼和陀螺阻尼。

在实际应用中,我们又常用 Rayleigh 阻尼系统 α 和 β 来表示系统的阻尼,即

$$[C]=\alpha[M]+\beta[K],\quad \xi_i=\frac{\alpha}{2\omega_i}+\frac{\beta\omega_i}{2}$$

在很多真实结构中,质量阻尼 α 很小,往往可以忽略,β 阻尼则可以通过实验的方式,测出不同频率 ω_i 下的阻尼比 ξ_i,从而得到 β。如图 5.18 所示,当 α、β 均不可以忽略时,可以取 $\omega_1\sim\omega_2$ 的一段频率范围,当该范围内的阻尼比 ξ 的变化值很小,以至于可以认为它在该范围内为常数时,可以通过计算 $\xi_i=\frac{\alpha}{2\omega_i}+\frac{\beta\omega_i}{2}$ 取 $i=1,2$ 联立方程计算出 α 和 β。

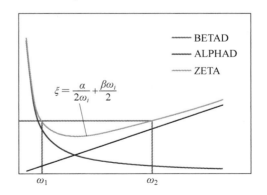

图 5.18　系统的阻尼

在 ANSYS 中可以在材料定义中设置 α 和 β 阻尼,也可以在分析设置中输入 α 和 β 阻尼。二者的区别在于:前者与具体材料有关,

不同材料可以设置不同值,而后者为一全局值。在该分析中,α 和 β 均保持该值不变,如图 5.19 所示。

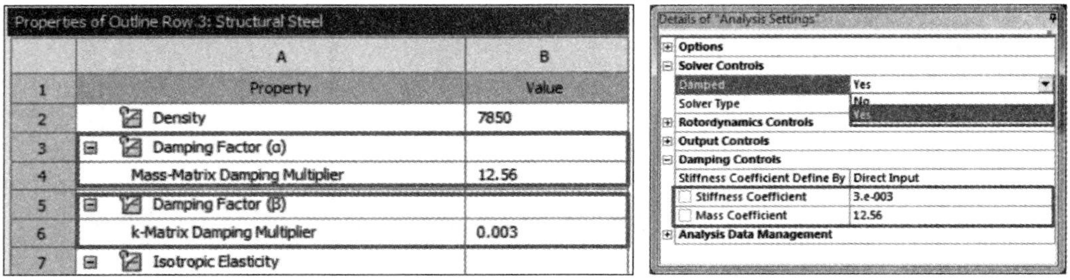

图 5.19   材料阻尼及全局阻尼

5.4   谐响应分析

动力学系统的运动方程为由一组微分方程构成的矩阵,求解比较困难,可以通过拉普拉斯变换将微分方程转换为代数方程,得到系统的传递函数矩阵,通过求解零极点得到系统的固有属性,这是一种频域分析方法,它可以深刻地揭示系统的动态特性。频域分析中通过输入不同频率的正弦激励,测量系统的稳态输出响应,绘制出频响曲线。通过频响曲线的幅频特性和相频特性可以对系统进行辨识并获取影响动态系统特性的关键参数,如共振频率、阻尼比、稳定性、稳定裕度等。这些载荷在 ANSYS 中的谐响应分析都采用同样的原理。它的输入可以是已知幅值和频率的各种载荷,如力、压力、力矩、位移等,也可以是相同频率的各种载荷的组合,相角可以相同也可以不同,注意当在 ANSYS 中要求载荷为体载荷类型时,相角必须为 0°。在真实工业应用场合中,结构经常承受周期性载荷,如旋转机械的偏心等引起的离心力,这些周期性载荷可以分解为一系列不同频率的正弦载荷,谐响应分析就是用来对这些谐性载荷激励下的线性结构的稳态响应规律进行分析的一种技术。它可以预测结构的持续动力学特性,如何避开共振及发生共振时计算出最大幅值响应,从而判断结构是否可以克服共振、疲劳或其他有害载荷的作用。

5.4.1   控制方程

对于单自由度系统,当系统受到正弦形式的激振力时,系统的运动方程为

$$m\ddot{u} + c\dot{u} + ku = f\sin\Omega t \tag{5.8}$$

求解该运动方程得到位移输出的幅值和相角如下:

$$u = \frac{f/k}{\sqrt{\left[1 - \left(\dfrac{\Omega}{\omega}\right)^2\right]^2 + \left(2\xi\dfrac{\Omega}{\omega}\right)^2}} \tag{5.9}$$

$$\phi = \arctan \frac{2\xi \frac{\Omega}{\omega}}{1 - \left(\frac{\Omega}{\omega}\right)^2} \tag{5.10}$$

根据式(5.9)及式(5.10)，若将 Ω/ω 作为自变量，将 uk/f 作为因变量，可得到如图5.20所示的幅频特性和相频特性曲线。

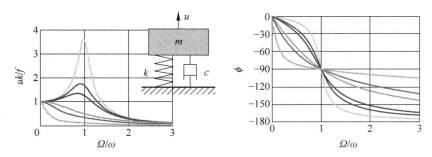

图 5.20　幅频特性和相频特性曲线

当系统为多自由系统时，运动方程为

$$[M]\{\ddot{u}\} + [C]\{\dot{u}\} + [K]u = \{F\} \tag{5.11}$$

对于线性系统，当输入为频率稳定的正弦信号时，输出也为同频率正弦信号。实际系统虽然存在诸多非线性因素，但对于正常运行的系统，系统的运动往往是平衡位置处的小幅振荡，所以线性系统假设能够满足绝大多数工程应用的精度要求，因此，输入和输出在复频域可表示为

$$\{u\} = (\{u_1\} + i\{u_2\})e^{i\Omega t}$$
$$\{\dot{u}\} = -i\Omega(\{u_1\} + i\{u_2\})e^{i\Omega t}$$
$$\{\ddot{u}\} = -\Omega^2(\{u_1\} + i\{u_2\})e^{i\Omega t}$$
$$\{F\} = (\{F_1\} + i\{F_2\})e^{i\Omega t} \tag{5.12}$$

代入运动方程可得

$$-\Omega^2[M] + i\Omega[C] + [K](\{u_1\} + i\{u_2\}) = (\{F_1\} + i\{F_2\}) \tag{5.13}$$

1. 完全谐响应分析法

上式改写为 $[K_C] + \{u_C\} = \{F_C\}$，直接求解该复数域内的代数方程的谐响应分析方法称为完全谐响应分析法。

2. 模态叠加谐响应分析法

式(5.13)也可改写为各阶模态振型的线性组合：$(-\Omega^2 + i2\omega_j\Omega\zeta_j[C] + \omega_j^2)y_{jc} = f_{jc}$，其中，$j=1,2,3,\cdots$，通过取前 n 阶模态做线性叠加，利用这种方法的谐响应分析称为模态叠加谐响应分析。

5.4.2 谐响应分析的阻尼

对于受谐性载荷的动力学系统,阻尼表达式中需要增加一项和速度成正比并与频率成反比的结构阻尼项和黏弹性阻尼项:

$$[C]=\alpha[M]+\sum_{i=1}^{N_{ma}}\alpha_i^m[M_i]+\left(\beta+\frac{1}{\Omega}g\right)[K]+\sum_{j=1}^{N_{mb}}\left(\beta_j^m+\frac{1}{\Omega}g_j\right)[K_j]+$$
$$\sum_{k=1}^{N_e}[C_k]+\sum_{l=1}^{N_g}[G_l]+\sum_{m=1}^{N_v}\frac{1}{\Omega}[C_m] \tag{5.14}$$

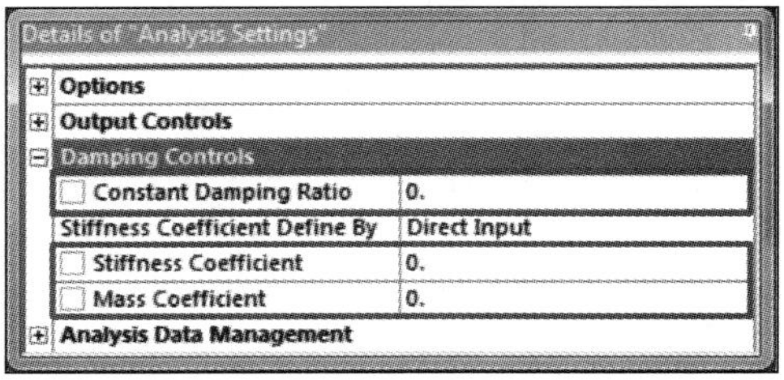

图 5.21 全局阻尼

实际应用时,通常只取 $\alpha[M]$、$\beta+\frac{1}{\Omega}g$、$\sum_{i=1}^{N_{ma}}\alpha_i^m[M_i]$、$\sum_{j=1}^{N_{mb}}\left(\beta_j^m+\frac{1}{\Omega}g_j\right)[K_j]$ 等几项,前者可以在如下界面设置为全局选项,如图 5.21 所示。

后者可以在材料设置界面对每种材料单独设置阻尼,如图 5.22 所示。最终计算时根据各材料阻尼及全局阻尼按式(5.14)求和。

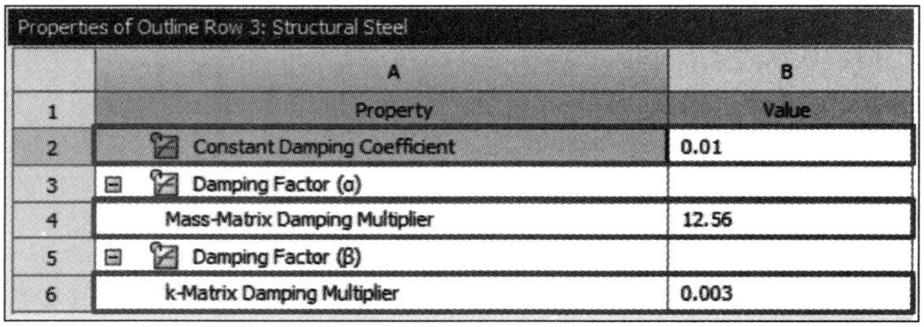

Properties of Outline Row 3: Structural Steel

	A	B
1	Property	Value
2	Constant Damping Coefficient	0.01
3	Damping Factor (α)	
4	Mass-Matrix Damping Multiplier	12.56
5	Damping Factor (β)	
6	k-Matrix Damping Multiplier	0.003

图 5.22 材料阻尼

5.4.3 载荷及边界条件的限制

谐响应分析支持大部分结构载荷和约束,但有以下例外:

(1) 不支持重力。

(2) 不支持热负荷。

(3) 不支持转速。

(4) 不支持螺栓预紧力。

(5) 不支持 Compression Only Support。

所有载荷要求频率相同,可以是不同相位的,因为是频率响应,所以不考虑瞬态效应,但加速度、轴承载荷、转矩载荷只能以 0°相位输入。当输入仅为单一载荷时,不需要输入相位信息。所有载荷既可以是常数,也可以是频率的函数。

5.4.4　模态叠加法谐响应分析实例

仍然使用模态分析中轴的例子,通过该例子加深对共振频率、模态分析、谐响应分析的理解。在该例子中会重点讲解求解器选项及结果后处理。

【例5.4】　模态叠加法分析实例

（1）双击工具箱中的 Harmonic Response,右击 Geometry 以便通过 Import Geometry 添加几何模型,随后再双击 Model 便可进入 Mechanical 界面。将单位修改为 mm、kg、N、s 制,材料保持默认结构钢,为方便对比,仍将网格的 Resolution 修改为 7,其他选项为默认值,进行网格划分,如图5.23所示。

🎥 8min

图5.23　添加几何模型及设置网格参数

（2）设置边界条件,仍然选择两个轴承的轴径做圆柱支撑,将切向设置为 Free。在最粗段设置 4.e−003N·mm 的转矩,该转矩则会以幅值为 4.e−003N·mm,并按接下来所设置的频率范围中的各个频率以正弦波形式施加给轴,如图5.24所示。

（3）接下来,重点讲解 Analysis Settings 中的选项。在频率范围中一般需要设置最小、最大频率,设置原则取决于实际工作频率范围或我们关心的频率范围,这里设置为 12 000Hz。Solution Intervals 代表频率范围内频率分割数,默认为10,代表在最小/最大范围内分割成10份,频率可以按线性、对数及各种常用频程划分。在这里我们设置为50份,让绘制出的曲线更平滑,如图5.25所示。Solution Method 中则可以设置模态叠加法或完全求解法。本例采用模态叠加法,大家可以自己切换到完全求解法对比一下求解时间、占用内存及求解结果的区别。

（4）如图5.26所示,在 Output Controls 中可以根据需要设置是否保留应力、应变、节点力等。Damping Ratio 为阻尼控制选项,可以在这里设置全局阻尼,一般结构的阻尼均比较小,这里我们设置为 0.02。

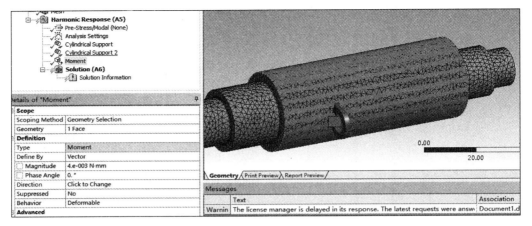

图 5.24 设置边界条件

Details of "Analysis Settings"

Step Controls	
Multiple RPMs	No
Options	
Frequency Spacing	Linear
Range Minimum	0. Hz
Range Maximum	12000 Hz
Solution Intervals	50
User Defined Frequencies	Off
Solution Method	Mode Superposition
Include Residual Vector	No
Cluster Results	No
Modal Frequency Range	Program Controlled
Store Results At All Frequencies	Yes
Rotordynamics Controls	
Output Controls	

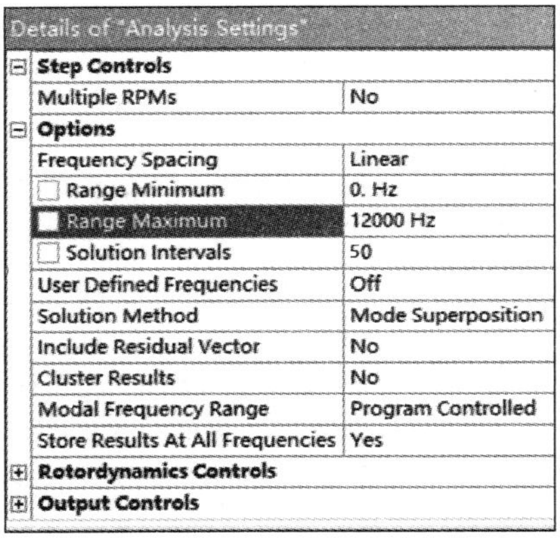

图 5.25 Analysis Settings 选项设置

Details of "Analysis Settings"

Output Controls	
Stress	Yes
Strain	Yes
Nodal Forces	No
Calculate Reactions	Yes
Expand Results From	Program Controlled
-- Expansion	Harmonic Solution
General Miscellaneous	No
Damping Controls	
Eqv. Damping Ratio From Mo...	No
Damping Ratio	0.02
Stiffness Coefficient Define By	Direct Input
Stiffness Coefficient	0.
Mass Coefficient	0.
Analysis Data Management	

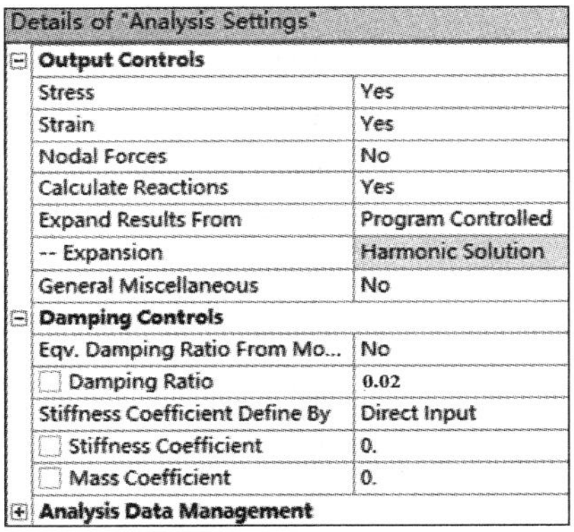

图 5.26 阻尼设置

(5) 结果后处理：谐响应分析的后处理选项和静力学分析的大多数选项设置方法及含义相同，这里就不赘述了。我们重点关注频响曲线。在工具栏上可以选择不同类型的幅频和相频曲线。以变形为例，如图 5.27 所示，在 Frequency Response 菜单中选择 Deformation，在 Details 界面中将空间分辨率设置为 Use Maximum，将方向设置为 Y 轴，其余选项先保持默认值。此时主界面会弹出幅频响应和相频响应图，右侧有个小的缩略图，便于观察全局曲线形状及分布。因为共振频率附近曲线斜率会急剧变化，所以需要更多的点去捕捉形状的变化。由于这里的频率按等间距分布，所以没有很好地反映出共振处的峰值，想解决该问题，一种方法是减小频率间距，增加点数，但会消耗更多的系统资源，另一种方法是仅加密共振频率附近的频率间距。

(6) 采用局部加密方法观察共振频率：在 Analysis Settings 中将 Cluster Results 修改为 Yes，此时会对共振点附近做局部加密处理，将 Cluster Number 修改为最大值 20，最大程

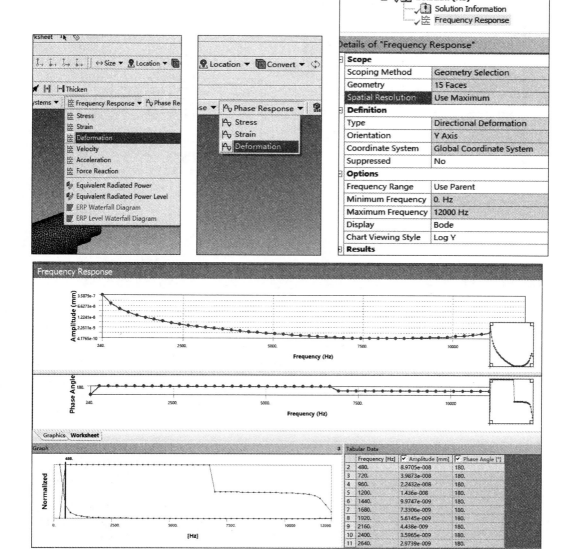

图 5.27 结果后处理

度地增加局部加密点数,注意仅模态叠加法支持局部加密。此时可以在频响曲线中看到某些位置的点已经做了局部加密,在 Results 中可以看到对应的最大幅值、频率、相角等相关信息,如图 5.28 所示。因为频率范围较大,此时仍然不能很好地观察共振频率附近曲线的形状,如图 5.29 所示。

(7)修改观察频率的范围:在 Options 中,将频率范围修改为用户指定方式,将范围修改为 10 000~12 000Hz。如图 5.30 所示,此时的频响曲线可以很好地观察到沿着 Y 轴方向

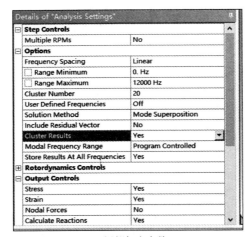

(a) 局部加密点数　　　　　　　　　　　　(b) 结果

图 5.28　局部加密选项设置

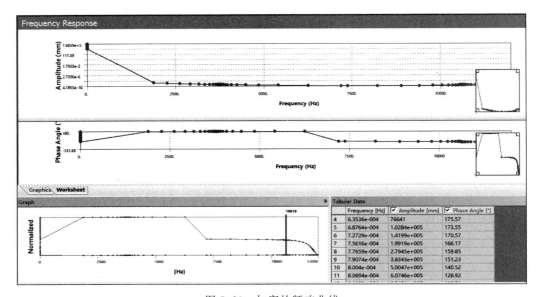

图 5.29　加密的频响曲线

最大变形响应的峰值频率为 11 764 Hz,该频率略低于模态分析中的第 11 阶扭转频率,因为这里考虑了阻尼,所以频率会略低于无阻尼共振频率。由于这里施加的是扭转信号,所以更容易激发扭转共振,但有些情况下也会出现明显的弯曲共振,这取决于结构的刚度分布,故应该针对具体情况具体分析。

(8) 拓展:大家可以自行修改阻尼比大小,观察一下阻尼比对共振频率及共振峰值的影响,也可以将频率响应修改为应力、应变等其他类型,以便观察共振频率及共振峰值的分

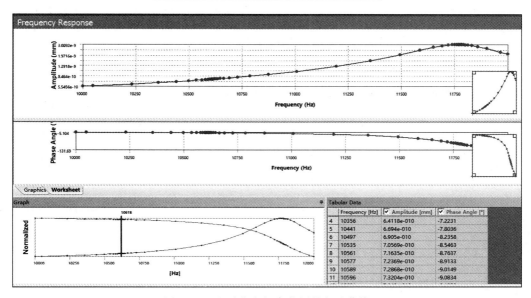

图 5.30　查看指定频率范围的频响曲线

布,此外还可以将模态叠加法修改为 Full 方法,以便对比结果及计算时间的差别。

5.5　响应谱分析

当结构受随机载荷或时变载荷作用时,可以通过时间历程分析得到系统随时间变化的精确响应,理论上在 ANSYS 中可以通过瞬态动力学模块完成该分析,但由于实际工程问题中复杂结构为多自由度并经受长时间载荷激励,大多数问题若使用瞬态动力学方法,则将会占用过多计算时间和硬件资源。针对这种多自由度、长时间激励的问题,迫切需要一种快速计算方法对结构的最大响应进行估算。针对多自由度,可以采用模态分析思想提取结构的模态,对于瞬态输入载荷,可以提取载荷的频谱,与直接求解瞬态模型不同的是,模态和频谱的提取是单独进行的,最终将频谱作为激励施加给提取的各阶模态计算位移和应力响应,具体过程如图 5.31 所示。

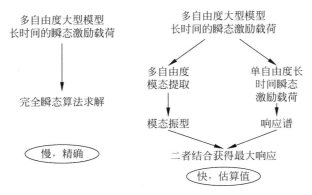

图 5.31　响应谱提取具体过程

响应谱方法广泛应用于地震、风载荷、海浪、喷气式飞机、火箭发射等带有随机性及冲击属性载荷的计算问题中,一种典型的加速度载荷如图 5.32 所示。

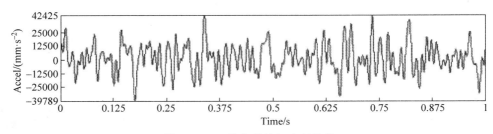

图 5.32　一种典型的加速度载荷

5.5.1　如何获得响应谱

响应谱的横坐标为频率,纵坐标为最大响应值,可以是位移、速度或加速度。具体的生成过程可以描述如下。

单自由度质量-弹簧-阻尼系统,收到左侧随机载荷的作用,得到输出影响,如图 5.33 所示,可以看出最大加速度输出响应值为 $95\mathrm{m/s^2}$。

对不同频率按同样过程运行,得到不同频率下的最大响应值,以横坐标作为频率,纵坐标为最大输出响应便可绘制如图 5.34 所示折线图。当采用更多阻尼器时,绘制出的响应谱曲线更平滑。当阻尼比不同时,会得到一组响应谱。实际应用时往往采用对数坐标。

可以通过如下方式,很方便地在位移谱、速度谱和加速度谱之间转换,如图 5.35 所示。

5.5.2　各阶模态的单独响应

接下来考虑一下,在给定响应谱后如何计算系统的最大响应。通过模态分析可以得到

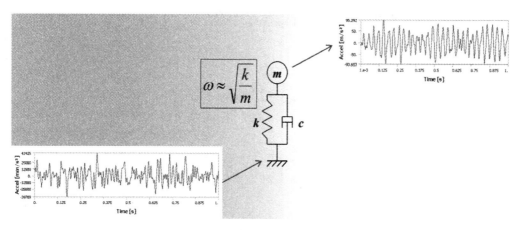

图 5.33　单自由度质量-弹簧-阻尼系统的输出影响

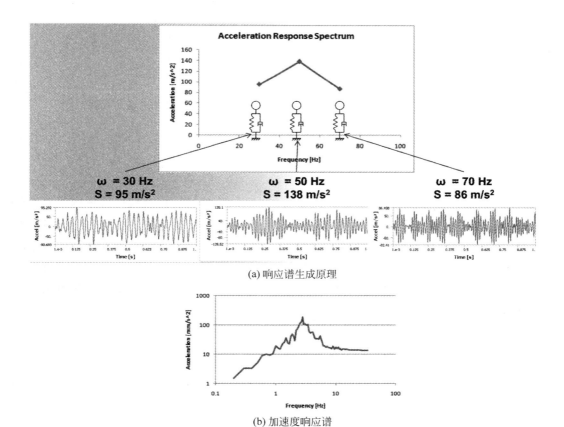

(a) 响应谱生成原理

(b) 加速度响应谱

图 5.34　单自由度质量-弹簧-阻尼系统的输出影响折线图

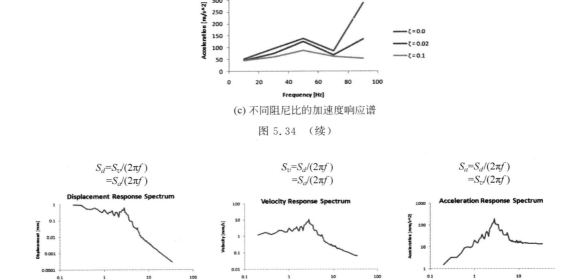

(c) 不同阻尼比的加速度响应谱

图 5.34 （续）

图 5.35 单自由度质量-弹簧-阻尼系统的输出影响位移谱、速度谱和加速度谱转换图

解耦的各阶模态,当结构受到某一方向的外部载荷时,系统的响应是各阶模态的组合,其中第 i 阶模态的实际位移为

$$\{R\}_i = A_i \{\phi\}_i \tag{5.15}$$

其中,A_i 称为模态系数,通过该系数对某阶单位模态响应进行比例放大便可得到该阶次的实际位移。$A_i = S_i \gamma_i$,其中 S_i 为某一频率下的谱值,它可以通过查询响应谱得到,在 ANSYS 中要查询的频率在响应谱频率范围内则通过插值可以得到 S_i,若要查询的频率超出响应谱频率范围,则取响应谱中最近的端点值作为 S_i,γ_i 为模态参与因子,表示该阶模态在特定方向变形或应力的贡献程度,根据位移、速度、加速度响应之间的关系,可以分别得到速度模态系数为

$$A_i = \frac{S_i \gamma_i}{\omega_i} \tag{5.16}$$

加速度模态系数为

$$A_i = \frac{S_i \gamma_i}{\omega_i^2} \tag{5.17}$$

对应的实际速度和实际加速度响应分别为

$$\{R\}_i = \omega_i A_i \{\phi\}_i \tag{5.18}$$

$$\{R\}_i = \omega_i^2 A_i \{\phi\}_i \tag{5.19}$$

5.5.3　各阶模态响应的组合

实际响应并不是各阶模态单独响应的简单相加,因为各阶模态输出响应的相位不同,各阶模态不可能同时达到最大值。由于在模态分析过程中丢失了相位信息,所以无法得知各阶模态如何组合得到实际的总响应,因此采用不同的模态组合方式就会达到不同的总响应值,在 ANSYS 中提供了 3 种组合方法,分别是 SRSS、CQC 和 ROSE 方法。

1. SRSS 方法

SRSS(均方根法)的计算方法如下:

$$\{R\} = \sqrt{\{R\}_1^2 + \{R\}_2^2 + \cdots + \{R\}_N^2} = \sqrt{\sum_{i=1}^{N} \{R\}_i^2} \tag{5.20}$$

它适用于各阶模态互相关性比较小的场合,根据随机过程理论,彼此独立随机变量的均方根值就是响应组合的最大值。模态频率之间距离越远,模态间的相关性就越小,这种计算方法就越合理。如何判断模态间的相关性呢? 其实在工程应用过程中可以根据阻尼比来判断相关性,认为相关性是阻尼比的分段函数。

(1) 临界阻尼比小于或等于 2% 时,若相邻频率之间距离的相对值小于 10%,即 $f_j \leqslant 1.1 f_i$,则认为二者相关,SRSS 方法不适用。

(2) 临界阻尼比大于 2% 时,若相邻频率之间距离的相对值小于阻尼比的 5 倍,即 $f_j \leqslant (1 + 5\gamma) f_i$,则认为二者相关,SRSS 方法不适用。

此外,当存在刚体或部分刚体处于运动模态时,SRSS 方法不适用;当考虑高阶模态效应却没有抽取足够多高阶模态时,该方法也不适用。

当用 ε 表示模态之间相关性时,$0 \leqslant \varepsilon \leqslant 1$,$\varepsilon = 0$ 时为完全不相关;$\varepsilon = 1$ 时为完全相关;$0 < \varepsilon < 1$ 时为部分相关,对于部分相关的情况,则需要使用 CQC 和 ROSE 方法。

2. CQC 方法

计算表达式为

$$\{R\} = \left(\left| \sum_{i=1}^{N} \sum_{j=1}^{N} k \varepsilon_{ij} \{R\}_i \{R\}_j \right| \right)^{\frac{1}{2}} \tag{5.21}$$

3. ROSE 方法

计算表达式为

$$\{R\} = \left(\sum_{i=1}^{N} \sum_{j=1}^{N} \varepsilon_{ij} \{R\}_i \{R\}_j \right)^{\frac{1}{2}} \tag{5.22}$$

5.5.4　考虑刚性效应

如图 5.36 所示,可按频率将模态划分为低频、中频和高频 3 个区域。峰值频率左侧区域为低频区域,也称为周期区域,通常可以认为低频区域各阶模态不相关。f_{ZPA} 右侧区域称为高频区域或刚性区域(以相同相位运动),该区域完全自相关,计算表达式为

$$\{R\} = \sum_{i=1}^{N} \{R_r\}_i \tag{5.23}$$

此时响应组合为各阶次的代数和。中间区域称为中频区域或过渡区域,过渡区域是周期分量和刚性分量的线性组合。过渡区域的计算若做详细讲解需要较大篇幅,大家感兴趣可以查阅相关资料。简单来讲有线性算法和对数算法,分别称为 Lindly-Yow 法和 Gupta 法。可以在参数设置对话框中选择,它们决定了组合系数所采用的具体算法。

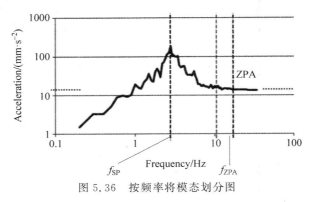

图 5.36　按频率将模态划分图

这两种算法应如何选择呢? 如图 5.37 所示,从图 5.37(a)和图 5.37(b)可以看出,Lindly-Yow 法影响的是加速度响应在刚性频率对应响应以上的频率段,而 Gupta 法影响的是 f_{SP} 右侧的中频区域。从算法上分类可以分为线性算法和对数算法。

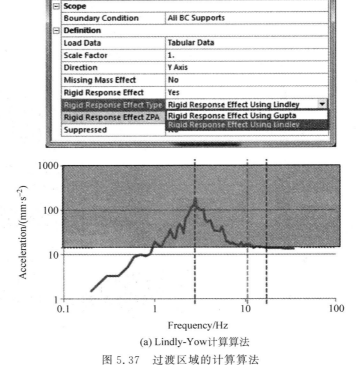

(a) Lindly-Yow计算算法

图 5.37　过渡区域的计算算法

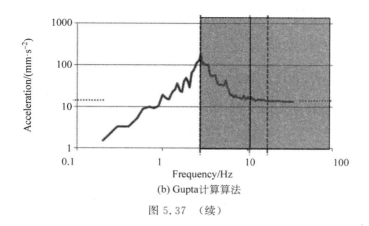

(b) Gupta计算算法

图 5.37 （续）

由于模态提取时不会提取全部模态，所以当频率远高于 f_{ZPA} 时，对应的模态会被丢弃，此时这些频率对应的有效模态质量及模态参与系数也会被舍弃，若需要考虑这些更高阶模态，则需要在分析参数中打开 Missing Mass Effect 选项，该选项将这些模态打包成一个集总参数形式的额外响应项作为刚性响应的附加项，此时刚性响应为

$$\{R\} = \sum_{i=1}^{N} \{R_r\}_i + \{R_M\} \tag{5.24}$$

总响应为

$$\{R\} = \sqrt{\{R_p\}^2 + \{R_r\}^2} \tag{5.25}$$

5.5.5 单点与多点响应谱

单点响应谱指的是设置激励的支撑点使用的是同样的响应谱同时作用。多点响应谱指的是不同约束点可以施加不同响应谱，最多可达 100 种不同激励。两种情况均只能应用在线性结构问题中，由于单点响应谱是多点响应谱的特殊情况，这里重点讲解多点响应谱。多点响应谱仍然需要先按单点响应谱计算各自的响应，合成后的多点响应谱求解表达式为

$$\{R_{MPRS}\} = \sqrt{\{R_{SPRS}\}_1^2 + \{R_{SPRS}\}_2^2 + \cdots} \tag{5.26}$$

其中，

$\{R_{MPRS}\}$ 为多点响应谱的总响应；

$\{R_{SPRS}\}_1$ 为单点响应谱 1 的总响应；

$\{R_{SPRS}\}_2$ 为单点响应谱 2 的总响应。

5.5.6 分析设置

如何设置参数是初学者在仿真时最头疼的事，这里有一个简单的原则供大家参考：如果仅关注低频区域的模态，则可以使用 SRSS 方法，不考虑刚性和丢失的质量效应。如果仅关注中高频段，则也可以使用 SRSS 方法，同时要考虑刚性响应（Gupta 或 Lindley）和丢失

质量效应。若关注全频率段,则可以设置 SRSS 方法、刚性响应使用 Gupta 方法,考虑丢失质量效应的影响,当频率间隔较小且 SRSS 方法不再适用时,需使用 CQC 方法或 ROSE 方法。

5.5.7 响应谱应用举例

响应谱广泛应用在核电站、高层楼宇等耐震设计中,相关行业有具体规范可供查询,例如 ASCE 7-16 和 Eurocode 8 等建筑规范,这里以一个桥梁遭受地震时的典型响应为例,来演示响应谱的分析过程,如图 5.38 所示。其实最早的响应谱应用就是因为抗震设计而提出的,典型的地震波信号如下:左侧为南北方向地震波,右侧为东西方向地震波。

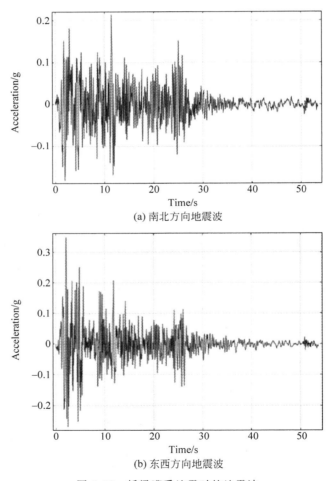

(a) 南北方向地震波

(b) 东西方向地震波

图 5.38　桥梁遭受地震时的地震波

将其按响应谱提取方法可以制作出加速度响应谱:左侧为南北方向加速度响应谱,右侧为东西方向加速度响应谱,如图 5.39 所示。

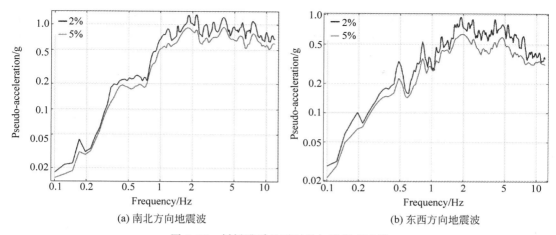

(a) 南北方向地震波　　　　　　　　(b) 东西方向地震波

图 5.39　桥梁遭受地震时的加速度响应谱

【例 5.5】 响应谱分析实例

打开 Workbench 主界面，因为要进行分析的桥梁存在预应力，所以应先进行预应力模态分析，再进行响应谱分析。

（1）首先打开 Workbench，创建如图 5.40 所示的工作流框图。右击 Geometry 单元格，选择创建好的 bridge 几何文件，导入该几何文件后双击该单元格，查看几何文件。该文件是由点、线、面等概念建模创建的几何模型，如图 5.41 所示。很多桥梁、楼宇等有桁架、钢架结构模型，均可以用类似方法实现。

11min

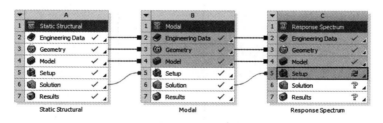

图 5.40　创建工作流框图

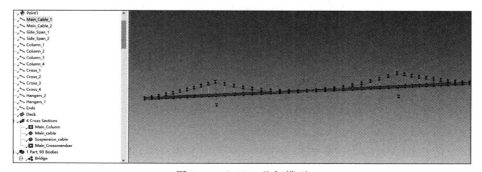

图 5.41　bridge 几何模型

（2）双击后打开 Mechanical 界面，将所有单位均修改为国际单位，将网格的 Element Size 修改为 1000.0mm，其余选项保持默认值。切换到点选模式，选择 4 个支柱端点并设置为 Fixed Support，如图 5.42 所示。

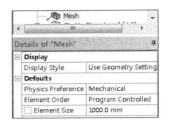

图 5.42　bridge 约束设置（一）

为了便于选择边线，单击 Show Mesh 按钮，先将网格显示关闭，分别单击左侧及右侧的三条边线，将 displacement 中的 Y 及 Z 方向设置为 0，让 X 方向保持自由，结果如图 5.43 所示。

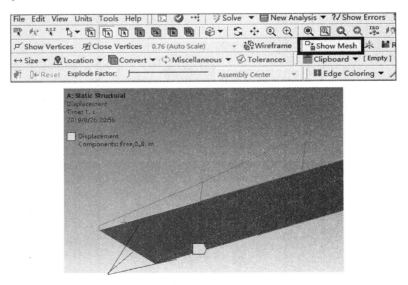

图 5.43　bridge 约束设置（二）

单击最左侧和最右侧支撑缆绳的四根立柱，右击将其 supress，便于随后在缆绳两端进行预拉伸，结果如图 5.44 所示。

图 5.44 bridge 约束设置(三)

选择左侧两根缆绳端点,对其设置位移约束,将 X 值设置为 -0.993m,将 Z 值设置为 -0.122m。类似地,在右侧两根缆绳端点设置位移约束,将 X 值设置为 0.993m,将 Z 值设置为 -0.122m,结果如图 5.45 所示。

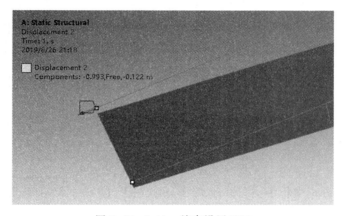

图 5.45 bridge 约束设置(四)

最后,添加重力加速度,并确保 Z 的负方向为重力加速度方向,在 Analysis Settings 中将 Large Deflection 选项设置为 On,结果后处理中插入总变形,单击 Solve,变形结果如图 5.46 所示。

图 5.46 变形结果云图

　　大家可以对比一下,若将 Large Deflection 选项设置为 Off,结果会有怎样的变化,由此可见若参数设置得不合适会对后续的结论造成怎样的影响。

　　(3) 接下来将模态分析的最大阶次修改为 10,进行求解并查看 Solution Information,从图 5.47 Modal Masses 汇总表中可以看到各阶次的频率和 3 个方向的有效质量,从各阶频率可以看出,频率较低,频率间隔很小,所以在选择计算法时应避免使用 SRSS 方法。

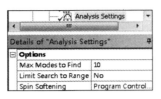

```
                              ***** MODAL MASSES, KINETIC ENERGIES, AND TRANSLATIONAL EFFECTIVE MASSES SUMMARY *****

                                                                          EFFECTIVE MASS
     MODE   FREQUENCY    MODAL MASS     KENE     |     X-DIR      RATIO%    Y-DIR      RATIO%    Z-DIR      RATIO%
       1    0.1475     0.4035E+07    0.1733E+07  |   0.1046E-05    0.00    0.7342E+07   65.70   0.7535E-05    0.00
       2    0.2016     0.2386E+07    0.1915E+07  |   0.1180E-04    0.00    0.1590E-05    0.00   0.1551E+07   13.88
       3    0.2175     0.2974E+07    0.2777E+07  |   0.8130E+06    7.28    0.9659E-05    0.00   0.3578E-03    0.00
       4    0.3068     0.3326E+07    0.6177E+07  |   0.1671                0.7227E-05    0.00   0.1056E+05    0.09
       5    0.3092     0.1970E+07    0.3718E+07  |   0.7081E+06    6.34    0.2751E-02    0.00   0.5082E-03    0.00
       6    0.3560     0.1062E+06    0.2656E+06  |   0.9583E-01    0.00    0.1581               9.476
       7    0.3698     0.2592E+07    0.6994E+07  |   0.3398E-02    0.00    0.3148E-02    0.00   0.6283E+07   56.22
       8    0.3786      2349.        6646.       |     1552.       0.01     1030.        0.01     343.4       0.00
       9    0.3816      2355.        6770.       |     866.8       0.01     617.7        0.01     315.8       0.00
      10    0.4078      2314.        7596.       |     2058.       0.02     3894.        0.03     6.174       0.00
     ------------------------------------------------------------------------------------------------------------
     sum                                         |   0.1526E+07   13.65   0.7348E+07   65.75   0.7845E+07   70.20
```

图 5.47　Modal Masses 汇总表

　　(4) 在响应谱分析中将谱类型修改为 ROSE,在工具栏中插入加速度响应谱,这里对所有支撑设置统一的谱,所以为单点支撑类型,如图 5.48 所示。

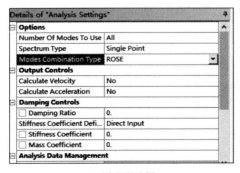

(a) 谱类型选择

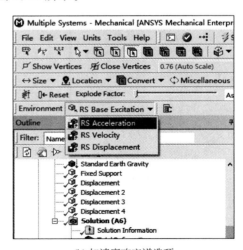

(b) 加速度响应谱选项

图 5.48　参数设置

打开加速度响应谱表格,将数据复制并粘贴在右侧表格中,将边界条件类型设置为 All Supports,方向为 Y 轴,如图 5.49(a)所示,结果如图 5.49(b)所示。细心的读者可能注意到了,提供的加速度谱的单位为 g,而按 ANSYS 中复制进来的数据的单位为 m/s^2,二者之间的换算系数约为 9.81,所以需要在 Analysis Settings 中将 Scale Factor 设置为 9.81,注意当前所有单位均为国际单位,这也是仿真一开始就应先将单位设置为国际单位的原因。

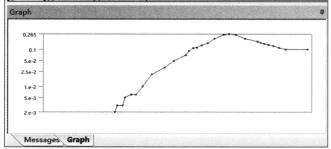

(a) 加速度响应谱表格数据处理

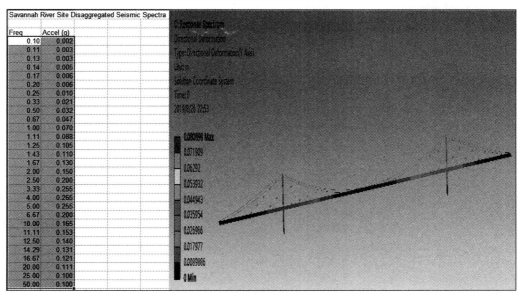

(b) 变形云图

图 5.49 参数设置和变形结果显示

（5）观察导入的谱的峰值，当频率为 4.00Hz 时，加速度谱值最大，我们提取的前 10 阶频率均小于该频率，故当前模型更关注低频响应，所以不需要考虑刚性及质量丢失效应。后处理和静力分析选项相似，大家可以自己查看感兴趣的结果。

5.6 随机振动分析

结构经常受到随机振动类型的载荷，这种类型载荷在实际问题中非常普遍，例如正在加工的工件、道路上运动的车辆、飞机起飞、飞机着陆、火箭发射等，这些载荷总是同时包含各种频率信号，幅值随时间随机变化，故这类载荷无法在时域上进行精确描述，但通过一段时间的统计，在这类过程中幅值的均值呈现出一定的统计平均特性。

ANSYS 中的随机振动分析本质上也是一种谱分析，与响应谱不同之处在于它不是用位移、速度、加速度谱，而是用功率谱密度 PSD，因此二者纵坐标的量纲不同。随机振动分析的目的是分析结构在承受随机振动载荷情况下结构响应所呈现出的统计特征，通常考察 1σ 标准差范围内的位移、力、应力等统计信息，这些信息是进行疲劳寿命分析的重要参考。关于功率谱密度更详细的内容可以查阅随机过程等资料，在具体应用时，不同行业有相应的规范可供参考，例如道路试验中的路谱、振动试验中的冲击谱等。

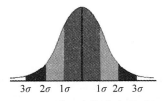

图 5.50 满足高斯分布的随机振动信号

实际上功率谱密度是通过带通滤波器提取不同带宽的信号，并通过计算单位带宽的自相关函数得到的，因此位移、速度、加速度、力功率谱密度的单位为 $\mathrm{mm^2/Hz}$、$(\mathrm{mm/s})^2/\mathrm{Hz}$、$(\mathrm{mm/s^2})^2/\mathrm{Hz}$、$\mathrm{N^2/Hz}$，有些时候加速度功率谱密度也使用 $\mathrm{G^2/Hz}$。

对于随机振动仿真，我们要求结构为线性、非时变系统，并且随机信号是平稳各态历经的，故它满足高斯分布，此时的输出也满足高斯分布，如图 5.50 所示。

对于线性系统，其频率特性可以用幅频特性和相频特性描述，也可以用复频响函数 $H(\omega)$ 描述，即

$$H(\omega) = A(\omega) - iB(\omega) \tag{5.27}$$

显然幅频特性和相频特性分别为

$$|H(\omega)| = \sqrt{A(\omega)^2 + B(\omega)^2} \tag{5.28}$$

$$\tan\phi = \frac{B}{A} = \frac{\mathrm{Im}[H(\omega)]}{\mathrm{Re}[H(\omega)]} \tag{5.29}$$

根据功率谱密度的定义可以得出

$$S_{\mathrm{out}}(\omega) = |H(\omega)|^2 S_{\mathrm{in}}(\omega) \tag{5.30}$$

由于随机过程不关注具体时刻的响应而更关注一个过程或一个时间段内的平均响应，所以均方根是我们更关心的指标。

$$RMS = \sqrt{\int_0^\infty S(\omega)\,d\omega} \tag{5.31}$$

对于高斯分布,均方根值就是它的标准差 σ,实际应用时可以根据行业规则选择 σ、2σ、3σ,分别代表占总响应概率的 68.27%、95.951% 和 99.737%。

当输入为多个随机振动信号时,要求各信号之间不相关,总响应此时可以使用 SRSS 法获得。

【例 5.6】　随机振动分析

(1) 在 Custom Systems 中双击 Random Vibration,右击 Geometry,选择 Import Geometry,通过 Browse 选择 eg5.6.stp 素材文件,如图 5.51 所示。

5min

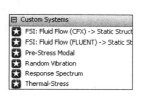
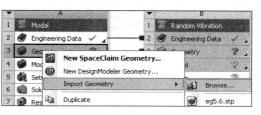

图 5.51　模型导入

(2) 双击 Model 单元格,打开 Mechanical 界面。由于本例提供的加速度谱的单位为英制,因此在 Units 菜单中选择 US Customary,如图 5.52 所示,将当前仿真环境设置为英制。

(3) 将网格的 Resolution 选项设置为 7,其余选项保持默认值,如图 5.53 所示。

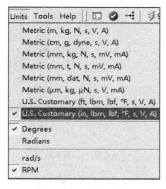

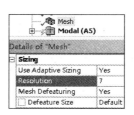

图 5.52　设置单位　　　　图 5.53　设置网格参数

(4) 选择左侧目录树中的 Modal 节点,此时工具栏变为 Environment。选中轴的两个端面,选择 Supports 中的 Fixed Support,为两个端面添加固定支撑,如图 5.54 所示。

(5) 选中左侧目录树中的 Random Vibration 节点,选择 PSD Acceleration 选项,添加 PSD 加速度谱,如图 5.55 所示。在 Boundary Condition 中选择 Fixed Support,将 Direction 修改为 X 方向。在 Tabular Data 中添加如图 5.56 所示的数据。系统将根据添加的数据生成对应的曲线,如图 5.57 所示。

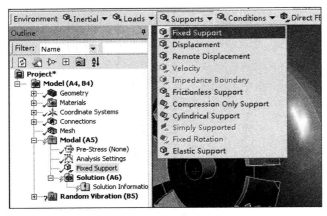

图 5.54 添加固定支撑

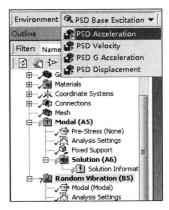

图 5.55 添加 PSD 加速度谱

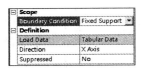

图 5.56 PSD 加速度谱选项

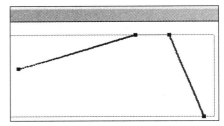

图 5.57 PSD 加速度谱曲线(一)

(6) 单击工具栏中的 Solution,求解完成后,在左侧目录树中选择 Modal 节点下的
Solution。在 Graph 中右击,选择 Select All,再次右击,选择 Create Mode Shape Results,如
图 5.58 所示。右击 Solution,选择 Evaluate All Results,在生成的选项中单击可以查看各
阶模态振型。第 2 阶和第 6 阶模型振型如图 5.59 所示。

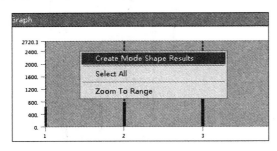

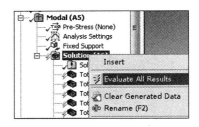

图 5.58 PSD 加速度谱曲线(二)

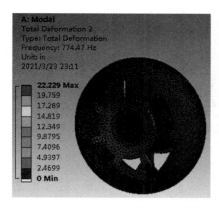
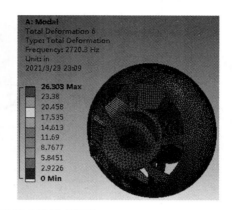

图 5.59　第 2 阶和第 6 阶模态振型

（7）在左侧 Random Vibration 节点中选择 Solution，右击，选择 Insert，通过这种方式可以添加变形 Deformation、应变 Strain、应力 Stress 及疲劳 Fatigue 等结果选项，如图 5.60 所示。选择 Deformation 下的 Directional，在图 5.61 所示的选项中，可以选择查看变形的方向 Orientation 及发生的概率 Probability，以同样的方式我们可以添加 Strain、Stress 等结果。

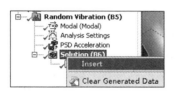

图 5.60　添加随机振动结果

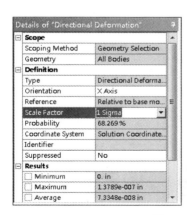
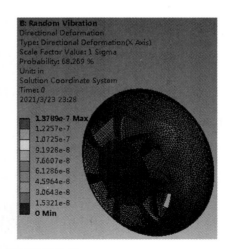

图 5.61　设置结果选项

第 6 章

振动及疲劳耐久分析

6.1 疲劳分析基础

疲劳失效是结构常见的一种失效形式,载荷的反复施加最终导致疲劳失效。疲劳失效可以分为高周疲劳及低周疲劳。

高周疲劳:载荷以非常高的循环次数(1.e+4~1.e+9)加载导致的疲劳失效。此时载荷通常低于材料的极限载荷,通常使用应力-寿命法分析高周疲劳。

低周疲劳:循环加载次数较低,发生疲劳失效时通常伴随着塑性变形,通常使用应变-寿命法分析低周疲劳。

根据载荷幅值是否变化,可以分为常幅值及变幅值载荷疲劳问题,如图 6.1 和图 6.2 所示。二者需要不同的处理方法。疲劳分析虽然处理的是循环载荷下的结构响应问题,但该分析是基于静力学而非谐响应分析的,通常假设结构为线性结构。

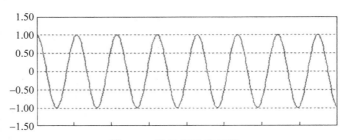

图 6.1 常幅值疲劳问题

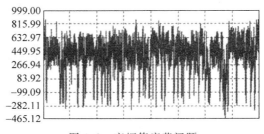

图 6.2 变幅值疲劳问题

6.1.1 S-N 及 E-N 疲劳曲线

S-N 曲线也称为应力-寿命曲线,用来描述材料发生疲劳失效时,承受的循环应力载荷幅值大小与循环次数之间的关系。通常绘制在对数坐标系中,如图 6.3 所示。

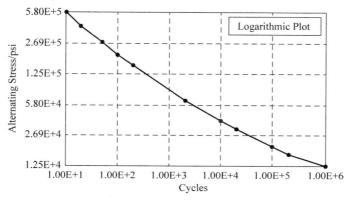

图 6.3 S-N 曲线

S-N 曲线通过对标准样件进行疲劳测试获得。施加载荷通常是单轴应力状态下的弯曲或拉压试验。S-N 曲线受多种因素影响,例如材料的热处理、表面处理、残余应力状况、几何形状、温度、理化环境及载荷情况等。平均应力为压应力的循环载荷比平均应力为 0 的循环载荷提供更长的疲劳寿命。当平均应力提高或降低而应力幅值不变时,相应的 S-N 曲线可以通过对原始 S-N 上下平移来获得。由于实际结构通常处于多轴应力状态,因此需要进行多轴应力状态修正才能应用 S-N 曲线。

E-N 曲线也称为应变-寿命曲线,E-N 曲线考虑塑性变形,通常用于低周疲劳分析。应变-寿命通过如下表达式表示:

$$\varepsilon_a = \frac{\sigma'_f}{E}(2N_f)^b + \varepsilon'_f(2N_f)^c \tag{6.1}$$

其中,

σ'_f 为强度系数;

b 为强度指数;

ε'_f 为塑性系数;

c 为塑性指数。

将上述表达式绘制在对数坐标系中,如图 6.4 所示。两条直线分别代表弹性部分和塑性部分,二者之和为图中的曲线部分。

对于低周疲劳分析,塑性变形仅在疲劳分析时进行计算,因此应力-应变曲线不使用静力分析中的双线性或多线性塑性模型,而是使用 Ramberg-Osgood 模型,其表达式为

$$\varepsilon_a = \frac{\sigma_a}{E} + \left(\frac{\sigma_a}{H'}\right)^{\frac{1}{H'}} \tag{6.2}$$

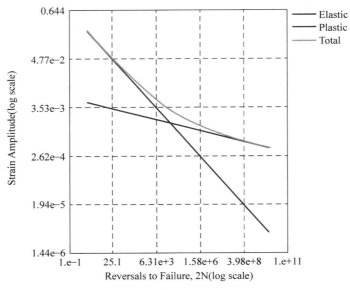

图 6.4　E-N 曲线

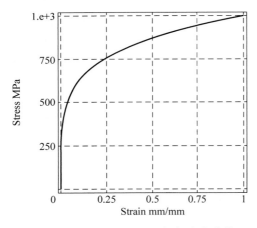

图 6.5　Ramberg-Osgood 应力-应变曲线

其中,

H' 为循环强度系数;

n' 为循环应变硬化指数;

σ_a 为应力幅值。

图 6.5 为 Ramberg-Osgood 应力-应变曲线。对于 E-N 曲线,平均应力为 0 时的情况如图 6.4 所示,当平均应力不为 0 时,需对该曲线进行修正。软件中提供了两种修正选项,Morrow 和 SWT 修正,前者仅修正弹性项,并忽略平均应力为压应力时对疲劳寿命带来的正面意义,后者认为修正后的疲劳寿命与最大应力及应变幅值的乘积相关。

6.1.2　可变幅值的应力-寿命疲劳分析

对于幅值随时间变化的载荷,需要特殊的处理方法。在疲劳分析理论中,变化载荷通常使用雨流记数法,它将随时间变化的载荷按不同的幅值范围分成若干份数,并统计相应范围内载荷出现的次数。按此方法,时变载荷可以形成一个雨流矩阵,其中横轴分别是载荷变化范围和每个区间的平均载荷值,纵轴为相应范围内载荷出现的次数,如图 6.6 所示。高度越高,表示该区间范围的载荷出现的频率越高。

疲劳分析基于损伤累加理论,该理论认为雨流矩阵中的每一部分都会使结构发生疲劳损伤,各部分的影响可以直接进行代数累加。例如在特定载荷幅值 σ_i 持续作用下,将在 N_{fi} 次发生疲劳破坏,当前载荷作用了 N_i 次,结构此时的疲劳损伤量为 $\dfrac{N_i}{N_{fi}}$,将各部分损伤量累加,当该值为 1 时,结构将发生疲劳破坏,如图 6.7 所示。该算法称为 Palmgren-Miner 损伤累积法。

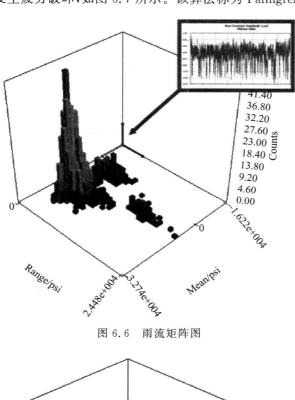

图 6.6 雨流矩阵图

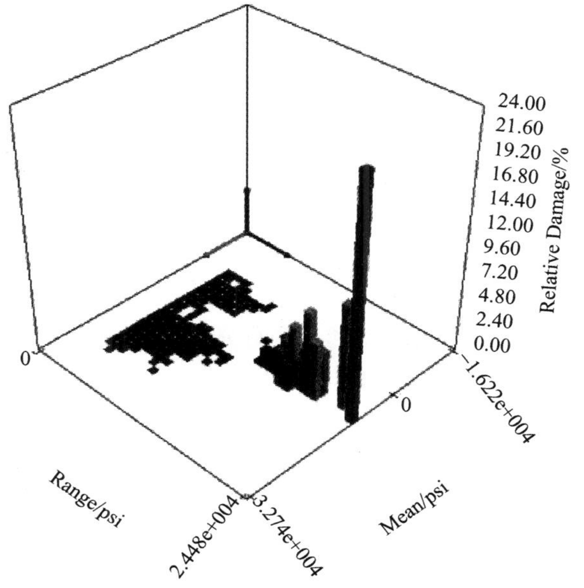

图 6.7 疲劳损伤累积

【例 6.1】 高周疲劳分析

(1) 新建一个 Workbench 工程,双击 Static Structural,添加一个静力仿真流程。

(2) 右击 Geometry,选择 Import Geometry,选择 eg6.1.x_t 素材文件。

(3) 双击 Model,打开 Mechanical 仿真界面。如图 6.8 所示,将 Mesh 的 Resolution 设置为 7,其余选项保持默认值。选择如图 6.9 所示的表面,添加一个沿 Z 方向且大小为 −4500N 的作用力。

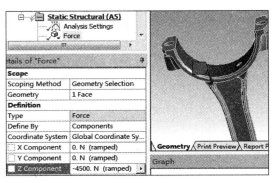

图 6.8 设置网格参数 图 6.9 添加力载荷

(4) 选择如图 6.10 所示的两个圆柱面,添加 Cylindrical Support,将 Radial 设置为 Fixed,并将其他两个方向设置为 Free。

(5) 选择如图 6.11 所示的圆柱面,添加 Fixed Support。

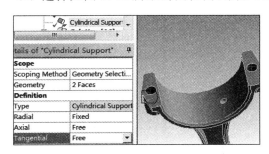

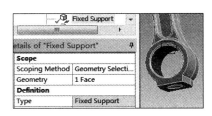

图 6.10 添加圆柱支撑 图 6.11 添加固定支撑

(6) 单击工具栏中的 Solve 求解模型,并分别查看 Total Deformation 和 Equivalent (von-Mises)等效应力,如图 6.12 所示。

(7) 在工具栏中选择 Tools 中的 Fatigue Tool。如图 6.13 所示,在参数设置中将 Kf 设置为 0.8,该参数是一个表征各种影响疲劳寿命因素(例如表面粗糙度、表面处理、热处理等)的一个综合系数。将 Type 设置为 Full Reversed,其正负循环应力幅值大小相等,平均应力值为 0。分析类型为 Stress Life 并利用 Equivalent(von-Mises)作为循环应力幅值。相应循环应力及其修正理论如图 6.14 所示。

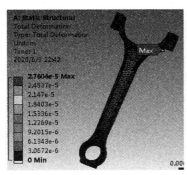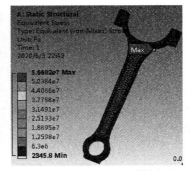

(a) Total Deformation　　　　　　(b) Equivalent(von-Mises)等效应力

图 6.12　结果后处理

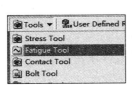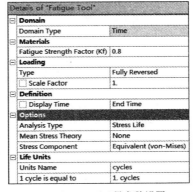

(a) Fatigue Tool工具选择　　　　　　(b) Fatigue Tool工具参数设置

图 6.13　添加疲劳工具

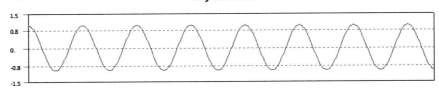

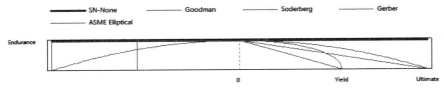

图 6.14　循环应力类型及修正理论

(8) 如图 6.15 所示,右击 Fatigue Tool,系统提供了多种疲劳分析后处理工具。分别插入 Safety Factor、Biaxiality Indication、Fatigue Sensitivity。将 Safety Factor 的 Design Life 修改为 1. e＋006,Biaxiality Indication 保持默认选项,将 Fatigue Sensitivity 的 Lower variation 设置为 50%,将 Upper variation 设置为 200%。由于 Z 轴施加载荷为 4500N,因此设置的下限 50%表示 2250N,上限 200%表示 9000N,如图 6.16 所示。

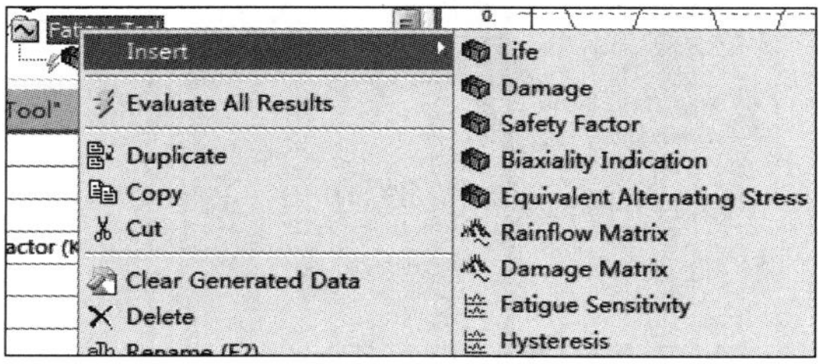
Insert
Evaluate All Results
Duplicate
Copy
Cut
Clear Generated Data
Delete
Life
Damage
Safety Factor
Biaxiality Indication
Equivalent Alternating Stress
Rainflow Matrix
Damage Matrix
Fatigue Sensitivity
Hysteresis

图 6.15 疲劳分析后处理工具

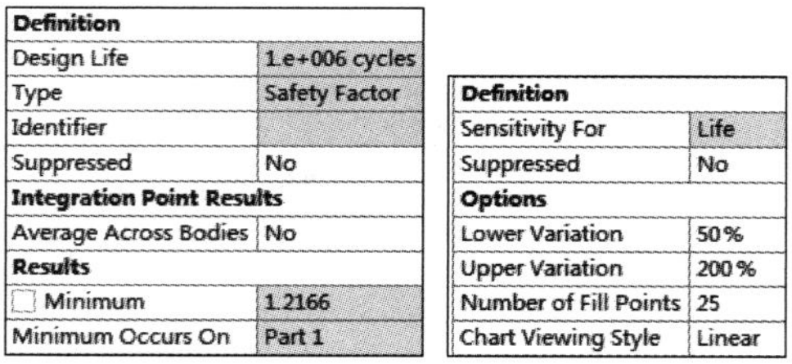
Definition
Design Life 1.e+006 cycles
Type Safety Factor
Identifier
Suppressed No
Integration Point Results
Average Across Bodies No
Results
Minimum 1.2166
Minimum Occurs On Part 1
Definition
Sensitivity For Life
Suppressed No
Options
Lower Variation 50%
Upper Variation 200%
Number of Fill Points 25
Chart Viewing Style Linear

图 6.16 设置选项

(9) 右击 Fatigue Tool,选择 Evaluate All Results,相应的分析结果如图 6.17 所示。从该图中可以看出,应力在 0.5～1.2 倍载荷时寿命不变,超过 1.25 倍后随着载荷幅值增加,寿命迅速降低。Biaxiality Indication 用于评估应力状态,当它为 0 时,代表单轴应力状态,当它为－1 时,为纯剪切应力状态,当它为 1 时,为双轴应力状态。本例中大部分位置该值为 0.1～0.2,表明零件大部分处于单轴应力状态。

(10) 若结构承受的是 4500N 的随机载荷,则此时应使用雨流记数法及疲劳损伤累积理论进行疲劳寿命分析。右击 Solution,再添加一个 Fatigue Tools,如图 6.18 所示。在参数设置中将 Kf 设置为 0.8,将载荷类型修改为 History Data,加载 eg6. 1. dat 文件,该文件为应变历程数据,可以通过记事本等文本编辑器进行查看或修改。将 Scale Factor 设置为 5e－003,该比例因子用于调节数据文件与有限元分析结果之间的比例关系,使有限元结果与加载的数据文件之间实现匹配。将平均应力修正理论设置为 Goodman,以便考虑平均应力对疲劳寿命的影响。由于 Goodman 修正中对正负应力值的处理方式不同,因此将 Stress Component 设置为 Signed von-Mises。将 Bin Size 设置为 32,此时雨流计数矩阵及疲劳损伤矩阵为 32×32 规模的高阶矩阵。对应的载荷及修正曲线如图 6.19 所示。

(11) 右击 Fatigue Tool 2,添加 Life、Biaxiality Indication、Rainflow Matrix,结果如图 6.20 所示。

(12) 如图 6.21 所示,继续添加 Safety Factor,将 Design Life 设置为 1000blocks,在可变载荷的疲劳分析中 Design Life 由 cycles 变为 blocks,其中 block 代表一个特定的时间单位,与雨流矩阵横轴对时间的定义相关。添加 Fatigue Sensitivity,将下限设置为 50%,将上限设置为 200%。添加 Damage Matrix,将 Design Life 设置为 1000blocks,结果如图 6.22 所示。

(13) 从雨流矩阵和疲劳累积损伤矩阵中可以看到,应力值比较低的部分出现的频率最高,而对疲劳寿命影响最大的是中等应力值部分。

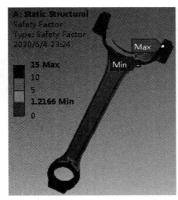

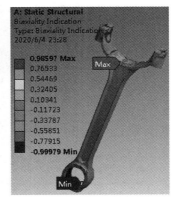

(a) 安全因子   (b) 双向指数

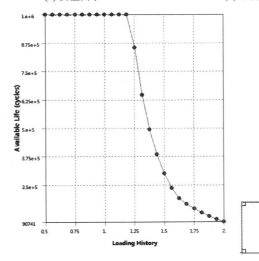

(c) 循环寿命

图 6.17　分析结果

Fatigue Tool 2	
etails of "Fatigue Tool 2"	
Domain	
Domain Type	Time
Materials	
Fatigue Strength Factor (Kf)	0.8
Loading	
Type	History Data
History Data Location	C:\mybook\eg6.1.dat
☐ Scale Factor	5.e-003
Definition	
☐ Display Time	End Time
Options	
Analysis Type	Stress Life
Mean Stress Theory	Goodman
Stress Component	Signed von-Mises
Bin Size	32
Use Quick Rainflow Counting	Yes
Infinite Life	1.e+009 blocks
Maximum Data Points To Plot	5000.

图 6.18　参数设置

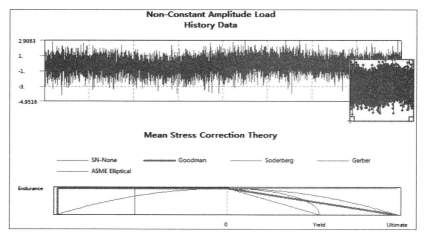

图 6.19　载荷及修正曲线

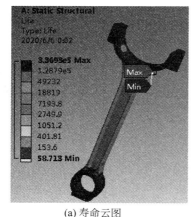

(a) 寿命云图

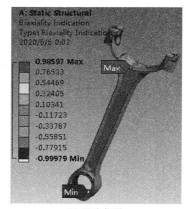

(b) 双向指数

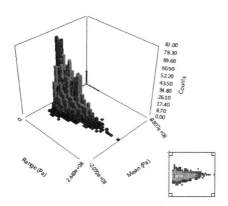

(c) 柱状图

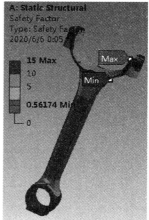

(d) 安全因子

图 6.20　结果后处理 1

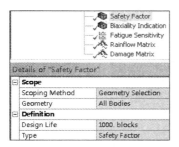
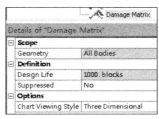

图 6.21 添加安全因子及损伤矩阵

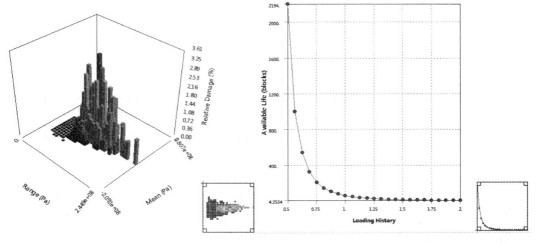

图 6.22 结果后处理 2

【例 6.2】 低周疲劳分析

（1）新建一个 Workbench 工程，双击 Static Structural 以便添加一个静力学仿真流程。

（2）双击 Engineering Data，打开工程材料数据设置界面。选中默认的 Structural Steel，如图 6.23 所示，在下方材料属性中选择 Strain-Life Parameters，按图设置相应的材料系数，这 6 个参数中只有 4 个是独立的，设置其中 4 个即可，但如果通过材料测试试验获得了试验数据，则建议完整添加 6 个数据。将 Display Curve Type 设置为 Cyclic Stress-Strain，此时 Strain-Life 曲线将变为循环应力-应变曲线，如图 6.24 所示。

13min

Strain-Life Parameters		
Display Curve Type	Cyclic Stress-Strain	
Strength Coefficient	9.2E+08	Pa
Strength Exponent	-0.106	
Ductility Coefficient	0.213	
Ductility Exponent	-0.47	
Cyclic Strength Coefficient	1E+09	Pa
Cyclic Strain Hardening Exponent	0.2	
S-N Curve	Tabular	

图 6.23 应变-寿命参数

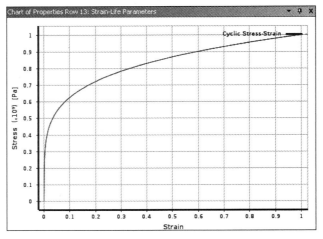

图 6.24 循环应力-应变曲线

图 6.25 设置局部坐标系图

（3）右击 Geometry，选择 Import Geometry，在弹出的对话框中选择 eg6.2.agdb 素材文件。

（4）双击 Model，以便打开 Mechanical 界面。由于圆角处存在应力集中，因此需使用 Sphere of Influence 将该处进行局部网格加密，因此需要先设置局部坐标系。如图 6.25 所示，分别选中图中的 4 处圆角，并添加 4 个局部坐标系。

（5）按图 6.26 所示设置网格参数，将全局网格尺寸 Element Size 设置为 2.0mm，将 Resolution 设置为 4。按图 6.27 所示分别添加 4 个 Sizing 局部网格尺寸，在每个 Sizing 中分别选中对应的局部坐标系，并将 Sphere Radius 设置为 3.0mm，将 Element Size 设置为 0.5mm。

（6）选中如图 6.28 所示的两个内孔面，添加 Force 并将 Y 分量设置为 1000N。

Details of "Mesh"	
Element Order	Program Controlled
Element Size	2.0 mm
Sizing	
Use Adaptive Sizi...	Yes
Resolution	4
Mesh Defeaturing	Yes
Defeature Size	Default
Transition	Fast
Span Angle Center	Coarse

图 6.26 设置网格参数图

Scoping Method	Geometry Selection
Geometry	1 Body
Definition	
Suppressed	No
Type	Sphere of Influence
Sphere Center	Coordinate System
Sphere Radius	3.0 mm
Element Size	0.5 mm

图 6.27 网格局部参数

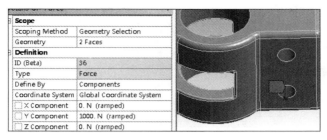

图 6.28 添加载荷条件

（7）选中如图 6.29 所示的两个内孔面，添加 Cylindrical Support（圆柱支撑），固定 3 个方向的自由度。

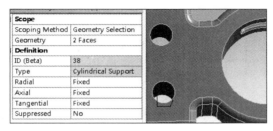

图 6.29 添加圆柱支撑

（8）分别添加 Equivalent Stress（等效应力）、Maximum Shear Stress（最大剪应力）、Total Deformation（总变形）、Maximum Principal Stress（最大主应力）、Minimum Principal Stress（最小主应力）等结果后处理选项，如图 6.30 所示。

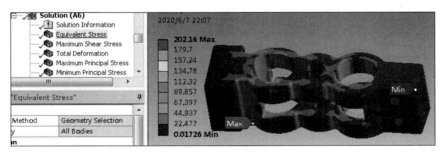

图 6.30 结果后处理

（9）在工具栏中选中 Stress Tool 工具，添加 2 个 Stress Tool，并在其上右击以便添加 Safety Factor 和 Safety Margin。分别按 Max Equivalent Stress 和 Max Shear Stress 理论显示 Safety Factor（安全因子）和 Safety Margin（安全裕度），如图 6.31 所示。

（10）添加 Fatigue Tool，将 Type 设置为 Zero-Based，并将 Scale Factor 设置为 3，如图 6.32 所示。通过设置比例因子，可以评估不同载荷大小对疲劳寿命的影响，而无须重新

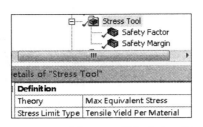

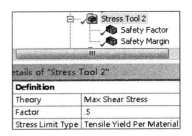

图 6.31　添加应力工具

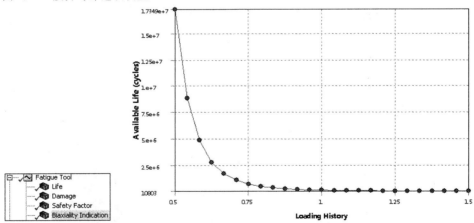

图 6.32　疲劳寿命选项设置

进行静力学仿真。将 Analysis Type 设置为 Strain Life，并将 Stress Component 设置为 Signed von-Mises。

（11）右击 Fatigue Tool，添加 Life、Damage、Safety Factor、Biaxiality Indication 和 Fatigue Sensitivity。将 Damage 和 Safety Factor 选项中的 Design Life 修改为 1.e+005，并将 Fatigue Sensitivity 的上下限分别设置为 50% 和 150%，如图 6.33 所示。

图 6.33　添加后处理

（12）右击添加 3 次 Hysteresis，后两次分别选中如图 6.34 所示的圆角面，对应的滞环结果如图 6.35 所示。

（13）由于设置了 Signed von-Mises，因此后两个滞环曲线将呈现不同形式。两个圆角面，其中一个处于拉伸，另一个处于挤压状态，疲劳寿命应不同。由于当前疲劳仿真中没有设置修正，因此两个圆角呈现出相同的疲劳寿命，与实际不符。

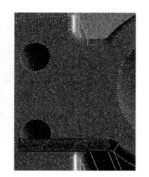
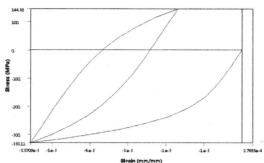

图 6.34　添加 Hysteresis

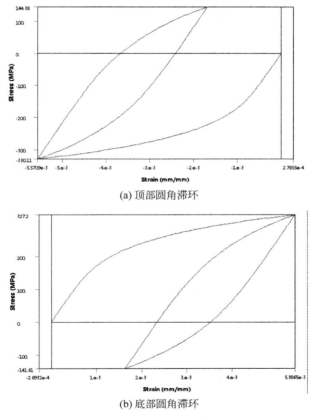

(a) 顶部圆角滞环

(b) 底部圆角滞环

图 6.35　Hysteresis 结果

（14）为了解决上述问题，再添加一组 Fatigue Tool，将 Mean Stress Theory 设置为 SWT，其余所有选项保持相同，拉伸、压缩状态下的疲劳寿命如图 6.36 所示。

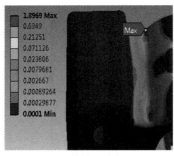

(a) 拉伸疲劳寿命   (b) 压缩疲劳寿命

图 6.36　拉伸、压缩状态下的疲劳寿命

6.2　ANSYS nCode 疲劳分析模块

6.2.1　ANSYS nCode 模块简介

HBM nCode 是专业的疲劳耐久试验、仿真软件供应商,旗下拥有包括 nCode GlyphWorks、nCode DesignLife、nCode Automation、nCode CDS 等多款疲劳耐久数据采集、数据处理、虚拟样机仿真等相关软件。ANSYS nCode DesignLife 是 ANSYS 结构力学技术与 HBM 经过实践验证的行业领先的疲劳耐久性仿真软件 nCode DesignLife 完美结合的理想产品,以流程图的形式集成了高级 CAE 分析与信号处理工具,可以通过 CAD 几何接口、ANSYS Workbench 材料库选取材料、自动网格划分、各种初始参数输入、结构力学计算及结果数据自动传递到 ANSYS nCode DesignLife 模块进行疲劳寿命计算及优化。ANSYS nCode DesignLife 凭借其在疲劳耐久性设计领域的完备功能和易用性,成为现代企业在产品设计过程中考虑疲劳耐久性设计的首选工具。其功能特点有以下几方面。

(1) 丰富的疲劳破坏模型:高周疲劳的应力-寿命(S-N)计算、低周和高周疲劳的应变寿命(EN)计算、热-机械疲劳寿命计算、复合材料疲劳寿命计算、裂纹扩展、复杂加载条件下预测耐久极限、安全因子(Dang Van)、焊点和焊缝的焊接疲劳计算、高级振动疲劳分析计算(PSD)、混合载荷加载的实现。

(2) 高效的疲劳分析流程:ANSYS nCode DesignLife 完全集成于 ANSYS Workbench 环境中,提供了完整的疲劳分析流程,一旦定好分析流程即可重复使用。单击鼠标即能完成一系列设计变量的分析。使用这种分析流程,能够执行参数化仿真的设计,优化复杂结构的产品寿命,以便节省宝贵的工程和设计时间。

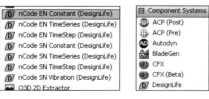

图 6.37　nCode 插件

ANSYS nCode 模块需要单独安装,版本需要和 Workbench 版本匹配。安装后集成在 Workbench 主界面中,如图 6.37 所示,其中 EN 和 SN 模块位于 Analysis Systems 中,DesignLife 位于 Component Systems 中。

除上述模块外,在标准的 DesignLife 软件中还有附加模块,包括对焊点和焊缝进行疲劳寿命预测的焊接结构疲劳模块、进行高温疲劳和蠕变疲劳计算的热-机械疲劳模块、进行各向异性材料疲劳计算的复合材料疲劳模块。

6.2.2 ANSYS nCode 疲劳仿真实例讲解

ANSYSnCode 可以分为 Stress-Life(S-N)、Strain-Life(E-N)和 Vibration 三类分析,前两类是时域分析,第三类是频域分析。前两类又可根据载荷映射类型分为幅值不变载荷(应力、应变在最大值/最小值之间循环)、时间步载荷(直接应用有限元分析中的载荷步)及时间序列载荷。ANSYS nCode 疲劳分析基于标准化分析流程,包括输入有限元分析的结果文件、设置材料疲劳属性、加载外载荷、执行疲劳计算并进行疲劳结果后处理。

本节以一个基于 S-N 的时间序列为例讲解 nCode 的疲劳仿真分析流程。

【例 6.3】 高周疲劳的时间序列分析

(1)新建一个 Workbench 工程,双击 Static Structural,以便添加一个静态仿真流程。

(2)双击 Engineering Data,单击 Engineering Data Sources 按钮,单击加载按钮,在弹出的对话框中找到 nCode 安装位置,并进入 mats 文件夹。选择 nCode_matml.xml 文件,如图 6.38 所示,加载 nCode 材料库。

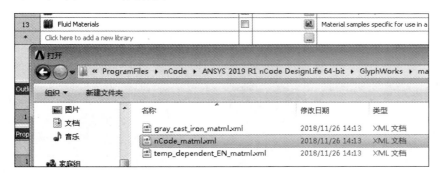

图 6.38 加载 nCode 材料库

(3)nCode 材料库中含有丰富的与疲劳分析相关的属性,加载 AISI_4340_125 结构钢,如图 6.39 所示,该材料已经包含了 S-N 曲线。

(4)右击 Geometry,选择 eg6.3.agdb 素材文件。双击 Model,以便打开 Mechanical 界面。选中几何模型,将其材料修改为 AISI_4340_125,如图 6.40 所示。

(5)在 Units 菜单中将长度单位修改为 in(英寸)。选中轴的底面,添加面网格并将其尺寸修改为 0.1in,如图 6.41 所示。

(6)如图 6.42 所示,分别为三段实体添加扫略网格,最粗的一段将网格单元设置为 0.5in,中间锥轴段设置为 0.2in,最细的一段设置为 0.3in。

(7)选中轴的底面,添加 Fixed Support。选中轴端面并添加 Force,将 Y 方向的载荷设置为 100lbf,如图 6.43 所示。

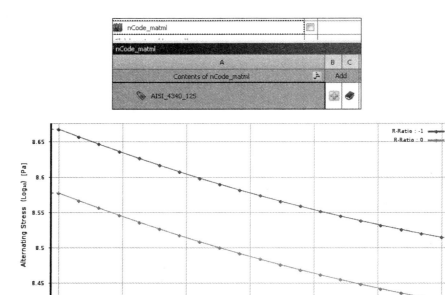

图 6.39 材料数据和 S-N 曲线

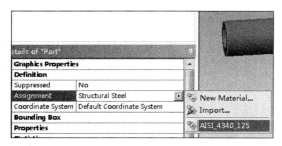

图 6.40 修改材料

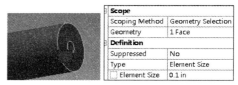

图 6.41 设置面网格

Geometry	1 Body
Definition	
Suppressed	No
Method	Sweep
Algorithm	Program Controlled
Element Order	Use Global Setting
Src/Trg Selection	Automatic
Source	Program Controlled
Target	Program Controlled
Free Face Mesh Type	Quad/Tri
Type	Element Size
Sweep Element Size	0.5 in

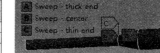

图 6.42 添加扫略网格

（8）添加等效应力及总变形等结果后处理选项，如图 6.44 所示，单击工具栏中的 Solve 进行求解，结果如图 6.45 所示。

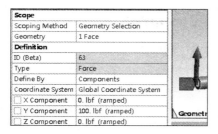

图 6.43 添加载荷约束图

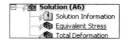

图 6.44 添加结果后处理

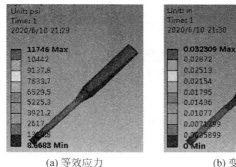

(a) 等效应力 　　　 (b) 变形

图 6.45 结果后处理

（9）在 Workbench 中再将一组 Static Structural 分析流程拖到当前仿真流程中。如图 6.46 所示，二者共用材料、几何模型和网格参数。

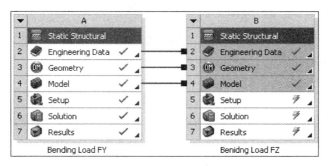

图 6.46 添加仿真流程

（10）在新流程中，将载荷设置为 Z 方向，大小仍为 100lbf，其余设置与之前完全相同，如图 6.47 所示。

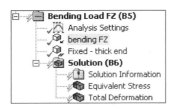

图 6.47　设置边界条件

（11）如图 6.48 所示，将 nCode SN TimeSeries 拖放在 A 流程的 Solution 上，并将 B 流程的 Solution 拖放到 nCode 的 Solution 上，让三者共用材料和模型，并且将 A、B 有限元分析结果传递给 nCode。右击 A 及 B 的 Solution，选择 Update，将数据传递到 nCode 中。双击 nCode 的 Solution，打开 nCode 疲劳仿真界面。

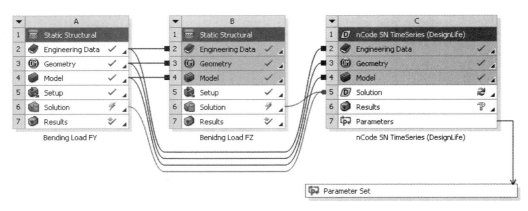

图 6.48　添加 nCode 仿真流程

（12）如图 6.49 所示，在 Simulation_Input 上勾选 Display 会显示几何模型。在其上右击，选择 Properties，在打开的对话框中选择 FE Display。在 Result Case 列表中可以选择任何一种有限元后处理结果，可以选择不同的子类型，还可以单击 Simulation_Input 右上角的最大化按钮，使整窗口显示有限元结果。

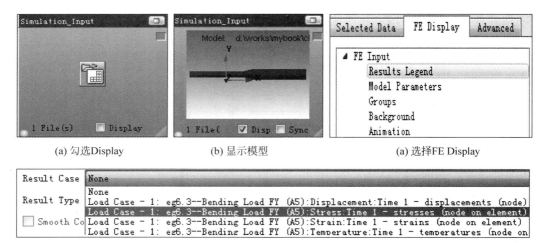

(a) 勾选Display　　　(b) 显示模型　　　(a) 选择FE Display

(d) Result Case列表

图 6.49　显示有限元结果流程

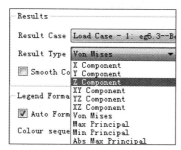

(e) 后处理设置

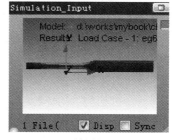

(f) 结果显示

图 6.49 （续）

（13）加载时间序列，所谓时间序列指的是由一系列载荷放大因子构成的序列。在 nCode 中时间序列可以通过专用程序生成，扩展名为 .s3t。首先需要在文本文件中输入列向量以便构成载荷放大因子序列，如图 6.50 所示。在 nCode 中使用 ASCIITranslate 程序加载该文本文件，如图 6.51 所示。选择该文件后使用默认选项将其转化为 .s3t 文件。双击转化好的文件，时间序列将以折线图的形式显示，如图 6.52 所示。

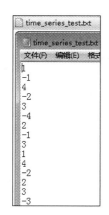

图 6.50 时间序列

图 6.51 转化为 .s3t 文件

（14）在 File 菜单中选择 Open Data Files，打开如图 6.53 所示的数据文件选择对话框。定位到 chapter6 目录，单击 Scan Now 按钮，此时将显示可用文件列表，选择向右的双箭头，将文件添加到列表中，选择 Add to File List，将这些时间序列文件添加到 nCode 主界面。

（15）选中 time_series_1_6_3 时间序列并将其拖动到 TimeSeries_Input 中，然后勾选 Display，如图 6.54 所示。右击 StressLife_Analysis，选择 Edit Load Mapping，如图 6.55 所示。

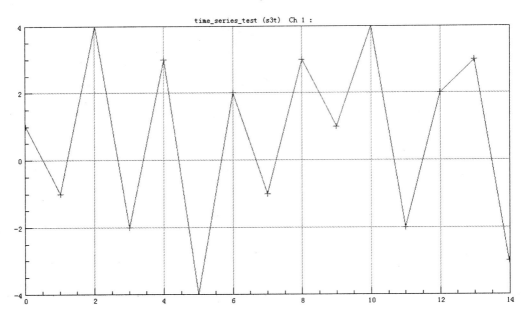

图 6.52　时间序列折线图

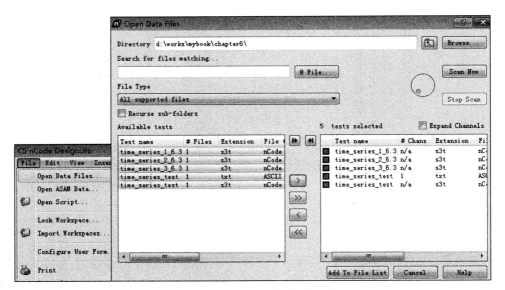

图 6.53　添加时间序列数据文件

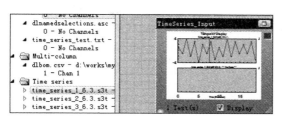

图 6.54 添加加载时间序列

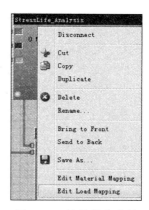

图 6.55 编辑载荷映射

（16）如图 6.56 所示，在 nCode 载荷映射类型中有多种选择，包括常量、时间序列和时间步等，其中 Duty Cycle 是上述类型的自由组合，同时 Duty Cycle 支持嵌套其他 Duty Cycle，利用它可以灵活地创建各种复杂载荷映射。选择 Duty Cycle 后，右击不同载荷序列，可以继续添加载荷序列，并可修改循环次数，如图 6.57 所示。本例中使用的 Duty Cycle 如图 6.58 所示。

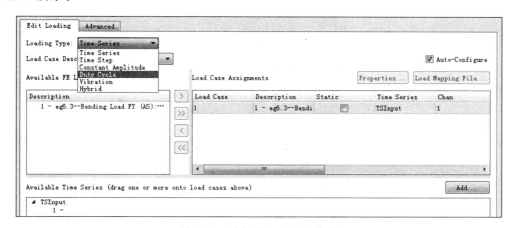

图 6.56 选择 Duty Cycle 类型

（17）右击第一条 LoadProviderTimeSeries，选择 Edit，打开如图 6.59 所示的添加文件对话框。取消勾选 Auto-Configure，对载荷文件进行自定义组合。单击 Add 按钮，在弹出的类型列表中选择 From file。再次定位到 chapter6 目录下，选择 Scan Now，并选择向右的双箭头将文件添加到列表中。

（18）如图 6.60 所示，将左侧 Load Case 添加到右侧，在下方时间序列列表中，将 1 拖到右上方的 Load Case1 中，将 Scale Factor 修改为 1.2。单击 OK 按钮，返回上一界面。

（19）右击第二条 LoadProviderTimeSeries，选择 Edit，取消勾选 Auto-Configure，采用同

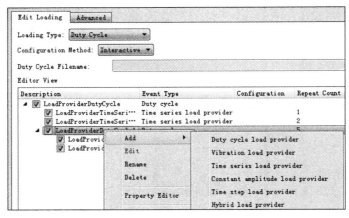

图 6.57　添加时间序列

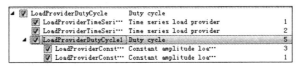

图 6.58　时间序列及循环次数

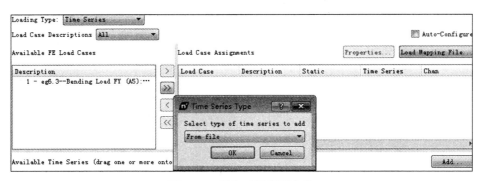

图 6.59　添加时间序列文件

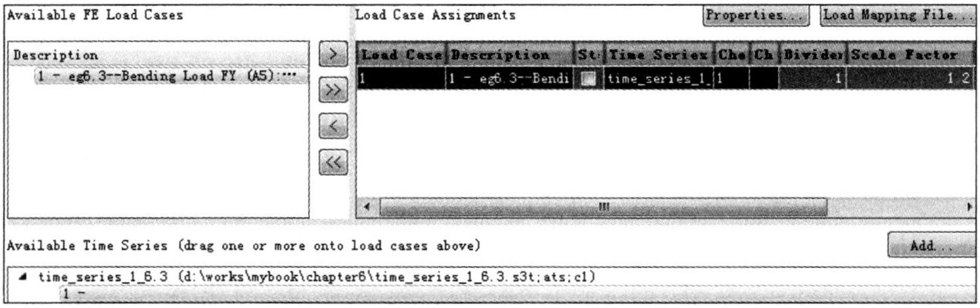

图 6.60　添加 Load Case1

样的方法将 Load Case2 添加到右侧，并将序列 2 拖到 Load Case2 上。如图 6.61 所示，单击 OK 按钮，返回上级列表。

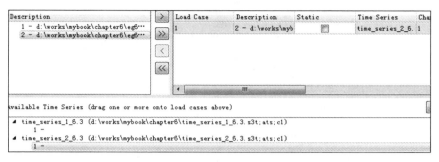

图 6.61 添加 Load Case2

（20）在嵌套的常幅值载荷 1 上右击，打开如图 6.62 所示的对话框，取消勾选 Auto-Configure，在右侧列表中仅保留 Load Case1 并将其 Max Factor 和 Min Factor 分别设置为 4 和 -4。单击 OK 按钮，返回上级列表。

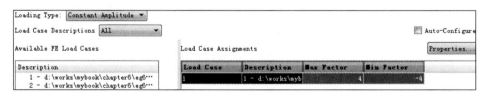

图 6.62 设置常幅值载荷 1

（21）右击最后一条常幅值载荷，选择 Edit，取消勾选 Auto-Configure，在右侧列表中仅保留 Load Case2，此时 Description 中为载荷 2，如图 6.63 所示。

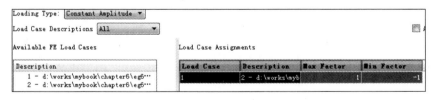

图 6.63 设置常幅值载荷 2

（22）单击 OK 按钮，返回主界面，右击 StressLife_Analysis，选择 Advanced Edit，在打开的界面中将 OutputEventResults 设置为 True。选择左侧 Post Processors 下的 Compressed results，将 ChannelPerEvent 设置为 True。如图 6.64 所示，单击 OK 按钮，返回主界面。

（23）单击工具栏中的 Run 按钮，运行后右击 Fatigue_Results_Display，选择 Properties，将 Result Case 设置为 ALL。选择右上角的最大化按钮，此时将显示如图 6.65 所示的云图。

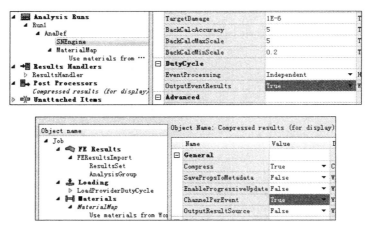

图 6.64 设置高级选项

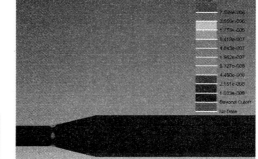

图 6.65 显示选项设置及云图显示

（24）再次单击最大化按钮，返回主界面，右击 StressLife_Analysis，选择 Advanced Edit。选择 SNEngine，将 EventProcessing 设置为 CombinedFast，如图 6.66 所示。再次单击工具栏中的 Run 按钮重新计算。运行后右击 Fatigue_Results_Display，选择 Properties，将 Result Case 设置为 ALL。选择右上角的最大化按钮，此时将显示如图 6.67 所示的云图。在主界面中还有以表格显示的数据，如图 6.68 所示，可以通过单击 Export 将数据导出。

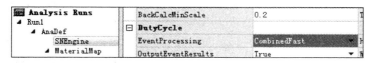

图 6.66 设置 DutyCycle 处理方式

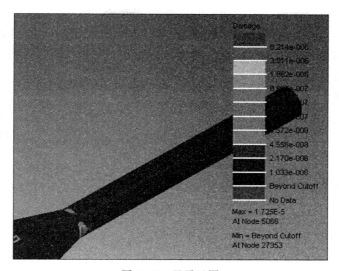

图 6.67 显示云图

	1 Node	2 Shell layer	3 Material Group	4 Property ID	5 Material ID	6 Damage	7 Mean biaxiality	8 Non-proportion	9 Dom deg
1	5068	N/A	MAT_1	0	1	1.251e-05	0.1433	0	-0.
2	22914	N/A	MAT_1	0	1	9.993e-06	0.1426	0	0.6
3	22912	N/A	MAT_1	0	1	9.647e-06	0.1406	0	-0.
4	5069	N/A	MAT_1	0	1	7.836e-06	0.1417	0	1.1
5	5067	N/A	MAT_1	0	1	7.398e-06	0.1385	0	-1.
6	5091	N/A	MAT_2	0	2	6.208e-06	0.1378	0	1.1
7	5089	N/A	MAT_2	0	2	6.188e-06	0.1379	0	-1.
8	22958	N/A	MAT_2	0	2	6.04e-06	0.1361	0	0.5
9	22956	N/A	MAT_2	0	2	6.028e-06	0.1361	0	-0.
10	5090	N/A	MAT_2	0	2	5.926e-06	0.1357	0	0.0
11	22916	N/A	MAT_1	0	1	5.72e-06	0.14	0	1.7
12	22960	N/A	MAT_2	0	2	5.505e-06	0.1391	0	1.6
13	22954	N/A	MAT_2	0	2	5.425e-06	0.139	0	-1.
14	5092	N/A	MAT_2	0	2	4.869e-06	0.1408	0	2.3
15	5088	N/A	MAT_2	0	2	4.733e-06	0.1404	0	-2.
16	22910	N/A	MAT_1	0	1	4.528e-06	0.1363	0	-1.
17	5070	N/A	MAT_1	0	1	4.193e-06	0.1407	0	2.3
18	22918	N/A	MAT_1	0	1	2.993e-06	0.1421	0	2.6

图 6.68 显示数据表

6.3 振动分析基础

物体或质点相对于平衡位置所做的往复运动叫作振动。振动可以分为正弦振动、随机振动、复合振动、扫描振动、定频振动及上述类型的组合。描述振动的主要参数有振幅、速度、加速度。除了少数利用振动原理工作的设备,通常意义下的振动均指有害振动。振动的危害主要反映在以下几方面:

（1）强烈而持续的振动会导致结构发生疲劳破坏，承受随机振动载荷的结构损坏中有80％属于疲劳损坏，疲劳损坏往往会造成很大的危害，如发电机组振动疲劳会导致转子断裂飞出。飞机螺栓疲劳断裂会导致飞机失事等。

（2）瞬时冲击振动导致结构变形、撕裂等。

（3）振动及冲击导致仪器设备精度降低、参数变化、校准失效、功能失灵等。

（4）振动产生的噪声会影响工作效率，长时间工作在噪声环境下会影响身心健康。

通过振动分析，可以了解产品的耐振寿命及性能指标的稳定性。判断可能引起破坏或失效的薄弱环节。

6.3.1　振动分析方法简介

在现场或实验室对振动系统的实物或模型进行试验是振动分析的主要方法。振动试验是从航空航天部门发展起来的，现在已被推广到动力机械、交通运输、建筑等各个工业部门及环境保护、劳动保护方面，其应用日益广泛。振动试验包括响应测量、动态特性参量测定、载荷识别及振动环境试验等内容。在一些特殊行业中振动测试为强制性测试，国家标准中规定了详细的测试方法及测试标准。由于振动测试通常为破坏性测试，反复修改并进行频繁测试会浪费大量的人力物力，在进行样机测试前通常进行定频、正弦扫频及随机振动仿真，结合疲劳寿命仿真结果进行初步校核可以尽早评估薄弱环节并进行针对性修改，再进行样机测试时能极大提高一次通过率，避免不必要的浪费。

在振动测试中正弦定频、扫频及随机振动测试比较常见，正弦振动是分析共振频率和阻尼特性的有用工具，也是研究振动最好的方法，其试验结果极易被工程技术人员理解和使用，并且比随机振动试验经济，易于普及。其中正弦定频振动一般模拟转速固定的旋转机械引起的振动或校验结构的固有频率处的振动，考核共振情况下的疲劳强度。正弦扫频振动可按频率扫描规律分为线性扫描及对数扫描。扫频振动测试主要用于详细测试各阶共振频率。随机振动的频带相对来讲比较宽，并且有连续的频谱，能同时在所有频率上对试件进行激励，远比正弦振动仅对某些频率或连续扫频来模拟实际环境振动的影响更严酷、更真实和更有效，因此，利用随机振动来考核产品才能更真实地反映产品对振动环境的适应性和考核其结构的完好性。一般正弦振动试验适合于试件的最初分析阶段，而随机振动试验用于最终阶段。

6.3.2　随机振动、定频及扫频疲劳寿命仿真

疲劳损伤的评估通常针对时域的确定性载荷，但振动通常采用的是随机载荷，因此振动引起的疲劳损伤需要采取其他分析手段。随机振动通常使用统计方法并在频域中进行分析，工程中通常使用 PSD（功率谱密度）刻画随机振动。当已知输入载荷的 PSD 时，输出响应的 PSD 可以通过频率响应函数的平方乘以输入载荷的 PSD 获得。第 5 章动力学仿真中曾介绍过谐响应分析可以获得系统的幅频响应及相频响应曲线，它们本质上是系统的频响函数，因此 nCode 进行随机振动疲劳寿命仿真时需要调用谐响应分析结果。从这里可以看

出,振动疲劳寿命仿真的输入包括振动激励载荷及谐响应分析结果,当激励载荷为随机振动的 PSD 时为随机振动疲劳寿命仿真,当激励载荷为固定频率、固定幅值载荷时为定频疲劳寿命仿真,当激励载荷为频率变化而幅值不变载荷时为扫频疲劳寿命仿真。

为了评估振动载荷引起的疲劳损伤,需要明确振动循环次数和应力幅值范围,虽然随机载荷时间周期不断变化,但统计平均值为一个相对固定的值。

对于窄带信号,可将信号相邻的两个正峰值之间的部分定义为一个循环。宽带信号由于峰值之间的应力循环很小,可以忽略,但会得到偏乐观的结果。

在 nCode 中,有 4 种随机振动疲劳寿命评估方法:Narrow Band、Steinberg、Dirlik、Lalanne。这 4 种方法都使用统计参数判断循环次数并使用 Miner 损伤累积理论计算总的疲劳损伤。4 种方法的特点如下。

(1) Narrow Band:早期方法,目前已经很少使用,只适用于单一频率信号。

(2) Steinberg:在电子行业应用广泛,认为疲劳损伤满足正态分布,68.27% 的循环次数分布在 σ 处,27.18% 的循环次数分布在 2σ 处,4.28% 的循环次数分布在 3σ 处。总疲劳损伤是上述循环应力造成的疲劳损伤的代数和。

(3) Dirlik:通用性强,利用蒙特卡洛法获得的封闭表达式,既适合窄带过程也适合宽带过程。

(4) Lalanne:软件中的默认方法,广泛应用于军工行业。

对于谐响应分析,推荐使用模态叠加算法,当使用 Modal 和 Harmonic Response 联合仿真时,nCode 需要同时和二者进行连接。nCode 需要获得每个 PSD 方向上单位激励下的谐响应分析的实部结果和虚部结果。

【例 6.4】　随机振动疲劳仿真

(1) 新建一个 Workbench 工程,添加 Modal 及 Harmonic Response 仿真流程,二者共享材料、模型及网格设置,并将 Modal 仿真的结果作为 Harmonic Response 的边界条件,如图 6.69 所示。

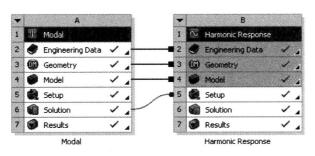

图 6.69　添加仿真流程图

(2) 在材料设置、模型导入及切割、网格划分方面与上例完全相同,并在粗的一段添加一个 Fixed Support 边界条件,如图 6.70 所示。

(3) 计算前 15 阶模态,并获取前 15 阶的频率及模态振型,如图 6.71 所示。

（4）在 Harmonic Response 的 Analysis Settings 设置中,将频率范围设置为 0～4000Hz,将 Cluster Number 设置为 4。在 Damping Controls 中将 Damping Ratio 设置为 1e－002,如图 6.72 所示。

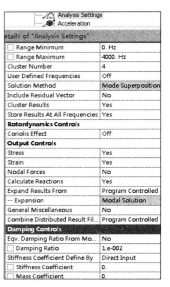

Details of "Analysis Settings"	
☐ Range Minimum	0. Hz
☐ Range Maximum	4000. Hz
Cluster Number	4
User Defined Frequencies	Off
Solution Method	Mode Superposition
Include Residual Vector	No
Cluster Results	Yes
Store Results At All Frequencies	Yes
Rotordynamics Controls	
Coriolis Effect	Off
Output Controls	
Stress	Yes
Strain	Yes
Nodal Forces	No
Calculate Reactions	Yes
Expand Results From	Program Controlled
-- Expansion	Modal Solution
General Miscellaneous	No
Combine Distributed Result Fil...	Program Controlled
Damping Controls	
Eqv. Damping Ratio From Mo...	No
☐ Damping Ratio	1e-002
Stiffness Coefficient Define By	Direct Input
☐ Stiffness Coefficient	0.
☐ Mass Coefficient	0.

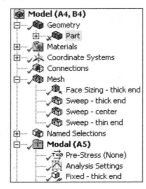

图 6.70 模型前处理

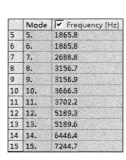

	Mode	☑ Frequency [Hz]
5	5.	1865.8
6	6.	1865.8
7	7.	2688.8
8	8.	3156.7
9	9.	3156.9
10	10.	3666.3
11	11.	3702.2
12	12.	5189.3
13	13.	5189.6
14	14.	6446.4
15	15.	7244.7

图 6.71 模态分析

图 6.72 谐响应分析设置

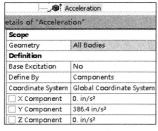

Details of "Acceleration"	
Scope	
Geometry	All Bodies
Definition	
Base Excitation	No
Define By	Components
Coordinate System	Global Coordinate System
☐ X Component	0. in/s²
☐ Y Component	386.4 in/s²
☐ Z Component	0. in/s²

图 6.73 设置单位加速度载荷

（5）添加一个加速度载荷,将其设置为单位重力加速度,如图 6.73 所示,注意单位统一。

（6）在 Solution 中添加 Frequency Response,单击工具栏中的 Solve 进行求解,结果如图 6.74 所示。

（7）将 nCode SN Vibration 模块拖曳到 Modal 流程的 Solution 上,并将 Harmonic Response 的 Solution 拖到 nCode 的 Solution 上,如图 6.75 所示。双击 Solution,打开振动疲劳仿真界面。

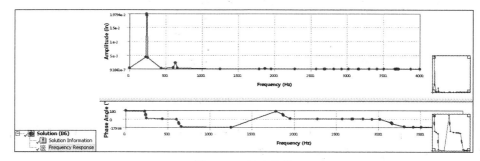

图 6.74 频响曲线

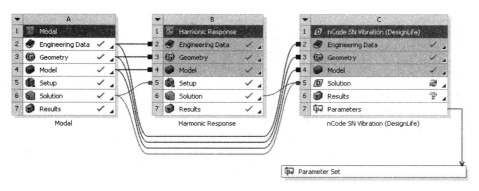

图 6.75 添加振动疲劳仿真流程

（8）右击 VibrationGenerator1，选择 Properties，打开如图 6.76 所示的振动载荷生成器，按图添加频率及频幅。在 Advanced 选项页中可以选择振动载荷类型，默认为随机振动的 PSD 谱，也可以选择 SineSweep/SineSweep2 正弦扫频信号，SineDwell 定频正弦信号及 SineOnRandom 随机正弦信号。SineSweep/SineSweep2 的区别在于二者的表格输入方式不同，SineSweep2 每 1 行均包含频率及幅值。信号默认为 Acceleration，也可以选择 Displacement。

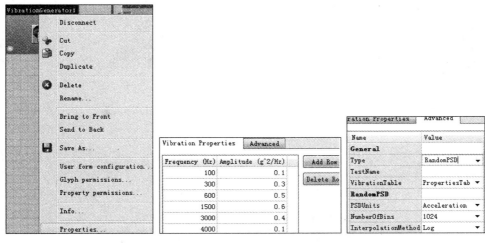

图 6.76 添加随机振动载荷

（9）右击 Vibration_Analysis，选择 Properties，打开如图 6.77 所示的分析设置界面。在 SNEngine _ CombinationMethod 中可以选择不同的应力组合方式，默认为 AbsMaxPrincipal 最大主应力绝对值类型。在 VibrationLoad_LoadingMethod 中应根据 VibrationGenerator 中输入的载荷类型进行选择，可以为 PSD、SineSweep、SineDWell、SineOnRandom 等。其余的选项（如坐标系类型及频率扫描类型）可以根据需要选择线性或对数类型。

SNEngine_CombinationMethod	AbsMaxPrincipal
SNEngine_MeanStressCorrection	Interpolate
SNEngine_SNMethod	MultiRRatioCurve
Use materials from Workbench	
Use materials from Workbench_Active	True
VibrationLoad	
VibrationLoad_ExposureDuration	1
VibrationLoad_FrequencySelectionMethod	LoadingAndFRFFrequencies
VibrationLoad_InterpolationMethod	LogLog
VibrationLoad_LoadingMethod	PSD
VibrationLoad_PSDCycleCountMethod	Lalanne
VibrationLoad_SweepRate	1
VibrationLoad_SweepType	LinearHzPerSec

图 6.77　分析设置

（10）上述选项设置好后，单击工具栏中的 Run 按钮，求解完成后可以用云图、数据表或柱状图方式显示求解结果，如图 6.78～图 6.80 所示。

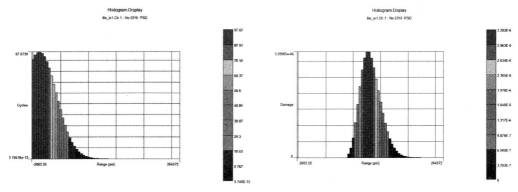

图 6.78　循环次数及疲劳损伤柱状图

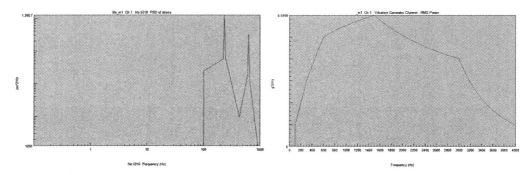

图 6.79　载荷和应力 PSD 曲线图

（11）返回 Workbench 主界面，保存工程并退出。

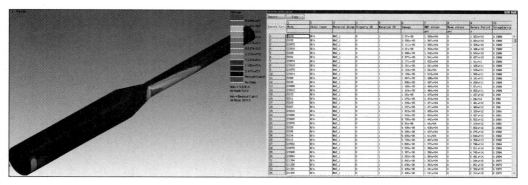

图 6.80 疲劳分析结果云图和数据表

6.4 显式动力学仿真

6.4.1 显式动力学仿真基础

在动力学仿真中,根据时间积分算法可分为隐式动力学和显式动力学仿真。对于包含冲击、碰撞、爆炸、大变形及强烈非线性接触等问题的仿真,显式动力学更精确、高效。

在隐式积分算法中,与线性问题的无条件收敛相比,非线性要想实现收敛必须满足一定的条件,许多情况下为了保证收敛及求解精度,需要非常小的时间步长。对于冲击、碰撞、爆炸等短时间内状态发生巨大变化的问题,需要极小的时间步长才能保证收敛并精确捕捉状态的变化。

与隐式积分算法迭代求解不同,显式积分算法可以将方程解耦并进行直接求解,无须求解刚度矩阵的逆矩阵,并在满足网格质量及能量判据条件时即可保证收敛。基于以上原因,显式积分算法在解决非线性、复杂接触问题时非常有效,并广泛应用于冲击、碰撞、爆炸等问题的仿真。

6.4.2 几种显式动力学分析模块比较

在 ANSYS 中包含 3 个显式动力学仿真模块:Explicit Dynamics、LS-DYNA 及 Autodyn。Explicit Dynamics 依托于 Workbench 平台,可以方便地导入模型及与其他模块进行联合仿真。如图 6.81 所示,它的最大特点是简单易用,拥有丰富的材料模型库、简单的几何建模方式、高效的网格划分方式、并行计算设置简单且易于和 ANSYS DesignXplorer 结合完成设计寻优。能满足大变形、非线性、高速冲击等大多数简单场景下的显式动力学计算。

Autodyn 是非常成熟的显式动力学仿真软件,有深厚的军工背景,在国际军工行业占有 80% 以上的市场,可用于装甲及反装甲优化设计、航空航天点火发射、战斗部设计、爆炸对舰船损伤评估、建筑物爆破及防护、弹道气体冲击波、国际空间站防护系统设计等。

图 6.81　显式动力学模块

　　LS-DYNA 是著名的显式动力学软件,广泛应用于汽车、电子、机械制造等领域。它拥有功能齐全的非线性求解器,以及多种接触算法,可兼容隐式及显式算法。自适应网格剖分可方便地模拟薄板冲压、切削加工等问题。尤其值得一提的是它拥有假人、安全带、牵引器、气囊等专业开发工具,使它在汽车碰撞领域得到了广泛应用。

　　由于本书篇幅有限,仅介绍 Explicit Dynamics 模块,另外两个模块可以参考相关教程进行系统学习。

6.4.3　冲击碰撞仿真实例

【例 6.5】　碰撞制动

（1）新建一个 Workbench 工程,双击工具箱中的 Explicit Dynamics 模块,添加一个显式动力学仿真流程。

（2）双击 Engineering Data,单击 Engineering Data Sources 按钮。在 General Nonlinear Materials 中选择 Aluminum Alloy NL 及 Stainless Steel NL,将两种非线性材料加载到当前工程中,如图 6.82 所示。

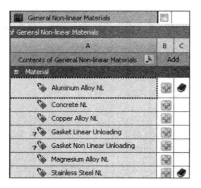

图 6.82　添加材料

　　（3）返回 Workbench 主界面,右击 Geometry,导入素材文件 eg6.5.x_t。

　　（4）双击 Model,打开仿真主界面。将转盘材料设置为 Aluminum Alloy NL,将销子材料设置为 Stainless Steel NL。

　　（5）将默认的 Contact Region 删除。保持 Body Interaction 的默认选项,如图 6.83 所示。

　　（6）如图 6.84 所示,在类型中可以选择不同的碰撞交互类型。Frictionless 是默认的交互类型,并施加在所有对象上,可根据实际可能发生碰撞的物体调整 Frictionless 的作用范围,提高仿真效率。Frictional 为碰撞过程中的对象施加静摩擦力及动摩擦力,动摩擦力与相对滑动速度相关。Bonded 类型根据间距判断接触状态,在容差范围内认为是绑定类型,显式动力学中的 Bonded 在超出一定的应力范围条件下可以断开绑定并变为滑移接触类型。Reinforcement

类型通常用于固体内含有梁单元的场合,如钢筋混凝土结构或内包骨架橡胶等。该类型会将梁单元转化为离散单元及离散节点并在固体单元变形时将梁节点限制在固体内。

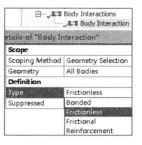

图 6.83　设置接触　　　　　　　　　　　　图 6.84　交互类型

(7) 如图 6.85 所示,选择内孔并添加一个局部柱坐标系。

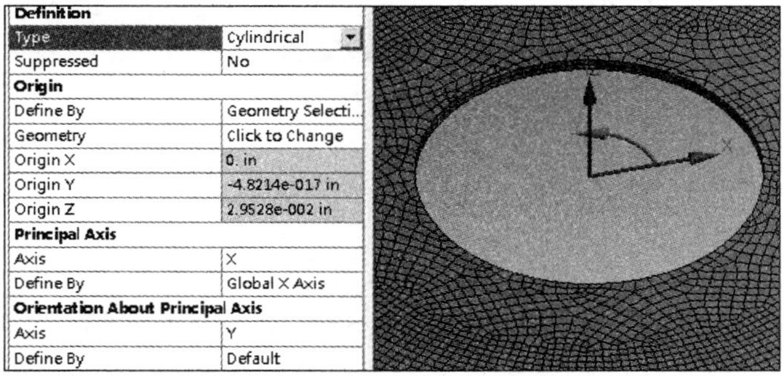

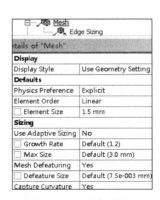

图 6.85　添加局部柱坐标系

(8) 如图 6.86 所示,将 Use Adaptive Sizing 设置为 No,将 Capture Curvature 设置为 Yes,其余选项保持默认值。切换到边选择模式,选中销子的上下两个圆边线,添加局部网格设置,将 Sizing 设置为 1.5mm,生成网格。

(9) 如图 6.87 所示,右击 Initial Conditions,系统提供了 3 种初始条件类型:速度(Velocity)、角速度(Angular Velocity) 及下落高度(Drop Height)。选择 Angular Velocity 并将其设置为 1500RPM,方向如图 6.88 所示。

(10) 如图 6.89 所示,切换到面选择模式,选中圆盘内孔,添加 Displacement 约束,将坐标系设置为局部柱坐标系,并将切向旋转设置为 Free,将其余两个方向设置为 0。选中销子的底面,添加 Fixed Support。

图 6.86　网格设置

(11) 如图 6.90 所示,在 Analysis Setting 中,将 End Time 设置为 6e-004s。可以看到求解器使用的默认单位为 mm、mg、ms,这与用户在菜单中使用的单位制无关。由于显式动力

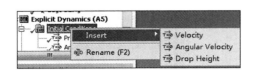

图 6.87　初始条件类型

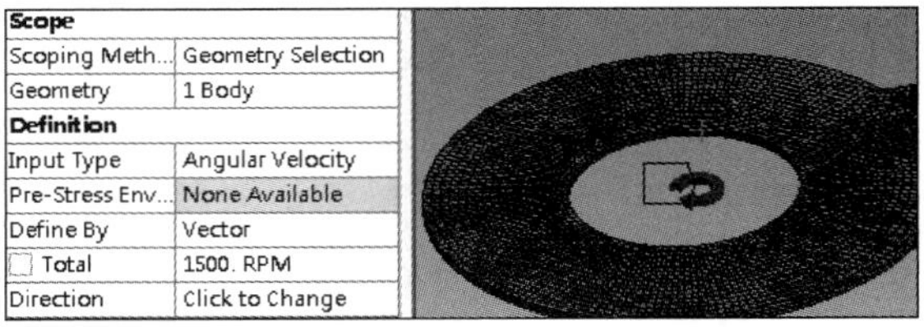

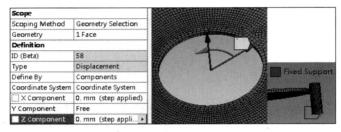

Scope	
Scoping Meth...	Geometry Selection
Geometry	1 Body
Definition	
Input Type	Angular Velocity
Pre-Stress Env...	None Available
Define By	Vector
Total	1500. RPM
Direction	Click to Change

图 6.88　添加初始条件

Scope	
Scoping Method	Geometry Selection
Geometry	1 Face
Definition	
ID (Beta)	58
Type	Displacement
Define By	Components
Coordinate System	Coordinate System
X Component	0. mm (step applied)
Y Component	Free
Z Component	0. mm (step appli...

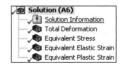

图 6.89　添加位移约束及固定约束

学中的过程通常非常短暂，为了保证求解精度，求解器默认采用 ms 作为时间单位。其余选项均保持默认值。

（12）在 Solution 上添加 Equivalent Stress、Total Deformation、Equivalent Plastic Strain、Equivalent Elastic Strain，如图 6.91 所示。求解完成后可以在 Animation 中显示相应后处理结果的动画，并可以在曲线图中直观地看到变化趋势及最大值所在的时刻，如图 6.92 所示。在云图显示选项中，默认显示的云图是仿真结束时刻的结果，可以将显示选项修改为 Maximum Over Time，各个分析结果云图如图 6.93 和图 6.94 所示。

Analysis Settings Preference	
Type	Program Controlled
Step Controls	
Number Of Steps	1
Current Step Number	1
End Time	6.e-004 s
Resume From Cycle	0
Maximum Number of Cycles	1e+07
Maximum Energy Error	0.1
Reference Energy Cycle	0
Initial Time Step	Program Controlled
Minimum Time Step	Program Controlled
Maximum Time Step	Program Controlled
Time Step Safety Factor	0.9
Characteristic Dimension	Diagonals
Automatic Mass Scaling	No
Solver Controls	
Solve Units	mm, mg, ms

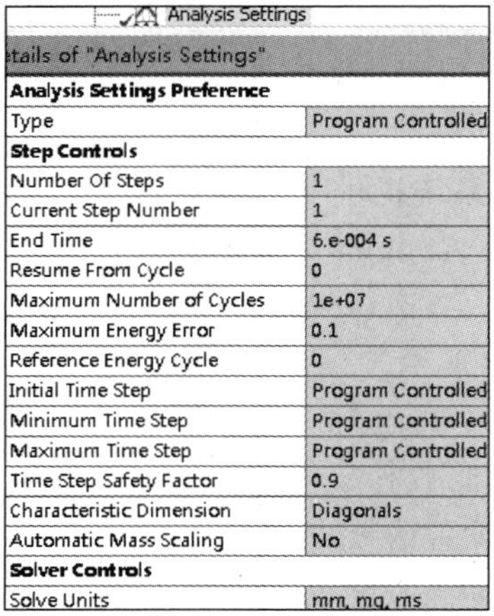

图 6.90　分析设置

图 6.91　结果后处理

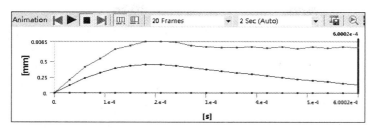

图 6.92　显示动画

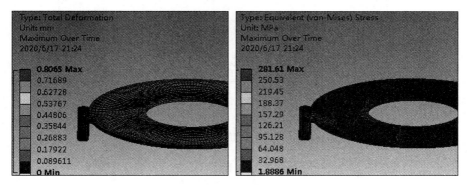

图 6.93　变形和等效应力

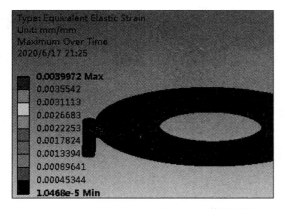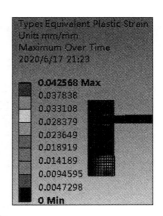

图 6.94　等效弹性和塑性应变

6.4.4　跌落仿真实例

【例 6.6】　电路板跌落仿真

（1）新建一个 Workbench 工程，双击 Toolbox 中的 Explicit Dynamic，添加显式动力学仿真流程。

（2）双击 Engineering Data，打开工程数据设置对话框。在材料栏中输入 PCB，进行材

11min

料自定义。在左侧工具箱中依次添加 Density、Isotropic Elasticity、Bilinear Isotropic Hardening、Plastic Strain Failure,并按图 6.95 所示参数值设置相应参数值,注意单位均为国际单位。

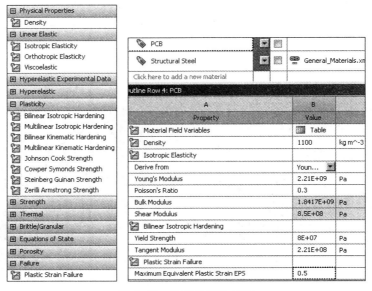

图 6.95　自定义材料 PCB

　　(3) 继续添加自定义材料 AL6061,按图 6.96 所示内容双击工具箱中的材料属性并填写参数值。

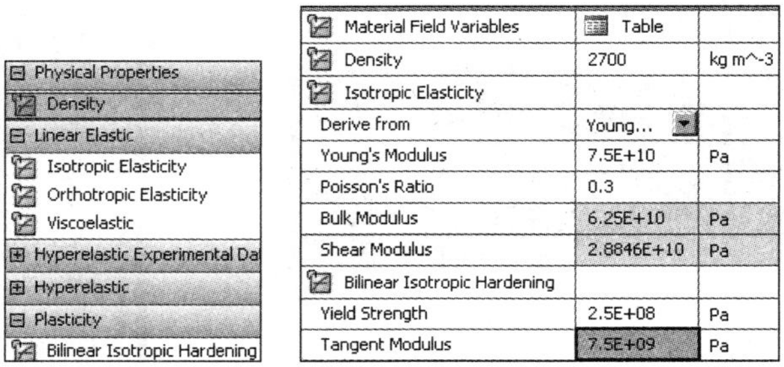

图 6.96　自定义材料 AL6061

　　(4) 右击 Geometry,导入素材文件 eg6.6.agdb。双击 Model 打开仿真界面。

　　(5) 如图 6.97 所示,选择 Ground,将其 Stiffness Behavior 设置为 Rigid,将材料设置为 Structural Steel。将 HeatSink 材料设置为 AL6061。选中 PCB,将其厚度设置为 2mm,将材料设置为 PCB。选中 Chips,也将其材料设置为 PCB。

　　(6) 如图 6.98 所示,在 Body Interactions 设置中,将 Shell Thickness Factor 设置为 1,将 Body Self Contact 设置为 Yes,将 Element Self Contact 设置为 Yes,这两个选项可以确

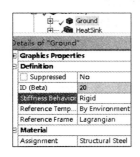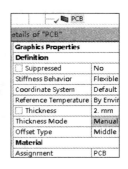

图 6.97　设置模型材料

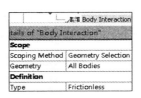

图 6.98　设置 Body Interaction

保实体变形到发生交叉时能够正确移除重叠的单元,保证变形的正确性。在其子项目中确保作用范围为全部实体,保持默认的 Frictionless 类型。

（7）右击 Contacts,选择 Rename Based On Definition,将接触名称修改为更易于辨识的形式,如图 6.99 所示。

（8）右击 Initial Conditions,添加 Velocity,如图 6.100 所示,选中除 Ground 外的其余对象,共 71 个,令 X 方向的速度为 5m/s,令 Z 方向的速度为－1.71m/s。

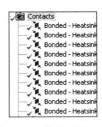

图 6.99　修改接触名称

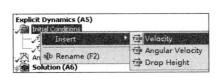

图 6.100　添加速度初始条件

（9）如图 6.101 所示，将 End Time 设置为 3.e-003s，将 Save Results on 类型修改为 Time，并将保存时间设置为 1.e-004s。将 Tracker Cycles 设置为 100。

Analysis Settings				
etails of "Analysis Settings"				
Analysis Settings Preference				
Step Controls			**Output Controls**	
Number Of Steps	1		Save Results on	Time
Current Step Number	1		Result Time	1.e-004 s
End Time	3.e-003 s		Save Restart Files on	Equally Spaced Points
Resume From Cycle	0		Restart Number Of Points	5
Maximum Number of Cycles	1e+07		Save Result Tracker Data on	Cycles
Maximum Energy Error	0.1		Tracker Cycles	100
Reference Energy Cycle	0		Output Contact Forces	Off

图 6.101　添加分析设置

（10）选中 Ground 对象，为其添加 Fixed Support 类型边界条件。如图 6.102 所示，右击 Solution Information，显式动力学提供了非常多的后处理选项。选择 Contact Force，选中 Ground 实体，将方向设置为 X 轴，用于显示 PCB 与地面碰撞后的接触力。

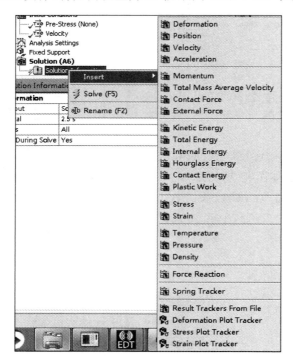

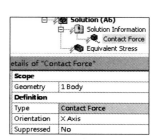

图 6.102　添加接触力

（11）添加 Equivalent Stress，单击工具栏中的 Solve 按钮。

（12）接触力曲线及应力云图如图 6.103 所示，从云图中可以看到，在仿真结束时间 3.e-003s 时，由于 Contacts 中的各零件为 Bonded 类型，因此 HeatSink 与 CPU 之间仍然处于连接状态。

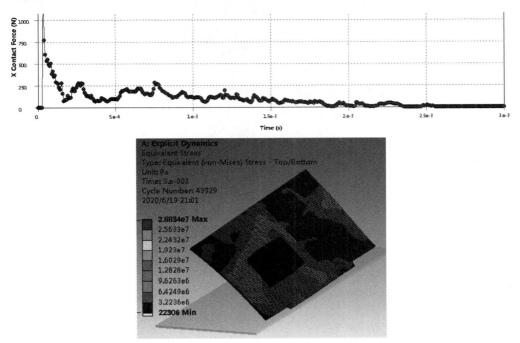

图 6.103　接触力曲线及云图

（13）将 HeatSink 与 CPU 之间的 Bonded 接触类型修改为 Breakable，采用的标准为 Stress Criteria，将 Normal Stress Limit 设置为 1.e+007Pa，将 Normal Stress Exponent 设置为 1，将 Shear Stress Limit 设置为 5.e+006Pa，将 Shear Stress Exponent 设置为 1，如图 6.104 所示。

（14）将求解参数的 End Time 设置为 5.e−003s，并按图 6.105 设置输出参数后重新求解。

Type	Bonded
Scope Mode	Automatic
Behavior	Program Controlled
Trim Contact	Program Controlled
Trim Tolerance	6.2207e-004 m
Maximum Offset	1.e-007 m
Breakable	Stress Criteria
Normal Stress Limit	1.e+007 Pa
Normal Stress Exponent	1.
Shear Stress Limit	5.e+006 Pa
Shear Stress Exponent	1.

图 6.104　修改 Bonded 类型及参数

Output Controls	
Save Results on	Cycles
Result Cycles	40
Save Restart Files on	Equally Spaced Points
Restart Number Of Points	5
Save Result Tracker Data on	Cycles
Tracker Cycles	100
Output Contact Forces	Off

图 6.105　设置求解参数

（15）如图 6.106 所示，将 Bonded 类型修改为 Breakable 后，HeatSink 与 CPU 之间由于跌落发生了移位。

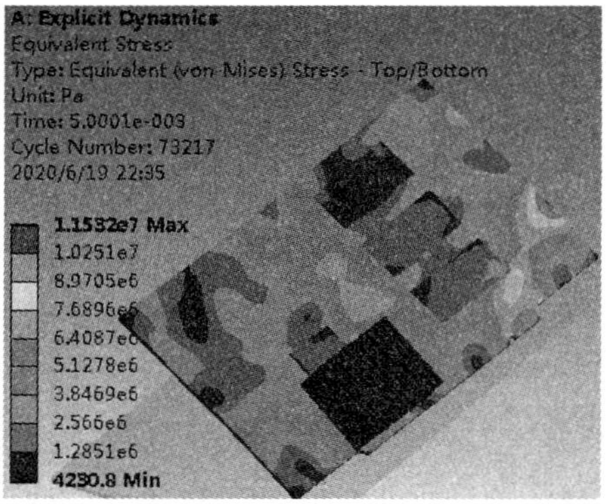
A: Explicit Dynamics
Equivalent Stress
Type: Equivalent (von-Mises) Stress - Top/Bottom
Unit: Pa
Time: 5.0001e-003
Cycle Number: 73217
2020/6/19 22:35
1.1532e7 Max
1.0251e7
8.9705e6
7.6896e6
6.4087e6
5.1278e6
3.8469e6
2.566e6
1.2851e6
4230.8 Min

图 6.106　应力云图

第7章

屈 曲 分 析

细长杆件、薄壁零件等结构,常会在使用时出现承载小于材料许用应力却因为一个小的扰动导致大的变形而失去承载能力的情况,这种现象被称为结构失稳。屈曲分析就是用来确定结构稳定性的分析,可以分为线性屈曲分析和非线性屈曲分析。线性屈曲分析基于线弹性结构假设,在 Workbench 中有单独的 Eigenvalue Buckling 模块,利用特征值理论进行线性屈曲分析,非线性屈曲分析则需要在 Static Structural 模块中进行。

7.1 稳定性理论简介

理想无缺陷的细长杆,一端固定,另一端持续增加轴向下压载荷 F,当达到某个临界载荷 F_{cr} 时,杆件将出现多个可能的平衡状态。当轴向载荷 F 小于 F_{cr} 时,外界一个小的扰动作用在杆上,扰动消失,结构会重新返回初始位置。当轴向载荷 F 大于 F_{cr} 时,扰动力则会导致结构坍塌。这种失稳称为分叉点失稳或特征值屈曲失稳,临界载荷 F_{cr} 也称为屈曲载荷。线性屈曲分析是利用特征值理论计算该临界载荷。实际结构由于内部缺陷及存在非线性因素,轴向载荷 F 会在远未达到理论的线性屈曲临界载荷时就发生失稳。若使用该方法作为工程设计依据,则要预留足够的安全系数。使用有限元进行屈曲分析时,进行线性屈曲分析主要作为设计初期的方案评估,原因如下:

(1) 和非线性屈曲计算比,它耗费计算资源少,求解速度快,计算出的临界载荷可以为方案评估提供参考数据。

(2) 可以确定屈曲变形,为调整设计方案提供方向。

线性屈曲分析属于经典特征值问题,其求解步骤如下:

(1) 基于线弹性理论,求解屈曲前的载荷-位移关系为

$$\{P_0\} = [K_e]\{u_0\} \tag{7.1}$$

其中,

$\{P_0\}$ 为载荷;

$\{u_0\}$ 为变形。

此时的应力为 $\{\sigma\}$。

（2）增量平衡方程：在发生屈曲前，位移有一个小的增加 Δu，此时的平衡方程为

$$\{\Delta P\} = [[K_e] + [K_\sigma(\sigma)]]\{\Delta u\} \tag{7.2}$$

其中，

$[K_e]$ 为刚度矩阵；

$[K_\sigma(\sigma)]$ 为应力 σ 下的初始应力矩阵。

（3）当外载荷达到临界载荷 P_{cr} 时，微小的外力变化都会导致大的变形，有

$$\{\Delta P\} \approx 0 \tag{7.3}$$

$$P = P_0 + \Delta P = \lambda P_0 \tag{7.4}$$

$$u = u_0 + \Delta u = \lambda u_0 \tag{7.5}$$

$$\sigma = \sigma_0 + \Delta \sigma = \lambda \sigma_0 \tag{7.6}$$

$$[[K_e] + \lambda[K_\sigma(\sigma_0)]]\{\Delta u\} = \{0\} \tag{7.7}$$

（4）为满足式（7.7），位移增量的系数矩阵需要为零矩阵，这是典型的矩阵特征值问题。当系统的自由度为 n 时，可以得到关于 λ 的 n 阶多项式，将其改写为通用形式

$$([K] + \lambda_i[S])\{\psi_i\} = 0 \tag{7.8}$$

其中，$[K]$ 为刚度矩阵，$[S]$ 为应力刚度矩阵，λ_i 为第 i 阶载荷系数，ψ_i 为第 i 阶模态振型。

根据式（7.8）计算出的最小 λ 乘以此时加载的屈服载荷 F 就可以得到临界载荷 F_{cr}。

在上述分析过程中，需将材料假设为线弹性，将变形假设为小变形，将刚度矩阵假设为常量，忽略非线性因素。

7.2　屈曲分析流程

7.2.1　线性屈曲分析及实例

屈曲分析支持任意类型几何模型，包括实体、面体和线体，材料属性仅需提供杨氏模量和泊松比。

由于线性屈曲分析需满足线性假设，任何非线性接触都将被忽略或转化为线性接触，转化原则如表 7.1 所示。

表 7.1　线性屈曲对接触的处理方式

接触类型	Initially Touching	线性屈曲分析	
		Inside Pinball Region	Outer Pinball Region
Bonded	Bonded	Bonded	Bonded
No Separation	No Separation	No Separation	Free
Rough	Bonded	Free	Free
Frictionless	No Separation	Free	Free

线性屈曲分析需要静力学分析和特征值屈曲分析联合求解,故也称为预应力线性屈曲分析,它将静力学分析结果作为特征值屈曲分析的边界条件,具体步骤如下。

(1)创建分析流程:添加 Static Structural 和 Eigenvalue Buckling 分析流程,共享二者的几何模型、材料数据并将静力学分析结果作为特征值屈曲分析的边界条件。

(2)设置材料并编辑几何模型。

(3)设置接触并划分网格。

(4)设置约束与载荷:结构要完全约束,防止发生刚体运动。不推荐使用 Compression Only Support,因为它需要迭代求解。需要使用外载荷与载荷因子相乘获得临界载荷,当存在比例载荷或常值载荷时,需注意让载荷因子趋近于 1,此时临界载荷等于可变载荷与外载荷之和。

(5)设置求解器参数并求解。

(6)结果后处理。

【例 7.1】 线性屈曲分析

一根长 120in 的钢管,弹性模量为 $3 \times 10^7 \mathrm{Ibf/in^2}$,泊松比为 0.3,钢管外径为 4.5in,内径为 3.5in。一端固定约束,另一端自由,受到纯压力载荷。

这种压杆稳定性问题是有解析解的,其计算公式如下:

5min

$$P = K \left[\frac{\pi^2 EI}{L^2} \right] \tag{7.9}$$

其中,一端固定,另一端自由的情况,$K = 0.25$。

将数据代入式(7.9)可以计算出临界载荷 $P = 65\,648.3\mathrm{lbf}$,接下来使用 Workbench 计算临界载荷并和理论结果进行对比。

(1)新建一个 Workbench 工程,双击 Static Structural 以便添加一个静力学分析模块,在 ToolBox 中将 Eigenvalue Buckling 拖动到 Static Structural 的 Solution 单元格上,获得如图 7.1 所示的分析流程。从图中可以看出,后者的 Engineering Data、Geometry 和 Model 是灰色的,它和 Static Structural 共享这些数据,Static Structural 中的 Solution 数据单向传递到 Eigenvalue Buckling 的 Setup 中,表明前者的求解结果作为后者的边界条件。

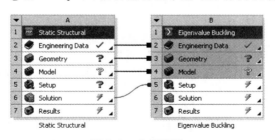

图 7.1 分析流程

(2)右击 Geometry,打开 DM 界面,将 Units 设置为 Inch,选择 XY 面作为草绘平面,按内外径尺寸绘制草图,并将拉伸长度设置为 120in,如图 7.2 所示。

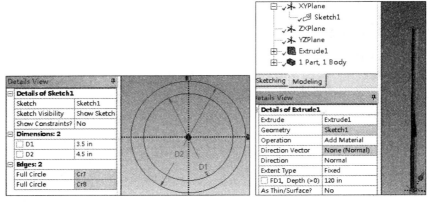

图 7.2　创建几何模型

（3）返回 Workbench 主界面，双击 Engineering Data，修改 Young's Modulus 的单位及数值，如图 7.3 所示。

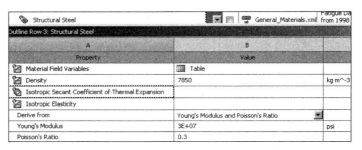

图 7.3　修改材料数据

（4）双击 Model，打开 Mechanical 界面，将 Units 修改为 US Customary。如图 7.4 所示，在 Meshing 中为其中一个底面设置 Face Meshing，并将 Internal Number of Divisions 设置为 3。

（5）如图 7.5 所示，选中一个底面，设置 Fixed 固定约束，选中相对的面，设置 Force 为 1lbf，并调整方向使其为下压力。

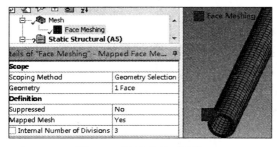

图 7.4　设置映射面网格

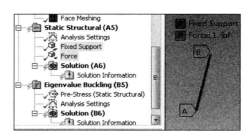

图 7.5　设置边界条件

（6）保持 Analysis Settings 默认值，如图 7.6 所示，系统默认计算前 2 阶模态。在 Solution 中插入 Total Deformation，单击 Solve 进行求解。

（7）查看如图 7.7 所示的分析结果，由于施加的载荷为 1lbf，故 Load Multiplier 的值即为临界载荷，该值与理论值几乎吻合。

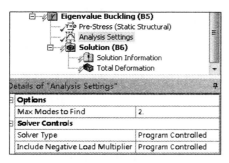

图 7.6 分析设置

Type	Total Deformation
Mode	1.
Identifier	
Suppressed	No
Results	
Load Multiplier	65592
Minimum	0. in
Maximum	1.025 in
Average	0.37298 in
Minimum Occurs On	Solid
Maximum Occurs On	Solid

图 7.7 查看结果

（8）将 Force 的值设置为 Load Multiplier 的值 65 592lbf，重新计算并在 Solution 中插入 Equivalent Stress，得到如图 7.8 所示的等效应力只有 12 549Ibf/in^2，远小于材料的屈服应力，当发生线性屈曲时，结构并没有达到材料的屈服极限。

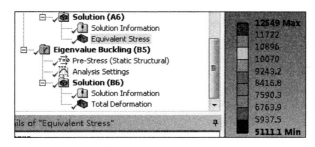

图 7.8 计算等效应力

7.2.2 非线性屈曲分析及实例

非线性屈曲分析在 Static Structural 模块中进行求解，在 Mechanical 中可以使用如下 3 种技术进行非线性屈曲分析。

（1）Load Control（载荷控制）：基于 New-Raphson 迭代求解的载荷控制法，当载荷逐渐增加到 F_{cr} 临界载荷时，刚度矩阵为零，是一个奇异矩阵，New-Raphson 迭代无法收敛。故载荷控制法无法逾越失稳点，无法进行非线性屈曲分析，但可对结构进行前屈曲分析计算。如图 7.9 所示，左图中的 3 种变形与右图中三段力加载过程对应，载荷控制只能对第一阶段的变形进行分析。

（2）Displacement Control（位移控制）：如图 7.10 所示，当使用位移控制法时，对分析对象施加逐渐增加的位移，在刚度矩阵奇异点处，位移提供了额外约束，可以在越过临界载荷 F_{cr} 时仍然获得稳定解，力 F_{app} 是与施加位移对应的反作用力。

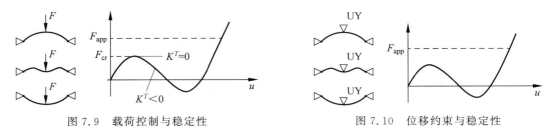

图 7.9　载荷控制与稳定性　　　　　　图 7.10　位移约束与稳定性

位移控制法的缺点是，需要清晰地知道力载荷对应的位移值的大小，对于集中力获得对应的位移值及分布是容易的。当载荷为分布力（如压力）时，如图 7.11 所示，无法清楚地获得位移值的分布，此时无法实施位移控制。

（3）Nonlinear Stabilization（非线性稳定性）：使用载荷控制的静态稳定性问题，可以用非线性瞬态动力学进行分析。由于动态分析时结构不计算柔化效应，当到达临界载荷时，载荷将沿着如图 7.12 所示的直线段发生载荷跳变，当载荷继续增加时，它可以沿着曲线段继续上升。动态载荷跳变时会出现振荡，需要施加一定的阻尼将振荡耗散掉。

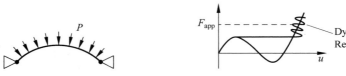

图 7.11　分布载荷作用下的位移分布　　图 7.12　动态载荷跳变

非线性稳定性通过在单元节点上增加人工阻尼耗散振荡，以便加强非线性屈曲计算的收敛。在临界载荷之前，整个系统在一个给定时间步内具有较低的位移量，这样阻尼只会对结构产生一个数值较小的伪速度，以及产生较小的伪阻抗力；当屈曲发生时，在很短的时间步长内会产生很大的位移量，产生较大的伪速度和较大的伪阻抗力。通过这种方式可以在不引入大的计算误差的情况下获得较好的收敛特性。

Mechanical 提供了两种稳定性控制方法：能量法和阻尼法。能量法自动调整阻尼因子，并且阻尼因子在不同单元可能有不同的数值，更适合于局部稳定性问题（如材料发生塑性变形）。阻尼法直接指定一个阻尼因子，在不同单元中是统一的值。当收敛困难时，建议两种方法同时使用，先用能量法求解，而在重启计算时使用阻尼法。

非线性稳定性的选型如图 7.13 所示。Stabilization 选项中有 Constant 和 Reduced 两种，前者在每个载荷步中都保持一个恒定值，后者在载荷步中线性降低阻尼因子，在多数情况下保持 Constant 选项即可，当收敛失败时可以尝试切换到 Reduced 选项。Energy Dissipation Ratio 用来指定能量耗散比，它是一个 0～1 的数值，在能够避免求解发散的前提下尽量使用小的值以便提高计算精度。
Activation For First Substep用来设置初始子步
的阻尼,一般初始迭代时系统是从稳定状态以一
个合理的增量值开始迭代求解,很少出现第1个
子步就不收敛的情况,所以该选项默认为关闭。

当开启非线性稳定性选项时,引入人工阻尼
必然会对结果造成影响。建议通过比较Strain
Energy和Stabilization Energy评估人工阻尼对
求解精度的影响。如图7.14所示,一个通用准
则要求Stabilization Energy≪10% Strain Energy。

Nonlinear Controls	
Newton-Raphson Option	Program Controlled
Force Convergence	Program Controlled
Moment Convergence	Program Controlled
Displacement Convergence	Program Controlled
Rotation Convergence	Program Controlled
Line Search	Program Controlled
Stabilization	Constant
--Method	Energy
--Energy Dissipation Ratio	1.e-004
--Activation For First Substep	No
--Stabilization Force Limit	0.2

图7.13 非线性稳定性

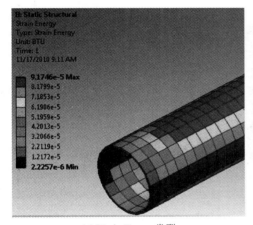

(a) Strain Energy类型

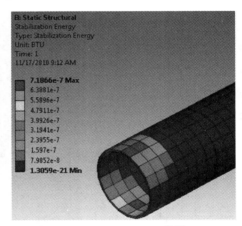

(b) Stabilization Energy类型

图7.14 比较能量误差

【例7.2】 非线性屈曲分析

(1)新建一个Workbench工程,双击Static Structural以便添加一个静力学结构仿真流程。

(2)右击Geometry单元格,打开DM,将Units设置为inch。

(3)如图7.15所示,在XY平面添加一个新的草绘,并绘制三段直线,V1的长度为200in,H2的长度为10in,H3的长度为190in。

(4)如图7.16所示,选择Lines From Sketches,用刚创建的草绘建立线体。选择Cross Section中的Rectangular,创建一个矩形梁截面,并将截面的长和宽都设置为1in,选择Line Body,并将创建的截面赋予线体。

(5)返回Workbench主界面,双击Model以便打开Mechanical界面。将Units设置为US Customary。创建如图7.17所示的约束,选中两个端点,先添加一个Displacement位移约束,将3个方向的位移分量均设置为0。添加一个Fixed Rotation旋转约束,选中两个端

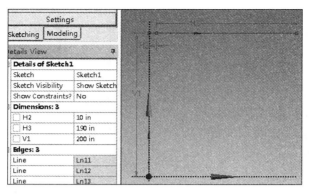

图 7.15 新建草绘

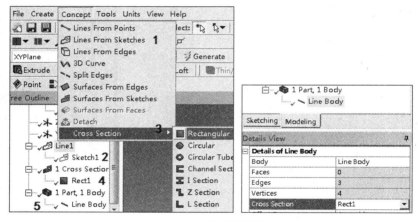

图 7.16 创建梁模型

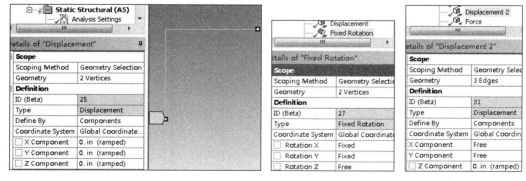

图 7.17 设置约束条件

点,设置 Z 方向旋转自由。再添加一个 Displacement 位移约束,设置 X 方向和 Y 方向自由,而 Z 方向固定。

（6）添加载荷约束，选中如图 7.18 所示的点并沿着 Y 方向添加向下 500lbf 的集中力。

（7）在 Analysis Settings 中开启 Auto Time Stepping，并设置如图 7.19 所示的时间步长，开启 Large Deflection 选项。在 Restart Controls 将相关保存选项设置为 All，将 Stabilization 设置为 Off。

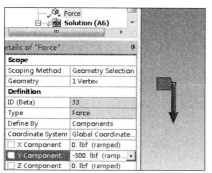

图 7.18　添加载荷约束

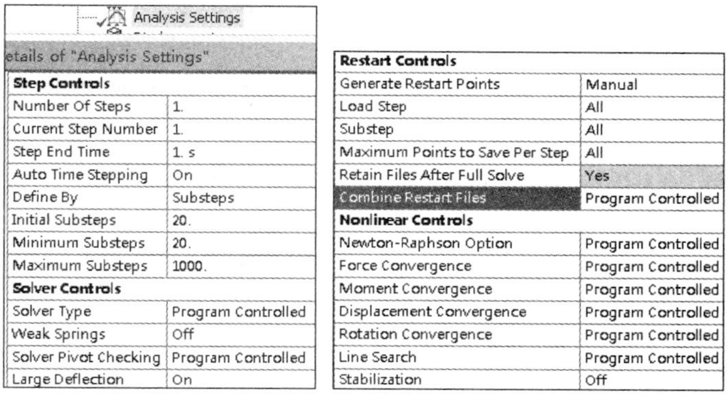

图 7.19　分析设置

（8）单击 Solve 开始求解，经过多次迭代和二分后，求解失败，力收敛曲线如图 7.20 所示。

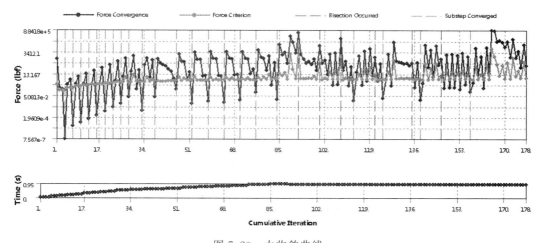

图 7.20　力收敛曲线

（9）添加 Total Deformation 结果后处理，在其上右击，选择 Evaluate All Results，系统计算最后一个成功收敛子步的变形，该变形反映出模型正经历了大变形而导致的坍缩。如图 7.21 所示，从该图中可以看出在第 22 子步，成功收敛到总载荷的 91.194％，在第 23 子步发散。

（10）选择 Analysis Settings，将 Restart Type 设置为 Manual，Current Restart Point 自

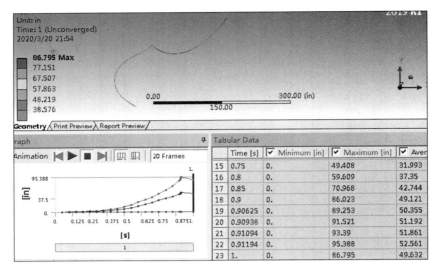

图 7.21　结果后处理

动选择最后一次成功收敛的子步作为重启点。将 Stabilization 设置为 Constant，其余参数
设置如图 7.22 所示。

etails of "Analysis Settings"	
Restart Analysis	
Restart Type	Manual
Action (Beta)	Continue Analysis
Current Restart Point	Load Step 1, Substep 22 ▾
Load Step	1
Substep	22
Time	0.91194 s

Displacement Convergence	Program Controlled
Rotation Convergence	Program Controlled
Line Search	Program Controlled
Stabilization	Constant
--Method	Damping
--Damping Factor	1.e-004
--Activation For First Sub...	On Nonconvergence
--Stabilization Force Limit	0.2

图 7.22　稳定性选项设置

（11）单击 Solve 进行求解，经过几次迭代后仍然收敛失败。分析如图 7.23 所示的收敛
曲线，最后一次成功收敛出现在第 22 子步（从左侧开始算起的绿色直线），第 17 子步后开始
频繁出现红色二分线，表明第 17 子步后收敛出现困难，因此可以将重启选项适当再向前调
整几步尝试重新计算。可以将 Restart Analysis 中的 Current Restart Point 设置为 Substep 18，
选择 Solve 再进行重新计算，由此可知，非线性问题是一个不断尝试的过程，如果仍然失败，
则可以继续向前调整并重启子步。

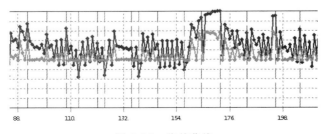

图 7.23　收敛曲线

（12）如图 7.24 所示，收敛成功后，可以查看最终的变形结果及变形过程的动画。

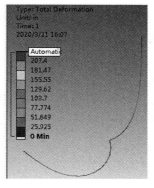
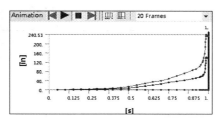

图 7.24　变形及动画

（13）将 Displacement1 拖动到 Solution 上并添加 Force Reaction，在工具栏中添加 User Defined Result，并在 Expression 中添加如图 7.25 所示的表达式 abs(uy)，求解 Y 方向位移的绝对值。

（14）在工具栏中单击如图 7.26 所示的 New Chart and Table 按钮。按住 Ctrl 键后选择 Force Reaction 和 User Defined Result，在 Outline Selection 中添加这两个对象。将 X Axis 设置为 User Defined Result(Max)，并按图 7.27 设置要显示的曲线。

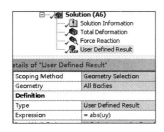

图 7.25　添加反作用力及自定义表达式

图 7.26　添加图表结果后处理

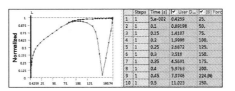

图 7.27　设置图表显示选项

第8章

热 分 析

8.1 热分析基础

在空调、暖通、能源、石化、流体机械、灯具、航空航天等领域,能量传递及能量转化是设计中需要关注的核心参量。随着通信产品、消费电子和新能源的快速发展,产品小型化、微型化已成为趋势,产品的功率密度在不断提高,这类产品在设计过程中面临越来越多散热方面的挑战。散热、温度感受与产品可靠性、安全性及用户体验密切相关,越来越多的企业开始关注产品设计中的热设计。

从仿真软件的角度来看,热分析的目的是计算模型内的温度分布及热梯度、热流密度等物理量,热仿真中的热载荷主要包括温度、热源、热流量、对流及辐射通量。在热量传递过程中主要有 3 种方式:热传导、热对流及热辐射。

8.1.1 热传导

当物体内部存在温差时,热量从高温部分转移到低温部分;当不同温度的物体相接触时,热量从高温物体传递到低温物体。这种通过直接接触产生的热量转移和传递称为热传导,在这个过程中没有宏观上的相对运动,温差是热传导的动力。

热传导遵循傅里叶导热定律:

$$q_x = -k\frac{\partial T}{\partial x} \tag{8.1}$$

$$\phi_x = -kA\frac{\partial T}{\partial x} \tag{8.2}$$

其中,

q_x 表示 x 方向的热流密度,其物理意义表示 x 方向上单位时间内在单位面积上通过的热量,单位为 W/m^2。

T 表示温度。

k 表示导热系数(它与材料密切相关)。

ϕ_x 表示 x 方向的热通量,单位为 W。

A 为垂直于 x 方向的有效面积,负号表示热量从高温物体流向低温物体,与热量梯度方向相反。

傅里叶导热定律是通过实验总结出来的一维导热规律。它虽然也可以描述成三维形式,但在三维空间中热传导并不严格满足傅里叶定律,仅用来做定性分析,公式为

$$\phi_x = -kA\frac{\Delta T}{\Delta x} = -\frac{\Delta T}{\Delta x/kA} \tag{8.3}$$

工程中经常类比欧姆定律,引入热阻 R 的概念,公式为

$$R = \frac{\Delta x}{kA} \tag{8.4}$$

8.1.2　热对流

热对流是指温度不同的各部分流体之间发生相对运动所引起的热量传递方式。热对流分为自然对流和强迫对流两种。自然对流是因为温度导致密度不同并产生浮力效应而引起的流动;强迫对流主要是由动力源提供的压力差引起的流动。工程中更普遍采用的是一种称为对流换热的工况,它指的是固体壁面与其相邻的流体之间的换热过程,它是一个对流和热传导的复合过程。对流换热通过牛顿冷却公式描述:

$$\phi = hA(T_w - T_f) \tag{8.5}$$

其中,

ϕ 为热通量;

h 称为对流换热系数或表面换热系数(膜系数);

A 为换热面积;

T_w 为固体壁面温度;

T_f 为壁面附近流体温度。

牛顿冷却公式是一个定性公式,其中对流换热系数影响因素复杂,它不仅取决于流体的物理性质(导热系数、黏度、比热容、密度等)及换热面的几何形状,还与流体速度强烈相关。将所有的影响因素归结到一个对流换热系数 h 中,因此严格意义上的对流换热仿真需要进行热流场耦合仿真。

8.1.3　热辐射

物体之间通过电磁波进行能量交换称为热辐射。一切温度高于绝对零度的物体都能产生热辐射。热辐射不需要介质,真空中的热辐射效率最高。热辐射与温度和物体表面特性相关,同一物体,温度越高,热辐射就越强;同一温度下,黑体的热辐射能力最强。在高温物体及自然对流换热中需要考虑热辐射,否则会引起比较大的误差,其他情况通常忽略辐射换热。辐射换热的公式描述为

$$Q_{\mathrm{rad}} = \varepsilon A_s \sigma T^4 \tag{8.6}$$

其中,ε 为表面发射率,σ 为斯蒂芬-玻耳兹曼常数,A_s 为辐射表面积,T 为表面温度。

当考虑多个物体之间同时辐射并吸收热量时,净辐射量可表示为

$$Q_{\text{rad}} = \varepsilon A_i \sigma F_{ij} (T_i^4 - T_j^4) \qquad (8.7)$$

其中,F_{ij} 为 i 面相对于 j 面的影响因子,也称角系数,它与两面之间的相对位置有关。

8.2　几种热分析模块比较

本章热分析主要讨论结构件在热载荷作用下的热响应及电子产品的散热及温度仿真。关于流体的温度仿真将在第 9 章中讲解。

Workbench 中可以使用 Mechanical 求解器进行热传导、热对流、热辐射等问题的仿真,还可以与结构分析模块进行热-结构耦合仿真。如图 8.1 所示,Steady-State Thermal 和 Transient Thermal 可分别进行稳态和瞬态热分析。Thermal-Electric 为热电效应仿真模块,主要用来模拟导体的 3 种热电效应及焦耳热。Thermal-Stress 可以模拟结构考虑温度效应后的热膨胀及热应力。Icepack 是一个电子散热领域的专用热仿真模块,调用 Fluent 求解器进行共轭换热仿真,内部有风扇、PCB、散热器、百叶窗等专用工具,建模和仿真十分方便。

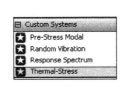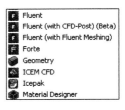

图 8.1　热分析模块

8.3　基于 Mechanical 求解器的热仿真

8.3.1　稳态热仿真基础

工程中更多情况下关注热平衡时的温度分布。在进行稳态热分析时不考虑温度的瞬时效应,它的求解方程如下:

$$[K(T)]\{T\} = \{Q(T)\} \qquad (8.8)$$

其中,

$[K(T)]$ 为分布矩阵,它可以是常数或温度的函数。

$\{Q(T)\}$ 为热载荷向量,它可以是常数或温度的函数。

$\{T\}$ 为温度向量。

稳态热仿真中支持实体、面体和线体。当不考虑温度沿厚度变化时,可以将其实体当作面体处理;当不考虑截面的不同位置处的温度差异时,可以将实体当作线体处理。

在稳态热分析中唯一需要的材料属性只有材料的导热系数,它可以是常数,也可以是随温度变化的导热系数。

在稳态热分析中,系统会根据接触状态判断热量能否在零件之间传递,具体规则如表8.1所示。

表 8.1 接触状态和传热的关系

接触类型	热传是否可以在零件之间传递		
	Initially Touching	Inside Pinball Region	Outside Pinball Region
Bonded	是	是	否
No Separation	是	是	否
Rough	是	否	否
Frictionless	是	否	否
Frictional	是	否	否

默认情况下,接触处是不考虑接触热阻的。真实零件之间由于表面粗糙度、表面处理方式、氧化、润滑状况不同等原因,接触面上一定会存在温度的差异,接触热阻不可避免。接触热阻可以在接触参数中设置,如图8.2所示。

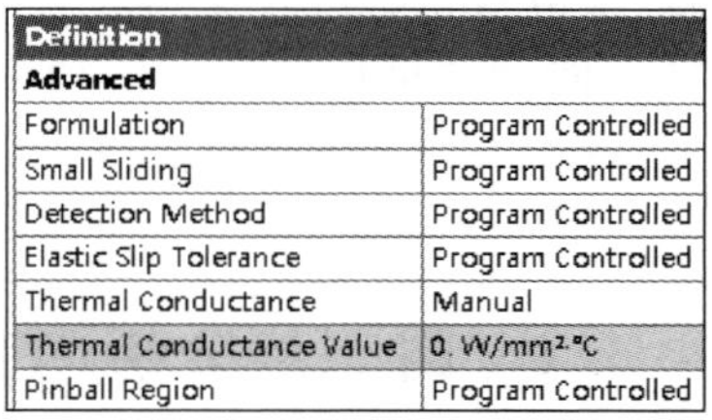

图 8.2 设置接触热阻

8.3.2 稳态热仿真边界条件

Heat Flow(热流量):表示单位时间通过的热量,单位为 W,可以施加在点、线或面上。

Heat Flux(热通量):表示单位时间单位面积上通过的热量,单位为 W/m^2,仅可施加在面上。

Internal Heat Generation(体积热源):单位时间单位体积通过的热量,单位为 W/m^3,仅可施加在体上。

Perfectly Insulated(理想绝热):表示该面不能通过热量。当面不添加任何边界条件时,该面就是理想绝热面,所以理想绝热边界条件一般用来覆盖其他边界条件或定义对称面。

Temperature(温度载荷):表示恒定温度,可以作用在顶点、边、面或体上。

Convection(热对流):如图8.3所示,需设置对流系数 h 和环境温度。其中对流换热系数可以为常数、温度、时间或位置坐标的函数。当选择 Import Temperature Dependent 时,可以调用一些系统预定义的典型的对流换热系数。

Radiation(热辐射):需提供辐射率和环境温度,只能施加在面上。

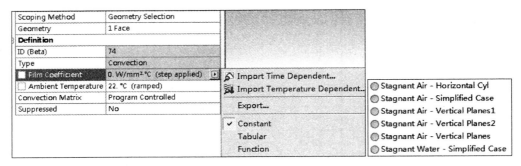

图 8.3　对流换热设置选项

8.3.3　求解参数及结果后处理

因为稳态热分析使用 Mechanical 求解器进行求解,求解器参数的含义同静力学求解器参数的含义相同。结果后处理包含如图 8.4 所示的选项,可以在后处理中获得温度、热通量、热流量等信息。

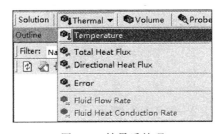

图 8.4　结果后处理

8.3.4　瞬态热分析简介

Transient Thermal 为 Workbench 的瞬态热分析模块,它的大部分设置同 Steady-State Thermal 稳态热分析模块一样,其主要区别在于边界条件可以设置随时间变化的温度或热载荷,求解器参数中可以指定分析的时间间隔及时间步长。

8.3.5　稳态-瞬态热分析综合实例

【例 8.1】　热仿真综合实例

（1）新建一个 Workbench 工程,双击 Steady-State Thermal,添加一个稳态热分析流程。在 Toolbox 中将一个 Transient Thermal 拖动到 Steady-State Thermal 的 Solution 上,二者共享材料、几何模型和网格,且将稳态分析结果作为瞬态热分析的边界条件,如图 8.5 所示。

（2）右击 Geometry,添加素材文件 eg8.1.x_t。双击 Model 便可打开分析设置界面。

（3）保持默认材料,右击 Mesh,添加 Method。选中所有模型,设置为 Hex Dominant 六面体主导类型网格并将 Free Face Mesh Type 设置为 Quad/Tri。右击 Mesh 后添加 Size 局部网格,选中电路板,将其网格尺寸设置为 2mm,再添加一个 Size 局部网格,选中除电路板外的其他所有元器件,将网格尺寸设置为 0.9mm。右击 Mesh,选中 Generate Mesh,如图 8.6 所示。

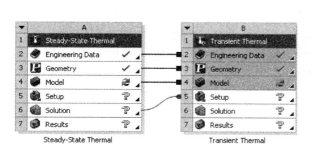

图 8.5　添加分析模块

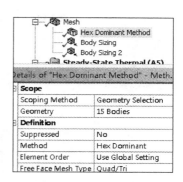

图 8.6　设置网格参数

（4）将 Units 设置为 m、kg、N，选中 Part9，并为其添加 Internal Heat Generation，设置其大小为 $5.\mathrm{e}+007\mathrm{W/m^3}$，如图 8.7 所示。

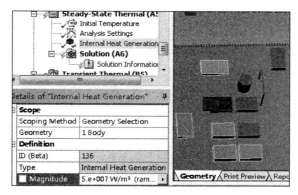

图 8.7　添加热载荷

（5）选中所有模型，添加 Convection 边界条件，将环境温度设置为 $22℃$，在 Film Coefficient 中，默认为输入对流系数，在其下拉列表中选择 Import Temperature Dependent，在弹出的对话框中选择如图 8.8 所示的停滞的空气的简化模型，它的对流换热系数为常数 5。

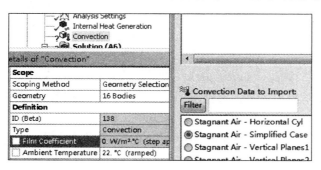

图 8.8　添加对流换热边界条件

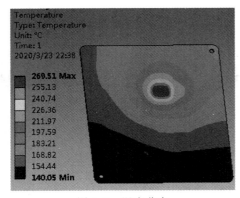

图 8.9　温度分布

（6）在 Solution 中添加 Temperature 作为求解结果，单击工具栏中的 Solution 进行求解，结果如图 8.9 所示。

（7）接下来设置瞬态热分析参数，如图 8.10 所示，在 Initial Temperature 中可以设置为 Non-Uniform Temperature，这时初始温度分布通常来自于稳态分析结果。另一种选择为 Uniform Temperature，输入一个具体的环境温度值，此时所有模型的初始温度和环境温度相同。

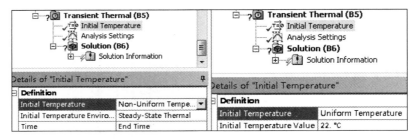

图 8.10　初始温度设置

（8）在 Analysis Settings 中可以设置仿真的时间步长及仿真持续时间。这里将 Step End Time 设置为 200s，保持默认时间步长，如图 8.11 所示。

（9）选择如图 8.12 所示的几何模型，为其设置 Internal Heat Generation，此属性为随时间变化的发热功率，这里的热载荷使用的是由单位体积的发热功率随时间变化的表格形式描述的，也可以是随时间变化的函数表达式，例如"＝10 * sin(time)"，其中时间自变量使用 time 关键字，表达式要以"＝"开头。

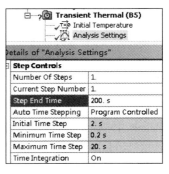

图 8.11　时间步长设置

（10）如图 8.13 所示，设置第 2 个随时间变化的热源。

（11）在 Solution 中插入 Temperature，并单击工具栏中的 Solve 进行求解。

（12）求解结束后可以查看温度随时间变化的曲线及数据表，云图中默认显示的是结束时刻的温度分布，如图 8.14 所示。

（13）选中具体模型后，在 Temperature Probe 中可以插入 Temperature、Heat Flux 等求解信息，如图 8.15 所示。

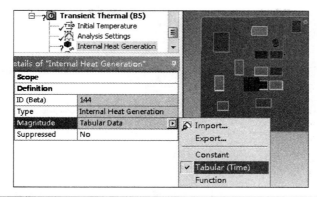

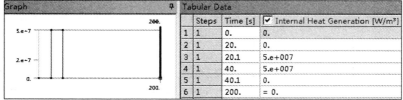

图 8.12 设置发热功率

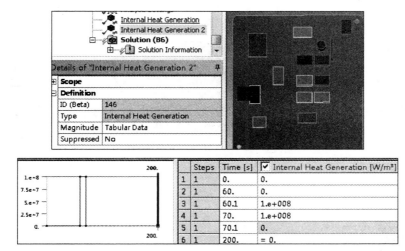

图 8.13 设置发热功率

8.3.6 热装配仿真实例

零件在受热时会发生膨胀,过盈配合的零件可以利用该原理进行装配,该方法称为热装配。热装配可以避免压力装配过程中造成的工件损伤。

零部件在温度变化但自由变形受到限制时会产生内应力,称为热应力。当热应力过大

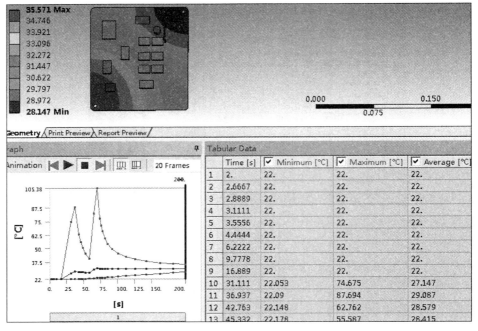

图 8.14 温度分布

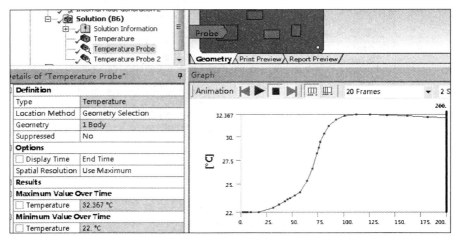

图 8.15 查看特定对象的温度曲线

时有可能导致零件弯曲,严重时甚至会导致零件开裂;轴系零件的热应力则可能导致两端轴承卡死,这些都是严重的运行故障,在设计时应充分考虑。

由于热分析模块后处理无法显示变形、应力、应变等信息,所以需要将热作为载荷导入结构分析模块中显示受热变形或进行热应力分析,因此热装配及热应力分析都属于热-结构耦合分析。

【例8.2】 热装配及热应力仿真实例

以轴承为例,演示热装配的仿真分析流程。

13min

(1) 由于热-结构耦合是一种常用分析流程,所以 Workbench 预置的流程中包含了该流程。双击图8.16左图所示的 Thermal-Stress,添加如8.16右图所示的分析流程。

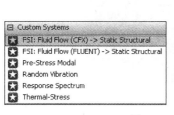
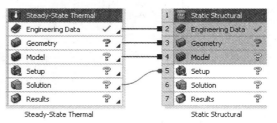

图8.16 添加热-结构耦合分析流程

(2) 右击 Geometry,添加 eg8.2.x_t 素材文件。双击 Model 以便打开 Mechanical 分析界面,保持默认的结构钢作为轴承材料。

(3) 在 Mesh 中将全局网格尺寸修改为 1.e−003m,并设置为 Capture Curvature,如图8.17所示。

(4) 选择几何模型,添加 100℃ 温度载荷并将其作用在整个实体上,如图8.18所示。

(5) 由于不添加任何结构约束,所以需要在结构分析设置中打开 Weak Springs 作为结构支撑,防止发生刚体运动,如图8.19所示。

Display Style	Use Geometry Setting
Defaults	
Physics Preference	Mechanical
Element Order	Program Controlled
Element Size	1.e-003 m
Sizing	
Use Adaptive Sizing	No
Growth Rate	Default (1.85)
Max Size	Default (2.e-003 m)
Mesh Defeaturing	Yes
Defeature Size	Default (5.e-006 m)
Capture Curvature	Yes

图8.17 设置全局网格尺寸

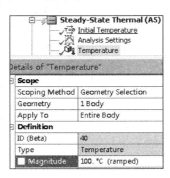

图8.18 设置温度

图8.19 设置弱弹簧

(6) 在 Solution 上添加 Total Deformation,在工具栏中单击 Solve,得到如图8.20所示的变形结果。当轴承内径膨胀量大于配合轴径时,即可通过加热的方式对轴承进行装配。

设备中的轴系部件因运转过程中摩擦等原因发热,若在设计时预留的热膨胀空间不足,则会产生热应力,导致轴承运转时产生附加载荷,严重时则会导致轴承卡死。下面以一轴系为例,计算当没有预留热膨胀空间时,轴系内产生的热应力及轴承上产生的附加载荷。

(7) 再次双击 Toolbox 中的 Thermal-Stress,增加一套新的分析流程。

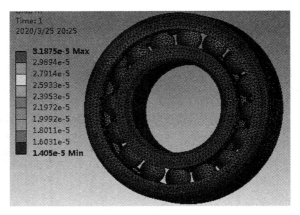

图 8.20　变形结果

（8）右击 Geometry，添加 eg8.2-2. x_t 素材文件。双击 Model 以便打开 Mechanical 分析界面，仍保持默认的结构钢作为轴及轴承的材料。

（9）在 Mesh 中将全局网格尺寸修改为 15mm，并将 Capture Curvature 设置为 Yes，如图 8.21 所示。选中除轴外的其余零件，右击 Mesh，添加 Sizing 局部网格控制，将 Element Size 设置为 5mm，并将 Capture Curvature 设置为 Yes，如图 8.22 所示。

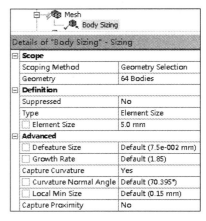

图 8.21　设置全局网格　　　　　　　　　图 8.22　设置局部网格

（10）如图 8.23 所示，选中 Steady-State Thermal，在工具栏中选择 Temperature，为其添加温度边界条件，选中全部实体，将 Apply To 设置为 Entire Body，将温度设置为 90℃。如图 8.24 所示，选中 Static Structural，在工具栏中选择 Fixed Support 边界类型，选中两个轴承的外表面，将轴承外圈固定，这里通过添加两次 Fixed Support 分别固定两个轴承外圈是为了方便后续单独查看每个轴承外圈所受的轴向力。

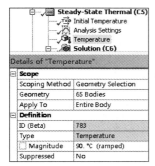

图 8.23　添加温度边界条件

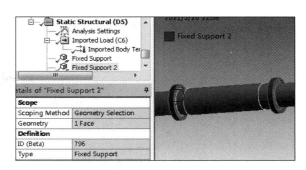

图 8.24　设置局部网格

（11）选中 Solution，在工具栏中依次选中 Deformation 下的 Total、Stain 下的 Equivalent Stain、Stress 下的 Equivalent Stress 及 Probe 下的 Force Reaction，如图 8.25 所示，将 Boundary Condition 设置为 Fixed Support。单击工具栏中的 Solve，进行求解。轴承受到的应力及轴向力如图 8.26 所示，由此可见，热应力会导致轴承失效。

图 8.25　设置后处理选项

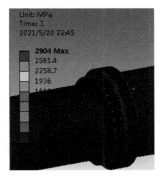

图 8.26　查看后处理结果

（12）右击 Fixed Support，选择 Suppress，压缩其中一个固定支撑，模拟轴承的一端固定，另一端为浮动边界类型，如图 8.27 所示。再次求解并查看受热膨胀后轴承受到的轴向力，如图 8.28 所示，可以看出此时轴承受到的轴向力已降到可以忽略的水平。

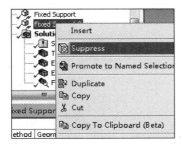

图 8.27　设置一端浮动

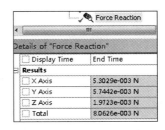

图 8.28　查看后处理结果

8.4 Icepack 基础

温度过高是电子产品在使用过程中最常见的一种失效形式,一般认为当芯片温度超过使用要求的温度运行时,每升高 10℃,运行寿命就会减少一半。一款经得起市场考验的电子产品,必须进行温度控制设计。许多消费类电子产品还需要控制外壳的温度,它是影响客户体验中非常重要的一个方面。随着电子产品功率密度的持续提升,电子产品的散热温度必将日益凸显,热设计面临着巨大的挑战,作为热设计及热优化的辅助工具,热仿真软件因其高效率、低成本及便捷的可视化分析功能,使其在热设计中的作用越来越突出。

8.4.1 Icepack 简介

与 Workbench 中的 Steady State Thermal 及 Transient Thermal 不同,Icepack 是基于 CFD(计算流体动力学)的热分析模块,它具有更高的精度和更广的适用范围,可以完成从芯片级、板级、系统级到环境级的热仿真。内置的风扇、散热器、PCB、芯片热模型、格栅等建模工具可以方便快捷地完成建模及仿真工作。

8.4.2 Icepack 界面及仿真流程

Icepack 的主界面如图 8.29 所示,左侧为模型管理窗格,其中前两项用来设置仿真及求解器参数;中间点、线、面工具用来设置仿真监控对象;最下方是模型树,用来管理模型。旁边的工具栏可以快速创建几何模型并对模型进行操作。同其他软件相似,窗口最上方是菜单栏,包含全部命令。菜单栏下方是常用工具栏,用来进行视图操作、选择控制、添加后处理对象。在中间显示区域的下方还有消息窗口及尺寸设置对话框,用来设置模型位置及尺寸。

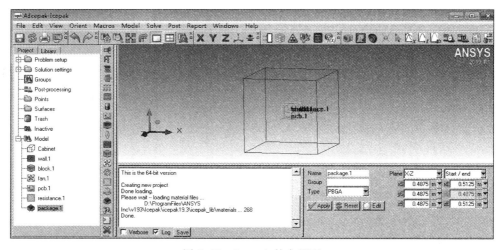

图 8.29 Icepack 的主界面

Icepack 基本仿真流程包括模型前处理、模型参数设置、网格设置、求解器设置及结果后处理。

8.4.3　Icepack 模型前处理

Icepack 可以直接利用建模工具建立几何模型，也可以通过导入方式创建几何模型。以下是 Icepack 中常用的几个建模工具。

(1) Cabinet：它是一个默认存在的几何模型，其内部充满了空气。Cabinet 所在的区域就是默认的求解区域，所有其他模型都要位于 Cabinet 包含的区域范围内。Cabinet 默认的边界是绝热墙壁，不允许能量及空气通过墙壁。可以将其更改为 Wall、Opening 和 Grille 类型，Wall 类型只允许传递能量，Opening 类型允许能量及空气流过，Grille 类型则在空气通过时考虑流通阻力并导致一定的压降。

(2) Block：包含 Solid Block、Hollow Block、Fluid Block、Network Block 4 种类型。Solid Block 可以模拟各种实体，可以为其赋予材料、发热功率、热特性、表面特性等。Hollow Block 类型内部不划分网格，所包含的区域被从计算区域排除。Fluid Block 用来创建流体区域，内部求解流动及能量方程。Network Block 主要用来创建热阻网络模型。

(3) Plate：包含 Conducting thick、Conducting thin、Contact resistance 和 Adiabatic thin。主要用来创建导热薄板、接触热阻、界面材料、导流板、挡板等结构。

(4) Wall：它主要用于定义边界条件，只能放置在 Cabinet 和 Hollow Block 的边界面上。Wall 包含 3 种类型：Stationary、Moving、Symmetry。Stationary 为默认类型；Moving 可定义壁面内的运动；Symmetry 作为对称面，其上无热通量，可以认为是绝热及无摩擦表面。

(5) Openings：用来创建普通开孔或再循环区域，其中再循环区域主要用来模拟冷却器或加热器。

(6) Fans：包含 Intake、Exhaust 及 Internal 共 3 种轴流风扇类型。前两种只能创建在边界面上，用来从外界吸风及向外界排风。最后一种可以建立在求解域内部。当流动特性用风机曲线描述时，曲线需要以流量为零开始，以压力为零结束。可以设置工作点转速和名义转速，当二者不一致时，工作曲线会根据工作转速动态平移。

(7) Grille：用来创建格栅，通过设定速度损失或压力损失模拟流动中的阻力。

(8) Enclosure：可以看作 Plate 和 Opening 的组合，主要用来创建一些腔体或壳状的围挡结构。

(9) Heat Sink：包含简单和详细两种散热器设置。当设置为简单类型的散热器时，Icepack 使用方块代替实际形状，通过参数、损失系数模拟流动及散热效果。当设置为详细类型时可以设置散热片的形状、间距、高度、方向、数量等参数及基板厚度、基板与散热片连接形式、基板的接触热阻等。

除了这些常见建模工具外，还有 PCB、Resistance、Source、Periodic Boundary、HeatExchanger 等建模工具可用于创建 PCB、流动阻力、电源、周期边界条件及换热器等模型。

Icepack 还可以导入经过 DM 或 SCDM 转换过的 CAD 模型。在 DM 中可以在 Tools 菜单中选择如图 8.30 所示的 Electronics 工具,它包含和 Icepack 有关的工具,Simplify 可以用来对模型格式进行转换,转换过程中可以根据需要对几何模型及面体进行简化设置。其简化分为 3 个等级,只有 Level 3 的 CAD object 可以完整保留模型的几何形状。在 Facet Quality 中可设置面体质量,等级越高,曲线显示质量越好。经过转换的模型,在模型树中以粉红色显示,如图 8.31 所示。

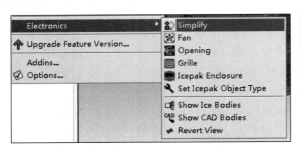

图 8.30　格式转换工具

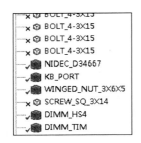

图 8.31　转换后的模型树

如图 8.32 所示,在 SCDM 中,Icepack 转化工具在 Workbench 工具组中,选择 Icepack Simplify,SCDM 同样提供了 3 个级别的转化,选择 Level 3 后可以拉动 Facet Quality 以便调整面体质量,此时框选模型即可进行模型转化。

模型转化完成后,在 Workbench 主界面中将 Icepack 拖入 Geometry 单元格上,建立连接,双击 Setup,打开 Icepack 即可将模型传递到 Icepack 中。除了 MCAD 文件外,Icepack 还支持 ECAD 模型的导入,如图 8.33 所示,在 Icepack 的 File 菜单中可以选择多种电气类型文件格式进行模型导入。

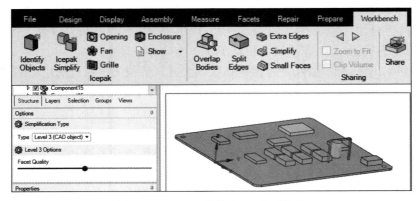

图 8.32　SCDM 中的 Icepack 工具组

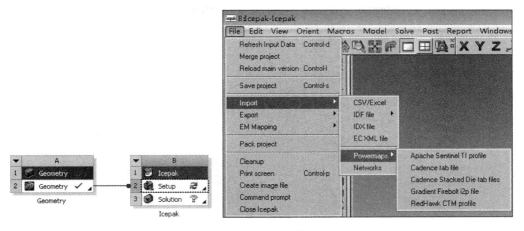

图 8.33 导入几何模型

8.4.4 模型参数设置

模型参数设置主要用于设置模型的几何尺寸、空间位置、为模型赋予材料、发热功率及流动特性等,如图 8.34 所示。

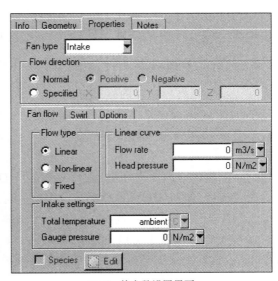

(a) Block的参数界面　　　　(b) Fan的参数设置界面

图 8.34 参数设置

在参数界面中可以分别设置 Surface material 和 Solid material。选择下拉列表的向下箭头即可打开参数列表,参数列表中有大量的自定义材料可供选择,当鼠标指针放在某个材料上时会显示材料的特性参数,如图 8.35 所示。若选择 Create material 则会打开自定义材料对话框,如图 8.36 所示。

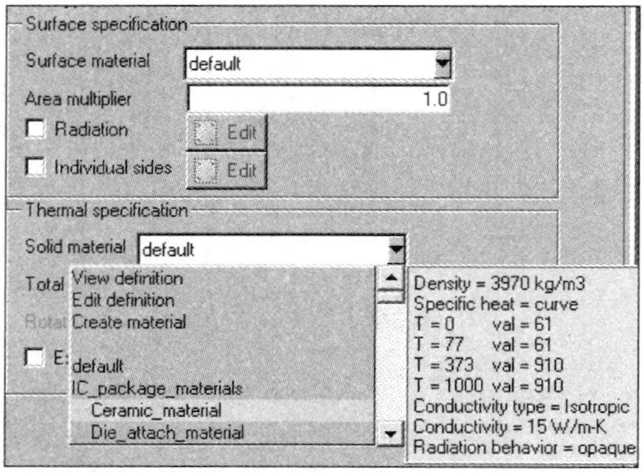

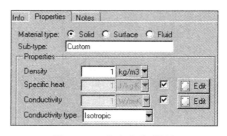

图 8.35 设置预定义材料

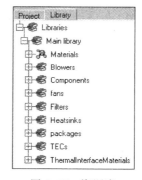

图 8.36 自定义新材料

Icepack 提供了丰富的库文件,如图 8.37 所示,在左侧目录树中切换到 Library 选项页可以查看系统提供的材料库、风机库、元器件库、界面材料库、散热器库及 TEC 库。双击某个元器件即可将其添加到仿真模型中。若需要引用材料库中的材料,则只需在选定的材料上右击,选择 Add to clipboard,并在模型树中选中实体,右击此实体,选择 Paste clipboard。

8.4.5 Icepack 网格设置

在工具栏中选择创建网格图标按钮,可以打开如图 8.38 所示的通用网格设置对话框。Icepack 通用网格主要包括

图 8.37 资源库

Mesher-HD 六面体主导类型网格、Hexa Unstructured 六面体非结构化网格和 Hexa Cartesian 六面体笛卡儿网格。后两种网格类型只适用于基础形状几何模型(如圆柱体、立方体、棱柱、棱锥等),在实际应用中,Mesher-HD 是最常用的网格划分类型,它生成的网格是包含六面体、四面体和多面体的混合网格。可以在 X、Y、Z 3 个方向上分别设置网格尺寸及最小间隙尺寸,小于最小间隙的模型要素将被忽略。

在 Global 选项页中可以设置全局网格参数,其中 Mesh parameters 可以设置为 Normal 或 Coarse,这两个选项对应于不同的间隙网格数、边线网格数和膨胀层宽高比组合,用来快速设置上述选项;Min elements in gap 可以设置两个面之间间隙内的网格层数,在全局背景网格中该值一般不建议超过 3 层,否则生成的网格数量将过于庞大;Min elements on edge 用来设置边线上划分网格的最小数量;Max size ratio 用来设置流体壁面膨胀层网格宽高比;No O-grids 用来设置疏密区域之间的过渡网格,过渡网格会包围网格密集区域并以放射状延伸到网格稀疏区域;Allow stair-stepped meshing 强制划分阶梯状笛卡儿网格;Mesh assemblies separately 针对装配体使用装配体网格参数,单独设置装配体部分的划分

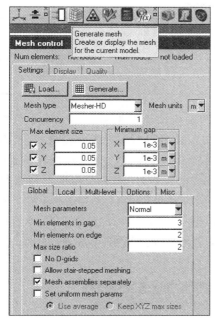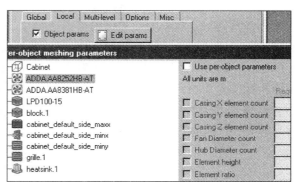

图 8.38 全局网格参数设置

网格。在 Local 选项页中可以对不同对象编辑网格参数,称为局部网格参数,局部网格参数会覆盖全局网格参数。其他选项页选项通常保持默认值即可。

在 Icepack 中允许一些类型的模型之间重合或交叉,在重叠的部分不同对象有不同的优先级,系统对优先级高的对象划分网格并使用它的材料、边界条件等属性。不同类型对象优先级不同,相同类型对象,在模型树中位于下方的优先级更高,可以在对象属性对话框中设置 Priority,数值大的优先级高,也可以在模型树中通过拉动的方式调整对象在模型树中的位置,以此改变优先级。改变优先级仅适用于同类型对象,不同类型对象的优先级如表 8.2 所示,改变 Priority 数值对不同类型对象无效。

表 8.2 不同类型对象优先级

优 先 级	对象类型(从上到下,优先级依次升高)
1	Block、Package、PCB、Heat sink、Resistance、Enclosure(Thick)
2	Thick Wall
3	Thin Wall
4	Plate、Enclosure(Thin)
5	Source
6	Grill、Opening、Fan、Blower
7	Heat Exchanger

续表

优先级	对象类型(从上到下,优先级依次升高)
8	Network Block、Network Object
9	Symmetry Wall、Periodic Boundary
10	Non-conformal Assembly

　　由于电子产品中不同对象的尺寸差别较大,统一的网格尺寸很难实现不同尺寸对象精度与网格数之间的平衡。此时可以设置装配体,不同装配体可以单独设置网格参数,从而实现稀疏的背景网格＋致密的装配体网格构成的嵌套网格,Icepack 允许多层装配体嵌套,从而实现了不同尺寸对象由密到疏的网格布局,很好地解决了不同尺寸对象精度与网格数之间的平衡。如图 8.39 所示,选择多个对象并右击选中的对象可以创建 Assembly(装配体),双击该装配体并切换到 Meshing 界面即可创建装配体网格,装配体内的对象使用同样的装配体网格参数。在装配体网格中大部分网格参数的含义与全局网格相同,Slack Settings 可以设置装配体与背景网格之间过渡区域的大小。

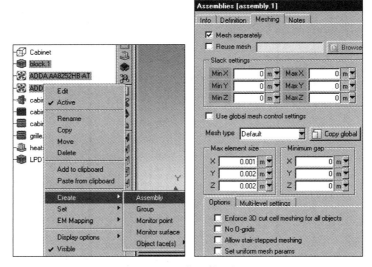

图 8.39　装配体网格

　　设置好网格参数后,可以单击 Generate 按钮生成网格,并通过 Display 及 Quality 显示网格及查看网格质量。

8.4.6　Icepack 求解器设置

　　如图 8.40 所示,双击 Basic parameters 可以打开参数设置对话框,在这里可以设置流场/热场计算、热辐射模型、强制对流或自然对流、层流紊流、瞬态或稳态等求解参数。若双击 Problem setup,则会以向导的方式显示求解参数设置对话框。在 Solution Settings 中可以设置迭代次数、并行求解器、积分算法、松弛因子、流动柯朗数等参数,由于 Icepack 调用 Fluent 求解器进行热流场计算,所以所有的参数设置的含义都和 Fluent 相同,详细的参数含义会在与 Fluent 相关的章节中进行介绍。

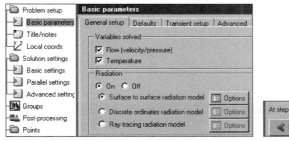

图 8.40 求解器设置

8.4.7 Icepack 结果后处理

Icepack 的后处理可以使用 Icepack 自带的后处理工具,也可以使用专业的 CFD 后处理工具 CFD-POST。两种工具都包括 Isosurfaces 等值面、Vector Plots 矢量图、Contour Plots 云图、Streamlines 流线图、XY 曲线图、Animations 动画、Reporting 计算报告。CFD-POST 的用法会在 Fluent 中进行介绍。常用的后处理工具位于工具栏中,如图 8.41 所示,更多功能可以使用 Post 和 Report 菜单中的命令,如图 8.42 所示。添加的后处理会出现在左侧目录树的 Post-processing 下。

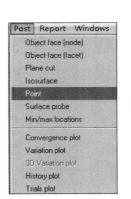
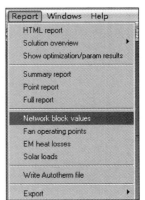

图 8.41 后处理工具栏　　　　　　　　图 8.42 后处理菜单

8.4.8 Icepack 电子产品仿真实例

Icepack 可以进行芯片级、板级、系统级及环境级散热仿真,在电子产品热设计中有非常广泛的应用。这里以一个电气箱为例,演示 Icepack 建模、仿真参数设置及结果后处理流程。

27min

【例 8.3】 Icepack 电气箱散热仿真

(1) 新建一个 Workbench 工程文件,由于这里的模型是利用 Icepack 提供的建模工具创建的,所以只需双击 Icepack 便可添加一个仿真流程,无须添加其他几何建模流程。双击 Setup 单元格,打开 Icepack 主界面。

(2) 在 Edit 菜单中选择 Preferences,打开如图 8.43 所示的自定义界面。在这里可以进行显示设置、默认的求解器参数设置、单位设置等。默认情况下,Icepack 的长度单位使用 m,这里将 Length 的单位设置为 mm,并选择 Set as default、Set all to defaults 及界面最下方的 This Project(图中未显示)。

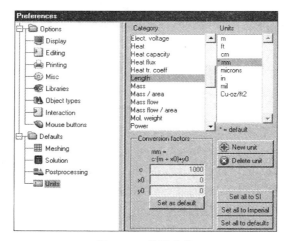

图 8.43　设置单位

(3) 双击模型树中的 Cabinet,设置如图 8.44 所示的尺寸,并将 Y、Z 方向的 4 个面设置为 Wall 类型,以便在其上设置换热条件。

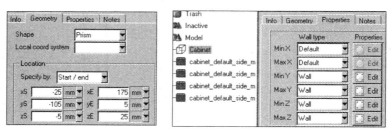

图 8.44　设置 Cabinet 尺寸及边界类型

(4) 在左侧目录树中同时选中 4 个 Wall 类型边界面,在其上右击,选择 Edit,打开如图 8.45 所示的属性窗口。将 External conditions 外部换热类型设置为 Heat transfer coefficient,选择 Edit,将 Heat transfer coeff 设置为 10,表明这 4 个面和外界环境之间通过自然对流方式进行换热。由于本例中电气箱的大小就是计算区域的大小,所以采用直接赋予对流换热系数的方式计算箱体壁的散热,若采用将箱体放在更大的环境空间中模拟箱体和环境之间的换热,则系统会根据流动状态自动计算壁面的对流换热系数。

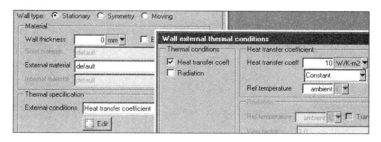

图 8.45 设置 Wall 换热条件

(5)选择 grille.1 工具,在窗口右下角将方向设置为 Y-Z 方向,单击 Apply 按钮。此时会弹出如图 8.46 所示的警告对话框,选择 Allow out,以便暂时允许模型位于 Cabinet 外部。

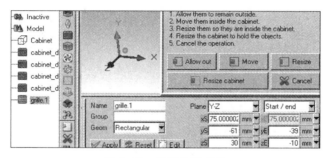

图 8.46 设置格栅方向

(6)一套位置对齐及尺寸匹配工具如图 8.47 所示。将鼠标指针放在各图标上,将显示图标名称,选择 Morph faces,按提示先选择被移动对象面上的一条边,按鼠标中键表示选择完成,再选择目标面上的一条边线,按鼠标中键完成位置对齐及尺寸匹配。

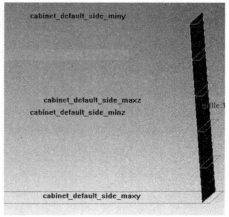

图 8.47 对齐及尺寸匹配工具

（7）添加一个 fan 风扇模型，双击打开如图 8.48 所示的风扇属性窗口。按图中尺寸设置风扇位置及尺寸，并将其设置为"3d"圆形风扇，此时风扇位于 Cabinet 边界面上且壳体在 Cabinet 内部。切换到 Properties 选项页，通过将风扇类型调整为 Intake 或 Exhaust 可以改变流动方向，流动方向通过箭头表示。当风扇完全位于 Cabinet 内部时，该风扇和外界不换气，此时风扇需将 Fan type 设置为 Internal 类型。将流动类型设置为非线性并以表格形式输入流量-压力数值对，如图 8.49 所示，先将流量单位修改为 cfm，流量-压力之间的分隔符可以是空格，也可以是 Tab 键。在输入流量-压力数值对时需要注意起始和结束的数值对必须分别是流量、压力为零的点。设置好后，可以选择 Editor 下的 Graph editor 查看 P-Q 曲线，横轴为流量，纵轴为压力。

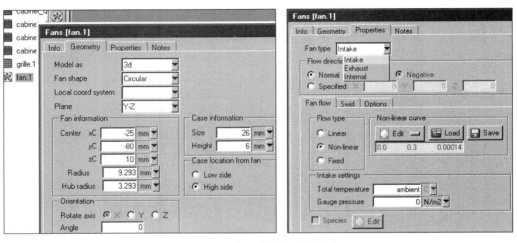

图 8.48　设置风扇位置及尺寸

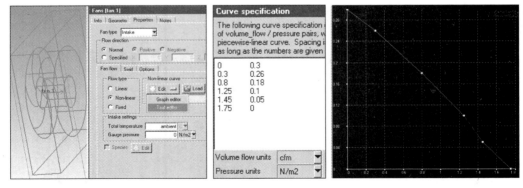

图 8.49　设置风机流量特性曲线

（8）在模型树的风扇上右击，选择 Copy，打开如图 8.50 所示的对话框。Number of copies 表示除源模型外的复制份数，勾选 Translate 并设置 Y 方向的复制距离为 60mm。

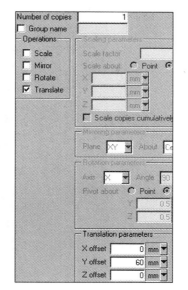

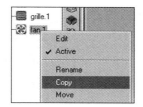

图 8.50　设置复制选项

（9）可以通过调整对象名称的显示及颜色、透明度改变模型视觉效果。如图 8.51 所示，通过单击工具栏中的显示对象名称按钮即可切换模型名称显示方式。在对象属性对话框中可以设置对象的线型显示方式、线宽和颜色。勾选 Transparency 选项还可以设置对象的透明度。

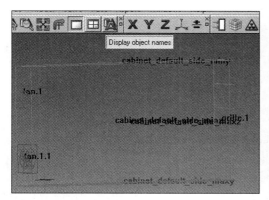

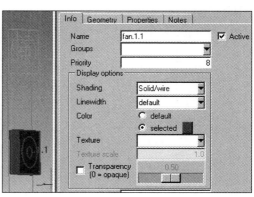

图 8.51　设置对象名称及对象颜色

（10）添加一个 Blocks 类型对象，双击此对象便可打开它的属性对话框，如图 8.52 所示。在尺寸设置中切换为 Start/length，此时可以通过设置起点坐标及长度确定模型的位置及尺寸。按图设置参数值后切换到 Properties 选项页中，勾选 Individual sides，选择 Edit 打开如图 8.53 所示的参数设置界面，选择 MinZ 并勾选 Thermal properties 和 Resistance 并将热阻类型设置为 Thermal resistance，将其数值设置为 0.25。通过这种方法可以对特定面设置接触热阻。

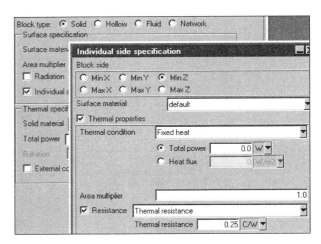

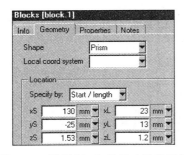

图 8.52　设置 block 的尺寸及热属性　　　　图 8.53　设置面的热属性

（11）选中刚创建的 block 对象并设置 copy 属性，如图 8.54 左图所示。选中两个 block 并再次进行 copy，按如图 8.55 右图设置相应参数。如图 8.56 所示，选中 4 个 block 对象并在其上右击并选择 Rename，输入 DDR 后系统会为 block 添加 DDR 开头并以数字序号结尾的名字。

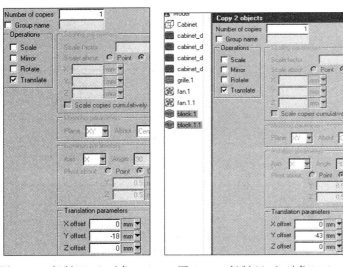

图 8.54　复制 block 对象（一）　　　图 8.55　复制 block 对象（二）　　　图 8.56　重命名 block 对象

（12）接下来创建 3 个 block 对象，并分别重命名为 board、large_flash、small_flash，它们的尺寸如图 8.57 所示。

（13）按表 8.3 为模型赋予材料及发热功率属性，当多个模型有相同属性时，可以同时

xS	-5 mm	xE	165 mm	xS	37 mm	xE	53 mm	xS	22.7 mm	xE	30.2 mm
yS	-105 mm	yE	5 mm	yS	-53 mm	yE	-39 mm	yS	-24.7 mm	yE	-15.7 mm
zS	0 mm	zE	1.53 mm	zS	1.53 mm	zS	5.03 mm	zS	1.53 mm	zE	3.33 mm

图 8.57 模型的位置及尺寸

将它们选中后进行属性编辑。当设置材料属性时,可以在 Solid material 的输入框中双击以便打开如图 8.58 所示的材料选择对话框,输入首字母后可以缩小材料选择范围。

表 8.3 对象的材料及发热功率

模型	DDR.1	DDR.2	DDR.3	DDR.4	board	large_flash	small_flash
功率 W	1.125	1.125	1.125	1.125	0	0.5	0.25
实体材料	Ceramic_material				FR4	Ceramic_material	

（14）添加 Package 元件,按图 8.59 设置封装类型、模型位置及尺寸、模型类型。可以在 Component visibility 中设置芯片显示内容,选择 Schematic 可以打开芯片封装图。图 8.60 为 Dimension、Substrate、Solder、Die 选项页中的 Schematic,通过它们可以详细地了解各参数的含义。在 Die/Mold 选项页中将 Total power 设置为 2.5W。按图 8.61 设置 Solder 中各参数的尺寸,参数的含义如图 8.60 所示。

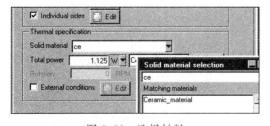

图 8.58 选择材料

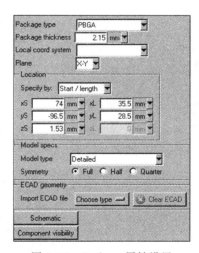

图 8.59 Package 属性设置

（15）再创建一个 Package 元件,按图 8.62 所示设置基本尺寸。同样将 Total power 设置为 2.5W。

（16）新建一个 HeatSink 散热器模型,按图 8.63 设置基本尺寸,其 XY 方向位置及尺寸和 Package2 相同,散热器刚好可以放在 Package2 上。按图 8.64 设置翅片形式及尺寸,将模型重命名为 AGP_heatsink,并将 Package2 重命名为 AGP,将 Package1 重命名为 bridge。

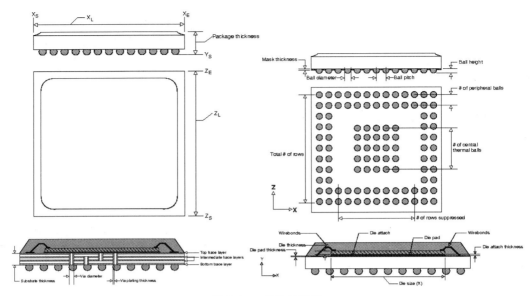

图 8.60　芯片封装图

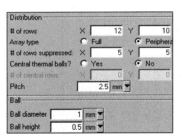

图 8.61　Solder 尺寸设置

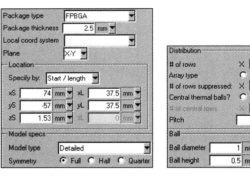

图 8.62　Package2 尺寸设置

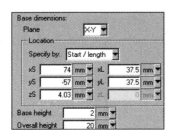

图 8.63　基本尺寸

图 8.64　翅片尺寸

　　(17) 到此模型已经建立好了，为了检查材料及功耗设置，可以在 View 菜单中选择 Summary(HTML)，此时会在浏览器中显示如图 8.65 所示的模型列表。

Blocks : (7)								
Object			Material		Sides	No. of Sides	Power	
Name	Shape	Block type	Surface	Solid	Enabled	Num Sides Added	Total	Type
DDR. 1	Prism	Solid	Steel-Oxidised-surface	Ceramic_material	YES	2	1.125 W	constant
DDR. 2	Prism	Solid	Steel-Oxidised-surface	Ceramic_material	YES	2	1.125 W	constant
DDR. 3	Prism	Solid	Steel-Oxidised-surface	Ceramic_material	YES	2	1.125 W	constant
DDR. 4	Prism	Solid	Steel-Oxidised-surface	Ceramic_material	YES	2	1.125 W	constant
board	Prism	Solid	Steel-Oxidised-surface	FR-4	NO	2		
large flash	Prism	Solid	Steel-Oxidised-surface	Ceramic_material	NO	2	0.5 W	constant
small flash	Prism	Solid	Steel-Oxidised-surface	Ceramic_material	NO	2	0.25 W	constant

图 8.65　模型列表

　　(18) 在工具栏中选择 Generate Mesh 按钮，使用默认参数生成网格。切换到 Display 选项页，按图 8.66 勾选相应选项，在左侧坐标系图标上单击 Z 轴将 XY 平面调整到与屏幕平行。可以看出默认网格在元器件处做了网格加密处理，但沿着 X 方向及 Y 方向，加密网格在元器件外部作了不必要的延伸，即 mesh bleeding。为了解决 mesh bleeding 问题，需要创建装配体并进行装配体网格设置。

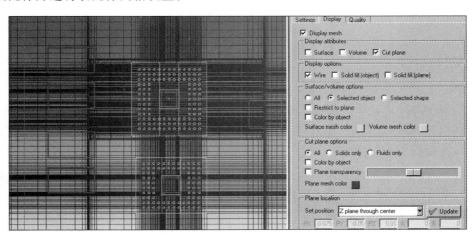

图 8.66　显示网格

　　(19) 如图 8.67 所示，分别右击 bridge 和 AGP，创建两个装配体，并分别重命名为 bridge_asm 和 AGP_asm。

　　(20) 选中 4 个 DDR 元器件，按图 8.68 创建一个名为 DDR 的组，创建组的目的是方便管理，创建好的组会出现在 Group 下。在组名 DDR 上右击，选择 Create assembly，此时模型树中会出现 DDR 装配体并替换 DDR 组。

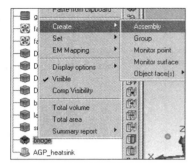

图 8.67 创建装配体

图 8.68 创建组并创建装配体

（21）双击 DDR 便可打开如图 8.69 所示的装配体网格编辑对话框。在此对话框可为其添加如图所示的 Slack 值。由于背景网格和装配体网格之间是非共节点网格，添加 Slack 的目的是使网格交界面不与元器件表面重合。同理为 AGP_asm 和 bridge_asm 设置同样的 Slack 参数。

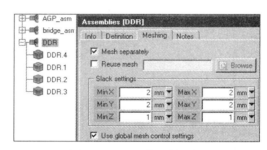

图 8.69 设置装配体网格

（22）在 Macros 菜单中选择干涉检查工具，打开如图 8.70 右图所示的对话框，在创建装配体时由于 Slack 的存在，有可能导致装配体之间发生交叉，因干涉导致仿真出错，在仿真前建议先进行干涉检查。

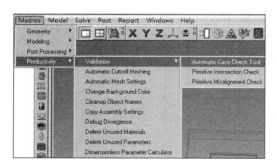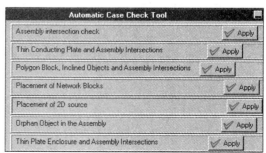

图 8.70 干涉检查

（23）再次生成网格并显示网格,将图 8.71 和图 8.66 进行对比,可以看到在 DDR 处,Mesh bleeding 已经消失了,AGP 处的 Mesh bleeding 已减少,但仍存在 Mesh bleeding,它是由 AGP_heatsink 导致的。为 AGP_heatsink 创建一个装配体并重命名为 Hs_asm,按图 8.72 为其分配 Slack 尺寸。

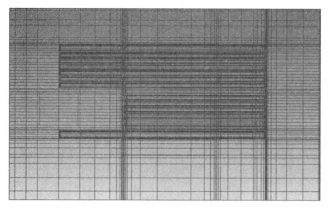

图 8.71　检查 Mesh bleeding

（24）单击左下角的 X 坐标轴,使 YZ 平面与屏幕平行,观察 HS_asm 与 Cabinet 的相对位置可以看到 HS_asm 与 Cabinet 之间存在一个很小的缝隙,该缝隙的存在会导致该处网格质量很差。在 MaxZ 上单击,此时会出现如图 8.73 所示的提示,表明 Z 方向的位置处于激活状态并随着鼠标点选的位置而发生变化。单击 Cabinet

图 8.72　HS_asm 的 Slack 设置

的右侧边,Slack 的 MaxZ 的值发生变化并捕捉到 Cabinet 右侧边上,此时二者之间的间隙已经完全消除。

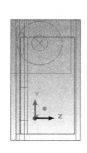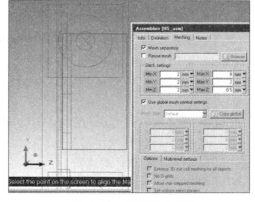

图 8.73　屏幕捕捉功能

（25）再次进行干涉检查，此时会出现如图 8.74 所示的干涉提示，因为 AGP 和 AGP_heatsink 之间有个面是重合的，此时若该方向两个装配体的 Slack 的值都不为 0，则必然会导致二者之间发生干涉。为了解决该问题，只需将 AGP_asm 拖曳到 HS_asm 中，此时二者之间的层级关系如图 8.75 所示。AGP_asm 成为 HS_asm 的子装配体，二者之间构成装配体的嵌套。

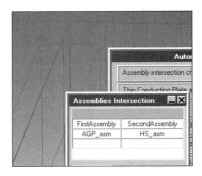

图 8.74　干涉检查　　　　　　　　　图 8.75　创建嵌套装配体

（26）再次生成网格并查看网格，如图 8.76 所示，Mesh bleeding 已经全部消除。

（27）装配体内的元器件被当作一个整体，当移动装配体时，内部的元器件会一起移动。如图 8.77 所示，在 Definition 选项页中，将 Y offset 设置为 15mm，此时 HS_asm 及内部器件均会沿 Y 方向移动 15mm。

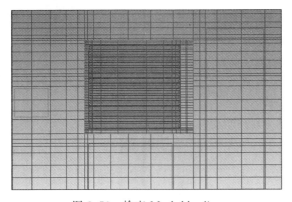
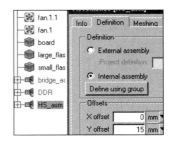

图 8.76　检查 Mesh bleeding　　　　　　　图 8.77　移动 HS_asm

（28）为 HS_asm 分配装配体网格尺寸，双击 HS_asm，切换到 meshing 选项页，按图 8.78(a)设置网格尺寸。按图 8.78(b)对全局网格进行加密，重新生成网格。

（29）因空间布局的限制，很多时候需要调整散热器的形状，在外部修改模型后再重新导入比较麻烦，此时可以通过一些操作技巧改变散热器形状。添加一个 block 对象，按图 8.79 设置尺寸。在 Properties 选项页中将 Block type 设置为 Fluid 类型。

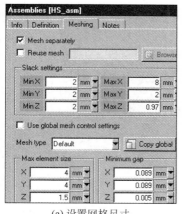

(a) 设置网格尺寸

(b) 加密全局网格

图 8.78　重新设置装配体网格及全局网格

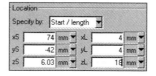

图 8.79　设置尺寸

（30）右击新创建的 block，选择 copy，按图 8.80 设置沿 X 方向的阵列尺寸。再次选中两个 block 进行阵列，参数如图 8.80(b) 所示。选中 4 个 block，为其重命名为 fluid_block。

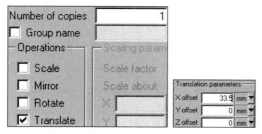

(a) 参数设置1　　　　　　　　　　　　(b) 参数设置2

图 8.80　复制 fluid_block 对象

（31）进行干涉检查，当选择 Orphan Object in the Assembly 时将弹出如图 8.81 所示的信息。新建的 4 个 fluid_block 位于 HS_asm 中，但层级关系不在装配体内，这种对象成为 Orphan 孤立体。选中 4 个 fluid_block 并将其拖入 HS_asm 即可解决该问题。

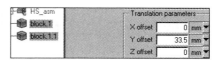

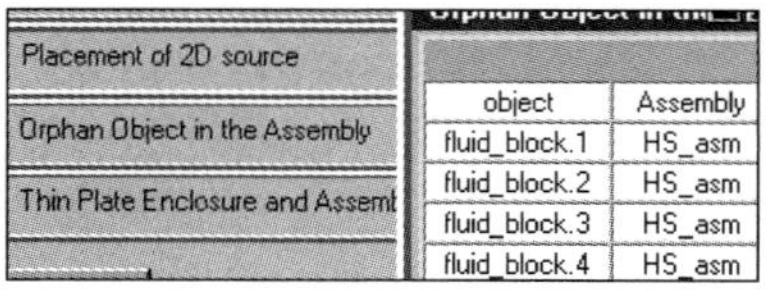

图 8.81　干涉检查

（32）重新生成网格，由于 4 个 fluid_block 是后创建的，其优先级会高于 AGP_heatsink，所以二者之间交叉的区域会被当作流体。在 Display 中按图 8.82 设置网格显示选项，仅显示选中的实体表面网格，在模型树中选择 AGP_heatsink 时，散热器中划分的网格如图 8.82 右图所示。

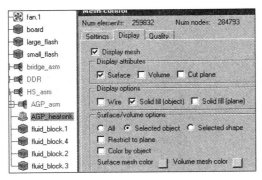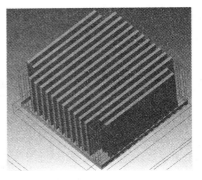

图 8.82 显示实体网格

（33）在 Model 菜单中选择 Edit priorities，打开如图 8.83 所示的优先级列表。编辑 AGP_heatsink 的优先级，使其高于 fluid_block，这样便可以恢复散热器的原始形状，大家可以自行尝试。

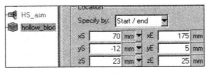

图 8.83 编辑优先级

（34）由于 Cabinet 是立方体，当其仅作为求解域时影响不大，但像本例这种既作为求解域，同时又作为箱体外边界时，其形状会影响箱体内部的流动情况。可以利用 hollow block 改变 Cabinet 的形状。新建一个 block 对象，按图 8.84(a) 设置其尺寸，在 properties 中将其 Block type 设置为 Hollow 类型，并将模型重命名为 hollow_block。同样，再创建一个 hollow_block.1，其位置及尺寸如图 8.84(b) 所示。

（35）重新生成网格，查看网格切平面，如图 8.85

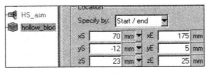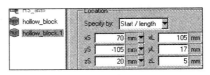

(a) 参数设置1　　　　　　　　　(b) 参数设置2

图 8.84 设置 hollow_block

所示，穿过 hollow_block 的区域没有生成网格，表明该区域不参与计算。

（36）如图 8.86 所示，当需要对某个对象单独进行网格设置时，可以右击该对象，选择 Object mesh params，此时将根据对象类型弹出不同的网格设置界面，可以对具体的方向设置网格数量。

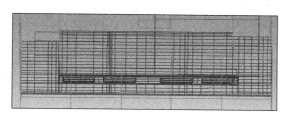

图 8.85 查看网格切平面

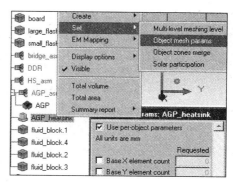

图 8.86 设置对象网格

（37）双击 Basic parameters，打开如图 8.87 所示的参数设置界面。由于本例采用的是有风扇的强制对流冷却，所以将忽略热辐射及自然对流。将 Radiation 设置为 Off，取消勾选 Gravity vector，开启 Turbulent 紊流选项，保持默认的 Zero equation 紊流模型。其余选项页保持默认参数。从默认参数可以看出，默认的环境温度为 20℃，压力为标准大气压。默认气体为空气，固体为拉伸铝。当环境参数不同时，可以在这里进行调整。

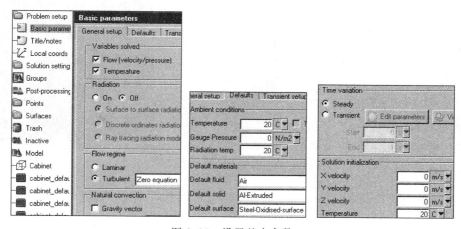

图 8.87 设置基本参数

（38）在 Solution settings 中双击 Basic settings，打开如图 8.88 所示对话框，将迭代次数设置为 400，其余保持默认收敛残差值。在 Parallel settings 及 Advanced settings 中，可以设置并行求解及压力、动量、温度求解算法，当模型规模较大时，可以开启多核并行计算选项，求解算法对于初学者一般不需要修改，保持默认即可。

（39）如图 8.89 所示，将 large_flash 拖入 Point 中，此时将在 large_flash 体心处创建一个温度监控点，双击 large_flash，在出现的对话框中可以修改该点的坐标并可添加压力或速度监控。注意：监控量过大会影响求解速度。

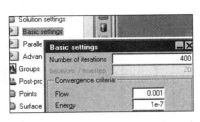

图 8.88 设置迭代次数及收敛准则

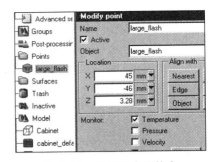

图 8.89 设置温度监控点

（40）在工具栏中找到计算器图标，打开求解选项，如图 8.90 所示。可以根据需要调整求解参数，勾选 Coupled pressure-velocity formulation 有利于加快收敛过程。在 Results 选项页中，勾选 Write overview of results when finished，其余选项保持默认值。选择 Start solution，开始进行计算。求解完成后可查看收敛报告。

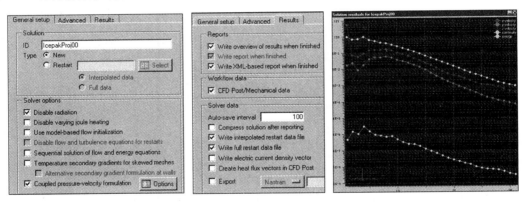

图 8.90 求解设置及收敛曲线

（41）在工具栏中选择 Object face contours 后处理工具，弹出如图 8.91 所示的对话框，在下拉列表中，按住 Ctrl 键选择多个对象后在 Object 下拉列表框下方单击 Accept 按钮完成对象选择，勾选 Show contours 并选择旁边的 Parameters，打开如图 8.91 右侧所示的对话框。在这里可以设置云图选项，在最上方的下拉列表中可以选择显示云图的物理量，默认显示温度。在 Color level 中可以设置温度云图针对全局范围或针对当前选择的对象。设置好后选择 Accept，此时会显示如图 8.92 所示的云图。

（42）如图 8.93 所示，取消勾选 Show contours，勾选 Show vectors，将显示的速度矢量设置为当前对象，可以修改 Max pixel 以便调整箭头的大小。

（43）如图 8.94 所示，新建一个 object face，并勾选 Show particle traces。在对象列表中仅选中两个风扇，按图中参数调整迹线的参数。参数需要根据具体问题调整，大家可以自行尝试选项的含义，工具栏中还有很多其他后处理工具，可以根据需要添加。

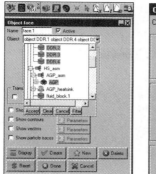
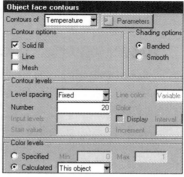

图 8.91 设置云图选项

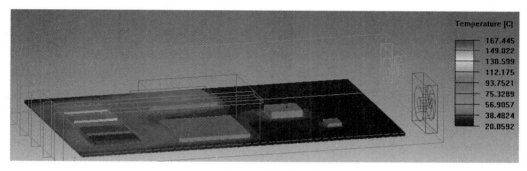

图 8.92 显示云图

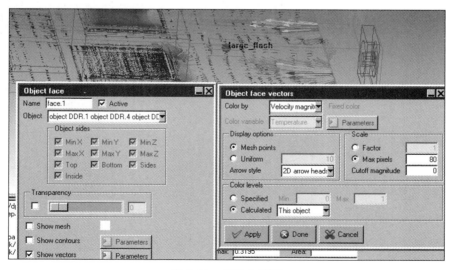

图 8.93 显示向量图

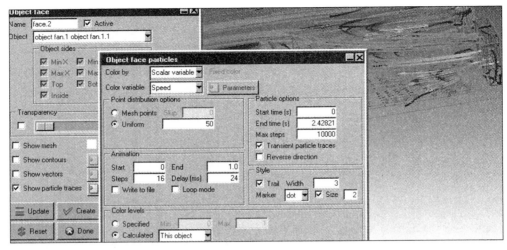

图 8.94 设置迹线

第 9 章

流体仿真分析

CFD 即计算流体动力学,它是研究及预测与流体流动、传热、传质、燃烧及化学反应现象相关的学科。Fluent 在 CFD 领域拥有非常高的市场占有率,有丰富的算例及学习资源。很多计算集群及超算中心部署了 Fluent 求解器,用户能够以非常低的成本享受其软硬件资源,这些都是很多其他 CFD 软件所不具备的。

9.1 流体分析基础

CFD 模拟的基本思想:把原来在空间与时间坐标中连续的物理量的场(如速度场、温度场、浓度场等),用一系列有限个离散点(节点)上的值的集合来代替,通过一定的原则建立起这些离散点上变量值之间关系的代数方程(离散方程),求解所建立起来的代数方程以获得所求解变量的近似解。在过去几十年内已经发展了多种数值解法,主要区别在于区域的离散方式、方程的离散方式及代数方程求解的方法共 3 个环节上。CFD 求解方法包括有限差分法、有限元法和有限体积法。由于流动问题的特殊性,目前绝大多数 CFD 软件使用有限体积法。有限体积法将计算区域划分为一系列控制体积,再用待求解的微分方程对每个控制体积进行积分而得出离散方程,并对其求解的数值方法。为了方便计算,需要在导出离散方程的过程中,对界面上的被求解函数及其导数的分布,做出某种形式的假定。用有限体积法导出的离散方程可以保证流体方程的守恒特性,并且离散方程的系数的物理意义明确,计算量相对较小,因此成为当前 CFD 中应用最广泛的算法。

9.2 Fluent 流体仿真界面简介

早期的 Fluent 界面比较简陋,ANSYS 收购 Fluent 后,对其界面及功能进行了大幅更新。如图 9.1 所示,新版 Fluent 的主菜单类似于 Office 的形式,以工具按钮显示菜单选项。

如图 9.2 所示,界面左侧是大纲视图,仿真流程基本上可以完成从上到下对大纲视图选项的设置过程,具体包括基本设置、材料设置、单元区域设置、边界条件设置、求解器设置及结果后处理。在每个设置过程中,旁边会展开相关的任务面板,任务面板中有更详细的参数与选项供用户选择。

图 9.1　Fluent 主菜单

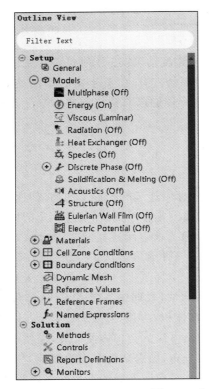
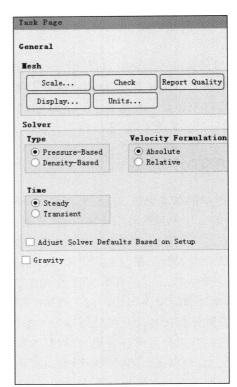

图 9.2　大纲视图及任务面板

　　如图 9.3 所示,界面中最大的区域是图形显示区域,用来显示模型及后处理结果,在图形显示窗口的旁边有一排视图操作按钮,可以进行视图缩放、平移、旋转等操作。图形窗口下方是命令行窗口,命令行窗口可以用来显示求解信息、输出警告,也可以接收用户输入的命令行命令,该命令与 Scheme 扩展语言相结合,形式类似于 DOS 命令,可以很方便地实现批处理并通过脚本进行控制。它可以跨平台使用,是很多在服务器上运行 Fluent 的唯一方式。

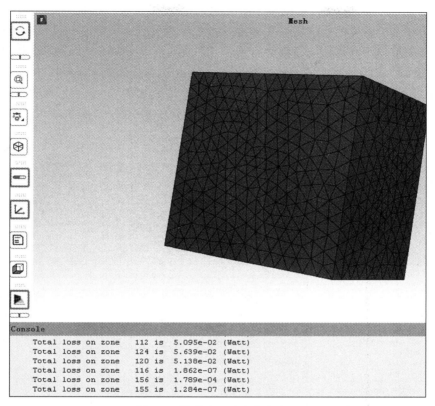

图9.3 图形窗口及命令行窗口

9.3 Fluent 流体仿真一般流程

9.3.1 通用设置

在 ANSYS Workbench 平台中,可以使用 Fluid Flow(Fluent)间接启动 Fluent,如图 9.4(a)所示,该流程内嵌了完整的前处理及网格划分流程,前处理使用 DM 或 SCDM,网格划分可以调用 Meshing 程序,也可以直接启动 Fluent 求解器或带有网格划分及结果后处理的 Fluent 求解器,如图 9.4(b)所示。它需要导入已划分好的网格,网格划分可以使用自己熟悉的程序,如 ICEM CFD 或 Fluent Meshing。

进入 Fluent 后,首先需要进行通用设置,如图 9.5 所示。在通用设置中可以进行网格质量检测、显示模式调整、模型缩放及单位设置。由于 Fluent 是通用求解器,它导入的网格单位可能使用了不同的单位制,网格导入后可能需要对模型进行缩放。此时需要使用 Check 检查导入网格的尺寸范围并使用 Scale 进行模型缩放。Report Quality 可以对网格质量进行检查。Display 则是对点、线、面显示选项进行控制。在 Units 中可以设置单位制,若不进行设置,则 Fluent 默认使用国际单位制,如温度使用开氏温标。在 Solver 中可以设置基于压力或基于密度的求解器。基于压力的求解器一般用于低速不可压缩流动问题,而密度求解器一般用于高速可压缩流动问题。可以根据求解问题的具体情况选择稳态或瞬态求解器。当流场内的物理量不随时间变化时,此流动为稳态流动,否则为瞬态流动。在 Gravity 中可以开启重力加速度选项,常用于需要考虑浮力效应的流动问题中。

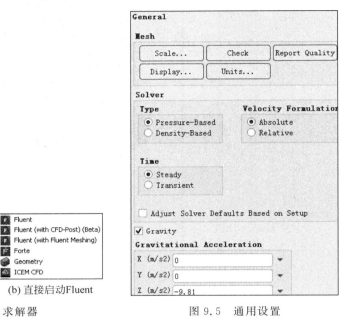

(a) 间接启动Fluent   (b) 直接启动Fluent

图 9.4   Fluent 求解器   图 9.5   通用设置

9.3.2   模型设置

Fluent 内置了大量流动模型,包括 Multiphase 多相流模型、Viscous 湍流模型、Radiation 辐射模型、Heat exchanger 热交换器模型、Species 组分输运模型、Discrete Phase 离散相模型、Acoustics 气动声学模型等。当需要考虑热相关问题时,需要将 Energy 能量方程设置为 On,如图 9.6 所示。

在多种流动模型中,湍流模型使用的频率非常高,这里重点讲解湍流模型。工程中大多数流动都是湍流,湍流的数值模拟有 3 种方法:DNS(直接数值模拟)、LES(大涡模拟)和 RANS(雷诺平均 NS 模型)。其中 RANS 在工程仿真中应用最多,它只求解时间平均意义下的 NS 方程,瞬时流速被处理成平均速度并叠加一个速度波动量,速度的波动量平均值为0,因速度波动产生的能量称为湍动能。基于这种思想,NS 方程可以表示为

$$\rho\left(\frac{\partial u_l}{\partial t}+\bar{u}_k\,\frac{\partial u_l}{\partial x_k}\right)=-\frac{\partial p}{\partial x_i}+\frac{\partial}{\partial x}\left(\mu\,\frac{\partial u_l}{\partial x_j}\right)+\frac{\partial R_{ij}}{\partial x_j} \tag{9.1}$$

其中,

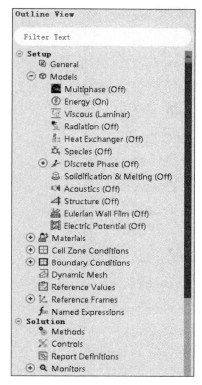 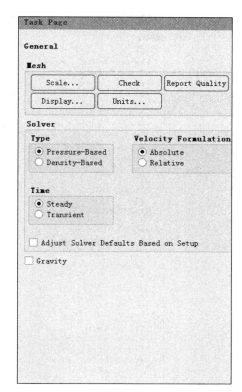

图 9.6 模型设置

$R_{ij} = -\rho \overline{u_i' u_j'}$ 为雷诺应力张量；

u_i' 和 u_j' 为速度波动量；

u_l 为速度均值。

当求解雷诺应力张量时，如果使用不同的方法和经验公式，则会衍生出不同的紊流模型。图 9.7 列出了 Fluent 中的紊流模型。

（1）Spalart-Allmaras：单方程模型，适用于计算外壁扰流问题，允许流场中存在轻微流动分离及再循环区域，在航空领域应用较多。

（2）Standard k-ε：标准双方程模型，模型系数通过圆管流动及平板流动实验得出，对于大多数工程流动问题有较好的精度和稳定性，但在较大压力梯度、流动分离、流线弯曲较严重的流动、射流扩散等问题的精度较差，无法应用于存在大应变率的流动区域。

（3）0Realizable k-ε：能够精确地预测平面及圆管射流，在旋转流动、逆压力梯度边界层、流动分离及再循环流动区域流场问题也有比较好的性能。

（4）RNG k-ε：Standard k-ε 模型的变种，解决了 Standard k-ε 无法应用于存在大应变率流动的问题。

（5）Standard k-ω 和 k-ε 比，在边界层流动问题中有更好的性能，流动分离、过渡流场、

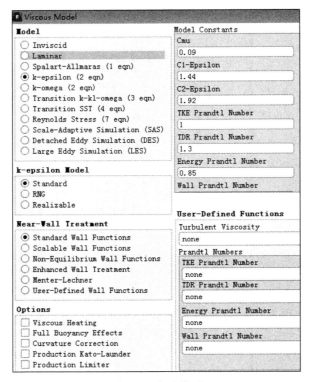

图 9.7　紊流模型

低雷诺数流动、自由剪切流、反射流动问题中精度高于 $k\text{-}\varepsilon$ 模型,但在自由流场中对边界条件比较敏感,因此它更适合处理近壁面问题。

（6）SST $k\text{-}\omega$：它结合了 $k\text{-}\omega$ 和 $k\text{-}\varepsilon$ 模型的优点,是一个混合的双方程模型,在边界层流动问题中比 $k\text{-}\omega$ 性能更好,并且不像 $k\text{-}\omega$ 在自由流场中对边界条件过于敏感,因此在近壁面流动及自由流动中能获得相对精确的解。

（7）Reynolds Stress model(RSM)：它是一个七方程模型,计算量较大且不容易收敛。由于不需要像双方程模型一样进行各向同性黏度假设,因此适合于涡旋流动、剪切流动,当双方程模型求解失败时可以尝试使用该模型。

在大多数紊流问题中推荐优先使用 Realizable $k\text{-}\varepsilon$ 模型或 SST $k\text{-}\omega$ 模型。

壁面模型：也称为壁面函数,主要用来模拟近壁面处的流动边界层。从如图 9.8 所示的流场速度分布可以看出,在壁面附近流速较低,但速度变化梯度较大。从壁面到自由流场,大致可以分为黏滞子层、缓冲区及对数层。当将速度及距离壁面的距离表示为无量纲数并将无量纲速度 $u+$ 与无量纲距离 $y+$ 绘制在半对数坐标系中时,所有的紊流边界层都服从于类似规律。在边界层中流动受黏度影响较大,为层流或低雷诺数流动。

在 Fluent 中处理边界层有两种方法：一种直接求解黏滞子层。此时要求网格分辨率较高,在 $y+=1$ 处至少有一层网格,并且要求膨胀层网格增长率不超过 1.2。按此要求估

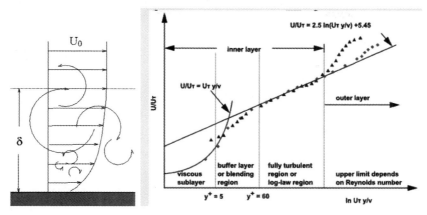

图 9.8　边界层

算,一般黏滞子层应划分 10~20 层的网格,计算量较大。当近墙壁处的物理过程是模拟的关键因素时,应直接解算黏滞子层,例如空气动力学的扰流模拟、叶轮机械叶片性能模拟、对流换热问题等。此时推荐的紊流模型为 SST k-ω,它在近壁面及自由流场中都有较好的精度。当不需要关注黏滞子层时,为减小计算量,不直接求解黏滞子层而使用壁面函数模型(半经验公式)代替黏滞子层的求解,此时边界层仅求解对数层流动方程。当使用壁面函数时,第一层网格不应处于黏滞子层,而应处于对数层,此时 y+ 建议取 30~60。此时可以使用标准壁面函数及 k-ε 模型。使用标准壁面函数不允许将壁面网格加密,否则会导致无界错误,但 Fluent 近年来新增的 Enhanced Wall Treatment 模型对 $y+$ 值不敏感,允许 $y+$ 在较宽范围内变化,只要保证仍在对数层内($y+$<300)。搭配 SST k-ω 紊流模型可以随网格疏密而在求解黏滞子层及使用壁面函数之间自动切换且不会出现非物理解。

9.3.3　材料设置

双击左侧的 Material 将显示材料面板,在下方选择 Create/Edit 按钮,打开如图 9.9 所示的材料设置对话框,系统默认加载空气和铝作为液体和固体材料。当需添加其他材料时,在右侧选择 Fluent Datebase 便可以打开如图 9.10 所示的系统材料库。通过 Copy 将材料加载到当前工程中,这样该材料才可以被引用。可以直接修改如图 9.9 所示的材料属性。例如当设置气体的密度属性时,可以在密度属性列表中选择系统所提供的密度模型,如图 9.11 所示。默认情况下,密度为常数,若选择 incomprehensible-ideal-gas(不可压缩理想气体),则此时 $\rho = p_{\text{operating}}/RT$,密度仅为压力的函数;若选择 comprehensible-ideal-gas(可压缩理想气体),则 $\rho = p_{\text{absolute}}/RT$,此时密度是压力和温度的函数。其中 $p_{\text{absolute}} = p_{\text{operating}} + p_{\text{relative}}$,这样做的目的是当压力波动较小时,可以避免两个大数相减时产生的圆整误差。

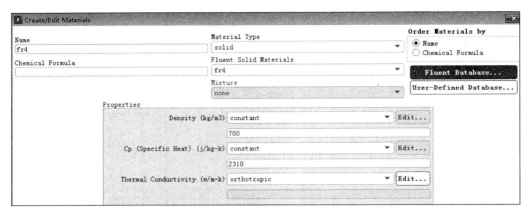

图 9.9 添加材料

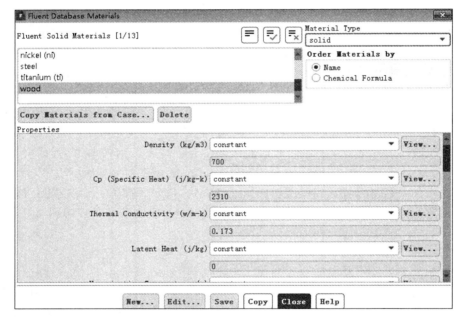

图 9.10 加载系统材料

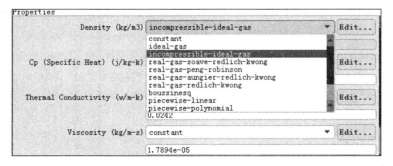

图 9.11 设置密度属性

9.3.4 单元区域及边界条件设置

Fluent 中的几何模型是由大量网格单元构成的,这些网格单元的集合构成了一个或多个单元区域,称为 Cell Zones。每个单元由一组面构成,面的集合称为 Face Zones,当 Face Zones 位于模型边界时,称为 Boundary Zones。可以分别为 Cell Zone 和 Boundary Zones 设置单元区域条件和边界条件。

在 Cell Zone Conditions 设置面板中,可以为区域设置材料,可将其设置为热源、运动区域、多孔介质等,如图 9.12 所示。

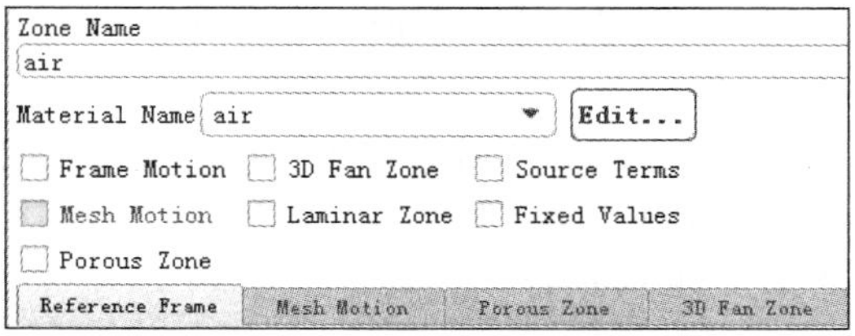

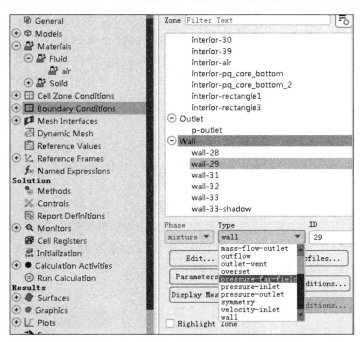

图 9.12 Cell Zone Conditions 设置面板

双击左侧的 Boundary Conditions 会显示如图 9.13 所示的边界列表,可以在 Type 中选择具体的边界条件类型。从边界条件列表中可以看出,Fluent 有多种边界条件可供选择,边界条件选择的合理性会直接影响求解过程中收敛的难易程度及求解结果的准确性。

图 9.13 选择边界条件类型

边界条件可以分为外部边界条件和内部边界条件。外部边界条件包括 Pressure Inlet、Pressure Outlet、Velocity Inlet、Outflow、Mass Flow Inlet、Pressure Far Field、Wall、Axis、Periodic、Inlet/Outlet Vent 和 Intake/Exhaust Fan。内部边界条件包括 Fan、Interior、Porous Jump、Radiator 和 Wall。在选择边界条件时有以下建议:

(1) 入口及出口边界应尽量选在与流动方向垂直的面上,这样求解更容易收敛。

(2) 边界面法向上不应观察到大的速度及压力梯度,即边界面应选择流动变化缓慢的位置,否则应扩大求解区域,将边界向流速还未扩散的上游或流动充分发展的下游扩大,出口边界应远离流动再循环区域。

(3) 边界面处应保证较高的网格质量,否则边界处网格扭曲所带来的误差将会向流场的其他区域扩散。

(4) 尽量选择等值面作为边界面,否则需要为边界赋予随位置变化的边界条件,并以 Profile 或 UDF 方式提供坐标文件。

(5) 在条件允许的情况下优先选择 Velocity Inlet + Pressure Outlet 的组合方式,此时入口总压力可以通过入口速度和出口静压力直接获得,其次选择 Mass flow Inlet + Pressure Outlet 组合,这种组合在给定的出口静压力情况下,为满足给定的入口流量,入口总压力通过调整法获得的。Pressure Inlet + Pressure Outlet 组合直接提供入口总压力和出口静压力,流量则通过求解流场获得,该组合对迭代初值很敏感,初值不合理很容易导致求解发散。

(6) 不应使用 Pressure Inlet + Outflow 组合,仅当密度为常数时,才允许使用 Mass Flow Inlet + Outflow 边界条件的组合,否则这两种组合系统的静压力将是个不确定的值。不允许使用 Velocity Inlet + Velocity Outlet 组合,在数值求解意义上,该系统是不稳定的。

(7) 当使用 Symmetry 边界条件时,要保证几何及流程均满足对称性条件,即对称面上法向速度为 0,并且对称面上所有物理量法向梯度为 0,仅满足几何对称的边界不是真正的对称边界。

(8) 在外部绕流问题中,障碍物高度为 H,宽度为 W,外流场高度和宽度至少应为 $5H$ 和 $10W$,并且来流方向长度为 $2H$,下游长度为 $10H$,并在流场计算后校核边界处的法向压力梯度,当存在明显法向压力梯度时应进一步扩大求解区域。

在图 9.13 所示的边界条件列表中双击具体的边界,将打开相应的边界条件设置界面。

(1) Velocity Inlet:如图 9.14 所示,在 Magnitude 中可以指定速度值,Initial Gauge Pressure 用于设置初始静压力,在 Tubulence 中可以指定紊流强度、黏度比、紊流特征长度或紊流动能等参数。紊流参数表达式及量纲分析如下:

$$k = \frac{1}{2}(\overline{u'^2} + \overline{v'^2} + \overline{w'^2}) \tag{9.2}$$

$$\varepsilon \sim k^{3/2}/l \tag{9.3}$$

$$Re_t \sim k^{\frac{1}{2}}l/v \sim k^2/v\varepsilon \tag{9.4}$$

$$I = \frac{u'}{U} \approx \frac{1}{U}\sqrt{\frac{2k}{3}} \qquad (9.5)$$

其中，

　　I 为紊流强度；

　　k 为紊流动能；

　　ε 为紊流耗散率；

　　Re_t 为雷诺数。

　　紊流强度的取值范围一般为 $1\%\sim5\%$，若缺少相关试验数据，则可以将紊流强度设置为 5%，黏度比为 10，该默认值对大多数圆管流动问题都适用。

　　速度入口边界条件一般用于不可压缩流动，入口面上的速度应为常数，若需设置随位置或时间变化的入口速度，则需要使用 Profile、UDF 或表达式。当入口速度为负时，表示流体从入口流出。

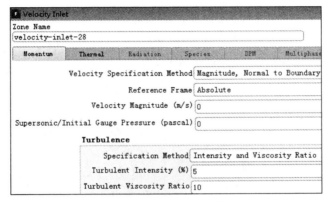

图 9.14　速度入口边界条件

　　(2) Mass-Flow Inlet：如图 9.15 所示，需指定质量流量或质量通量、初始静压及流动的方向向量，在 Thermal 中需指定总温。该边界条件常用于可压缩流动，对于不可压缩流动，Thermal 中的总温此时为静温。

　　(3) Pressure Inlet：该边界条件既可用在不可压缩流动，也可以用在可压缩流动中。如图 9.16 所示，它需提供总压力、静压力及总温度。其中静压力、总压力、总温度可按如下表达式计算：

$$p_{\text{total}} = p_{\text{static}} + \frac{\rho V^2}{2} \qquad (9.6)$$

$$p_{\text{total,abs}} = p_{\text{static,abs}}\left(1 + \frac{k-1}{2}\right)^{\frac{k}{k-1}} \qquad (9.7)$$

$$T_{\text{total,abs}} = T_{\text{static,abs}}\left(1 + \frac{k-1}{2}M^2\right) \qquad (9.8)$$

其中,式(9.6)适用于不可压缩流动,式(9.7)和式(9.8)适用于可压缩流动。

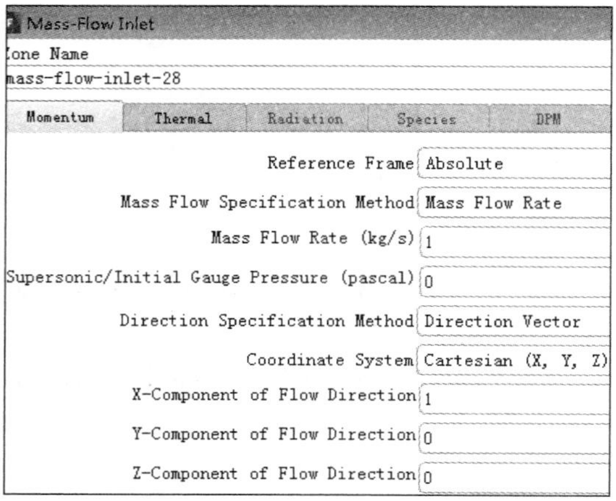

图 9.15　质量流量入口边界条件

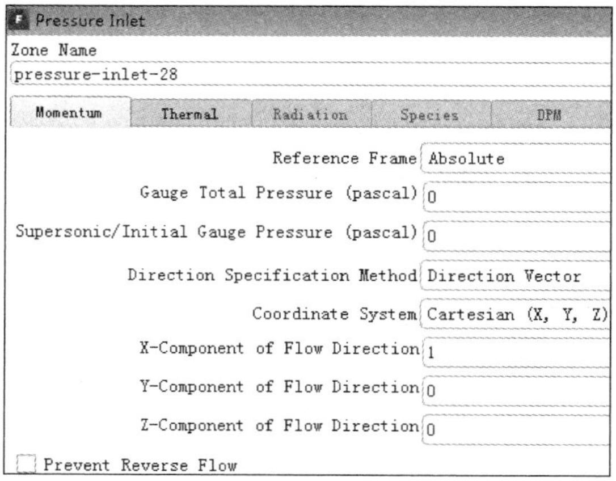

图 9.16　压力入口边界条件

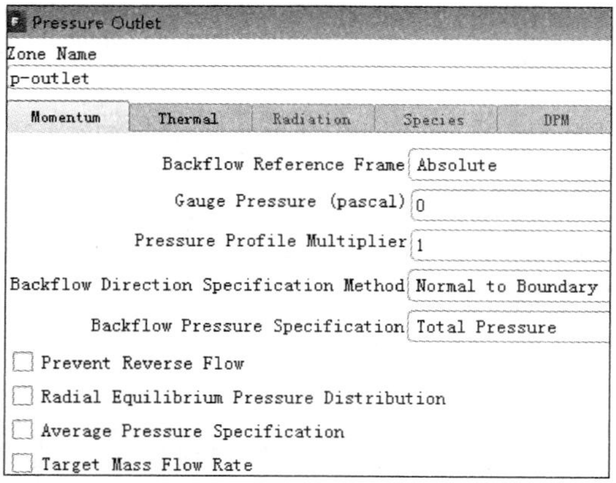

图 9.17　压力出口边界条件

（4）Pressure Outlet：如图 9.17 所示,该边界条件需要提供出口处的静压力,当出口与大气环境相连通时的静压力就是大气压。如果流动时局部超声速流动,则该压力被忽略。Backflow 回流选项适合于出口存在回流的情况,此时出口相当于入口。压力出口边界条件既适用于可压缩流动,也适用于不可压缩流动。

（5）Wall：如图 9.18 所示,对于流体壁面和固体壁面,会有不同的壁面边界条件。在流体壁面中可以指定静止或流动壁面,并可以指定壁面剪切条件及粗糙度,通过修改壁面边界,可改变边界层的流动行为,当开启能量方程后,固体壁面可以指定不同的热边界条件。热边界条件可以是 Heat Flux 热通量、Temperature 温度、Convection 对流系数、Radiation 辐射条件、Mixed 对流及辐射混合条件及通过系统耦合作为热源。可以通过在热边界条件中对 Material 的编辑并配合 Wall Thickness 来模拟接触热阻及导热界面材料。

（6）Outflow：不需要设置出口压力或速度信息,系统会自动调整出口以便保证质量守恒。只能用于流动充分发展的出口,仅适用于不可压缩流动及无出口回流的场合。在使用时应注意不允许使用压力入口边界,而应使用速度入口边界与之配合。

（7）Axis：2D 轴对称边界条件,不适用于 3D 模型,Fluent 要求对称轴必须位于 $y=0$ 位置,因此当轴线不在 $y=0$ 时,需要使用 Grid 菜单中的 Translate 对模型进行平移以满足该条件。

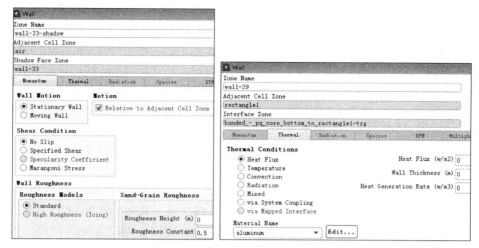

图 9.18 壁面边界条件

（8）Pressure Far Field：针对无穷远处可压缩自由来流问题，需指定静态条件及自由来流马赫数。仅当密度模型为理想气体模型时该边界条件才可用。

（9）Exhaust Fan/Outlet Vent：通过设置压力升高值/压力损失系数、环境压力及温度来模拟排风扇或通风百叶窗。

（10）Inlet Vent/Intake Fan：通过指定压力损失系数/压力升高值、流动方向、环境压力及温度来模拟进风口或引风机。

9.3.5 求解参数设置

这里以最常用的 Pressure-based Solver 压力基求解器为例讲解求解器参数。在 Solution 中双击 Methods，便会显示如图 9.19 所示的求解器选项页面。

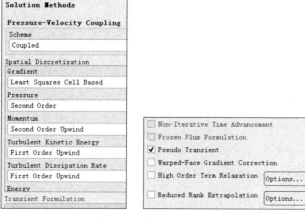

图 9.19 求解器选项页面

在 Scheme 中,可以选择求解算法,默认为 SIMPLE 算法,它适用于大多数不可压缩流动问题。对于可压缩流动,或不可压缩流动中包含浮力或旋转等工况时,应选择 Coupled 算法。当 SIMPLE 算法存在收敛性问题时也可以尝试使用 Coupled 算法。PISO 算法通常用于瞬态流动问题,在 SIMPLEC 工程中用得比较少。

Spatial Discretization 的默认选项对大多数问题是适用的,对于由浮力驱动的自然对流问题,需将 Pressure 修改为 PRESTO 或 Body-Force Weighted,对精度要求比较高的场合可以将 First Order Upwind 修改为 Second Order Upwind。

Pseudo Transient 对于存在较大纵横比网格的情况能够获得更好的收敛性,当和 Coupled 算法配合使用时能够加快收敛速度。

不同的 Scheme 算法,对应不同的 Controls 选项,如图 9.20 所示。当使用 SIMPLE、PISO 及 SIMPLEC 算法时,可显示图 9.20 中的欠松弛因子选项。欠松弛因子可以调节迭代步长,稳定迭代过程,较大的欠松弛因子可以减少迭代次数,当收敛困难时可以适当减小欠松弛因子,最终收敛值与欠松弛因子的大小无关。当使用 Coupled 算法时,可以通过 Courant number 控制迭代过程,较大的 Courant number 可以加快求解过程,较小的 Courant number 可以使迭代过程更稳定,其默认值为 200,对于多相流或燃烧等复杂问题,若出现收敛困难,则可以将该值适当调整到 10~50。当选择了 Pseudo Transient 时,会出现右侧的显式松弛因子,其作用同欠松弛因子类似。

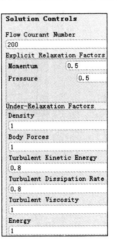
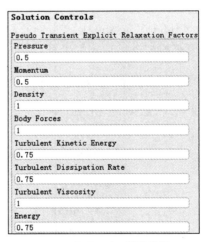

(a) SIMPLE、PISO、
SIMPLEC算法选项

(b) Coupled算法选项

(c) Pseudo Transient算法选项

图 9.20　求解控制选项

9.3.6　初始化

Fluent 在迭代求解前需要赋予迭代初值,该过程称为初始化。一个更接近真实值的迭代初值有利于迭代稳定并加速收敛过程,不合理的初始值则会导致迭代最终出现发散。

Fluent 提供了 5 种初始化方法,其中 Hybrid initialization 适用于大多数情况,FMG initialization 适用于可压缩流动或旋转机械,它能提供一个更合理的初值,但初始化时间较长。该初始化需要通过命令行方式访问,命令为/solve/init/fmg-initialization,若修改其默认值,则需输入/solve/init/set-fmgvinitialization。Standard initialization 通常利用入口边界条件作为初值。Patch value 运行用户对特定区域填充不同的值作为初值,常用于多相流、燃烧、高速射流等问题中。

9.3.7　监控收敛过程

Fluent 通过迭代求解,当达到收敛准则或达到设定的最大迭代次数后会停止求解。判断求解是否收敛对获得正确结果非常重要。通常情况下,可以通过如下准则进行判断:

（1）迭代残差收敛到指定的误差线以下。默认情况下,系统一般会监控连续性方程、紊流方程、3 个方向的速度方程、能量方程的残差。

（2）满足质量、能量守恒。可以在求解结束后查看质量、能量的通量报告以便计算进出系统的质量和能量,它们的代数和应是一个很小的值。

（3）设定的某一监控量稳定到一个具体的数值:除了监控残差外,不同问题可以设定不同的监控量,例如温度场计算通常监控温度最高点处的温度,气动计算通常监控升力及阻力,常规流场计算可以监控流速或压力。

在 Fluent 求解迭代过程中会出现不收敛等问题,主要表现在残差曲线不断上升并最终报错、围绕一个数值大范围上下波动、稳定到一个很大的残差后几乎不再随迭代而变化,如图 9.21 所示。不收敛的结果非常具有误导性,这些问题常常由于求解参数设置不当、网格质量差、边界条件设置不合理而导致的。当出现不收敛时,可以试着使用如下方法进行调试:

（1）首次求解时可以将离散方法设置成 first-order,待残差较小时再将离散方法调整回来。

（2）基于压力的求解器可以降低欠松弛因子,基于密度的求解器可以降低 Courant number。

（3）通过网格重绘或网格细化改善网格扭曲,从而提高网格质量。

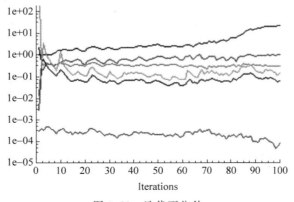

图 9.21　迭代不收敛

24min

【**例 9.1**】 3D混合弯管

通过该实例演示 Fluent 建模及仿真的完整流程,并以它的仿真结果作为素材展示 Fluent 的后处理功能。

(1)新建一个 Workbench 工程,在 Toolbox 中双击 Fluid Flow(Fluent)便可添加 Fluent 仿真模块,右击 Geometry,选择 Edit Geometry in DesignModeler 后打开 DM 模块,将 Units 设置为 mm。

(2)在 Create 菜单中选择 Primitives 中的 Torus,按图 9.22 设置圆环的参数,通过将角度设置为 90°可以创建 1/4 弯管。

(3)选择工具栏中的 Extrude 拉伸工具,选择刚创建的弯管的上表面作为拉伸基准面。切换到面选择状态,在 Direction Vector 中设置上表面作为拉伸的法向方向,如图 9.23 所示。将拉伸长度设置为 200mm。

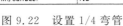

Details of Torus1	
Torus	Torus1
Base Plane	XYPlane
Operation	Add Material
Origin Definition	Coordinates
☐ FD3, Origin X Coordinate	0 mm
☐ FD4, Origin Y Coordinate	0 mm
☐ FD5, Origin Z Coordinate	0 mm
Axis Definition	Components
☐ FD6, Axis X Component	0
☐ FD7, Axis Y Component	0
☐ FD8, Axis Z Component	1
Base Definition	Components
☐ FD9, Base X Component	0
☐ FD10, Base Y Component	-1
☐ FD11, Base Z Component	0
☐ FD12, Angle (>0)	90 °
☐ FD13, Inner Radius (>0)	100 mm
☐ FD14, Outer Radius (>0)	200 mm
As Thin/Surface?	No

图 9.22 设置 1/4 弯管

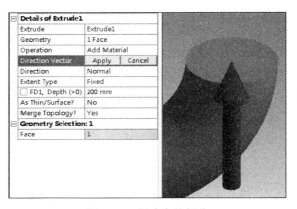

图 9.23 创建直管部分

(4)同理,在另一侧建立一段长度为 200mm 的直管,如图 9.24 所示。

(5)在 Create 菜单中选择 Primitives 中的 Cylinder,按图 9.25 设置侧管的参数。

图 9.24 创建另一侧的直管

Details of Cylinder1	
Cylinder	Cylinder1
Base Plane	XYPlane
Operation	Add Material
Origin Definition	Coordinates
☐ FD3, Origin X Coordinate	137.5 mm
☐ FD4, Origin Y Coordinate	-225 mm
☐ FD5, Origin Z Coordinate	0 mm
Axis Definition	Components
☐ FD6, Axis X Component	0 mm
☐ FD7, Axis Y Component	125 mm
☐ FD8, Axis Z Component	0 mm
☐ FD10, Radius (>0)	12.5 mm
As Thin/Surface?	No

图 9.25 创建侧管

（6）在 Tools 菜单中选择 Symmetry，选择 XYPlane 作为对称面，如图 9.26 所示，选择 Generate 生成最终的几何模型。

（7）返回 Workbench 主界面，双击 Mesh 便可打开 Meshing 网格划分界面。选择 Fluid/Solid，并将其材料设置为 Fluid，然后将 Solid 重命名为 elbow，如图 9.27 所示。

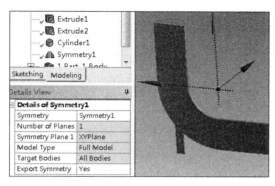

图 9.26 创建对称截面

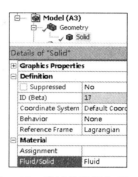

图 9.27 将材料设置为 Fluid

（8）如图 9.28 所示，右击弯管左侧面，选择 Create Name Selection，取名为 v-inlet，这里的名字可随意选取，但最好选择诸如 inlet、outlet 等有意义的名字。同理分别为另一侧设置命名并选择 p-outlet。设置侧管入口面的命名并选择为 v-inlet-small。选择中间对称面，并命名为 symmetry。

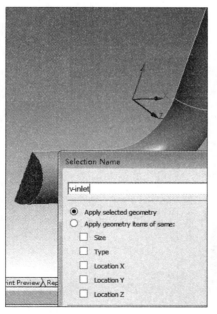

图 9.28 设置命名选择

（9）如图 9.29 所示，将 Element Size 设置为 6.e－003m。可以看到系统已经将 Physics Preference 设置为 CFD，并将 Solver Preference 设置为 Fluent，其余参数均保持默认。

（10）如图 9.30 所示，将全局网格参数中的 Inflation 选项展开，将 Use Automatic Inflation 设置为 Program Controlled。生成如图 9.31 所示的网格，网格在边界面处带有膨胀层网格。

（11）右击 Mesh 后选择 Update，将网格传递到 Fluent 中，双击 Setup，打开如图 9.32 所示的 Fluent 启动界面。若需要进行温度场仿真，则需勾选 Double Precision。当求解问题规模比较大时，可以设置并行求解，并设置求解器核数。

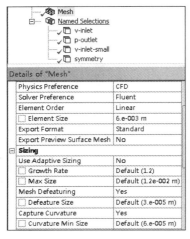

图 9.29　全局网格参数

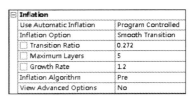

图 9.30　设置膨胀层网格

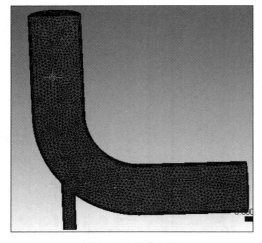

图 9.31　最终网格

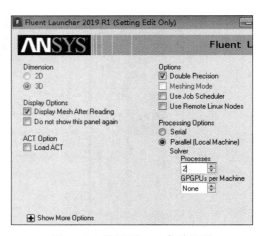

图 9.32　设置 Fluent 启动选项

（12）如图9.33所示，在 General 面板中，选择 Units，将 length 长度单位设置为 mm，Fluent 的多数设置对话框没有确认按钮，选择好选项后直接关闭窗口即可。

（13）选择 Check 按钮，会在命令行窗口中显示如图9.34所示的信息。通过这些信息可以查看当前模型的尺寸范围、最小体积等。由于 Fluent 可以导入其他模块生成的网格，有时会因为单位转换导致模型尺寸发生变化，通过

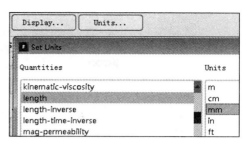

图9.33 设置 Units

Check 功能即可检查导入的网格和 Fluent 中识别的网格的单位是否一致。若不一致，则可以单击 Scale 按钮，利用 Scale 功能进行尺寸缩放。

```
Domain Extents:
   x-coordinate: min (m) = -2.000000e-01, max (m) = 2.000000e-01
   y-coordinate: min (m) = -2.250000e-01, max (m) = 2.000000e-01
   z-coordinate: min (m) = 0.000000e+00, max (m) = 5.000000e-02
Volume statistics:
   minimum volume (m3): 5.057327e-10
   maximum volume (m3): 1.753511e-07
     total volume (m3): 2.511128e-03
Face area statistics:
   minimum face area (m2): 5.749553e-07
   maximum face area (m2): 6.740592e-05
Checking mesh.................................................
```

图9.34 Check 检查几何信息

（14）单击 Report Quality 按钮，会在命令行窗口中显示如图9.35所示的网格质量信息。一般要求最小正交质量不小于0.01，平均质量越接近于1，网格质量就越好。边界层处因为设置了膨胀层网格，所以对该区域的正交质量要求可以适当放宽。

```
Mesh Quality:

Minimum Orthogonal Quality = 1.58367e-01 cell 35303 on zone 3 (ID: 35605
1.32065e-01 -5.17444e-02  5.51107e-04)
(To improve Orthogonal quality , use "Inverse Orthogonal Quality" in Fluent
 where Inverse Orthogonal Quality = 1 - Orthogonal Quality)

Maximum Aspect Ratio = 2.23718e+01 cell 3272 on zone 3 (ID: 1 on partition
-1.56801e-01  1.41645e-03)
```

图9.35 检查网格质量

（15）在 Model 中，将 Energy 设置为 On。双击 Viscous，打开如图9.36所示的紊流设置界面。选择 k-epsilon 模型，将壁面函数设置为 Enhanced Wall Treatment，其余选项保持默认值。这里选择 Enhanced Wall Treatment 是因为它能适应更广的 $y+$ 值范围，而 Standard Wall Functions 则要求 $y+>30$。

（16）双击左侧的 Materials，选择下方的 Create/Edit，此时会打开如图9.37所示的加载材料窗口。选择 Fluent Database，打开如图9.38所示的材料选择列表。确保右侧的 Material Type 为 fluid，在左侧列表中找到 water-liquid，选择 Copy，将材料复制到 Create/

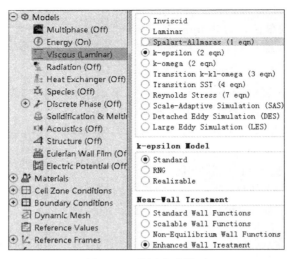

图 9.36 设置紊流模型

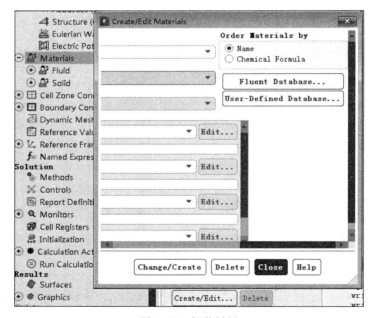

图 9.37 加载材料

Edit Materials 中。若需要修改其中的属性，则可以修改后选择 Change/Create，此时会弹出对话框，询问是否覆盖原材料，选择否，即可保留原材料。在这里对材料属性做出的修改，不会影响原始材料数据库。我们这里不需要修改 water-liquid 的默认属性，直接关闭该对话框即可。此时材料列表中将出现 water-liquid，表明后续可以使用该材料。

（17）双击 Cell Zone Conditions 中的 elbow，打开如图 9.39 所示的单元区域设置对话

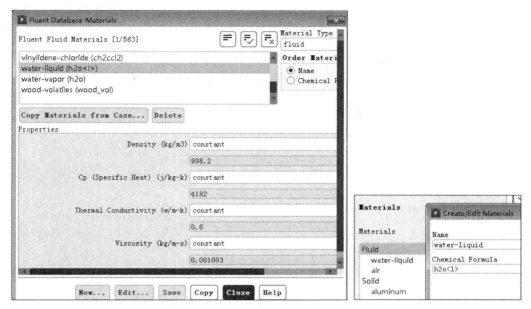

图 9.38　在材料库中选择材料并编辑材料属性

框。在 Material Name 材料列表中选择 water-liquid,将流体域材料设置为水,单击 OK 按钮便可关闭该对话框。

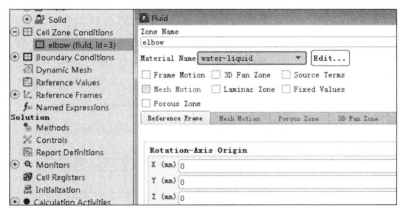

图 9.39　设置单元区域材料

（18）双击左侧 Boundary Conditions 中的 v-inlet(velocity-inlet),打开如图 9.40 所示的速度入口边界条件。由于 Fluent 可以自动识别一些关键字,所以会自动将该边界设置为速度入口边界条件。将 Velocity Specification Method 设置为 Components,这样可以通过指定 3 个方向的速度分量指定入口速度条件,将 X 方向分速度设置为 0.4,将其余两方向设置为 0。在紊流设置选项中,由于我们知道速度入口直径,因此将 Specification Method 设置为 Intensity and Hydraulic Diameter，Turbulence Intensity 紊流强度保持默认的 5% 不变，将 Hydraulic Diameter 水力直径设置为 100。切换到 Thermal 选项页，将入口温度设置为 293.15K，如图 9.41 所示。

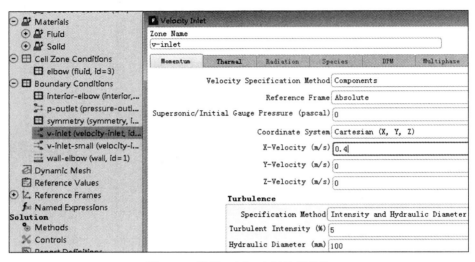

图 9.40　设置 v-inlet 入口边界条件

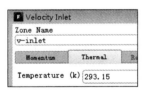

图 9.41　设置入口温度

（19）对于 v-inlet-small，采用同样的方法，按图 9.42 设置速度入口边界条件，并将其温度设置为 313.15K。

（20）双击 p-outlet 边界条件，打开如图 9.43 所示的压力出口边界条件设置对话框。由于出口是与大气相通的自由出口，因此表压为 0。在 Turbulence 中设置的是 Backflow 出口回流的紊流条件，它仅对存在回流时起作用。

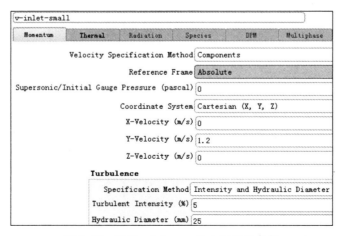

图 9.42　设置 v-inlet-small 入口边界条件

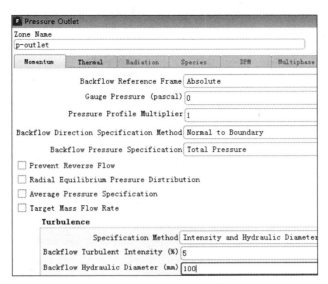

图 9.43 压力出口边界条件

（21）双击左侧 Solution 中的 Method 便会显示求解器设置选项。如图 9.44 所示，将 Gradient 设置为 Green-Gauss Node Based，该梯度离散方法更适合四面体网格类型，其余选项保持默认即可。

（22）双击 Monitors 中的 Residual，打开如图 9.45 所示的残差设置选项。默认情况下的残差对绝大多数问题是合适的，不需要修改。求解器会监控残差及迭代次数，二者满足任何一个就会停止计算。少数情况下，当残差已经降到设定的标准值后仍未达到收敛条件（如质量或能量通量不守恒），这时可以将 Convergence Criterion 设置为 Never，以便求解器可以继续迭代下去。

（23）双击左侧的 Report Plots，打开如图 9.46 所示的设置监控图对话框。当选择 New 时会弹出新的对话框，在新对话框中的 New 下选择 Surface，并在 Report Type 列表中选择 Facet Maximum。此

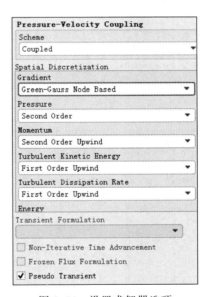

图 9.44 设置求解器选项

时会弹出如图 9.47 所示的新对话框，在 Field Variable 中选择 Temperature 及 Static Temperature，在 Surfaces 中选择 p-outlet，将 Name 设置为 outlet-temp，单击 OK 按钮返回上一个对话框，如图 9.48 所示，将 Name 设置为 report-outlet-temp，单击 OK 返回上一级，完成全部设置后关闭对话框。这里设置的面监控图作为残差监控的补充，通常选择存在风

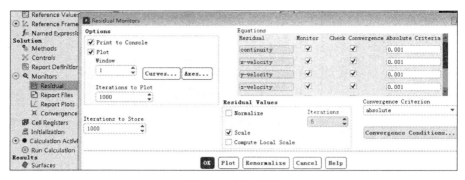

图 9.45　设置残差

图 9.46　设置监控图

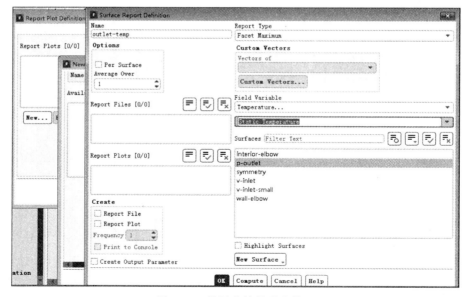

图 9.47　设置监控量及监控面

险点的位置的关键物理量作为监控对象,监控图的名称可以自定义,通常设置一个有意义的名称。

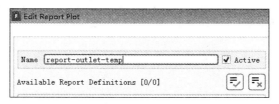

图 9.48 修改监控图名称

(24)双击左侧的 Initialization,打开如图 9.49 所示的初始化面板,通常使用默认的 Hybrid Initialization 混合初始化即可,默认初始化迭代 10 次。单击 Initialize 便可开始初始化。当初始化出现如图 9.50 所示的不收敛警告时,可以在 More Settings 中增加初始化迭代次数,将 Number of Iterations 设置为 20,重新进行初始化,当弹出对话框时单击 OK 按钮即可。

图 9.49 初始化

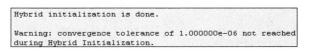

图 9.50 初始化警告

(25)双击 Run Calculation,打开如图 9.51 所示的迭代设置面板。将 Number of Iterations 设置为 100,单击 Calculate,开始求解迭代。

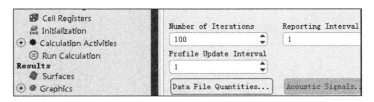

图 9.51 设置迭代选项

(26)迭代过程中会显示残差曲线及面监控曲线,如图 9.52 所示,当迭代完成后会弹出 Calculation Complete,本例中达到收敛条件后会自动停止计算。若达到设定的迭代次数后仍未降到设定的收敛准则,则可以再单击 Calculate,Fluent 会继续进行迭代计算。

(27)保持当前窗口状态,后续我们利用该实例演示 Fluent 的后处理功能。

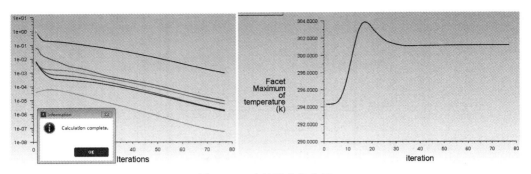

图 9.52　残差及监控曲线

9.3.8　结果后处理

如图 9.53 所示,Fluent 结果后处理可以在 Fluent 中完成,也可以在 CFD-Post 等专业的后处理工具中完成。两者均可以显示云图、向量图、流线及迹线、等值面图、XY 曲线图及创建动画。

内置于 Fluent 中的结果后处理,可以快速对结果进行评价。所有当前数据均在内存中,无须重新加载。可以在仿真过程中随时中断并查看结果,根据对当前结果的判断,便可及时调整求解参数。

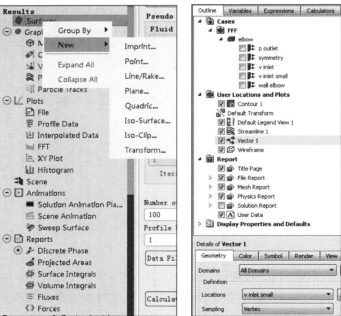

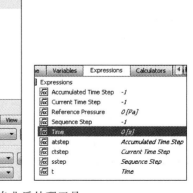

图 9.53　内置的后处理工具及 CFD-Post 专业后处理工具

双击左侧的 Contours，打开如图 9.54 所示的云图设置对话框。在 Contours of 中可以选择温度、速度、压力等物理量查看其云图，在 Surface 中选择显示云图的面体，该面体可以是前处理中所设置的面体、自动生成的墙壁面及通过下面的 New Surface 按钮临时创建的截面。左侧的 Options 用来控制云图的显示选项及色彩数值的显示范围。当需要对色带进行更多个性化设置时，可以单击 Colormap Options 按钮，此时会打开如图 9.55 所示的对话框。在该对话框中可以设置数字的显示方式、有效位数、标尺颜色、位置等。

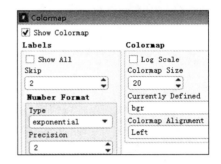

图 9.54 云图设置　　　　　　　　图 9.55 Colormap

此时选择 symmetry 对称面作为显示云图的截面。设置好上述选项后，选择 Save/Display 即可显示如图 9.56 所示的云图。

双击左侧的 Vector 便可显示如图 9.57 所示的速度场向量设置对话框。与云图不同，向量图可以不选择截面，此时会在整个求解域内显示速度场的分布，如图 9.58 所示。如果只选择某一 Surface，则仅显示该面体上的速度场分布。在 Style 中可以设置箭头类型。单击 Vector Options，此时会打开如图 9.59 所示的向量设置选项对话框，通过勾选不同的方向向量，可以只显示速度在特定方向的投影值的分布。选择 Custom Vectors 按钮，此时会显示如图 9.60 所示的自定义向量选项，在这里可以设置除速度外的物理量及不同的向量类型，如切向量、法向量等。

双击左侧的 Pathlines 便可打开如图 9.61 所示的迹线设置对话框。在 Release from Surfaces 中选择迹线起始面，这里我们选择两个速度入口，单击 Save/Display 按钮即可显示如图 9.62 所示的迹线并在命令行窗口中显示迹线相关信息。通过调整 Style 中的选项，可以设置不同的迹线线型。在 Path Skip 中可以设置不同的数值以便调整迹线的疏密。在 Color by 中可以选择左侧标尺对应的物理量。当单击 Pulse 按钮时，会显示流体沿迹线流动的动画。

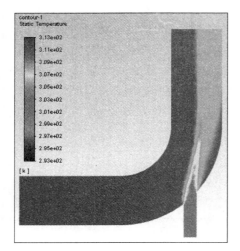

图 9.56　温度云图

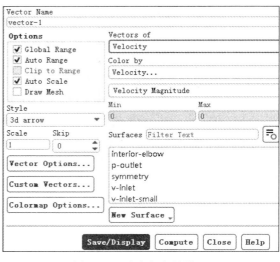

图 9.57　速度场向量设置

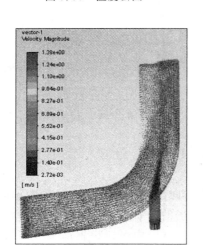

图 9.58　速度场向量图

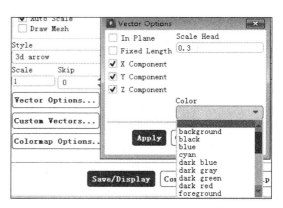

图 9.59　Vector Options

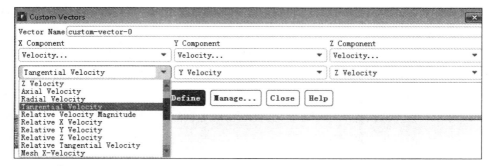

图 9.60　设置自定义向量选项

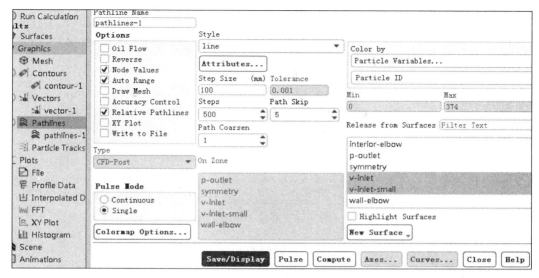

图 9.61　迹线设置选项

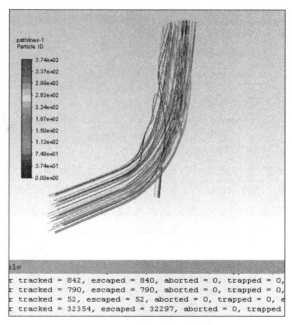

图 9.62　显示迹线

　　如图 9.63 所示,在 Report Files 中可以创建过程数据,该过程数据可以通过后处理中的 XY Plot 功能绘制曲线图。对于瞬态问题,还可以创建随时间变化的曲线图。

　　如图 9.64 所示,利用 Surface Integrals 及 Volume Integrals 可以创建面积分及体积

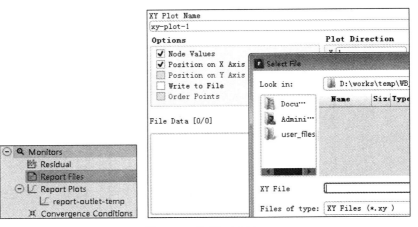

图 9.63　绘制 XY Plot

分。在这里可以统计面积、体积并针对面或体进行加权平均。

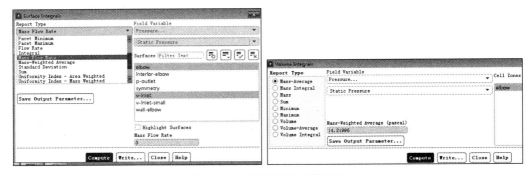

图 9.64　创建面积分及体积分

双击左侧的 Fluxes，打开如图 9.65 所示的通量设置对话框。经常需要通过该对话框判断质量及能量是否守恒。选择 Mass Flow Rate，选中所有边界，计算总的通量，若该通量值接近于 0，则表明质量守恒，否则即使残差已经收敛到判据以下，仍需继续迭代。

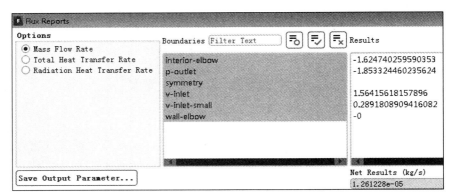

图 9.65　查看通量报告

双击左侧的 Force,打开如图 9.66 所示的对话框,可以在这里设置力、力矩、压力中心选项,相应结果会显示在命令行窗口中。

图 9.66　Force Reports

关闭 Fluent 窗口,双击 Workbench 中 Results 单元格,打开 CFD-Post。如图 9.67 所示,默认情况下显示的是模型的线框图。界面的上方是菜单栏,菜单栏下方是常用工具栏,在这里可以插入向量图、云图、迹线及流线。多数情况下,这些后处理图形需要和点、线、面、体等具体位置相关联,生成位置可以使用 Location 工具。主界面的左侧为大纲视图,以及树状目录形式的管理边界、自定义图表和报告。

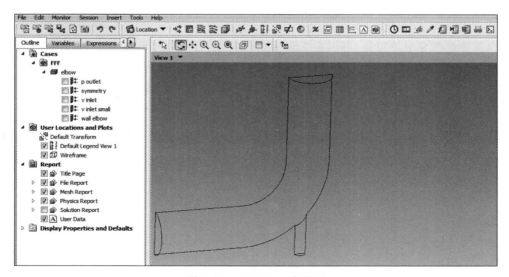

图 9.67　CFD-Post 主界面

在工具栏中选择云图按钮,弹出如图 9.68 所示的对话框,可以在 Name 中输入新的名称,然后单击 OK 按钮。Details of Contour1 显示了云图可供修改的属性,包含 Geometry、Labels、Render 及 View 共 4 个选项页。在 Domains 选择流体域,在 Locations 中选择 symmetry 对称面,在 Variable 中可以选择需要生成云图的物理量,Range 可以设置为全局、特定对象及特定范围。Labels、Render 及 View 中主要用来控制字体、字号、颜色、透明度等显示特征。设置好后单击 Apply 按钮会在主界面中显示云图。当需要调整图例时,可以在大纲视图中双击 Legend,下方会显示与 Legend 相关的设置选项,如图 9.69 所示,通过它可以调整标尺的位置、颜色、有效数字位数等属性。用同样的方法可以设置向量、迹线等,大家可以自行尝试。

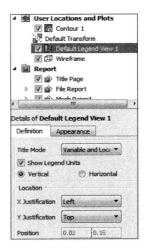

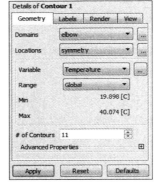

图 9.68　创建云图　　　　　　　　　图 9.69　设置图例格式

当需要调整显示单位时,可以在 Edit 菜单中选择 Options,此时会弹出如图 9.70 所示的选项设置对话框。在这里可以设置外观、鼠标快捷键及显示单位。

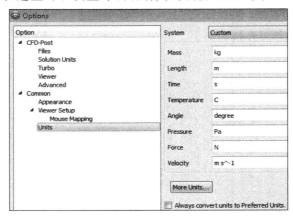

图 9.70　选项对话框

在 Location 中选择 Isosurface,设置某一具体数值,可以查看等值面图,如图 9.71 所示。

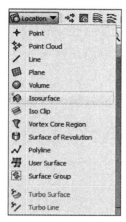
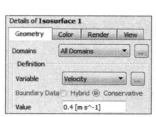
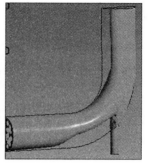

图 9.71　设置等值面

9.4　Fluent 自然对流散热仿真

流体受热后密度减小并和周围流体形成密度差,在密度差导致的浮力作用下,流体发生流动,这种因温度梯度导致的流动称为自然对流。在自然对流换热中流动及换热强烈耦合。最典型的自然对流是重力场中发热体与空气之间的对流换热,也称共轭传热,如图 9.72 所示。

在自然对流换热中,一般用瑞利数作为准则数,当瑞利数大于临界值时,热对流应设置为紊流,临界瑞利数为 10^9,瑞利数在 $10^6 \sim 10^{10}$ 为过渡区域,其范围相当大,瑞利数计算公式如下:

$$Ra_L = Gr_L Pr = \frac{\beta g L^3 \Delta T}{v \alpha} \qquad (9.9)$$

其中,Gr_L 为格拉晓夫数;Pr 为普朗特数;g 为重力加速度;β 为体积膨胀系数;L 为特征长度;ΔT 为上下面温差;v 为运动黏度;α 为热扩散系数。为了解析流动边界层及热边界层,建议在 $Pr \leqslant 1$ 时,应保证 $y+ < 1$;当 $Pr > 1$ 时,热边界层比流动边界层薄,但由于热边界层对网格敏感性低于流动边界层,在计算资源有限的情况下,只需保证流动边界层网格划分条件。

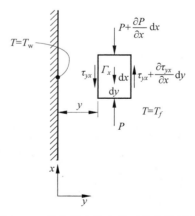

图 9.72　重力场中的自然对流换热过程

对于自然对流问题,求解器中的压力离散算法建议修改为 Body Force Weighted 或

PRESTO,标准离散算法在近壁面处无法获得正确的流速。

在对流换热问题中,通常计算稳态温升,此时为减小固体的热惯性,需将固体密度和热容调小,一般取 1/1000 即可。

为了让流体受热流动,需打开重力选项,并将密度设置成随温度变化的选项。常用的设置为 Incomprehensible ideal gas 或 Boussinesq,后者是近似算法,基本原理如下:

重力场中的动量方程如下:

$$\frac{\partial \rho W}{\partial t} + \nabla(\rho U W) = \mu \nabla^2 W - \frac{\partial P}{\partial z} + \rho g \tag{9.10}$$

为减小圆整误差,Fluent 中会将重力引起的静压从压力场计算中去除,即

$$P' = P - \rho_0 g z \tag{9.11}$$

此时,动量方程变为如下形式:

$$\frac{\partial \rho W}{\partial t} + \nabla(\rho U W) = \mu \nabla^2 W - \frac{\partial P'}{\partial z} + (\rho - \rho_0) g \tag{9.12}$$

若温度变化不大,在工程计算误差允许范围内,可以将左侧可变的密度看作常数,当仅考虑体积力中的密度变化引起的流动时,动量方程可以简化为

$$\frac{\partial \rho_0 W}{\partial t} + \nabla(\rho_0 U W) = \mu \nabla^2 W - \frac{\partial P}{\partial z} + (\rho - \rho_0) g \tag{9.13}$$

$$(\rho - \rho_0) g = -\rho_0 \beta (T - T_0) g \tag{9.14}$$

将式(9.14)代入式(9.13)中后,所有可变密度均不出现在表达式中,动量方程变为温差的函数,这种简化称为 Boussinesq 简化。这种方式只需提供一个额外的参考温度,便能消除因密度变化而带来的非线性,可以减小计算量,加快收敛速度,它仅适用于温度和密度变化不大的情况。

当不满足上述条件且必须考虑可变密度对左侧表达式的影响时,可以将密度设置为 Incomprehensible ideal gas。

【例 9.2】　自然散热

(1) 新建一个 Workbench 工程,双击 Fluid Flow(Fluent),右击 Geometry,导入 eg9.2. x_t 模型文件,选择 Edit Geometry in DesignModeler。

19min

(2) 在 DM 中单击 Generate,便会显示如图 9.73 所示的模型。该模型是一个平板变压器,上下两块是铁氧体磁芯,中间圆形是 PCB。

(3) 在 Units 菜单中将长度单位设置为 mm。选择 Tools 菜单中的 Enclosure 选项,由于该模型及边界条件具有对称性,因此只需取 1/4 模型进行计算。按图 9.74 设置对话框尺寸及对称面。空气上浮的方向可以适当扩大计算区域。

(4) 将新生成的包围区域重命名为 air。在

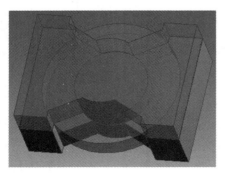

图 9.73　平板变压器

Create 菜单中选择 Body Operation,将 Type 修改为 Imprint Faces,如图 9.75 所示,创建印记面的目的是便于后续设置接触对。回到 Workbench 主界面。双击 Mesh,打开网格划分界面。

(5) 在 Connections 中,自动生成了一系列接触对,接触对两侧的网格节点不重合,因此数据必须通过接触对传递。在自然对流散热问题中,传递的数据为热量,若接触对设置不正确将对结果带来严重影响,甚至导致热量无法散出。右击 Contacts,选择 Rename Based on Definition,得到如图 9.76 所示的接触对。通常情况下,自动生成的接触对会出现一些匹配错误,需要手工调整。

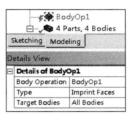

图 9.74 设置对称面及计算域

图 9.75 创建印记面

图 9.76 查看接触对

(6) 分别查看各接触对,这里以 PQ_Core_Bottom 和 air 直接的接触设置为例,讲解一下调整接触对的过程。如图 9.77 所示,二者之间的数量分别为 8 和 9,没有实现精确地一一匹配,需要手工调整。观察后可以发现 air 有个多余的环面被包含进来了,需要去除该多余面。单击 Target,按住 Ctrl 键对该多余环面进行反选,然后去除该面。

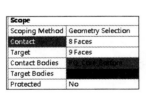

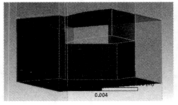

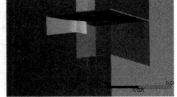

图 9.77 调整接触对(一)

(7) 用同样的方法设置 PCB 与 air 之间的接触对,如图 9.78 所示,最终保证各接触对中的面均是一一匹配的。

(8) 按图 9.79 设置网格参数,将 Element Size 设置为 1.e−003m,将 Capture Curvature 设置为 Yes,并将 Num Cells Across Gap 设置为 2,生成网格。

(9) 选中其中一个对称面上的所有面体,在其上右击,选中 Create Name Selection,将其命名为 symmetry1。用同样的方法选中另外的对称面,并设置为 symmetry2,如图 9.80 所示。

Scoping Method	Geometry Selection
Contact	8 Faces
Target	8 Faces
Contact Bodies	PQ_Core_Bottom
Target Bodies	air
Protected	No
Advanced	
Small Sliding	Program Controlled

Scoping Method	Geometry Selection
Contact	3 Faces
Target	3 Faces
Contact Bodies	PCB
Target Bodies	air
Protected	No

图 9.78　调整接触对(二)

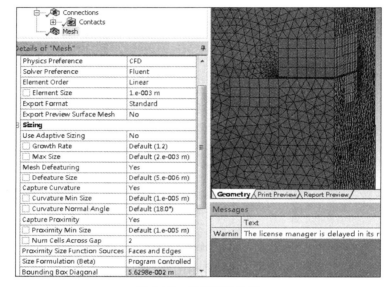

Details of "Mesh"	
Physics Preference	CFD
Solver Preference	Fluent
Element Order	Linear
Element Size	1.e-003 m
Export Format	Standard
Export Preview Surface Mesh	No
Sizing	
Use Adaptive Sizing	No
Growth Rate	Default (1.2)
Max Size	Default (2.e-003 m)
Mesh Defeaturing	Yes
Defeature Size	Default (5.e-006 m)
Capture Curvature	Yes
Curvature Min Size	Default (1.e-005 m)
Curvature Normal Angle	Default (18.0°)
Capture Proximity	Yes
Proximity Min Size	Default (1.e-005 m)
Num Cells Across Gap	2
Proximity Size Function Sources	Faces and Edges
Size Formulation (Beta)	Program Controlled
Bounding Box Diagonal	5.6298e-002 m

图 9.79　设置网格参数

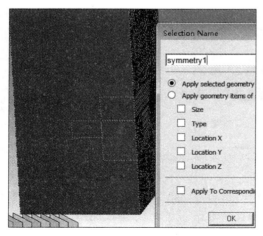

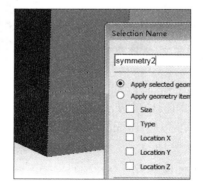

图 9.80　设置对称面命名选择

（10）选中立方体剩下的 4 个面，创建 Name Selection，并将其命名为 p-outlet，如图 9.81 所示。

（11）返回 Workbench 主界面，右击 Mesh，选择 Update，将网格数据传递到 Fluent 中，如图 9.82 所示。

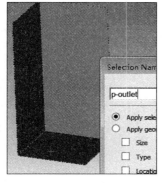

图 9.81　创建命名选择

图 9.82　传递网格数据

（12）双击 Setup，打开如图 9.83 所示的 Fluent 启动界面，勾选 Double Precision。选择 Parallel，开启并行计算。根据自己计算机的 CPU 核心数，设置一个合适的数量，由于该例并不算复杂，设置 4 核即可。如果设置的核数过多，则多核之间数据频繁通信反而会增加计算时间。完成设置后单击 OK 按钮，打开 Fluent 界面。

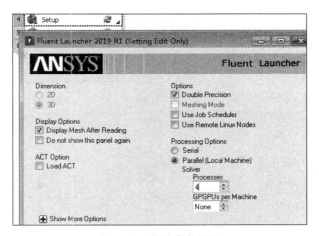

图 9.83　启动参数设置

（13）先后选择 Check 和 Report Quality 查看模型的尺寸范围、是否有负体积及网格质量并选择 Units，将 Temperature 的单位设置为 C，如图 9.84 所示，设置好后单击 Close 按钮关闭该页面。

（14）如图 9.85 所示，保持默认的 Pressure-Based 基于压力的求解器和 Steady 稳态求

图 9.84　查看网格质量并设置温度单位

解类型。由于模拟自然对流,因此勾选 Gravity,并将 Z 方向分量设置为-9.81。

(15)双击 Model 中的 Energy,勾选 Energy Equation,打开能量方程选项,如图 9.86 所示。

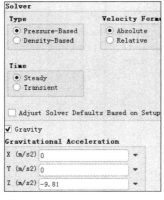

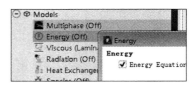

图 9.85　设置求解器及重力方向　　　　　　图 9.86　设置能量方程

(16)双击 Viscous,打开紊流设置面板。如图 9.87 所示,勾选 k-epsilon 双方程模型,保持默认的 Standard 类型,选择适应性更强的 Enhanced Wall Treatment。

(17)双击 Materials 中的 air,打开如图 9.88 所示的参数设置面板,将 Density 设置为 incompressible-ideal-gas,选择 Change/Create 后关闭该面板。

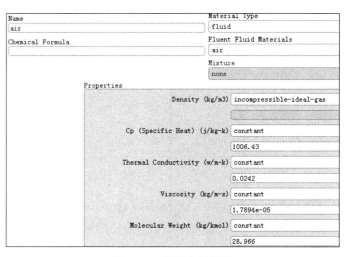

图 9.87　设置紊流选项　　　　　　　　　图 9.88　设置空气属性

(18) 在已有的材料上双击,打开材料设置面板,按图 9.89 修改材料属性,铁氧体磁芯 pc95 的导热系数为 $5w/(m \cdot k)$。由于是稳态计算,因此固体材料的密度和热容不影响最终结果,取一个较小的值有利于减少迭代次数。选择 Change/Create,在弹出的对话框中选择 No,此时在添加新材料的同时保留原来的材料。用同样的方法添加 fr4 材料,参数设置如图 9.90 所示。

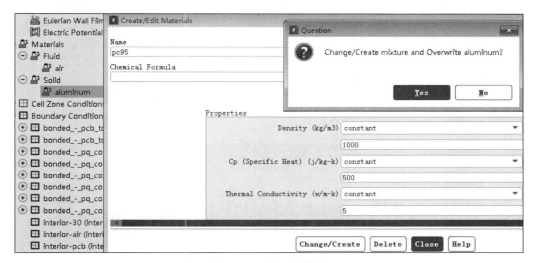

图 9.89　添加新材料

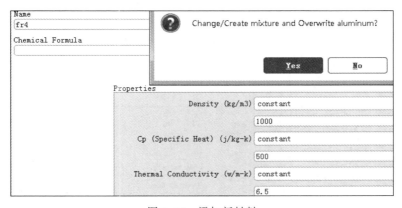

图 9.90　添加新材料

(19) 双击 Cell Zone 中 PCB,打开如图 9.91 所示的设置面板。将其材料设置为 fr4,并勾选 Source Terms。在 Source Terms 选项页中选择 Edit,通过调整上下箭头,将热源数量由 0 修改为 1。如图 9.92 所示,在弹出的热源设置中,将类型设置为 constant,并将其赋值为 $2.e+007W/m^3$。单击 OK 按钮,关闭对话框。

(20) 采用同样的方法,双击另外 2 个固体零件,为它们赋予 pc95 材料,其余项保持默

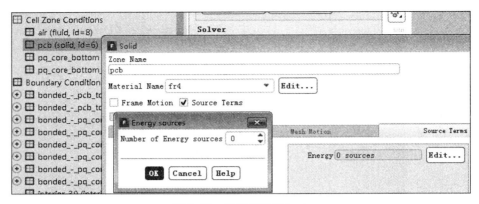

图 9.91　设置发热源(一)

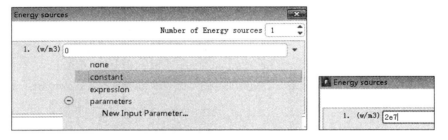

图 9.92　设置发热源(二)

认值。

(21) 双击 Boundary Conditions,选择如图 9.93 所示的 Operating Conditions。由于使用不可压缩理想气体,所以勾选 Variable-Density Parameters,保持压力和密度默认参考值,如图 9.94 所示。

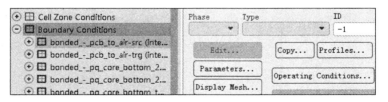

图 9.93　设置操作点条件

(22) 由于前处理中边界面的命名使用了 Fluent 可以识别的关键字,因此无须再手工调整边界条件类型,系统已经正确地识别了 interface、pressure-outlet、symmetry 等边界。双击 p-outlet,打开如图 9.95 所示的压力出口边界条件设置面板,所有参数保持默认值即可,观察 Momentum 选项页,可以看到由于默认使用环境压力作为出口压力,因此表压为 0。切换到 Thermal 选项页,将环境温度设置为 25℃。

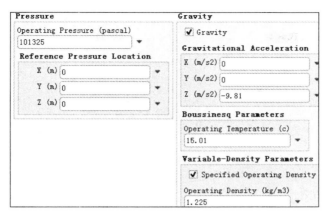

图 9.94 设置操作点密度

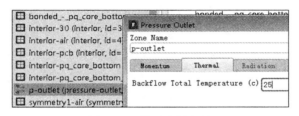

图 9.95 设置边界条件

（23）新版本的 Fluent 对求解器参数进行了优化，解决大多数问题只需保持 Methods 和 Controls 中的默认参数。

（24）双击 Monitors 中的 Report Plots，打开 Report Plot Definitions 对话框。选择 New，按图 9.96 将 pcb 设置为监控对象，监控其基于质量加权的平均温度值。

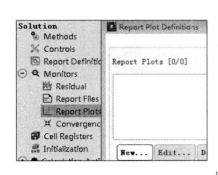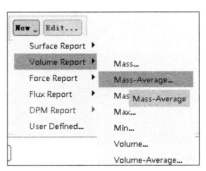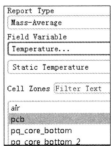

图 9.96 设置监控数据

（25）双击左侧的 Initialization，并选择 Initialize，使用默认参数对当前案例进行初始化，如图 9.97 所示。

（26）双击 Run Calculation，将 Number of Iterations 设置为 100，单击 Calculate 开始迭

代求解,如图 9.98 所示。

图 9.97 初始化

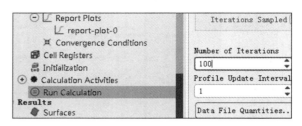

图 9.98 设置迭代参数

（27）经过 87 次迭代（不同机器迭代次数略有不同）达到默认收敛准则,并且监控曲线也达到平稳,如图 9.99 所示。

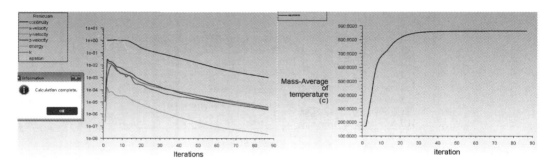

图 9.99 残差曲线和监控曲线

（28）双击 Reports 中的 Fluxes,打开如图 9.100 所示的 Flux Reports 对话框。选中全部边界面,计算其质量及热通量,当它们均为很小的数值时,表明迭代已经收敛。

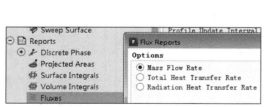

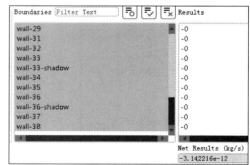

图 9.100 查看质量及热通量

（29）如图 9.101 所示,双击 Contours,打开云图设置面板。选择 Temperature 作为云图显示的物理量,选中 Symmetry 作为云图显示的截面,设置好参数后选择 Save/Display 按钮。从温度分布可以看出,针对当前的发热功率,自然散热不能满足散热要求,因此需降低功耗，使用强制散热措施。

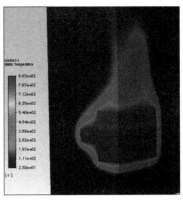

图 9.101　显示温度云图

9.5　Fluent 强制对流散热仿真实例

强制对流散热包括强制风冷和液冷，由于强制对流散热能力一般远大于自然对流散热，因此在存在强制对流散热时，为了降低仿真复杂程度，一般忽略自然对流散热。

【例 9.3】　强制风冷散热实例

在上一个实例中，自然对流散热无法满足元器件对温升的要求，因此可考虑为其增加一个散热风扇，在 Fluent 中，散热风扇有两种添加方式：一种是在求解域中添加 fan 类型边界条件，在边界条件设置中添加 P-Q 曲线模拟风扇；另一种是导入实际的风扇模型，通过设置风扇转速让 Fluent 计算流场流速及压力来模拟风扇。第一种方式类似于 Icepack，第二种方式需设置旋转区域及旋转坐标系，本例采用第二种方式。

16min

（1）新建一个 Workbench 工程，双击 Fluid Flow(Fluent)，添加 Fluent 仿真流程。右击 Geometry，导入素材模型 eg9.3.x_t，在 DM 中打开如图 9.102 所示的几何模型。

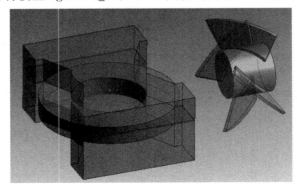

图 9.102　几何模型

（2）由于后续要设置旋转区域,故需设置一个仅包围风扇的圆柱体,圆柱体的轴线与风扇旋转轴线相重合。在 Tools 菜单栏中选择 Enclosure,按图 9.103 设置参数,将 Shape 修改为 Cylinder,将 Cylinder Alignment 设置为 Y-Axis,将 Target Bodies 设置为 Selected Bodies,并选择风扇作为目标对象。

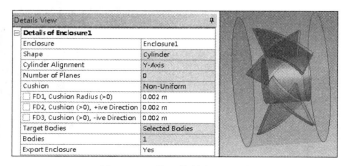

图 9.103　设置旋转包围区域

（3）再次添加一个 Enclosure,按图 9.104 设置包围参数,为了让变压器后侧的扰流充分发展,可适当扩大 Y 方向尺寸。

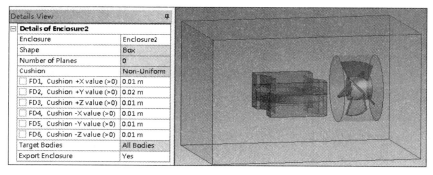

图 9.104　设置求解域

（4）为了便于后续创建接触对,选择 Create 菜单中的 Body Operation,将类型设置为 Imprint Faces,并将模型树中生成的两个包围区域重命名为 rotor 和 air,如图 9.105 所示。

（5）由于不计算风扇的温度,我们将风扇实体压缩。如图 9.106 所示,在 fan 上右击,选择 Suppress Body,并将变压器的 3 个零件分别重命名为 up、down 和 core。

（6）回到 Workbench 主界面,双击 Mesh,打开网格设置模块。如图 9.107 所示,选择 Contacts,在其设置中将 Tolerance Slider 设置为 100,由于小于容差的间隙会被忽略,这里将容差降低到最小值。右击 Contacts,选择 Create Automatic Connection 以便重新识别接触对,如图 9.108 所示。再次右击 Contacts,选择 Rename Based on Definition。

（7）逐个检查接触对,如图 9.109 所示,此时会发现 core 和 air 之间接触面数量不匹配,并且接触面之间错位,因此需要手工调整。

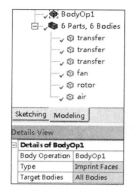

图 9.105 设置印记面

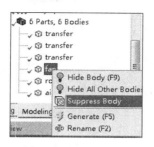

图 9.106 压缩风扇

图 9.108 为接触对重命名

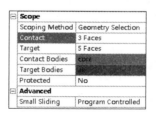

图 9.109 检查接触对

（8）为方便选取空气的内部面，选择右击6个外表面，选择 Hide Face，如图 9.110 所示。选中如图 9.111 所示的 5 个面，重新匹配 air 和 core。

（9）按图 9.112 设置网格参数，将 Elements Size 设置为 1.e－003m，将 Capture Curvature 设置为 Yes，将 Capture Proximity 设置为 Yes，并将 Num Cells Across Gap 设置为 2。隐藏除了 rotor 外的全部实体，右击 Mesh，选择 Insert 中的 Inflation，将 rotor 设置为创建膨胀层的实体，在设置 Boundary 时，可以先全选 rotor 的所有面，再按住 Ctrl 键选择 3 个外表面并将它们排除，剩余的面就是需要设置膨胀层的扇叶面，如图 9.113 所示，

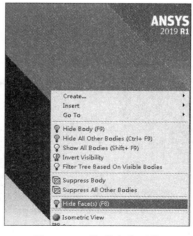

图 9.110 隐藏多余面体

图 9.111　重新匹配接触对

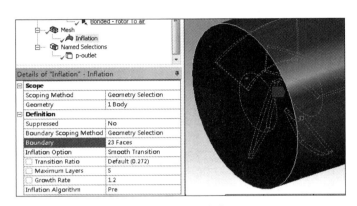

Details of "Mesh"	
Element Order	Linear
☐ Element Size	1.e-003 m
Export Format	Standard
Export Preview Surface Mesh	No
☐ **Sizing**	
Use Adaptive Sizing	No
☐ Growth Rate	Default (1.2)
☐ Max Size	Default (2.e-003 m)
Mesh Defeaturing	Yes
☐ Defeature Size	Default (5.e-006 m)
Capture Curvature	Yes
☐ Curvature Min Size	Default (1.e-005 m)
☐ Curvature Normal Angle	Default (18.0°)
Capture Proximity	Yes
☐ Proximity Min Size	Default (1.e-005 m)
☐ Num Cells Across Gap	2

图 9.112　设置网格参数

图 9.113　设置膨胀层

其余参数保持默认值,生成的膨胀层网格如图 9.114 所示。

(10) 右击立方体的 6 个外表面,选择 Create Name Selection,将其命名为 p-outlet,如图 9.115 所示。

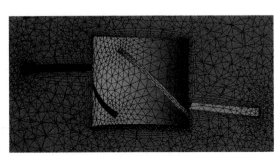

图 9.114　膨胀层网格截面

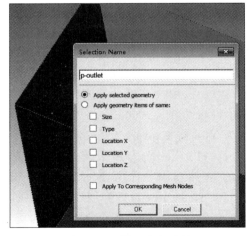

图 9.115　设置命名选择

（11）回到 Workbench 主界面，右击 Mesh，选择 Update，将网格传递到 Fluent 中。双击 Setup，如图 9.116 所示，勾选 Double Precision，将核心数设置为 4。

（12）在 Units 中将 angular-velocity 角速度设置为 rpm，将 temperature 设置为 C，如图 9.117 所示。

（13）由于忽略了自然对流，因此无须开启重力选项，也无须调整空气的密度模型，保持默认值即可。

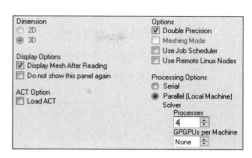

图 9.116　设置启动参数

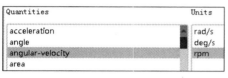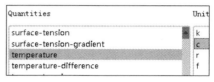

图 9.117　设置单位

（14）在 Models 中开启 Energy 选项，双击 Viscous，将紊流模型设置为 k-epsilon，由于旋转导致流线扭曲，故旋转为 RNG 类型，并将壁面函数设置为 Enhanced Wall Treatment，如图 9.118 所示。

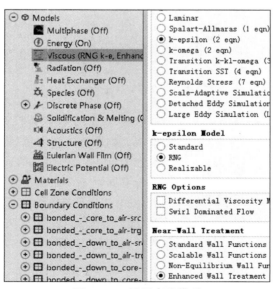

图 9.118　设置紊流模型

（15）与例 9.2 相同，新建铁氧体磁芯 pc95 材料，将其导热系数设置为 5W/（m·k），并为其设置一个较小的密度和热容值。用同样的方法添加 fr4 材料，将其导热系数设置为

6.5W/(m・k)。

（16）与例 9.2 相同，双击 Cell Zone 中的 core，将其材料设置为 fr4，勾选 Source Terms。将其热源类型设置为 constant，并为其赋值为 2.e+007W/m³。

（17）采用同样的方法，双击另外两个固体零件，为它们赋予 pc95 材料，其余项保持默认值。

（18）双击 rotor，如图 9.119 所示，勾选 Frame Motion，设置旋转坐标系参数。将 Rotation-Axis Direction 的 Y 轴设置为 1，由于旋转满足右手定则，因此将转速设置为 −3000rpm。

图 9.119　设置旋转坐标系转速

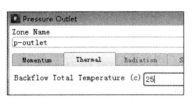

图 9.120　设置边界条件

（19）双击 p-outlet，打开压力出口边界条件设置面板。如图 9.120 所示，将温度设置为 25。

（20）其余关于残差的设置、初始化及求解器的参数设置同例 9.2 完全相同，这里不再赘述了。

（21）迭代后查看温度云图，如图 9.121 所示。

（22）按图 9.122 设置迹线参数，选择 wall-rotor 作为迹线起始面，将 Path Skip 设置为 10，生成的迹线如图 9.123 所示。

（23）从温度分布可以看出，由于元器件发热功率过大，常规强制风冷仍无法满足散热要求，需从设计上降低功耗，并采用一些特殊的散热物料。

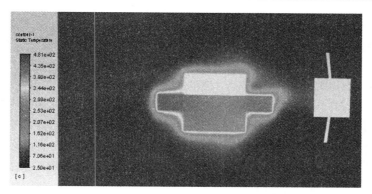

图 9.121 查看截面温度分布云图

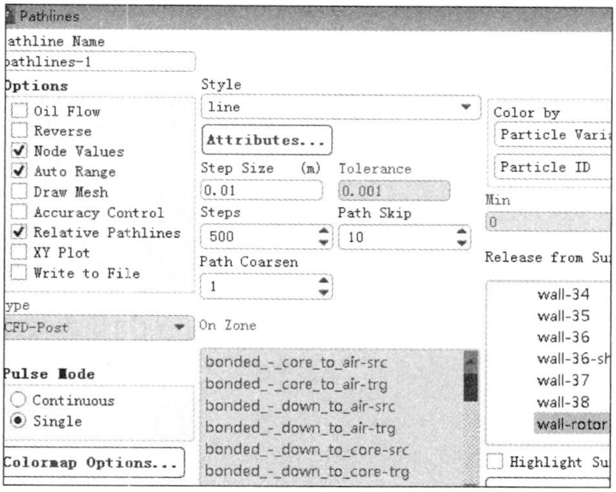

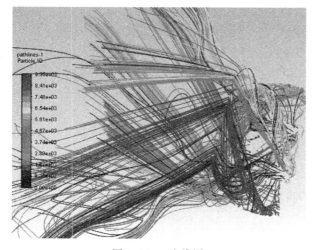

图 9.122 设置迹线

图 9.123 迹线图

9.6 Fluent 气动噪声简介

声音可以在固体和流体中传播,但二者的机理不同。声音在固体内传播主要通过固体结构的振动,而在流体内传播则是因为压力波动在可压缩介质的传播。当气体内形成的压力波动达到人耳的听觉阈值,此时产生的噪声称为气动噪声。风扇噪声、气蚀噪声、喷射噪声等噪声都属于典型的气动噪声范畴。气动噪声源自可压缩流场内非稳态的压力波动,在主流场中以极微弱的能量向外辐射,它的压力波动与流场中的静压相比很小,因此噪声的模拟需要进行较高的仿真精度。

Fluent 中气动噪声的模拟包含以下 3 种方法。

(1) 直接求解(CAA):通过直接求解流场内的压力波动计算声源强度及声音的传播,需要在瞬态场中使用可压缩模型进行高精度仿真,可以真实地反映声音传播过程中的反射和散射,并可以计算流场流动参数对声音的影响,但缺点是计算量极大。

(2) 声类比模型(Accoustic Analogy Modeling):声源通过流场仿真获得,但声音的传播是通过解析模型计算获得的,需要在瞬态场中模拟。因传播通过解析模型计算,故对介质的可压缩性无要求,同时也无法获得流动参数对声音传播的影响,无法考虑传播过程中的反射及散射问题。精度尚可,但计算量仍然较大。

(3) 基于稳态 RANS 的噪声模型法(Steady RAND Based Noise Source Modeling):在平均流场的基础上通过经验模型估算噪声的传播,它可以使用稳态场进行噪声模拟,对介质无要求,无法获得噪声传播过程中的细节,精度有限,更适合定性分析。

Fluent 气动噪声仿真实例

噪声中的宽频噪声由于有连续频谱,能量在给定范围内的所有频率上均有分布,仅通过稳态流场计算就可以获得宽频噪声的能量信息,应用在噪声屏蔽设计等场合。在 Fluent 中有两类宽频噪声模型。

(1) 基于平均数据的宽频噪声模型:Proudman 模型,它适合紊流噪声的计算。紊流边界层噪声模型及射流噪声模型(仅适用于 2D 轴对称)。

(2) 流场波动重建的宽频噪声模型:基于欧拉方程线性化 LEE 噪声源模型和基于 Lilley 方程的噪声源模型。

由于篇幅有限,这里仅以基于稳态 RANS 的噪声模型法为例讲解 Fluent 中气动噪声模拟的过程。

【例 9.4】 带散热片的旋转机械宽频气动噪声仿真

(1) 打开 Workbench,双击 Toolbox 中的 Fluid Flow(Fluent),添加一个 Fluent 仿真流程。

(2) 右击 Geometry,导入素材文件 eg9.4.x_t,并选择 Edit Geometry in DesignModeler,打开 DM 界面。

(3) 单击工具栏中的 Generate,显示模型,该模型为一安装了散热片的发热转盘,在保

9min

证散热的前提下需要比较不同的散热片形式带来的噪声问题。在 Tools 菜单中选择 Enclosure。按图 9.124 设置包围区域的参数，将形状设置为 Cylinder，圆柱轴线为 Z 轴，半径为 0.18m，轴向扩展区域分别为 0.06m 和 0.04m。生成的包围区域作为 Fluent 中设置旋转坐标系的区域。再次添加 Enclosure，包围区域的参数与之相同，此时会在内部旋转区域外生成计算区域。由于不进行共轭传热仿真，将所有固体零件压缩，并将内部流体区域重命名为 rotor，并将外部计算区域命名为 outer。

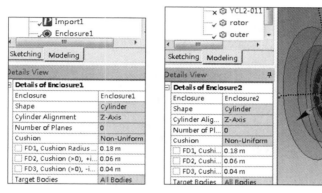

图 9.124　设置包围区域

（4）双击 Mesh，打开网格设置界面。由于模型只有 outer 和 rotor 两个零件，并且接触面只有 3 个面，所以使用默认的 Contacts 即可，无须手工指定接触对。在 Mesh 中开启 Capture Proximity 选项，并将 Num Cells Across Gap 设置为 2，如图 9.125 所示，其余参数保持默认值。选中 outer 的 3 个外表面，右击，添加 Create Named Selection，如图 9.126 所示。将名称设置为 p-outlet，后续在 Fluent 中，这 3 个面将被识别为压力出口边界条件。

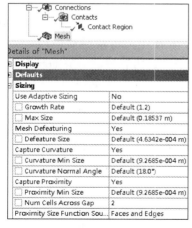

图 9.125　设置网格参数

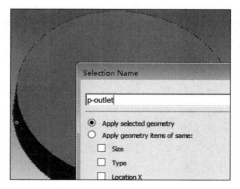

图 9.126　创建命名选择

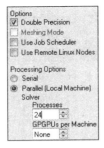

图 9.127　设置启动参数

（5）返回 Workbench 主界面，右击 Mesh，选择 Update，将网格传递到 Fluent 求解器中。双击 Setup，在弹出的 Fluent 启动界面中，勾选 Double Precision 并开启 Parallel 选项，根据计算机的 CPU 核数设置 Processes 的数量，如图 9.127 所示。

（6）在 Units 中选择 angular-velocity，将单位设置为 rpm，如图 9.128 所示。

（7）双击 Viscous，选择 k-epsilon 紊流模型，保持默认的 Standard 及 Standard Wall Functions 类型，如图 9.129 所示。

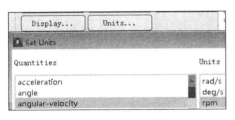

图 9.128　设置单位

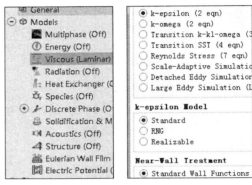

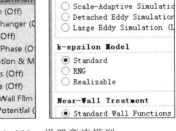

图 9.129　设置紊流模型

（8）由于转速不高，可以不考虑空气的可压缩性影响，保持默认的空气密度属性。

（9）在 Fluent 中转动区域的设置可分为旋转坐标系、滑移网格和动网格 3 种类型。其中旋转坐标系法计算量最小且可以使用稳态求解器求解，适合转动区域和周围环境之间交互较弱时的情况。在设置转速的流体区域中，网格并没有真正旋转，只是在该区域引入了旋转坐标系，让本应做旋转运动的流体网格保持静止，仅让坐标系旋转，从而在静止区域和运动区域形成相对运动，因此该方法也称为冻结转子法。在使用该方法时需使用一个流体域包围旋转零件，区域的大小取决于流动影响的范围，包围区的边界处应为流动状态均匀且法向速度较小，显然该方法是一个近似求解法。当定转子之间交互强烈时，应使用滑移网格法。旋转坐标系法和滑移网格法中要求转动包围区的边界为关于旋转轴线的圆桶，若运动为更复杂的形式，则应使用动网格法。

（10）双击 Cell Zone Conditions 中的 rotor，打开如图 9.130 所示的区域设置对话框。勾选 Frame Motion 后打开旋转坐标系选项，由于模型是关于 Z 轴旋转的，因此将旋转轴原点设置为（0,0,0），将旋转轴的方向向量设置为（0,0,1），在 Speed 中将转速设置为 1500rpm。

（11）由于 Fluent 自动识别了 p-outlet 关键字，并将压力出口默认值设置为表压，因此无须修改边界条件。求解器参数也保持默认值，选择 Initialization，使用默认的初始化选择进行初始化。

图 9.130　设置运动区域转速

（12）双击 Run Calculation，打开求解设置对话框，将 Number of iterations 设置为 100，单击 Calculate 进行迭代求解。

（13）求解完成后，双击 Models 中的 Acoustics，选择 Broadband Noise Sources 选项。保持默认的声学常数，如图 9.131 所示。

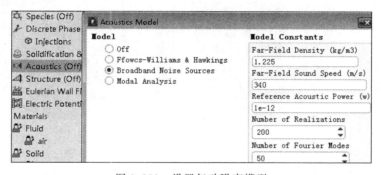

图 9.131　设置气动噪声模型

（14）在后处理中，双击 Contour，选择 Acoustics 类别，在下拉列表中可以选择多种气动噪声评价指标，如图 9.132 所示。选择 wall-rotor 面作为查看面，如图 9.133 所示，分别为 Acoustics Power Level 和 Surface Acoustics Power Level。

（15）由于声功率的分布范围很宽，为了更好地查看其分布，单击 Colormap Options，在打开的界面中勾选 Log Scale，将坐标系修改为对数坐标系。在对数坐标系下查看的 Acoustics Power 结果如图 9.134 所示。

（16）选择 Lilley's Total Noise Source，查看 Lilley 总噪声源。Lilley 噪声模型是一个利用可压缩流体的质量守恒与动量守恒推导出的三阶波动方程，总噪声包含了 Self Noise

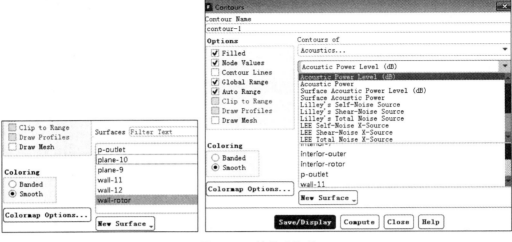

图 9.132　结果后处理

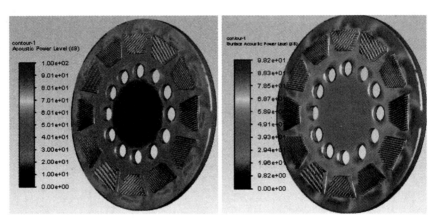

图 9.133　查看声功率级及表面声功率级

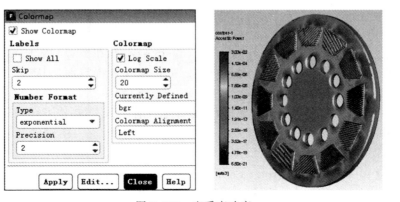

图 9.134　查看声功率

（仅考虑涡流场，不包含平均流动）和 Shear Noise（包含平均流动与涡流场之间的交互作用），结果如图 9.135 所示。创建一个截面，显示截面上的 Acoustic Power Level，结果如图 9.136 所示。

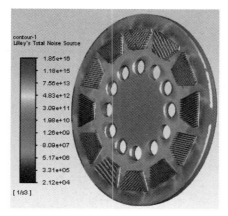

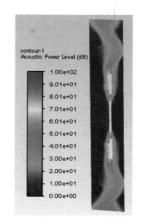

图 9.135　查看 Lilley 总噪声源　　　　　图 9.136　查看截面声功率级

9.7　Fluent 动网格及多相流简介

9.7.1　Fluent 动网格简介

在一些流体仿真场合，流体域会随时间变化。例如，活塞缸运动导致活塞内流体增多或减少，齿轮泵内流体随齿轮转动引起的腔体内流体区域的变形，汽车油箱内流体的晃动、阀门开启及关闭导致的流体域的变化、齿轮箱内的甩油等。在这些流动问题的仿真中涉及流体域形状的变化，不同时刻均伴随着流体网格拉伸、旋转、增加或减少，从而适应流体域形状的变化。求解器处理除需要求解流动参数外还需要处理网格的更新，这类问题统称为动网格问题。

通过动网格，可以更真实地反映系统运动形式，模拟不同零件之间的相互作用，考虑零件运动对流动的影响及流动对零件运动的影响，以及描述更复杂的流体运动形式。

流体域的运动及变形可以通过流体边界的刚体运动及连续变形来表达。活塞运动及齿泵动网格是由流体边界刚体运动引起的，液态晃动、膜片阀开启及关闭则属于边界连续变形问题，而齿轮箱内的甩油则两种兼而有之。对于动网格问题，我们只需指定边界的运动及变形，内部网格及节点的运动及变形由求解器自动处理，我们只需指定网格的变形及重绘参数保证网格运动过程中不出现求解发散，一般通过对 Laying、Smoothing、Remeshing 网格变形参数的设置实现，网格重绘条件如图 9.137 所示，当网格尺寸及扭曲度触发设定的条件后即进行网格重绘，防止网格质量过低而引起求解发散。边界的运动和变形可以通过 Profile 文件或 UDF 文件进行定义，通常定义位置或角度随时间的变化规律。Fluent 提供的运动及变形类型如图 9.138 所示,具体用法会在后续结合具体实例进行讲解。

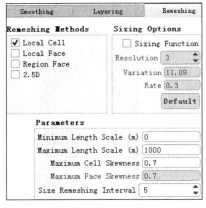

图 9.137 网格重绘参数

图 9.138 Fluent 提供的运动及变形类型

9.7.2 Fluent 多相流实例讲解

物理学中的相指的是物质的态,如气态、液态、固体等。一种物态即称为一相。热力学中,物体中每个均匀部分称为一相。各部分均匀的固体、液态和气体可分别称为固相物体、液相物体和气相物体或统称为单相物体,但在流体力学中,动力学性质相近的一群物体就可称为一相。一种物态可能是单相的,也可能是多相的,因此流体力学中的相比物理学或热力学中的相具有更广泛的意义。当物体各部分之间存在差别时,此时的流动就可以称为多相流。其中两相流是最简单的多相流,可以是气液两相流、气固两相流、液固两相流及不相容的液液两相流。多相流中至少有一相是连续介质,称为连续相,分散于连续相中的离散相称为分散相。多相流的研究是在流体力学、传热传质学、物理化学、燃烧学基础上发展形成的,在能源、动力、石油化工、核能、环保等领域有广泛应用。

Fluent 中比较常用的多相流模型包括 DPM、欧拉多相流、VOF、蒸发及沸腾等相变模型。受篇幅所限,这里仅介绍一下 VOF 模型,它适用于两种或多种不相互浸润,有明显分界面的多相流体流动问题,具体设置方法会结合实例进行讲解。

9.7.3 Fluent 动网格及多相流综合实例

齿轮箱内稀油润滑仿真中涉及齿轮转动及甩油过程,需要考虑润滑油和空气流动及混合,因此既涉及动网格又涉及多相流问题,如果考虑摩擦及热量的传递,则需要考虑共轭传热。本例为了演示动网格和多相流设置方法,暂不考虑传热过程且将 3D 模型简化为 2D,在减小计算量的同时便于初学者理解及操作。

【例 9.5】 齿轮箱稀油润滑仿真

(1) 新建一个 Workbench 工程,双击 Toolbox 中 Fluid Flow(Fluent),添加一个流体仿

25min

真流程。

（2）右击 Geometry，选择 Import Geometry，导入 eg9.5.x_t 素材文件。在 Geometry 上右击，使用 DM 打开模型。如图 9.139 所示，大小齿轮之间有明显的缝隙。该处预留缝隙的目的是防止后续齿轮转动过程中齿轮完全啮合时导致啮合处网格体积为零。放大齿轮箱外壁面，发现圆弧与直边连接处有一处窄边，尺寸只有 2.5e－5m，需将它处理掉，否则将影响后续网格质量。如图 9.140 所示，在 Tools 菜单中选择 Repair 下的 Repair Edges，在 Find Faults Now 中双击，将默认的 No 值设置为 Yes 后 Generate 重新生成模型，这样便可将该处去除。

图 9.139 模型检查

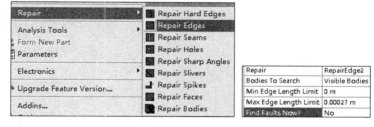

图 9.140 修复窄边

（3）双击 Mesh 单元格，打开网格设置界面。修改模型名称，并将 oil 设置为 Fluid 类型，如图 9.141 所示。检查接触设置，将接触对重新命名，如图 9.142 所示，注意到系统自动检测的接触对为面与面的接触，但我们需要的是边-边的接触。单击 Contacts，在选项中将 Face/Face 及 Face/Edge 设置为 No，将 Edge/Edge 设置为 Yes，如图 9.143 所示。在 Contacts 上右击，选择 Create Automatic Connections，重新生成接触，并对接触对重命名，如图 9.144 所示。新生成的接触对此时已为边-边接触，如图 9.145 所示。

（4）按图 9.146 参数设置网格，将单元尺寸设置为 1mm，开启 Capture Curvature 和 Capture Proximity 选项，其余选项保持默认值。由于后续动网格中在设置弹簧光顺法时需要的网格为三角形网格，因此右击 Mesh，插入 Method 方法，如图 9.147 所示，将 3 个零件全部设置为三角形网格。

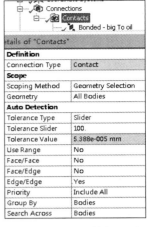

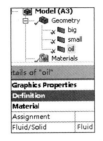

图 9.141　设置模型属性

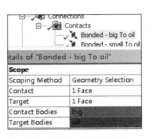

图 9.142　检测接触

图 9.143　设置接触选项

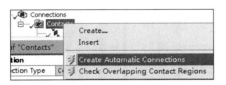

图 9.144　重新生成接触对

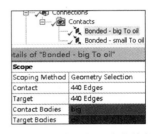

图 9.145　检测新生成的接触

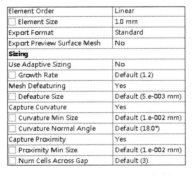

图 9.146　设置全局网格参数

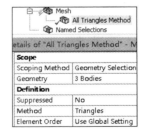

图 9.147　添加局部网格设置

（5）分别为 3 个零件设置命名选择，如图 9.148 所示。返回 Workbench 主界面，双击 Setup，在 Fluent 启动界面，为了保证多相流计算的精度，开启 Double Precision 选项，2D 仿真对计算资源要求不高，使用默认的串行计算即可，如图 9.149 所示。

（6）由于后续涉及动网格及重力场中的流动问题，我们需要将求解器设置为 Transient

类型,并勾选 Gravity 选项,将重力加速度设置为 Y 方向,大小为 -9.81,如图 9.150 所示。

图 9.148 添加命名选择

图 9.149 设置启动参数

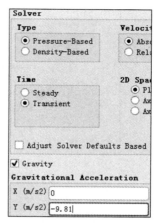

图 9.150 设置求解器及重力加速度

(7) 单击 Scale 按钮,查看模型坐标范围,如图 9.151 所示,后续初始化时会用到该尺寸。在 Units 上单击,将角速度单位设置为 rpm,如图 9.152 所示。

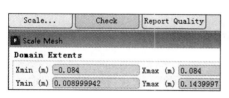

图 9.151 查看模型尺寸

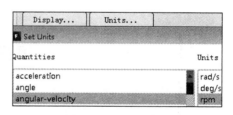

图 9.152 设置单位

(8) 双击 Multiphase,选择 Volume of Fluid 多相流模型。齿轮箱内的搅油过程为油气两相流,因此将 Number of Eulerian Phases 设置为 2。由于流动发生在重力场中,因此勾选 Implicit Body Force 选项,如图 9.153 所示,其余选项保持默认值。

(9) 双击 Viscous,选择 k-epsilon 紊流模型,由于齿轮附近流场流线曲率半径很大,因此选择更适合旋转流动及高应变率的 RNG 模型,选择 Standard Wall Functions 作为壁面函数,如图 9.154 所示。

(10) 如图 9.155 所示,添加新材料 oil,将其密度设置为 960,将黏度设置为 0.048。

(11) 如图 9.156 所示,双击 Phases 下的 phase-1,确保其材料为 air,双击 phase-2,将其材料设置为 oil。

(12) 双击 Dynamic Mesh,勾选 Smoothing 和 Remeshing,如图 9.157 所示。这两种动网格更新方法通常搭配使用,Smoothing 通过调整网格节点位置维持网格质量,Remeshing 则根据设定的网格尺寸及质量准则进行网格重绘。单击 Settings 按钮,打开如图 9.158 所示的 Smoothing 及 Remeshing 参数设置对话框。在 Smoothing 选项页中,可以使用 Spring

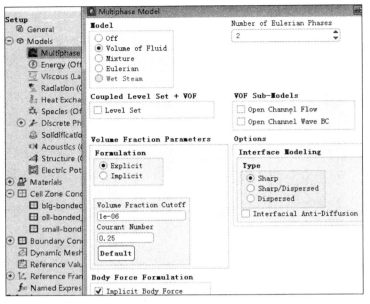

图 9.153 设置多相流模型

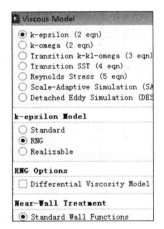

图 9.154 设置紊流模型

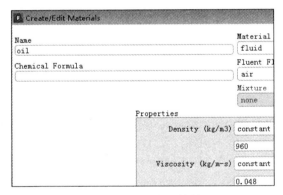

图 9.155 自定义材料

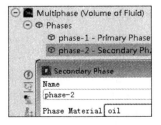

图 9.156 设置多相流材料

图 9.157 设置动网格更新方法

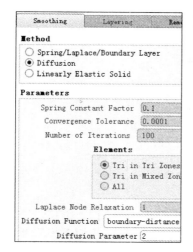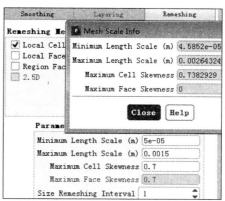

图 9.158　设置动网格参数

弹簧光顺或 Diffusion 扩散光顺调整网格节点位置,Diffusion 比 Spring 消耗的计算资源更多,但得到的网格质量更好,由于 2D 仿真计算量不大,这里使用 Diffusion 法。较大的扩散系数可以让远处网格变形吸收边界运动造成的网格扭曲,这里将扩散系数设置为 2。切换到 Remeshing 选项页,单击 Mesh Scale Info,打开网格统计对话框,根据当前网格尺寸信息,设置 Remeshing 中的相关参数。通常将网格最小尺寸设置成略大于当前最小网格尺寸,并将最大尺寸略小于当前最大网格尺寸。当系统在网格变形时达到设定值时会标记需要重绘的网格,按 Size Remeshing Interval 频率进行重绘,默认值为 5,即每隔 5 次进行网格重绘,这里将该值设置为 1,可以让流程网格质量保持在较高的水平。

(13)打开随书提供的素材文件 rotation_profile.txt,该文件用于定义动网格的运动边界的平动及转动参数。如图 9.159 所示,big_rotation 2 point 通过 2 个关键点信息设置大齿轮运动,分别是时间和转速,注意 Profile 中的单位均为国际单位,即时间单位为 s,转速单位为 rad/s。0s 时,沿着 Z 轴的转速为 40rad/s;1s 时,沿着 Z 轴的转速为 40rad/s。0~1s 线性插值,因此在 Profile 中将它定义为匀速转动,同理,小齿轮根据传动比 3.67,方向与大齿轮相反,因此其转速为 -146.8rad/s。Profile 有固定的书写格式,相关格式要求可以查阅帮助文档。

(14)如图 9.160 所示,在 File 菜单中选择读取 Profile 文件,弹出如图 9.161 所示文件选择对话框,将类型设置为 All File,选择素材文件 rotation_profile.txt,加载 Profile 文件。

(15)单击 Dynamic Mesh Zone 下的 Create/Edit 按钮,打开如图 9.162 所示的定义动网格区域对话框。对于大齿轮 Profile 应选择 big_rotation,重心是在几何建模时确定的,位置为(0.01985,0.08),大齿轮的运动边界应为流体域和大齿轮之间的接触对,因此分别选择 bonded-big_to_oil-src 和 bonded-big_to_oil-trg,切换到 Meshing Options 选项页,将网格平均尺寸设置为 0.0012。在 Fluent 中设置了流体边界运动后,流体内部网格通过光顺及重

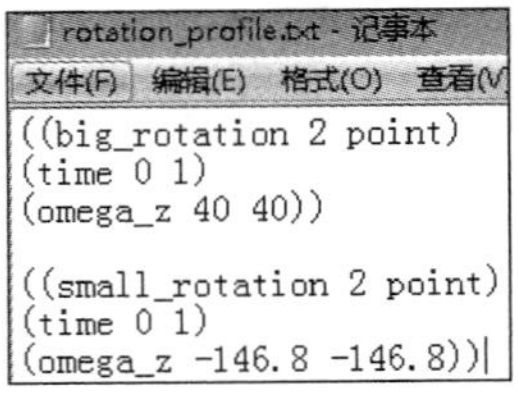

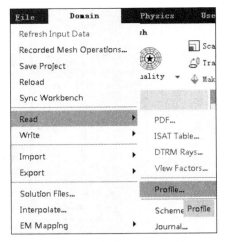

图 9.160 加载 Profile 文件

```
rotation_profile.txt - 记事本
文件(F) 编辑(E) 格式(O) 查看(V
((big_rotation 2 point)
(time 0 1)
(omega_z 40 40))

((small_rotation 2 point)
(time 0 1)
(omega_z -146.8 -146.8))|
```

图 9.159 查看 Profile
文件

图 9.161 选择 Profile 文件

绘自动调整,但固体域需用户指定,因此需对固体域 big 进行同样的重心及平均网格尺寸等相关设置,如图 9.163 所示。

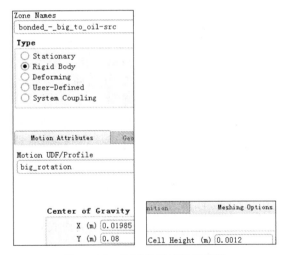

图 9.162 动网格区域设置参数

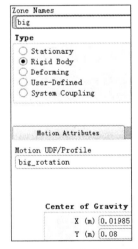

图 9.163 固体域动网格设置

(16) 同样道理,设置小齿轮相关参数,需设置的边界和区域分别为 bonded-small_to_oil-src、bonded-small_to_oil-trg 及 small,重心为(−0.054,0.08),平均网格同样为 0.0012。所有运动区域添加完成后,需要设置动网格的区域如图 9.164 所示。

(17) 图 9.165 为动网格预览,Display Zone Motion 可以显示运动边界,Preview Mesh Motion 可以设置预览参数。 如图 9.166 所示,将时间步长设置为 0.001,将步数设置为

100,由于预览后的时间无法退回初始时刻,因此在单击 Preview 按钮前一定要先保存 Workbench 工程文件。预览确保运动是正确的情况下,关闭工程文件后重新打开 Fluent 并继续进行其他设置。

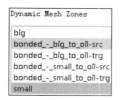

图 9.164　全部动网格区域

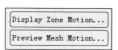

图 9.165　预览动网格

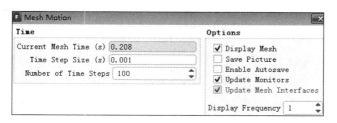

图 9.166　设置预览参数

（18）如图 9.167 所示,右击 Cell Register,新建 Region。按图 9.168 设置 Region 参数,该区域后续用于多相流初始时填充 oil。

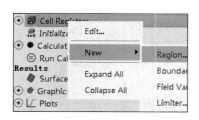

图 9.167　添加 Region

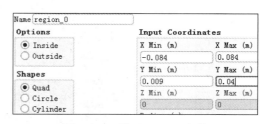

图 9.168　设置 Region 参数

（19）如图 9.169 所示,使用默认参数进行标准初始化。其中 phase-2 在初始化时将其体积分数设置为 0,表示使用 phase-1 材料 air 填充全部求解域。初始化后原来灰色的 Patch 按钮变成可用状态,单击 Patch,打开如图 9.170 所示的多相流设置对话框。在 Phase 中选择 phase-2,选择 Volume Fraction,将 Value 设置为 1,在 register 中选择刚创建的 region_0。通过这些设置,将 region_0 区域用 phase-2 中的材料 oil 填充。单击 Patch 按钮,完成多相流初始化。

（20）双击 Results 下的 Contours 选项,按图 9.171 设置云图选项,显示初始化后 phase-2 相的体积分数。如图 9.172 所示,初始条件下,phase-2 于油箱底部的体积占比为 100%,上方占比为 0,表明 oil 和 air 已经完成正确初始化。

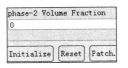

图 9.169　标准初始化

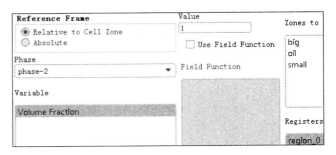

图 9.170　多相流初始化

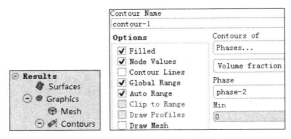

图 9.171　设置相体积分数云图

图 9.172　显示初始化后的相体积分数云图

图 9.173　添加保存选项

（21）如图 9.173 所示，双击 Calculation Activities 下的 Autosave 选项，在弹出的对话框中将自动保存选项设置为 Save Data File Every 50 Time Steps，即每 50 个时间步自动保存一次数据文件，其余选项保持默认值。

（22）如图 9.174 所示，双击 Solution Animation，在弹出的对话框下方选择 New Object 中的 Contours。在弹出的 Contours 对话框中，保持之前的云图选项不变，确定后返回 Solution Animation 对话框。选中 contour-2，按图 9.175 设置动画相关选项，保存动画图片的时间间隔越短，动画就越流畅，占用的硬盘空间就越大。

图 9.174 添加动画对象

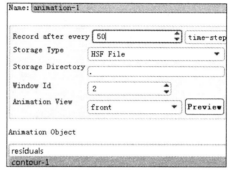

图 9.175 设置动画选项（一）

（23）双击 Run Calculation，按图 9.176 设置时间步长和迭代步数，其余选项保持默认值。参数设置好后单击 Calculate 按钮。

（24）单击 Calculate 按钮，开始进行迭代运算。运算过程中除了会显示残差曲线，还会显示云图动画，形式如图 9.177 所示。

（25）当运算结束后，双击 Results 下的

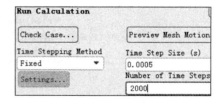

图 9.176 设置动画选项（二）

Pathlines，打开如图 9.178 所示的对话框。按图设置与迹线相关的选项，并在 Release from Surfaces 中选择 oil，单击下方 Save/Display 按钮对其绘制迹线。相应的迹线如图 9.179 所示。

（26）关闭当前 Fluent 窗口，返回 Workbench 主界面，双击 Result 单元格，打开 CFD-POST 模块。按图 9.180 设置云图和动画选项，并双击 Animation，打开动画设置对话框，按图设置动画保存选项，可以将动画保存成视频格式。在保存位置可以找到生成的视频，用视频软件打开，可以查看视频显示效果，如图 9.181 所示。

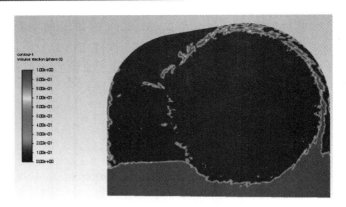

图 9.177 计算过程中的云图动画

图 9.178 设置迹线

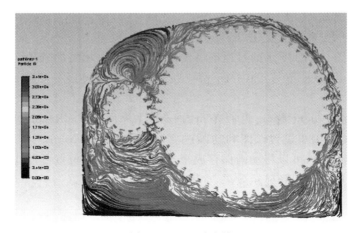

图 9.179 显示迹线

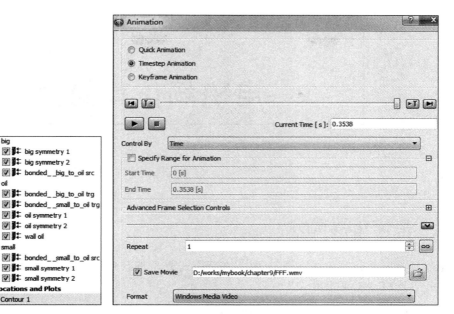

图 9.180　设置云图和动画选项

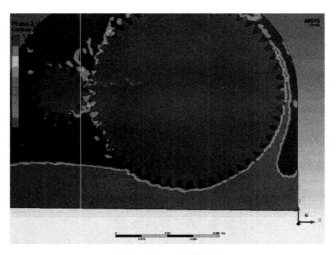

图 9.181　查看视频

第 10 章

电磁场仿真简介

10.1 电磁仿真简介

电磁场有限元仿真是在有限空间中,在特定边界条件及初始条件下利用有限元法求解 Maxwell 方程组。方程组形式为

$$\nabla \times \boldsymbol{H} = \boldsymbol{J} + \frac{\partial \boldsymbol{D}}{\partial t} \tag{10.1}$$

$$\nabla \times \boldsymbol{E} = -\frac{\partial \boldsymbol{B}}{\partial t} \tag{10.2}$$

$$\nabla \cdot \boldsymbol{D} = \rho \tag{10.3}$$

$$\nabla \cdot \boldsymbol{B} = 0 \tag{10.4}$$

对于偏微分方程组,只有已知边界条件和初始值才可以求得唯一解,Maxwell 中常见的边界条件有以下几类。

(1) 自然边界条件:自然边界条件是不同媒介交界面的切向和法向边界条件,在软件中,自然边界条件是默认的边界条件,无须特别指定。

(2) 狄利克雷边界条件:电磁场问题中的第一类边界条件,它规定了边界处势的分布,也可以是常数或 0。

(3) 黎曼边界条件:电磁场问题中的第二类边界条件,它规定了边界处势的法向导数分布,软件中法向导数为 0 是默认条件,无须特别指定。

(4) 对称边界条件:对称边界条件包括奇对称和偶对称两类。奇对称指在对称面两侧的电流、电荷、电位、磁位等物理量满足大小相等,符号相反。偶对称指在对称面两侧的电流、电荷、电位、磁位等物理量满足大小相等,符号相同。使用对称边界条件时可以减小模型的尺寸,以此节省时间和计算资料。

(5) 主从边界条件:主从边界条件指的是在计算周期性对称结构时采用的边界条件,使主边界和从边界处具有相同的幅值、相位,方向相同或相反。

(6) 气球边界条件:一般用来模拟无穷大边界,也可以用来模拟绝缘系统。

10.2　Maxwell 简介

ANSYS Maxwell 是一个电磁场仿真分析软件,可以帮助工程师完成电磁设备与机电设备的二维、三维有限元仿真分析,例如,电机、作动器、变压器、传感器与线圈等设备的性能分析。Maxwell 使用有限元算法,可以完成静态、频域及时域磁场与电场仿真分析。ANSYS Maxwell 包含在 ANSYS Electromagnetics Suite 分析套件中,该套件包含 ANSYS Maxwell、ANSYS Simplorer、ANSYS HFSS、ANSYS SIwave、ANSYS Q3D Extractor。该套件需要单独安装,当版本和 Workbench 匹配时,可以实现二者的耦合仿真且对应图标会出现在 Workbench 工具箱中。

10.2.1　Maxwell 界面组成

如图 10.1 所示,Maxwell 界面主要由菜单栏、工具栏、项目管理栏、属性栏、消息栏、进度栏和绘图区组成。左侧的项目管理栏可以管理一个工程文件中的不同部分或同时管理多个工程文件。属性栏主要用来设置对象的尺寸、颜色、透明度、材料等相关属性。选择某一对象时会在该处显示该对象的相关信息。消息栏用来显示警告信息、错误信息、操作提示及过程中的详细信息。进度栏主要用来显示求解进度,参数化计算进度并用红色进度条表示完成百分比。模型树可以显示部件及材料属性、坐标系等关键信息,方便用户对模型进行管理。绘图区是窗口中最大的区域,用户可以在此区域绘制模型,显示计算后的场图结果及数据曲线。

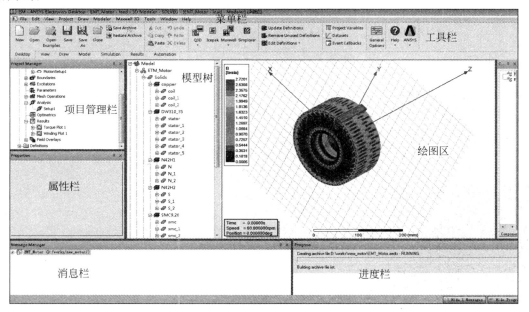

图 10.1　Maxwell 界面组成

在新版本的软件套件中包含了很多软件,在初次打开该界面时,若 Maxwell 不是默认启动项,则可以在 Tools 菜单中选择 Options 下的 General 选项,在打开的对话框中将 Desktop Configuration 设置为 EM 和 Maxwell 3D,如图 10.2 所示。

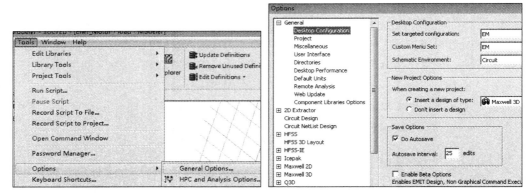

图 10.2　设置默认启动项

10.2.2　Maxwell 设计类型

Maxwell 中包含 4 种设计类型:Maxwell 2D、Maxwell 3D、RMxprt 和 Maxwell Circuit,如图 10.3 所示,可以通过工具栏图标或菜单栏添加这几种设计类型。菜单选项和工具栏图标会随着设计类型而变化。

Maxwell 2D:使用有限元方法求解 XY 直角坐标平面或 RZ 柱坐标截面内的二维电磁场。

Maxwell 3D:使用有限元方法求解三维电磁场。

RMxprt:基于等效电路法的交互式电机设计工具。

Maxwell Circuit:外电路设计工具,可以搭建简单的外部驱动电路。

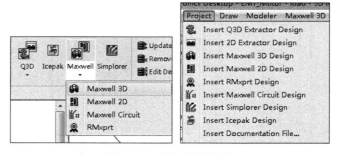

图 10.3　添加设计类型

10.2.3 Maxwell 求解器类型

Maxwell 中有多种不同类型的求解器,在菜单中选择 Solution Type 会打开如图 10.4 所示的选择求解器对话框。当设计类型为 Maxwell 2D 时,还会显示平面类型选项。

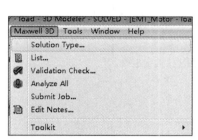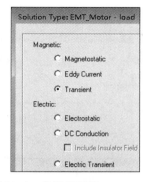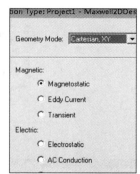

图 10.4 求解器类型

Magnetostatic 静磁场求解器:求解直流电或永磁体产生的静磁场问题,可以包含线性材料或非线性材料。

Eddy Current 涡流场求解器:频域中求解正弦时变磁场,3D 问题中仅允许使用线性材料,它是一个全波求解器,考虑位移电流,并包含集肤效应和临近效应。

Transient 瞬态磁场求解器:求解因时变电场或移动电磁场产生的瞬态磁场。允许使用线性或非线性材料,并包含集肤效应和临近效应。

Electrostatic 静电场求解器:求解静电场问题,仅允许使用线性材料。

DC Conduction 直流求解器:求解直流电势场中的电压、电场及电流密度。

AC Conduction 交流求解器:仅 2D 类型可选,求解频域中的正弦时变电场。

Electric Transient 瞬态电场:因时变电压、荷及电流激励下的瞬态电场。

10.2.4 Maxwell 的材料管理

Maxwell 中包含了 3 种类型的材料库:syslib 系统材料库、userlib 个人材料库、PersonalLib 个人材料库。系统材料库是软件安装好后自带的材料库,如图 10.5 所示,用户不应修改该材料库;用户材料库一般是多人使用的公共材料库;个人材料库中存放的是个人专用材料。如图 10.6 所示,在 Tools 菜单中选择 Library Tools 中的 Manage Files,此时会打开用户及个人材料库对话框,在这里可以修改材料库的存放位置。

当选择 Tools 菜单的 Edit Libraries 下的 Materials 菜单项时,会打开如图 10.7 所示的材料设置对话框。选中某一个材料后可以使用 Clone Materials 复制一份系统材料,将其转换为项目材料,可以随意对项目材料的属性进行修改。典型的材料属性对话框如图 10.8 所示。对于在第二象限是直线的稀土永磁材料,可以将 Relative Permeability 设置为 simple 类

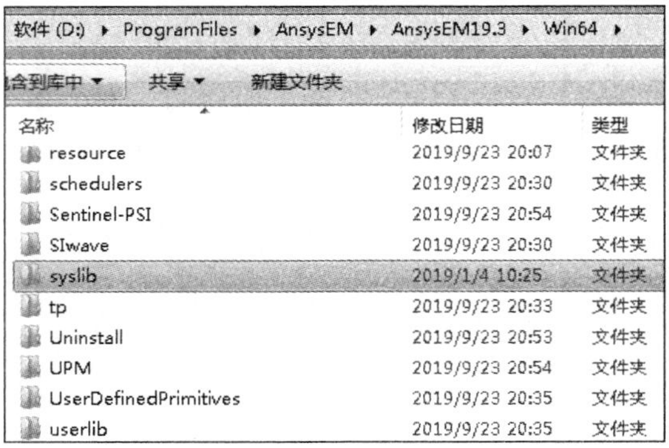

图 10.5 系统材料库

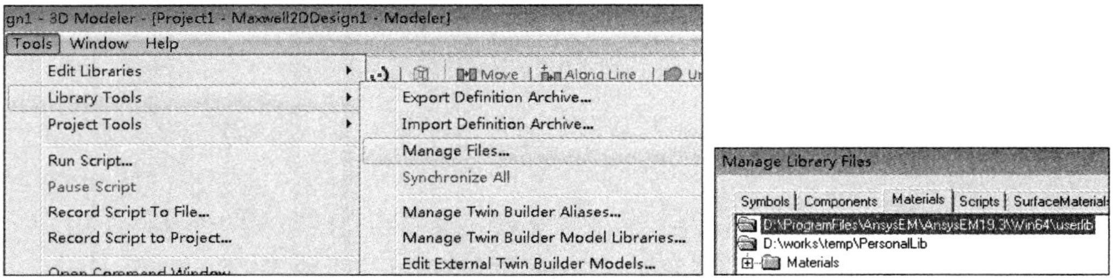

图 10.6 用户材料库及个人材料库

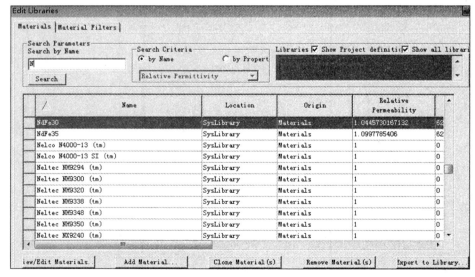

图 10.7 编辑材料库

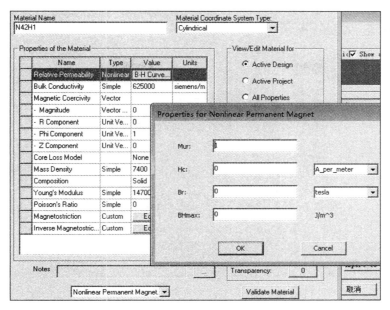

图 10.8　编辑材料属性

型,并选择下方的 Nonlinear Permanent magnet,设置 Br 和 Hc 即可。当永磁材料为非线性时,需将 Relative Permeability 设置为 Nonlinear,并设置 BH 曲线,此时设置下方的 Nonlinear Permanent magnet 时需设置回复线的 Br 和 Hc 或回复线上的相对磁导率。材料属性对话框中还需要设置充磁方向和与铁芯损耗相关的参数,这些参数可以从磁钢供应商处获取。当设置硅钢片等软磁材料时,还可以通过将 Composition 设置为 Lamination 进而设置硅钢片的叠压方向及叠压系数。新版本的材料设置中还可以添加杨氏模量、泊松比、磁致伸缩、逆磁致伸缩等与力学相关的性能,方便与结构模型进行联合仿真。当勾选了 Thermal Modifier 时,还可以添加温度修正系数,考虑各参数随温度变化的特性。

10.2.5　Maxwell 的几何建模

Maxwell 通过基本几何模型的变换生成最终模型,基本模型包括点、线、面、体生成工具。变换主要包括布尔操作、平移、旋转、拉伸、镜像、扫描等,这些几何建模工具主要位于 Draw 和 Modeler 菜单及常用工具栏中,如图 10.9 所示。

图 10.9　建模相关工具

如图 10.10 所示,在 Draw 菜单中,当选择 User Defined Primitive 的 RMxprt 选项时,

可以绘制与电机相关部件的几何模型，只需要在表单中填写电机部件的相关参数便可以生成由尺寸参数驱动的实体模型。

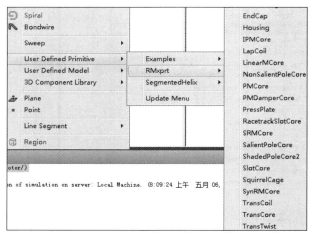

图 10.10　电机部件的建模

除了可以在 Maxwell 中直接建立几何模型外，还可以导入 CAD 中创建好的几何模型。软件支持 2D dwg、dxf 模型及常见的 3D 模型格式，如图 10.11 所示。

图 10.11　导入外部几何模型

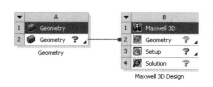

当在 Workbench 环境下搭建 Maxwell 仿真模型时，还可以将 DM、SCDM 中的模型传递给 Maxwell，如图 10.12 所示。

10.2.6　Maxwell 的激励类型

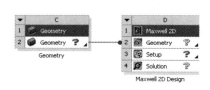

图 10.12　Workbench 中的模型传递

所有的计算模型在仿真时需赋予激励源，保证系统的能量不为 0。永磁体作为储能元器件，也可以看作激励源。不同类型的求解器所支持的激励源也有所不同，磁场求解器类型中瞬态磁场的激励源是通过为 Winding 绕组添加不同激励实现的，包括 Current 电流源、电流密度源、Voltage 电压源与 External 外电路类型,如图 10.13 所示。静磁场激励包含 Voltage 电压、Voltage Drop 压降、Current Density 电流密度、Current Density Terminal 电流密度终端、Current 电流源和 Permanent Magnet Field 外磁场,如图 10.14 所示。在电场求解器的不同类型中静电场的激励类型最丰富,包括 Voltage Excitation 电压激励、Charge Excitation 电荷激励、Floating Excitation 浮动电荷和 Charge Density 电荷密度,如图 10.15 所示。

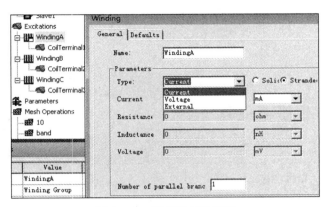

图 10.13　瞬态磁场激励源

图 10.14　静磁场激励源

图 10.15　静电场激励源

10.2.7　Maxwell 的运动区域设置

在瞬态磁场求解器中,允许添加平动、转动及非圆周运动。运动物体被一个称为 Band 的对象包围,运动物体与静止物体之间完全分离,二者之间不允许在运动过程中出现交叉及重叠。通过设置 Band 的运行参数实现其内部包围对象的相同的运动模式。选中 band 对象并在绘图区域中选中对象后,右击如图 10.16 所示的 Model,选择 Assign Band。此时会出现如图 10.17 所示的运动参数设置对话框。需要注意的是,当运动类型为 Translation 或 Non-Cylindrical 时,Band 对象需要使用多边形面代替真实曲面,否则会显示如图 10.18 所示的错误信息。对于转动运动类型,除了可以设置旋转轴线、初始角度、转动角度、转速外,还可以设置如图 10.19 所示的过渡过程中的运动参数,包括转动惯量、阻尼和外部负载转矩。

对于转动运动,设置好 Band 后,系统会自动添加一个 moving1 对象,并为其分配 Force

力参数和 Torque 扭矩参数,这些参数可以在后处理中直接调用。

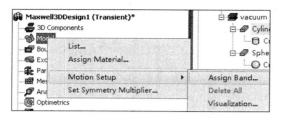

图 10.16　添加 Band

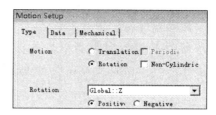

图 10.17　设置运动区域参数

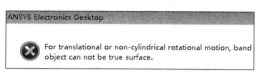

图 10.18　错误信息提示

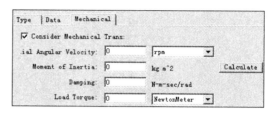

图 10.19　设置过渡过程参数

10.2.8　Maxwell 的参数设置

可以在求解过程中添加力、转矩及电阻、电容、电感矩阵等求解参数,如图 10.20 所示,具体选项因求解器而变化。其中电阻矩阵是交流矩阵,包含集肤效应和临近效应。电感矩阵可以通过设置不同分组实现对不同连接拓扑结构的模拟,如图 10.21 所示。静态求解器设置的矩阵参数可以在 Solution Data 中查看。

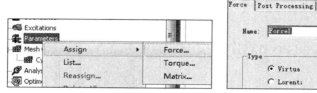

图 10.20　力及转矩参数

10.2.9　Maxwell 的网格设置

在有限元仿真中网格质量对计算结果的精度有着至关重要的影响。Maxwell 中使用四面体单元及三角形单元作为默认单元类型。对于静态求解器,由于模型尺寸及位置不随时间变化,因此网格一旦划分好便无须再进行调整,因此求解器可以根据场的计算精度要求自动加密网格,这种网格称为自适应网格。瞬态求解器由于不满足上述条件,只能手动划分网格。

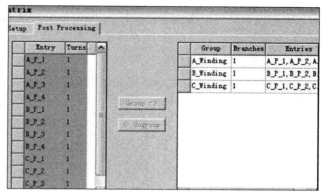

图 10.21　电感矩阵

当 Maxwell 进行网格划分时,首先生成初始网格,在多数情况下,初始网格不需修改就可以满足大多数问题的求解要求。当初始网格划分失败或对初始网格有更高要求时,可以调整初始网格参数。初始网格的设置选项如图 10.22 所示。

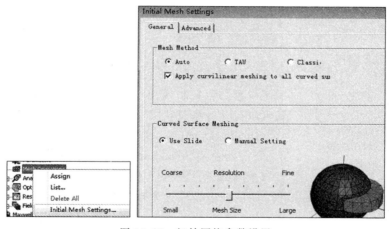

图 10.22　初始网格参数设置

Auto：这是默认选项,它允许软件基于模型自动选择合适的网格类型。

TAU：对于曲面网格可以通过调整容差修改网格精度,当模型较复杂或存在较多缺陷时,使用严格的容差有可能导致网格划分失败,此时可以放宽容差值。

Classic：Ansoft 11 版本中使用的网格划分程序,对于薄壁或平板类型对象效果较好,但对于曲面模型贴体性较差。

自适应网格：在初始网格基础上,根据迭代过程中的能量误差自动进行网格加密的一种技术,它仅在静态求解器中可用。在常规静态问题中,使用自适应网格即可满足大多数要求,对于少数复杂问题,可以在网格迭代前预先判断梯度较大的位置并进行手动加密网格,可以有效减少自适应网格迭代次数,尽快实现收敛。动态求解器无法利用自适应法生成网格,可以手动划分网格或将静态网格导入动态求解器中,此时要求二者几何模型保持一致。如图10.23所示,左图为静态求解器生成的自适应网格,右侧为动态求解器设置中通过导入网格的方式导入自适应网格,二者的几何模型一致。

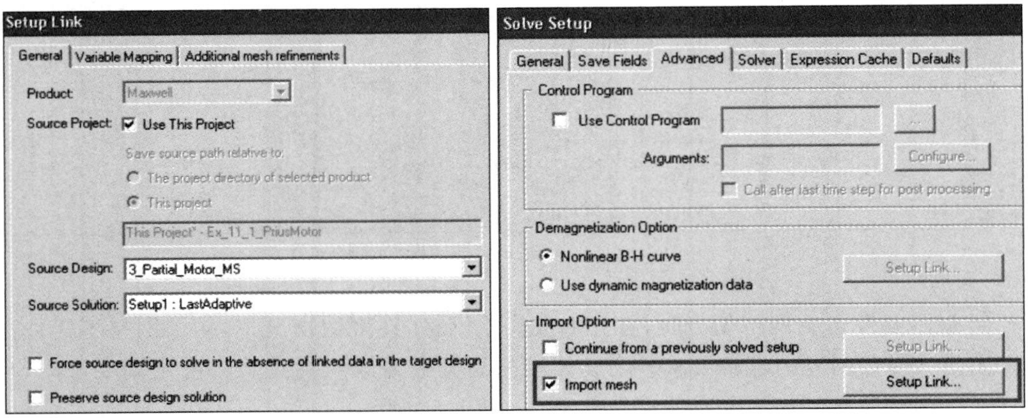

图 10.23　导入静态网格

Maxwell中提供的手动划分网格类型如图10.24所示。

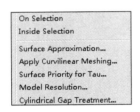

图 10.24　手动网格划分选项

On Selection:包含Length Based和Skin Depth Based两个选项,前者用于设置选定面上的三角形网格的边长,后者用于设置涡流集肤效应所在面处的网格层数,输入相关参数后可以自动计算肌肤层深度。

Inside Selection:用于设置四面体网格边长或网格数量。

Surface Approximation:设置曲面或曲线上的网格参数,该参数反映了直线段代替曲线的误差。

Apply Curvilinear Meshing:将网格边线设置为曲线类型。

Surface Priority for Tau Mesh:设置Tau网格的优先级,可以设置为常规或更高优先级。

Model Resolution:指定最小边长,小于最小边长的几何特征将被网格生成器忽略。

Cylindrical Gap Treatment:通常用于设置旋转运动的Band对象的网格,网格密度基于间隙的大小,在瞬态求解器中设置了Band后将自动添加该类型网格。

10.2.10　Maxwell 的求解设置

静态求解器求解设置选项如图10.25所示。在General选项页中可以设置最大迭代次数,当达到最大迭代次数后仍不满足收敛误差标准时,系统将出现警告提示。每次迭代都会在前一次基础上加密网格,默认按30%进行加密,可以在Convergence选项页中修改默认值。

瞬态求解器求解设置选项如图 10.26 所示。General 选项页中可以设置仿真时间和时间步长，这里的时间步长为求解器调用的时间步长，在 Save Fields 中可以设置保存数据的时间步长，用于结果后处理。

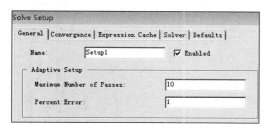

图 10.25　静态求解器

图 10.26　瞬态求解器

涡流求解器求解设置选项如图 10.27 所示。除常规设置选项外，还需设置频率扫描选项。在 Solver 选项页中还需设置 Adaptive Frequency，该选项用于设置网格自适应划分时所对应的频率。

10.2.11　Maxwell 的结果后处理

Maxwell 拥有强大的结果后处理工具，在 Results 上右击，可以显示如图 10.28 所示的后处理功能列表，可以使用 Create Transient Report 创建各种曲线图，如图 10.29 所示。用户可以通过快捷菜单对曲线进行修改。

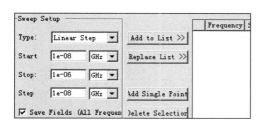

图 10.27　涡流求解器

图 10.28　结果后处理

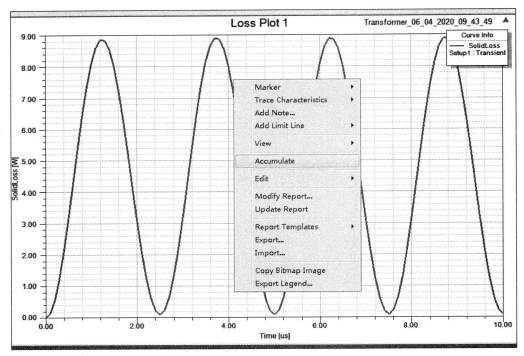

图 10.29　曲线图

如图 10.30 所示，右击 Field Overlays，此时会显示如图 10.30 所示的场后处理选项，可以创建各种场量的云图，也可以通过场计算器对场量进行组合计算，如图 10.31 所示。

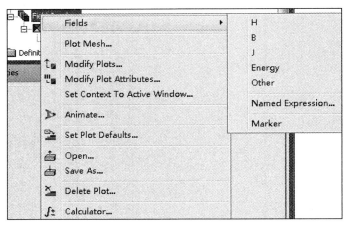

图 10.30　场后处理选项

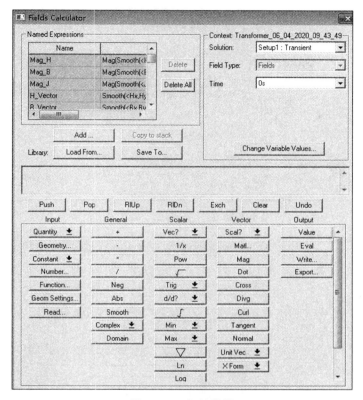

图 10.31 场计算器

10.3 Maxwell 在不同行业中的应用实例

10.3.1 RMxprt 介绍及设计实例

RMxprt 是 Maxwell 中的基于路算法的电机设计工具,基于参数的建模方式具有简单快捷、调整方便等优点。通常在方案设计阶段中用于方案的筛选,最重要的是它计算完的模型可以无缝连接到 Maxwell 有限元仿真程序中,一键完成生成模型、材料设置、边界条件的创建、激励源的添加及网格划分,并默认添加电磁转矩和电流曲线等求解变量参数。这里通过一个三相感应电机的实例,演示一下 RMxprt 进行电机初步设计并导入 Maxwell 进行有限元仿真的标准设计流程。

【例 10.1】 基于 RMxprt 的三相感应电机设计

(1) 新建一个 Maxwell 工程,在工具栏中选择 RMxprt 类型,弹出如图 10.32 所示的电机类型选择对话框。选择 Generate RMxprt Solutions 并选择 Standard,此时标准类型电机模板可供选择,选择 Three-Phase Induction Motor 三相感应电机类型。

20min

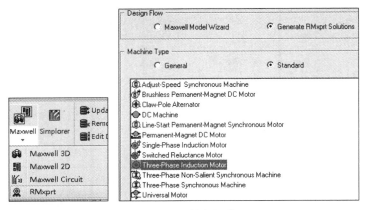

图 10.32　选择电机类型

(2) 双击 Machine，按如图 10.33 所示的参数设置该对话框。该电机为 4 极电机，杂散损耗因数为 0.5%，机械摩擦损耗为 37W，电机无风扇，忽略风磨损耗，额定转速为 1360rpm。

Name	Value	Unit	Eva...	Description
Machine Type	Thr...			
Number of Poles	4			Number of poles o...
Stray Loss Factor	0.005		0.005	Stray Loss Factor
Frictional Loss	37	W	37W	The frictional lo...
Windage Loss	0	W	0W	The windage loss ...
Reference Speed	1360	rpm		The reference spe...

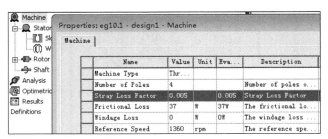

图 10.33　电机属性对话框

(3) 双击 Stator，按图 10.34 设置对应参数。该电机定子的外径为 210mm，内径为 148mm，叠长为 250mm，叠压系数为 0.92，材料类型为美国标准 ASTM A345 硅钢 M19_24G，槽型为斜肩梨型槽，槽数为 48。其余选项含义分别为定子铁芯分瓣数，铁芯两侧导磁压板厚度和定子斜槽数。

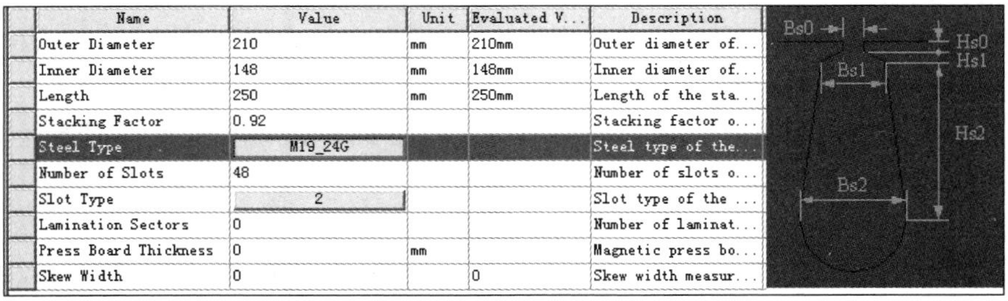

Name	Value	Unit	Evaluated V...	Description
Outer Diameter	210	mm	210mm	Outer diameter of...
Inner Diameter	148	mm	148mm	Inner diameter of...
Length	250	mm	250mm	Length of the sta...
Stacking Factor	0.92			Stacking factor o...
Steel Type	M19_24G			Steel type of the...
Number of Slots	48			Number of slots o...
Slot Type	2			Slot type of the ...
Lamination Sectors	0			Number of laminat...
Press Board Thickness	0	mm		Magnetic press bo...
Skew Width	0		0	Skew width measur...

图 10.34　定子铁芯参数对话框

（4）双击 Slot，打开如图 10.35 所示的槽型设置对话框，可以仅设置 Hs0、Bs0 两个参数，其余参数通过 Auto Design 由系统分配。若需设置其他参数，则可以取消 Auto Design 复选框，确认后关闭该对话框后重新打开，此时将显示如图 10.36 所示的对话框，并按该图设置槽型尺寸，各参数的含义如图 10.34 所示。

（5）双击 Winding，按图 10.37 设置绕组参数。该电机绕组为双层绕组，并联支路数为 2，槽内导体匝数为 30（槽内总匝数），线圈节距为 7，双线并绕，漆包线漆膜双边厚度为 0.09mm，线规为 User 用户自定义类型，线径为 0.93mm。参数设置好后，系统会自动分配如图 10.38 所示的槽号，在绕组图上右击，选择 Connect all coils，可以显示端部连线，如图 10.38 所示。

Name	Value
Auto Design	☑
Hs0	0
Bs0	0

图 10.35　槽型自动设计

Name	Value	Unit	Evaluat
Auto Design	☐		
Parallel T...	☐		
Hs0	0.8	mm	0.8mm
Hs1	1.05	mm	1.05mm
Hs2	12.9	mm	12.9mm
Bs0	2.8	mm	2.8mm
Bs1	4.9	mm	4.9mm
Bs2	6.7	mm	6.7mm

图 10.36　槽型参数设置

Winding Layers	2
Winding Type	Whole-Coiled
Parallel Branches	2
Conductors per Slot	30
Coil Pitch	7
Number of Strands	2
Wire Wrap	0.09
Wire Size	Diameter: 0.93mm

图 10.37　绕组参数设置

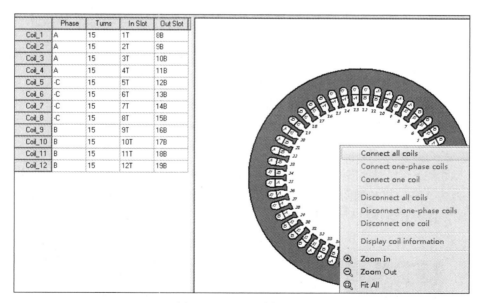

	Phase	Turns	In Slot	Out Slot
Coil_1	A	15	1T	8B
Coil_2	A	15	2T	9B
Coil_3	A	15	3T	10B
Coil_4	A	15	4T	11B
Coil_5	-C	15	5T	12B
Coil_6	-C	15	6T	13B
Coil_7	-C	15	7T	14B
Coil_8	-C	15	8T	15B
Coil_9	B	15	9T	16B
Coil_10	B	15	10T	17B
Coil_11	B	15	11T	18B
Coil_12	B	15	12T	19B

Connect all coils
Connect one-phase coils
Connect one coil

Disconnect all coils
Disconnect one-phase coils
Disconnect one coil

Display coil information

Zoom In
Zoom Out
Fit All

图 10.38　显示端部连线

这里需要指出的是，RMxprt 的线规可以使用系统提供的标准线规，默认为美国标准线规。若使用国标线规，则可以在 Tools 菜单下的 Options 中选择 General Options，打开如图 10.39 所示的选项对话框，在 Machines 的 Wire Setting 中将 System Libraries 选项设置为 Chinese 即可。

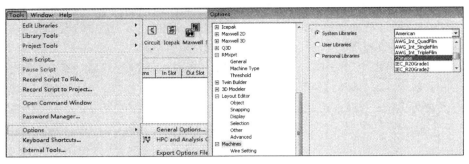

图 10.39　设置国标线规

（6）双击 Rotor，打开如图 10.40 所示的转子参数设置对话框。其中转子冲片叠压系数为 0.92，槽数为 44，槽型为 2 号槽型，转子外径为 147.3mm，内径为 48mm，叠长为 250mm，冲片材料为 M19_24G，转子不斜极。

Rotor

Properties: eg10.1 - design1 - Machine

Rotor

Name	Value	Unit	Evalua...	Description
Stacking Factor	0.92			Stacking factor of the ro...
Number of Slots	44			Number of slots of the ro...
Slot Type	2			Slot type of the rotor core
Outer Diameter	147.3	mm	147.3mm	Outer diameter of the rot...
Inner Diameter	48	mm	48mm	Inner diameter of the rot...
Length	250	mm	250mm	Length of the rotor core
Steel Type	M19_24G			Steel type of the rotor core
Skew Width	0		0	Skew width measured in sl...
Cast Rotor	☐			Rotor squirrel-cage windi...
Half Slot	☐			Half-shaped slot (un-symm...
Double Cage	☐			Double-squirrel-cage winding

图 10.40　转子参数设置

（7）双击 Slot，打开如图 10.41 所示的转子槽型设置对话框，按图设置相应尺寸。

（8）双击 Vent，打开如图 10.42 所示的通风沟槽设置，由于该电机无径向和轴向通风沟槽，因此保持所有选项的默认值 0 即可。

Slot

Name	Value	Unit
Hs0	0.5	mm
Hs01	0	mm
Hs1	1.2	mm
Hs2	12	mm
Bs0	1	mm
Bs1	5.2	mm
Bs2	3.5	mm

Vent

Name	
Vent Ducts	0
Duct Width	0
Magnetic Spacer Width	0
Duct Pitch	0
Holes per Row	0
Inner Hole Diameter	0
Outer Hole Diameter	0
Inner Hole Location	0
Outer Hole Location	0

图 10.41　转子槽型尺寸　　　　　图 10.42　通风沟槽设置

（9）双击 Winding，打开如图 10.43 所示的转子绕组设置对话框。将转子笼条材料设置为铸铝，长度和转子冲片叠长一致，端环厚度为 10，端环材料也为铸铝。

（10）双击 Shaft，打开如图 10.44 所示的转轴设置对话框，该选项可以设置是否是磁性转轴。一般情况下，合金钢的导磁性能比硅钢差很多，此时忽略轴的导磁仍可以满足工程精度要求。

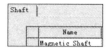

图 10.43 转子绕组设置　　　　图 10.44 转轴设置

（11）右击 Analysis，选择 Add Solution Setup，打开如图 10.45 所示的对话框。在 General 选项页中将电机类型设置为电动机，将负载类型设置为恒功率，额定功率为 7500W，额定电压为 380V，额定转速为 1360rpm，参考温度为 75℃。在 IndM3 选项页中将绕组连接类型设置为 Wye 星形连接，工作频率为 50Hz。

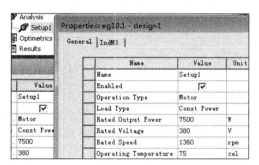

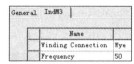

图 10.45 求解设置

（12）将工具栏切换到 Simulation 选项页，如图 10.46 所示，先选择 Validate 检查一下设置，通过自检后，选择 Analysis All 进行求解。由于此时使用的是等效电路算法，因此求解很快。

图 10.46 自检及求解

（13）右击 Results，选择 Solution Data，此时会打开如图 10.47 所示的求解数据对话框。该对话框有 3 个选项页，可以查看性能、设计单和性能曲线。

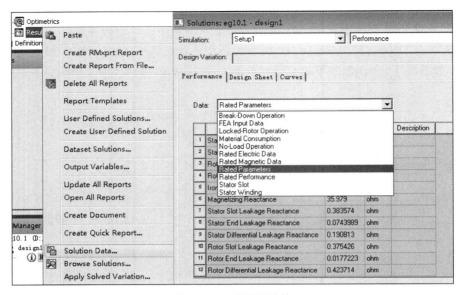

图 10.47　查看设计单

图 10.48　复制设计

（14）右击 Design1，选择 Copy，右击 Project，选择 Paste，此时会生成 Design2，如图 10.48 所示。

（15）双击复制的新设计中的 Stator，打开如图 10.49 所示的定子冲片设置，将槽型改为 6 号矩形槽。双击 Slot，打开如图 10.50 所示的槽尺寸设置对话框，将 Bs1 和 Bs2 分别设置为 5.5mm 和 4.5mm。

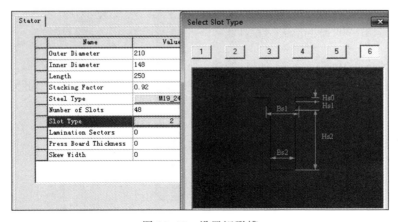

图 10.49　设置矩形槽　　　　　　　　　　　　　　　　　图 10.50　设置矩形槽尺寸

（16）双击 Winding，打开如图 10.51 所示的绕组设置对话框，将矩形铜线截面尺寸设置为 5mm 和 3.75mm。End/Insulation 选项页保持默认值，如图 10.52 所示。

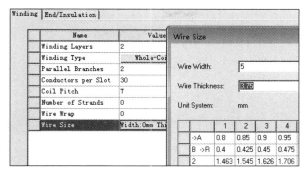
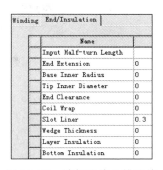

图 10.51　设置矩形铜线截面尺寸　　　　图 10.52　端部绝缘及槽绝缘

（17）对该设计方案进行求解，通过后处理查看计算结果并和最初设计进行对比，比较槽型对电机性能的影响。

（18）用同样的方法，复制 Design2，并在 Project 上粘贴生成 Design3。

（19）右击 Design3，选择 Design Properties，打开如图 10.53 所示的参数设置对话框。选择 Add 添加一个名称为 ScaleFactor，数值为 1 的变量。用同样的方法，添加 FreqSweep 和 VoltSweep 两个变量，数值为 50Hz * ScaleFactor 和 380V * ScaleFactor，其中数值中的单位可以直接输入，也可以在 Unit 列表中选择。

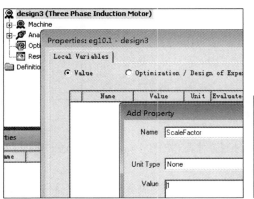
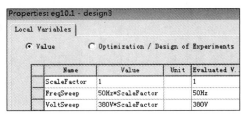

图 10.53　添加设计变量

（20）双击 Setup1，如图 10.54 所示，在 General 选项页中，将 Rated Voltage 修改为 VoltSweep，在 IndM3 选项页中将 Frequency 设置为 FreqSweep。

（21）如图 10.55 所示，右击 Optimetrics，选择 Add 中的 Parametric，打开参数设置对话框。单击 Add 按钮，打开如图 10.56 所示的扫描参数设置对话框，按图中选项设置相应的参数。

图 10.54   设置求解变量

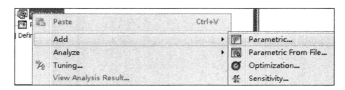

图 10.55   添加参数

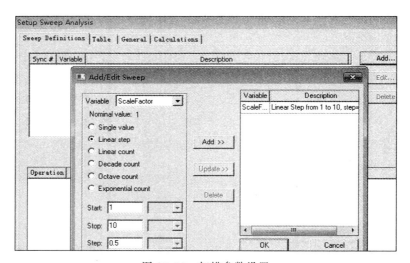

图 10.56   扫描参数设置

（22）切换到 Table 选项页，可以查看参数扫描列表，如图 10.57 所示，通过该表可以检查参数范围或删除某些特定数值。

（23）右击 ParametricSetup1，选择 Analyze，此时会对参数表中的参数逐个进行求解，如图 10.58 所示。

（24）如图 10.59 所示，求解完成后，右击 Results，在 Creat RMxprt Report 中选择 Rectangular Plot，打开如图 10.60 所示的创建曲线图对话框。将 Domain 设置为 Speed，在 Category 中选择 Torque，在 Quantity 中选择 OutputTorque，此时横坐标为主扫描参数 RSpeed，纵坐标为 OutputTorque。

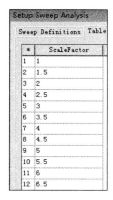

图 10.57 查看扫描参数列表

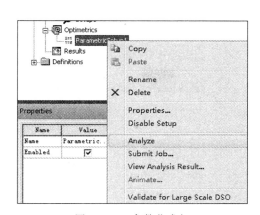

图 10.58 参数化求解

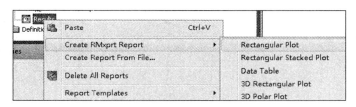

图 10.59 添加曲线图

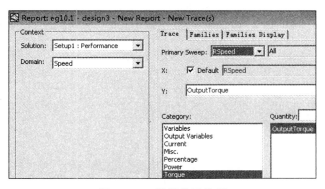

图 10.60 设置绘图选项

（25）如图 10.61 所示，切换到 Families 选项页，在 Edit 下选择 Use all values，选择页面下方的 New Report，此时将创建一个曲线族，如图 10.62 所示。

（26）右击 Analysis，选择 Create Maxwell Design，打开如图 10.63 所示的对话框，选择 Maxwell 2D Design。单击 variable 右侧的按钮，勾选 Show all variables。默认情况下使用的是名义设计参数，选择 100Hz，系统将基于 100Hz 频率下的参数值生成有限元模型。

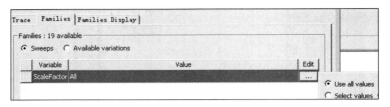

图 10.61 设置曲线族

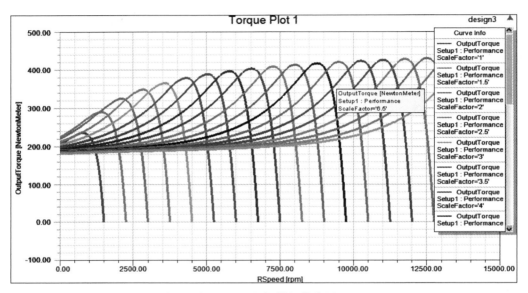

图 10.62 速度-转矩曲线图

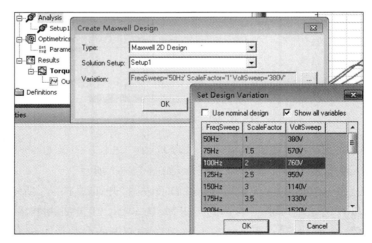

图 10.63 选择参数生成有限元模型

10.3.2 三相感应电机实例

【例 10.2】 基于 Maxwell2D 的三相感应电机设计

（1）打开上一实例工程文件，观察生成的有限元模型，它的所有参数设置是在 RMxprt 的基础上生成的，可以直接求解。系统会根据对称性生成最小模型，对于本例采用了 1/4 模型。可以在 Design Properties 中修改该行为，如图 10.64 所示，右击 Maxwell2DDesign1，选择 Design Properties，将 fractions 修改为 4 即可生成完整模型，设置为 2 则可生成 1/2 模型，修改后部分边界条件将被删除。

16min

（2）如图 10.65 所示，在 design1 原始设计方案的 Analysis 上右击，在弹出的对话框中选中 Maxwell 2D Design，生成梨型槽电机的有限元模型。

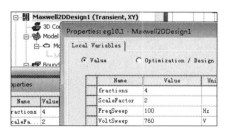

图 10.64 设置周期数

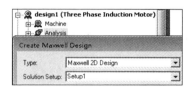

图 10.65 生成有限元模型

（3）双击 Setup1，打开如图 10.66 所示的求解器参数设置对话框，将 Time step 修改为 0.001s，切换到 Save Fields 选项页，将选项设置为 Every，表示每步保存一次数据，系统默认设置的时间步长可以观察到比较平滑的脉动曲线，将时间步长加长可以减小计算时间。

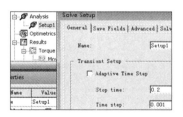

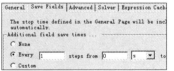

图 10.66 设置求解器参数

（4）右击 Excitations，选择 Set Eddy Effect，打开如图 10.67 所示的涡流设置对话框，为所有的转子笼条设置涡流选项。单击 Select By Name，在搜索栏中输入 Bar *，Maxwell 区分大小写，可以使用通配符进行批量搜索。在筛选出的高亮对象上勾选任意一个即可选中满足规则的全部对象。

（5）右击 Analysis，选择 Analyze，开始求解计算。

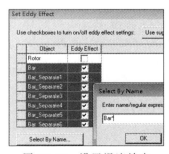

图 10.67 设置涡流效应

（6）查看转矩及电流曲线图，如图 10.68 和图 10.69 所示。

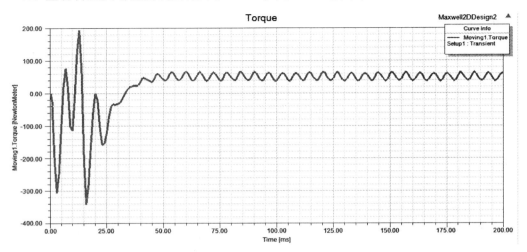

图 10.68　转矩曲线图

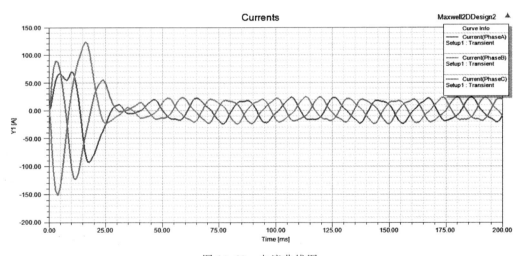

图 10.69　电流曲线图

（7）右击 Results，选择 Create Quick Report，打开如图 10.70 所示的对话框，选择 Position，可以创建如图 10.71 所示的位移曲线，右击该图，选择 Edit 下的 Properties，打开如图 10.72 所示的曲线属性设置窗口，将 Trace Type 由 Continuous 修改为 Discrete。

（8）右击曲线，在 Marker 下选择 Add Delta Marker，如图 10.73 所示。选择相邻两点，系统会计算相邻两点之间的距离，相邻两点之间是一个时间步长，对应的角度为 $8.7°$。

（9）如图 10.74 所示，双击左下角的 Time 图标，其初始状态为 Time=-1，在弹出的时间下拉列表中选择一个时刻，可以查看该时刻的模型位置信息。如图 10.75 所示，右击选中

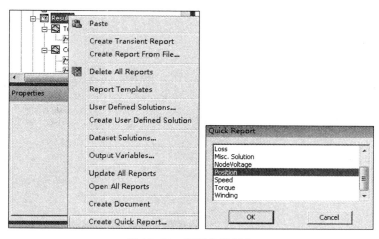

图 10.70 创建快捷报告

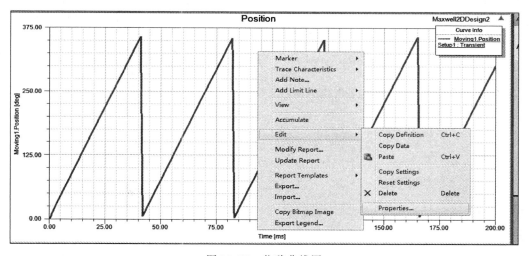

图 10.71 位移曲线图

的全部模型实体,选择 Plot Mesh,便可以绘制模型的网格。

(10) 双击模型树上的 Maxwell2D Design 可以返回模型视图。如图 10.76 所示,右击选中的全部模型实体,选择 A 选项下的 Flux_Lines,此时会显示如图 10.77 所示的后处理对话框,勾选 Full Model 会显示完整模型的磁力线,反之仅显示 1/4 模型的磁力线。

(11) 右击 Mesh1,取消 Plot Assignment,可以防止网格遮挡磁力线的显示。同理当显示多组云图时,为了显示得更清晰,也可以通过这种方式临时隐藏其他云图,

图 10.72 曲线的属性设置

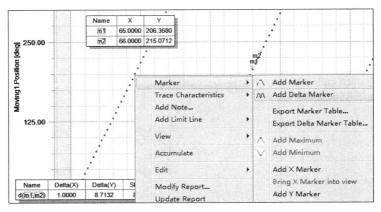

图 10.73 设置标记

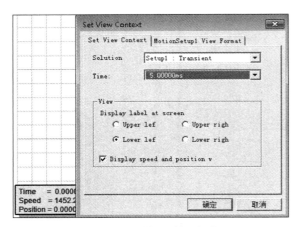

图 10.74 设置时间选项

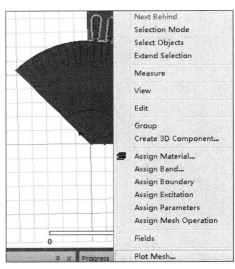

图 10.75 绘制网格

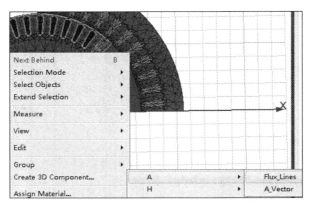

图 10.76 绘制磁力线

如图 10.78 所示。

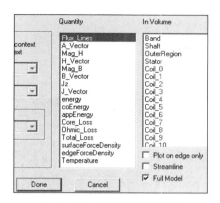

图 10.77　设置后处理选项

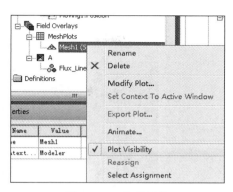

图 10.78　隐藏网格

（12）用同样的方式，选中全部模型后在快捷菜单中选择 Mag_B 即可显示磁通密度云图，如图 10.79 所示。

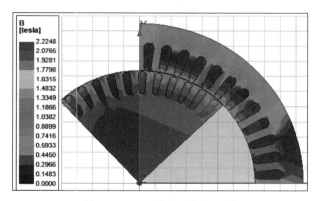

图 10.79　显示磁通密度云图

（13）如图 10.80 所示，右击 Mag_B1，选择 Animate，打开如图 10.81 所示的动画设置窗口，单击 OK 按钮即可生成动画。在图 10.82 所示的窗口中，可以控制动画的显示，也可以通过 Export 将动画保持为 avi 格式或 gif 格式。

（14）如图 10.83 所示，右击选中的 Bar 模型，选择 Assign Parameters 下的 Force，在弹出的力参数设置对话框中，保持默认名称或修改一个新的名称后确认即可。由于转动类型的瞬态仿真系统会默认添加转矩参数，因此无须像添加电磁力一样添加电磁转矩参数即可在后处理中调用该参数。

图 10.80　创建动画

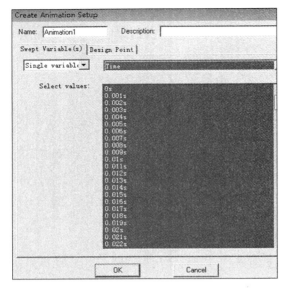

图 10.81　动画设置

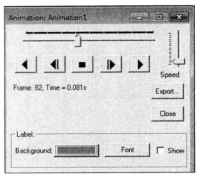

图 10.82　动画控制窗口

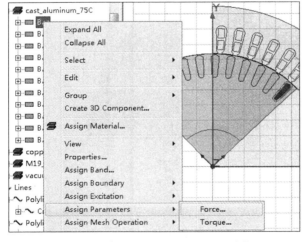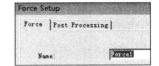

图 10.83　计算电磁力

（15）在工具栏中选择绘制直线工具，弹出如图 10.84 所示的消息框，提示用户在仿真求解后创建的模型为非仿真模型，我们这里创建的直线是用于进行后处理的辅助线，因此单击"是"按钮即可。

（16）如图 10.85 和图 10.86 所示，添加两条辅助线，在绘制直线时可以通过右击快捷菜单中的 Done 选项结束直线的绘制。这两条辅助线分别用来绘制定子铁芯轭部的切向及法向的磁通密度曲线。

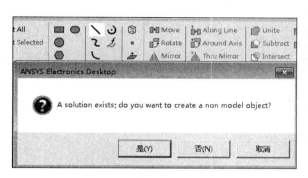

图 10.84 创建辅助线

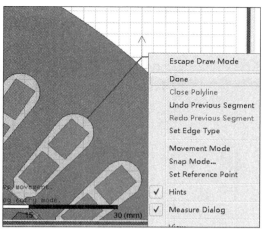

图 10.85 添加直线 1

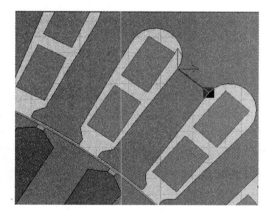

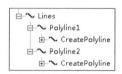

图 10.86 添加直线 2

（17）右击 Field Overlays，选择 Calculator，打开如图 10.87 所示的场计算器。选择 Input→Quantity→B，选择 Vector→Mag。选择 Input→Geometry，在弹出的界面中选择 Line，并在列表中选择 Polyline1，单击 OK 按钮确认。选择 Scalar 中的积分符号，选择 Input→Number，在类型中选择 Scalar 并输入数值 0.25，单击 OK 按钮确认。由于在二维仿真时，场计算器默认的轴向长度为 1m，因此这里输入 0.25 用来将轴向长度折算成真实长度。选择 General→ *。单击 Add 按钮，在弹出的输入框中输入 Normal_flux。如图 10.88 所示，此时完成了磁通密度 B 沿法向方向的线积分变量的创建。采用同样的方法，仅在选择 Line 时选择 Polyline2，并在添加变量时将其命名为 Tan_flux，完成如图 10.89 所示的沿切线的磁通密度线积分变量的创建。

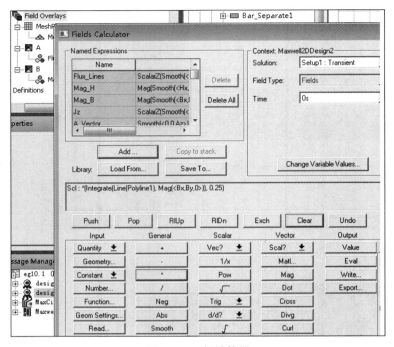

图 10.87　场计算器

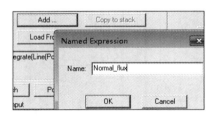

图 10.88　创建法向变量

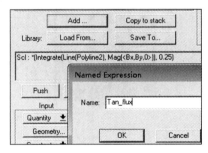

图 10.89　创建切向变量

（18）右击如图 10.90 所示的材料,选择 Properties,打开材料列表,选择 Clone,弹出如图 10.91 所示的材料设置界面。将材料名称修改为 M19_24G_2DSF0.921。系统已经在该材料的 Core Loss Model 参数选项中赋予了铁损系数,但我们可以使用供应商提供的在不同频率下的实测数据覆盖这些系数。在最下方列表中选择 Core Loss versus Frequency,打开如图 10.92 所示的铁损曲线设置界面。将 Core Loss Unit 设置为 w/lb,在 Edit 中输入的频率为 50Hz,选择 Add 添加一行。单击 Edit Dataset,打开如图 10.93 所示的 BP 曲线设置界面,按图输入相应数据。采用同样的方法,添加 100Hz、200Hz、400Hz 数据行并按图 10.94～图 10.96 分别添加各频率的 BP 曲线数据。

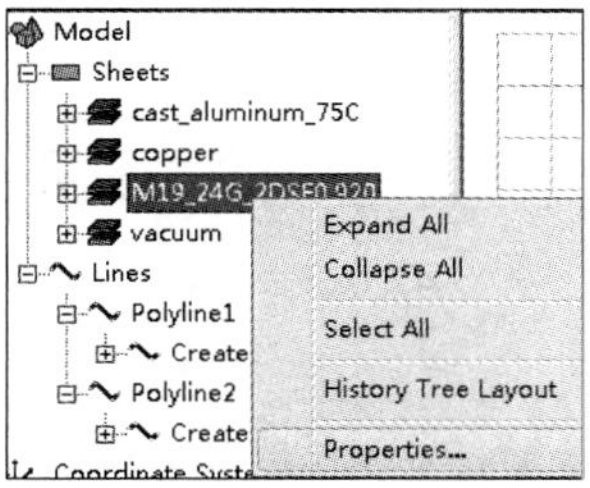

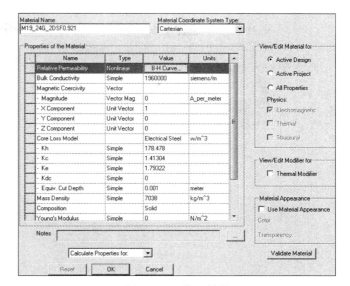

图 10.90 打开材料列表

图 10.91 设置材料

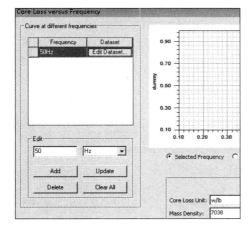

图 10.92 设置铁损

Coordinates

	B (Tesla)	P
1	0	0
2	0.25	0.06
3	0.5	0.2
4	0.75	0.4
5	1	0.6
6	1.25	0.85
7	1.5	1.2
8	1.7	1.5
9		
10		

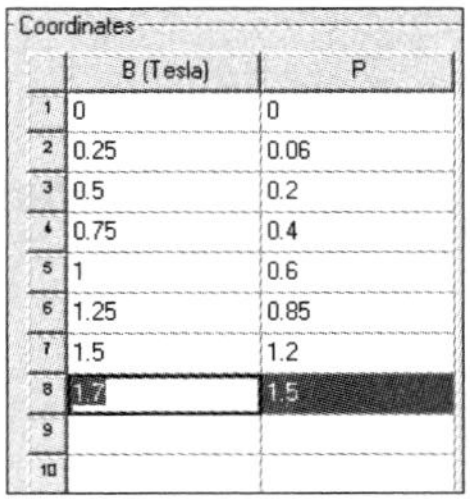

图 10.93 设置 50Hz 时的 BP 曲线数据

Coordinates

	B (Tesla)	P
1	0	0
2	0.5	0.4
3	1	1.1
4	1.5	3
5	1.7	4
6		

图 10.94 100Hz 铁损

Coordinates

	B (Tesla)	P
1	0	0
2	0.5	1
3	0.75	2.2
4	1	3.75
5	1.25	5.75
6	1.5	8.75
7	1.7	12
8		
9		

图 10.95 200Hz 铁损

Coordinates

	B (Tesla)	P
1	0	0
2	0.25	1
3	0.5	3
4	0.75	6
5	1	11
6	1.25	17.5
7	1.5	26
8		

图 10.96 400Hz 铁损

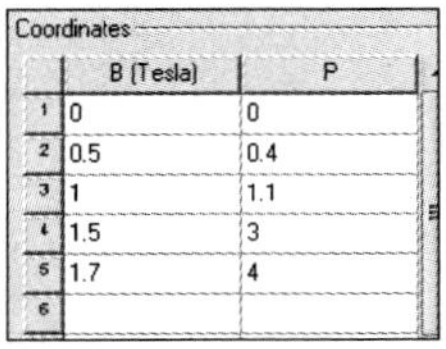

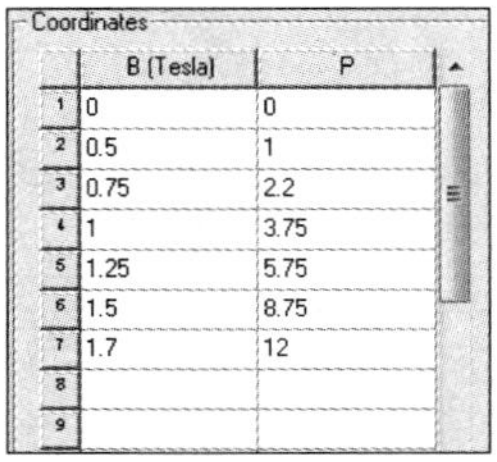

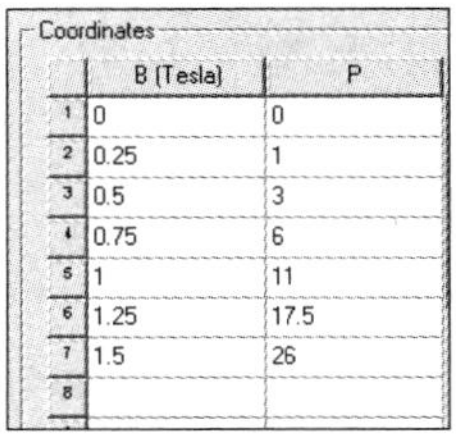

（19）设置完成后，单击 OK 按钮确认，此时定子和转子材料将被赋予新设置的材料。如图 10.97 所示，右击 Stator 和 Rotor，选择 Assign Excitation，选择 Set Core Loss，在弹出的列表中勾选 Stator 和 Rotor，计算这两个部件的铁损。

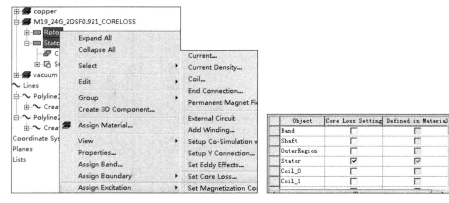

图 10.97　计算铁损

（20）在工具栏中选择 Analyze All，重新计算该模型。

（21）在 Reports 中选择 Rectangular Plot，分别选择如图 10.98 所示的 Force 及 Loss，可以绘制如图 10.99 和图 10.100 所示的力及铁损曲线图。

图 10.98　设置 Force 及 Loss

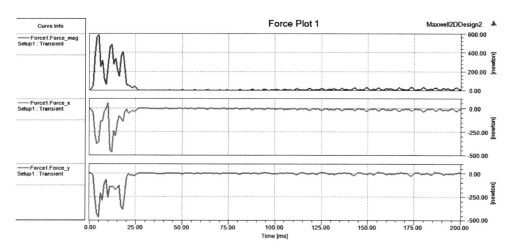

图 10.99　力曲线图

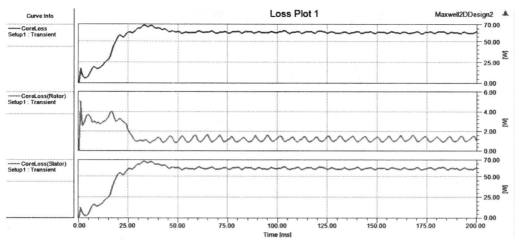

图 10.100　铁损曲线图

10.3.3　Maxwell 电磁阀仿真实例讲解

【例 10.3】　电磁阀仿真

（1）新建一个 2D 轴对称静磁场仿真工程，如图 10.101 所示，在工具栏中选择 Maxwell 下拉列表中的 Maxwell2D，在菜单栏中选择 Maxwell2D 中的 Solution Type，如图 10.102 所示，在弹出的对话框中选择 Magnetostatic，并将坐标系切换到 Cylindrical about Z。

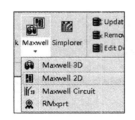

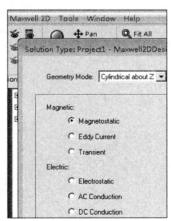

图 10.101　新建 2D 仿真　　　　　　图 10.102　设置求解器图

（2）在 Modeler 菜单中选择 Import，在弹出的对话框中选择 eg10.2.x_t 素材文件，如图 10.103 所示，导入已创建的 CAD 几何模型文件。

（3）为零部件赋予材料。如图 10.104 所示，选择右击除 coil 外的全部零件，选择

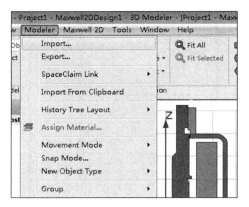

图 10.103　导入几何模型

Assign Material。在打开的材料列表中选择 steel_1008，单击"确定"按钮即可，用同样方法为 coil 赋予 copper 材料。

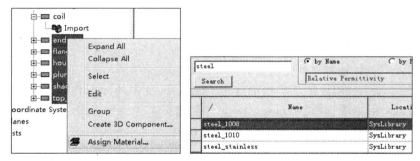

图 10.104　赋予材料

（4）在工具栏中单击创建求解域按钮，如图 10.105 所示，在弹出的设置对话框中输入 150、0、50、50，分别表示半径方向扩大 150%，轴向扩大 50% 作为求解域。

Direction	Padding type	Value	Units
+R	Percentage Offset	150	
-R	Absolute Position	0	mm
+Z	Percentage Offset	50	
-Z	Percentage Offset	50	

图 10.105　设置求解域

（5）右击界面空白区域，如图 10.106 所示，将选择模式切换到 Edges 边选择模式。如图 10.107 所示，右击除旋转轴线外的其余 3 条求解域边线，将边界条件设置为 Balloon 气球边界条件。该边界条件允许磁力线延伸至无穷远，用来模拟无穷大磁场空间。

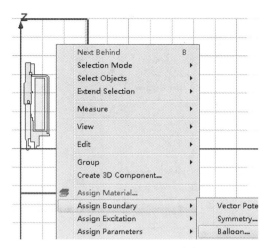

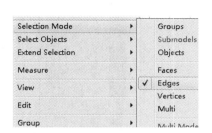

图 10.106 切换选择模式

图 10.107 设置边界条件

(6) 右击界面空白区域,切换到 Objects 对象选择模式。如图 10.108 所示,选择 coil 对象,右击此对象,选择 Assign Excitation 中的 Current,将电流设置为 150A,这里的电流激励为总的安匝数值,即单匝电流与匝数的乘积。

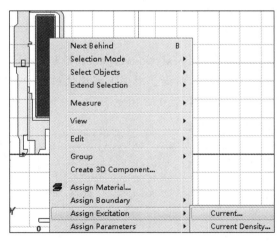

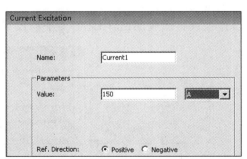

图 10.108 设置电流激励

(7) 如图 10.109 所示,右击 plunger 衔铁,在快捷菜单中选择 Assign Parameters 的 Force,为衔铁赋予电磁力参数。

(8) 如图 10.110 所示,选中衔铁,单击工具栏中的 Move 按钮,在右下角坐标输入框中先输入 0、0、0,作为移动方向的基准点,按 Enter 键确认后坐标自动切换到相对坐标模式,输入 0、0、−4,作为移动方向向量的终点。按 Enter 键确认后衔铁将沿 Z 轴负方向向下移动 4mm,如图 10.111 所示。

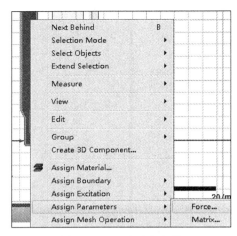

图 10.109　赋予力参数

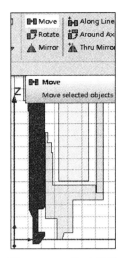

图 10.110　移动衔铁

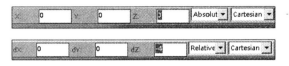

图 10.111　设置移动方向向量

（9）右击 Analysis，选择 Add Solution Setup，保持 General、Convergence 和 Expression 等选项页的默认值，单击"确认"按钮。由于是静态求解器，系统会根据求解迭代过程中的能量误差生成自适应网格，因此需要手动设置网格参数，如图 10.112 所示。

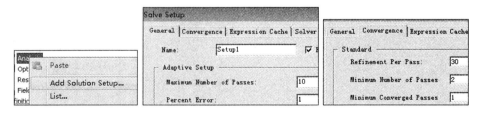

图 10.112　设置求解参数

（10）单击工具栏中的 Analyze All，保存文件后系统开始进行求解。

（11）求解完成后，右击 Results，选择 Solution Data，打开如图 10.113 所示的对话框，此时 Z 方向的电磁力显示为 0.076 917N。切换到 Convergence 选项页，可以查看收敛迭代信息。切换到 Mesh Statistics 选项页，可以查看网格划分信息，如图 10.114 所示。

（12）双击 Setup，打开如图 10.115 所示的求解设置对话框，因为电磁阀中衔铁受力是一个设计评价的重要参数，因此将衔铁受力作为附加的收敛判据，保证衔铁受力更准确。切

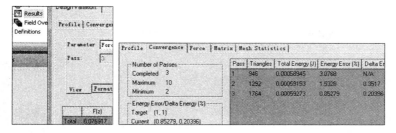

图 10.113 查看 Solution Data

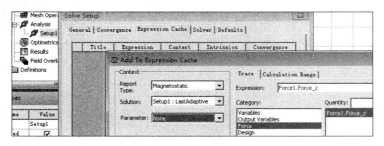

图 10.114 查看自适应网格信息

换到 Expression Cache 选项页,单击左下角的 Add 按钮,打开添加表达式对话框。选择 Force1. Force_z,单击下方的 Add Calculation 后单击 Done。如图 10.116 所示,单击 Convergence,勾选复选框,并将最大百分比误差设置为 0.05%。

(13) 如图 10.117 所示,右击 Results,选择 Clean Up Solutions,单击工具栏中的 Analyze All 重新进行计算。

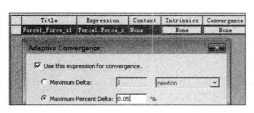

图 10.115 增加收敛判据

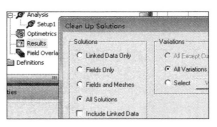

图 10.116 设置表达式收敛误差 图 10.117 清除计算结果

（14）选中全部对象，右击 Results，选择 Fields 下的 Flux_Lines，如图 10.118 所示，在弹出的对话框中单击"确认"按钮即可添加磁力线。

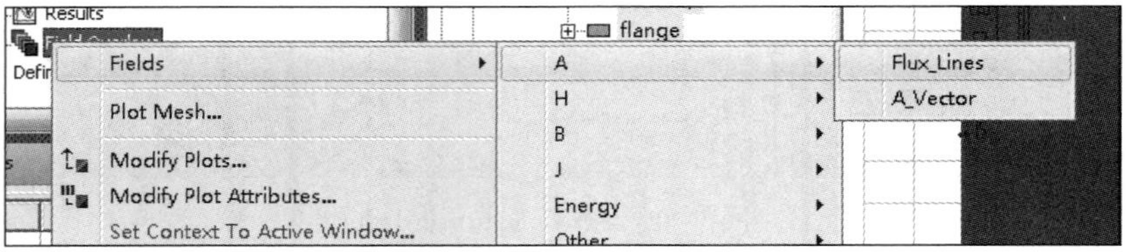

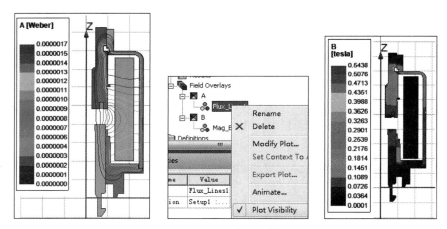

图 10.118　添加磁力线

（15）采用同样的方式，可以查看磁通密度 B 的云图，为了防止各云图互相干扰，可以先隐藏之前的云图，如图 10.119 所示。从磁通密度的分布可以看出，铁芯远未达到饱和，材料导磁性能没有得到充分利用，可以减小体积、节省材料或增加绕组电流让衔铁可以获得更大的电磁力。

图 10.119　查看云图

（16）双击 Current1，打开如图 10.120 所示的电流激励设置对话框。将 Value 设置为名称为 Current1 的变量后单击"确定"按钮。右击 Optimetrics，添加 Parametric。单击弹出界面中的 Add 按钮，打开如图 10.121 所示的参数扫描界面，将起始电流设置为 150A，以 20A 的步长扫描至 300A，单击 Add，切换到 Table 选项页，可以看到具体的参数列表，如图 10.121 所示。

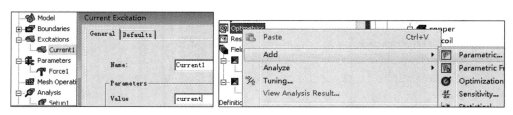

图 10.120　设置变量

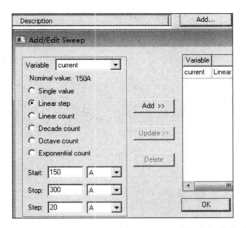

图 10.121 设置参数扫描

（17）切换到 Options 选项页，由于在调整电流数值时，模型尺寸及位置没有变化，因此网格不需要重新绘制。如图 10.122 所示，勾选两个复选框，对网格进行复用，可以避免网格重绘。

（18）如图 10.123 所示，右击 Parametricsetup1，选择 Analyze，对全部参数进行求解。

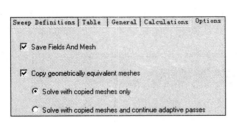

图 10.122 复制网格　　　　　图 10.123 参数化求解

（19）如图 10.124 所示，右击 Results，选择 Rectangular Plot，创建如图 10.125 所示的电流-电磁力曲线图。从该图中可以看出，电流与电磁力之间仍按近似于线性关系变化，铁芯仍未达到非线性饱和点，理论上还可以适当增加电流。

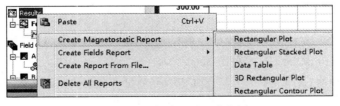

图 10.124 创建后处理曲线图

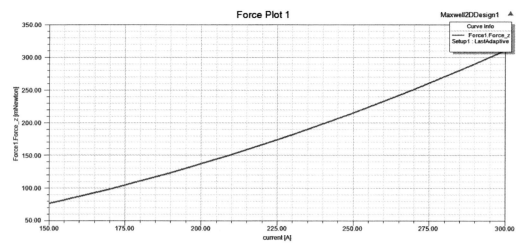

图 10.125　电流-电磁力曲线图

（20）右击 Results，选择 Solution Data，如图 10.126 所示，选择 Design Variation 右侧的按钮，打开参数选择对话框，选择一个数值后单击 OK 按钮即可查看该电流对应的电磁力。

（21）右击 Parametricsetup1，选择 View Analysis Result，弹出如图 10.127 所示的对话框，选择具体数值后单击 Apply 按钮，即可将其设置为当前参数值，云图会随参数数值发生相应变化。

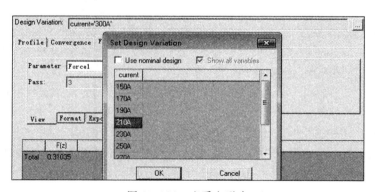

图 10.126　查看电磁力

（22）隐藏云图，选中衔铁对象，在菜单栏中选择 Move，如图 10.128 所示，在右下角输入起始点坐标 0、0、0 及终点的相对坐标 0、0、0。

（23）双击 Move，打开如图 10.129 所示的对话框，将 Z 坐标由 0 改为 zpos，在弹出的对话框中将类型修改为 Length，并将长度单位设置为 mm。

（24）右击 Optimetrics，选择 Add，打开如图 10.130 所示的参数扫描对话框，将扫描范围设置为 0～4mm，步长为 0.5mm，单击 Add 添加这些参数。

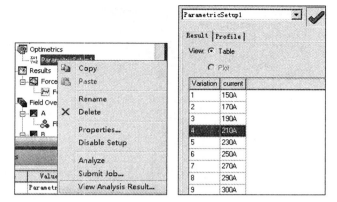

图 10.127 设置当前参数值

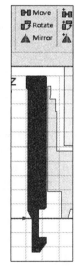

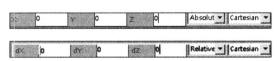

图 10.128 设置移动参数(一)

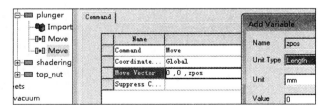

图 10.129 设置移动参数(二)

(25) 双击 ParametricSetup2,打开如图 10.131 所示的对话框,确认 zpos 范围为 0~4mm,切换到 General 选项页,将 current 当前值设置为 300A,切换到如图 10.132 所示的

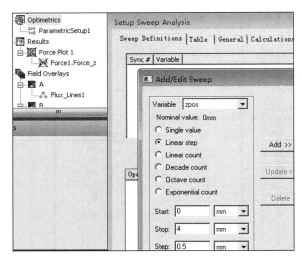

图 10.130　添加扫描参数

Options 对话框中,因不同 zpos 模型的位置有变化,网格必然会发生重绘,因此仅勾选第 1 个选项即可。

　　(26) 如图 10.133 所示,右击 ParametricSetup2,选择 Analyze,对第二组参数进行扫描分析。

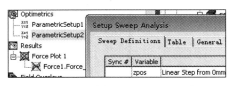

图 10.131　设置电流当前值

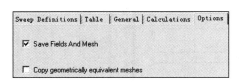

图 10.132　设置保存选项

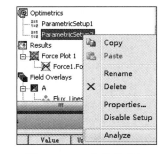

图 10.133　参数化求解

　　(27) 如图 10.134 所示,右击 Results,选择 Rectangular Plot,在弹出的对话框中将 Primary Sweep 设置为 zpos,绘制如图 10.135 所示的位移与电磁力之间关系的曲线图。

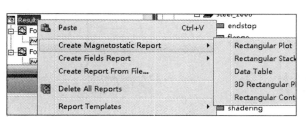
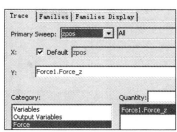

图 10.134 创建曲线图

（28）如图 10.136 所示，右击 ParametricSetup2，选择 View Analysis Results，选择特定数值即可将其设置为当前值，云图显示会随当前值的变化而变化。

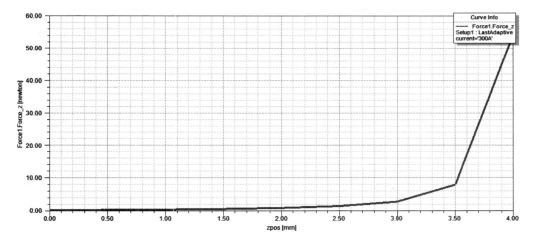

图 10.135 位移-电磁力曲线图

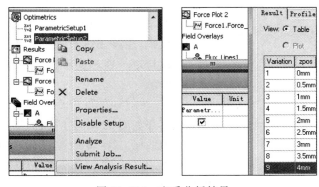

图 10.136 查看分析结果

（29）如图 10.137 所示，右击绘图区，选择 Marker 下的 Add Marker 选项，为云图添加标记点,系统将显示标记点的坐标及坐标点处的场量值,如图 10.138 所示。

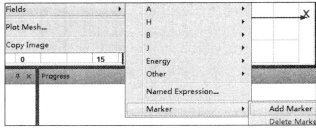

图 10.137　添加标记点

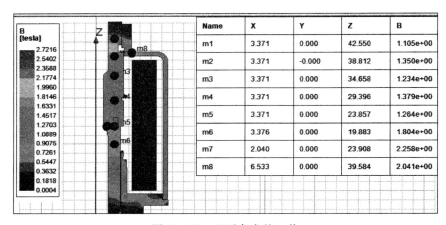

Name	X	Y	Z	B
m1	3.371	0.000	42.550	1.105e+00
m2	3.371	-0.000	38.812	1.350e+00
m3	3.371	0.000	34.658	1.234e+00
m4	3.371	0.000	29.396	1.379e+00
m5	3.371	0.000	23.857	1.264e+00
m6	3.376	0.000	19.883	1.804e+00
m7	2.040	0.000	23.908	2.258e+00
m8	6.533	0.000	39.584	2.041e+00

图 10.138　显示各点的 B 值

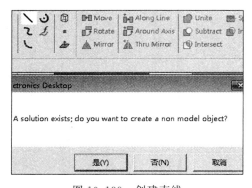

图 10.139　创建直线

（30）创建两条辅助线,用于定量评估气隙中的漏磁。如图 10.139 所示,单击工具栏中的直线工具,对于完成求解的模型,再追加几何元素,系统将它们默认为不参与求解的辅助几何元素,在弹出的对话框中单击"是"按钮,沿着衔铁与定子铁芯面绘制两条多段线,如图 10.140 所示。

（31）右击 Field Overlays,选择 Calculator,打开如图 10.141 所示的场计算器,在 Quantity 中选择 B,在 Vector 下的 Scalar 中选择 ScalarZ,在 Geometry 中选择 Polyline1,在 Integral 中选择 RZ,最后选择 Eval,计算磁通密度 Z 方向分量,沿柱坐标系进行二重积分,以及半径沿 Polyline1 变化的积分值。同理计算沿 Polyline2 的积分值,如图 10.142 所示。二者比值即为气隙漏磁百分比。

（32）如图 10.143 所示,在模型树中复制 Design1 并粘贴生成 Design2,将 Design2 的类

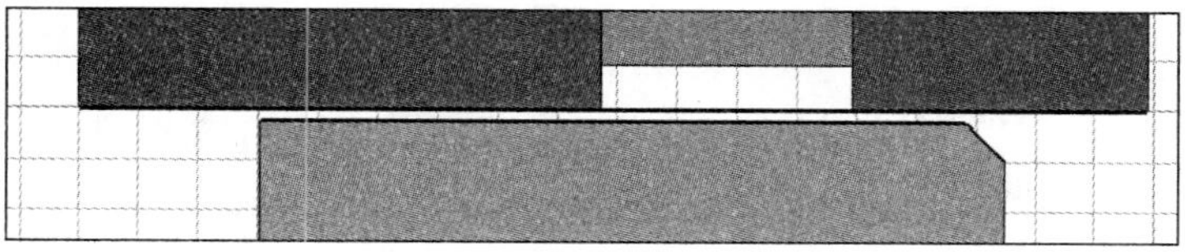

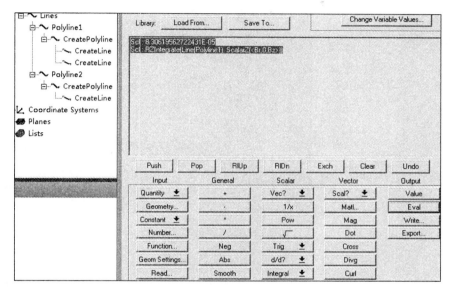

图 10.140　创建辅助线

图 10.141　场计算器计算积分值

图 10.142　计算积分值

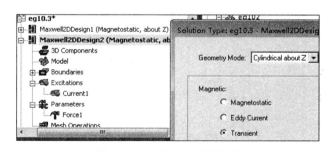

图 10.143　修改求解器类型

型修改为 Transient。删除辅助线，在 Maxwell2D 菜单中选择 DesignProperties，将 zpos 的设计值修改为 0，如图 10.144 所示。

（33）在工具栏中选择矩形工具，绘制一个包围衔铁的区域，该区域后续会赋予运动属性，作为衔铁运动范围，该区域需完全包覆衔铁及其运动范围，并且该区域至多与模型静止部分接触，不允许与静止部分干涉，如图 10.145 所示，为防止干涉，可以选中 Rectangular1

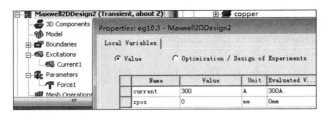

图 10.144 设置变量

后在左侧 Properties 中调整 Position、XSize 及 ZSize 的数值,以便定量控制矩形运动区域的位置及尺寸。

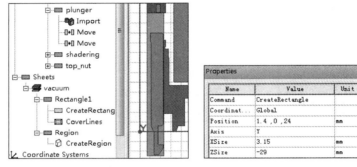

图 10.145 矩形工具属性

(34)在 Maxwell2D 菜单中选择 Design DataSet,在弹出的对话框中选择 Add。如图 10.146 所示,将 Name 修改为 SpringForce,按图填写 X 及 Y 两列的数值。在 Maxwell 中所有不带单位的数值都使用默认的国际单位,因此这里的长度单位为 m。

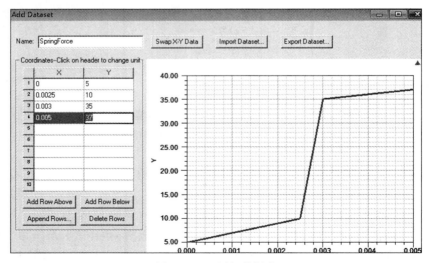

图 10.146 添加数据表

(35) 如图 10.147 所示,右击绘图区,选择 Measure 中的 Position,选择衔铁边线后将鼠标移动到定子边线上,可以在实时显示的对话框中查看距离,距离为 4.0478mm。

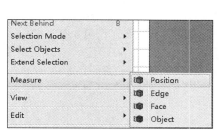
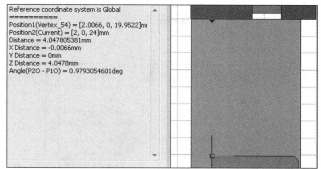

图 10.147　测量气隙的距离

(36) 如图 10.148 所示,选中运动区域后右击,选择 Assign Band。弹出如图 10.149 所示的对话框,在 Type 选项页中,保持默认的平动类型及运动方向。

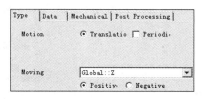

图 10.148　添加 Band

图 10.149　设置 Band 类型

(37) 如图 10.150 所示,切换到 Data 选项页,将运动范围限制为 0~4mm,即衔铁可以向上运动的最大距离为 4mm。切换到 Mechanical 选项页,勾选 Consider Mechanical Trans,考虑运动稳定前的过渡过程。将 Mass 设置为 0.003,将 Damping 设置为 0.01,并将 Load Force 设置为 −pwlx(SpringForce,position),所有单位均为国际单位。其中 pwlx 为 Maxwell 中的插值函数,格式为 pwlx(dataset_exp, variable),第 1 个参数可以是 project dataset 或 design dataset,第 2 个参数可以是 time、theta 或 position 等系统可以识别的关键字,它将数据表中的 X 列解释为该关键字。本例中第 1 个参数为 design dataset 的名称,第 2 个参数为位置,通过该函数查表,X 代表位置,这样便可获得不同位置处的力。

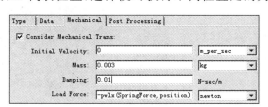

图 10.150　设置 Band 属性

（38）右击绘图区，选择 Add Winding，将类型设置为 Current，在其右侧选择 Stranded 类型，将电流设置为 1A。其中 Solid 为块状导体，仿真时可以考虑该导体内部的涡流效应，但不能设置匝数，而 Stranded 为多匝线圈类型导体，如图 10.151 所示。

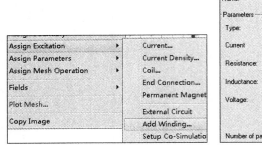
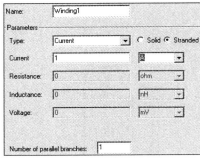

图 10.151　添加绕组参数

（39）如图 10.152 所示，右击绘图区，选择 Assign Excitation 中的 Coil 选项，在弹出的对话框中将匝数设置为 486。

（40）如图 10.153 所示，右击 Winding，选择 Add Coils。选中线圈，为绕组赋予线圈属性。

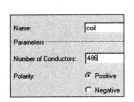
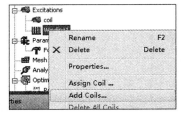
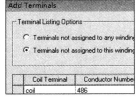

图 10.152　设置线圈匝数　　　　　　　图 10.153　为绕组添加线圈

（41）右击 Parameters，如图 10.154 所示，可以看到瞬态仿真参数和静态仿真参数不同，没有 Matrix 电感矩阵参数，若需要添加电感矩阵参数，则需要在 Maxwell2D 菜单中选择 Design Settings，在弹出的对话框中选择 Matrix Computation 选项卡，勾选 Compute Inductance Matrix。由于平动运动会自动添加 Force，因此这里可以删除 Parameters 下的 Force，如图 10.155 所示。

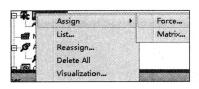
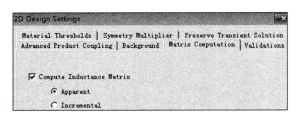

图 10.154　添加参数　　　　　　　图 10.155　添加电感矩阵参数

（42）选中 Band 所在区域，右击 Mesh Operation，选择 Assign→Inside Selection→Length Based，为其赋予基于长度的网格尺寸，如图 10.156 所示。

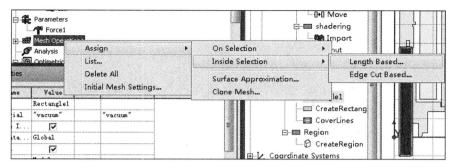

图 10.156　设置基于长度的网格

（43）如图 10.157 所示，将 Band 区域的网格尺度设置为 0.5mm，并将其名称修改为 mband，采用同样的方法选中除求解域外的其余实体对象，为其赋予基于长度的网格尺寸，名称为 mobject，网格尺寸为 1mm，如图 10.158 所示。

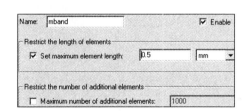

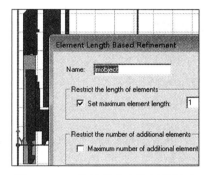

图 10.157　设置 Band 网格尺寸　　　　图 10.158　设置其余实体网格尺寸

（44）右击 Analysis，添加求解设置，如图 10.159 所示，将仿真时间设置为 10ms，并将步长设置为 0.5ms。切换到 Save Fields 选项卡，如图 10.160 所示，将保存选项设置为每个时间步长保存一次。

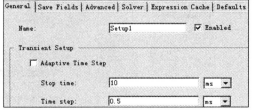

图 10.159　添加求解设置

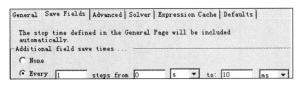

图 10.160　添加保存设置

（45）由于将电流激励修改为绕组及线圈，位置由 band 设置，因此删除基于 current 及 zpos 的两个参数化设置，删除含有 zpos 参数的 move 选项，如图 10.161 所示。

（46）右击 Excitation，选择 Set Eddy Effects。由于线圈已被设置为 Stranded 类型，系统在计算时不考虑其上的涡流效应，因此在弹出的对话框中勾选除 coil 外的全部对象，如图 10.162 所示。

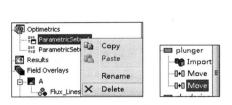

图 10.161　删除参数化选项

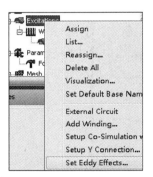

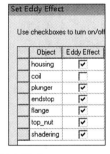

图 10.162　设置涡流效应

（47）单击工具栏中的 Analyze All，开始求解。求解完成后右击 Results，选择 Create Transient Report 下的 Rectangular Plot，打开如图 10.163 所示的创建瞬态曲线图对话框，选择 Moving1.Force_z 和 Moving1.LoadForce，将电磁力和外部载荷绘制在同一张图上，如图 10.164 所示。从该图中可以看出，电磁力小于外载荷，说明激励电流过小。

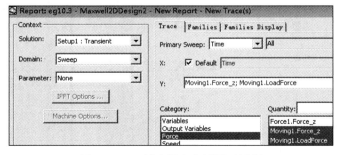

图 10.163　创建瞬态曲线图对话框

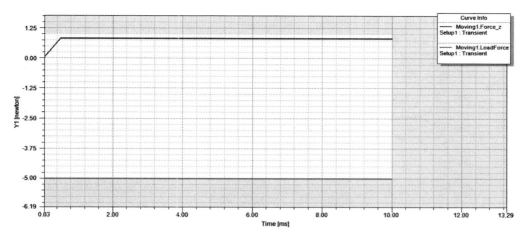

图 10.164　电磁力及外载荷曲线图

　　（48）本例在修改电流前需先清除求解结果，否则之前的求解结果会影响新的设置，并弹出一些错误信息，导致求解无法进行。右击 Results，如图 10.165 所示，选择 Clean Up Solutions，在弹出的对话框中选择 All Solutions，确认后系统会清除之前的求解结果。将绕组中的电流由原来的 1A 修改为 3A，重新进行计算，新的力曲线图如图 10.166 所示。

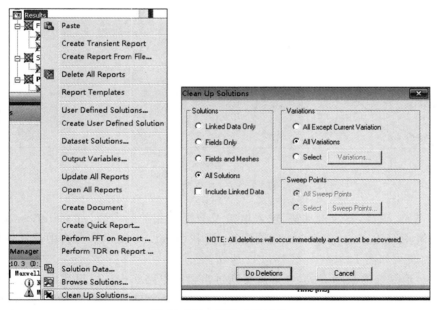

图 10.165　清除求解结果

　　（49）继续添加瞬态曲线图，分别查看速度和位移曲线，如图 10.167 和图 10.168 所示。
　　（50）如图 10.169 和图 10.170 所示，在瞬态曲线图中，还可以查看与绕组相关的后处

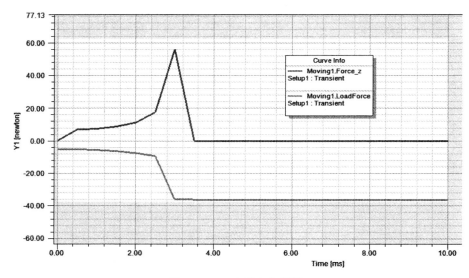

图 10.166　查看力曲线图

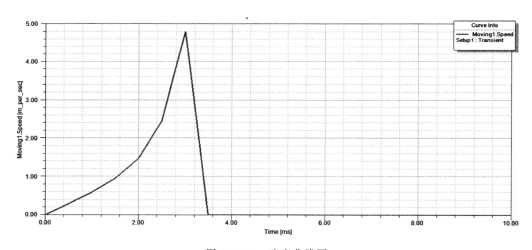

图 10.167　速度曲线图

理参数,如电感、磁链、感应电动势、输入电流及与损耗相关的参数,如 CoreLoss 铁芯损耗、SolidLoss 涡流损耗、StrandedLoss 线圈铜损,其中 CoreLoss 要求在材料中设置铁损相关参数。相应的曲线如图 10.171～图 10.173 所示。

(51) 对于复杂的激励形式,经常需要通过搭建外电路实现。这里我们通过外电路替换恒定电流演示一下外电路的用法。如图 10.174 所示,双击 Excitation 下的 Winding1,将 Type 修改为 External,并将 Initial Current 初始电流修改为 0A。

(52) 如图 10.175 所示,右击 Excitation,选择 Edit External Circuit。在弹出的对话框中选择 Create Circuit,打开如图 10.176 所示的外电路编辑器。单击 LWinding1,左侧会显

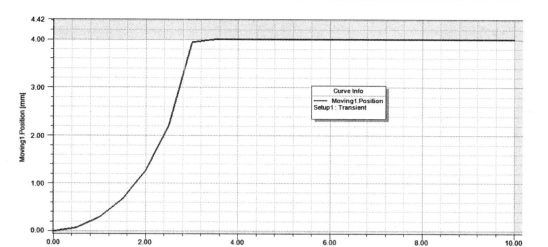

图 10.168　位移曲线图

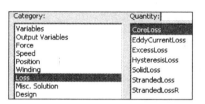

图 10.169　查看绕组参数　　　　　　　图 10.170　查看损耗

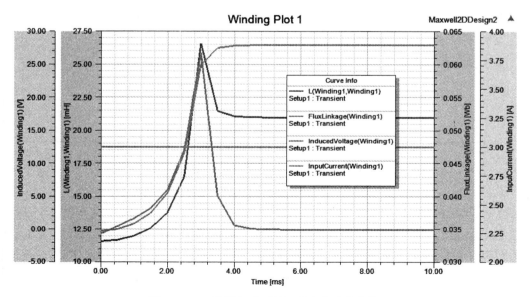

图 10.171　绕组电感、磁链、感应电动势曲线

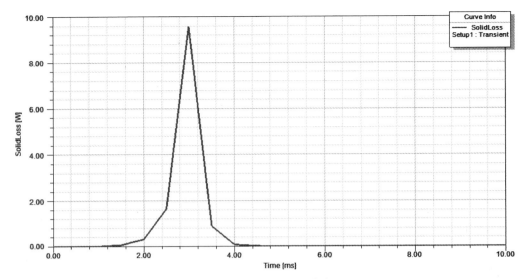

图 10.172　涡流损耗曲线

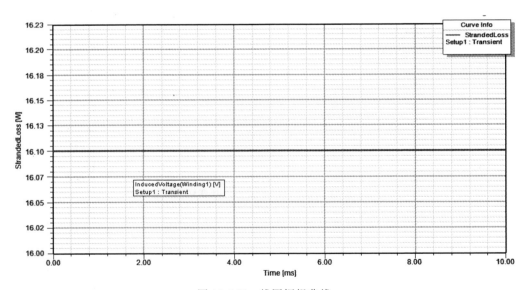

图 10.173　线圈铜损曲线

示其属性，它的 Name 属性为 Winding1，与 Maxwell 中的绕组名称一一对应，外电路与 Maxwell 之间通过该名字建立二者之间的联系，LWinding1 是它的 LabelID。在外电路编辑器右侧有大量的元器件构成的元器件库，如图 10.177 所示，选择 IDC 直流电流源和 Ammeter 电流表。按图 10.178 搭建电路，外电路要求必须至少有一个接地元器件，按快捷键 Ctrl＋G 可以添加接地元器件。双击电流源，将电流值修改为 3A，如图 10.179 所示。

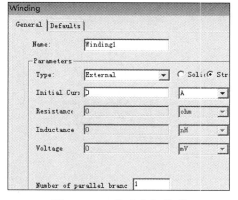

图 10.174 修改绕组类型

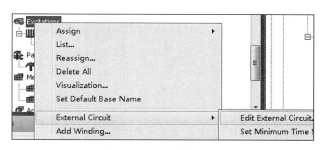

图 10.175 添加外电路

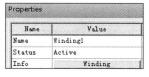

图 10.176 外电路与绕组对应关系

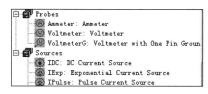

图 10.177 元器件库

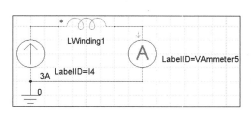

图 10.178 搭建电路

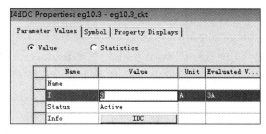

图 10.179 设置元器件参数

(53) 电路搭建好后,选择 Maxwell Circuit 菜单中的 Export Netlist,如图 10.180 所示。在弹出的保存对话框中输入文件名并设置好保存路径,注意不允许出现中文。

(54) 如图 10.181 所示,返回 Maxwell 中,在 Excitation 中选择 Edit External Circuit。选择 Import External Netlist,选择刚保存的外电路文件,将其导入,导入成功后会弹出如图 10.182 所示的对话框,重新求解后可以得到和之前同样的结果。

(55) Maxwell 除了可以和外电路耦合外,还可以和 Simplorer 进行联合仿真,Simplorer 可以提供更丰富的元器件和更强大的多物理场功能。它不仅可以通过绕组与Maxwell 之间传递电气参数,还可以通过 MotionSetup 传递运动参数。

(56) 如图 10.183 所示,在 Maxwell2D 菜单中选择 Design Settings,切换到 Advanced

图 10.180　导出外电路

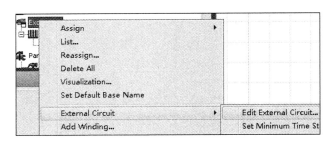

图 10.181　编辑外电路

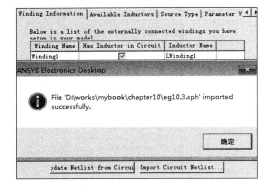

图 10.182　导入外电路

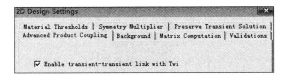

图 10.183　激活联合仿真选项

Product Coupling,勾选 Enable transient-transient link with Twi 选项,允许二者进行双向耦合,其中 Twi(TwinBuilder)是 Simplorer 的别称。

（57）在工具栏中选择 Simplorer,系统会开启并添加一个 Simplorer 设计界面。在其菜单中选择 Twin Builder→SubCircuit→Maxwell Component→Add Transient Cosimulation,如图 10.184 所示。从该图中可以看到,Simplorer 除了可以和瞬态磁场求解器进行联合仿真外,还可以和电场、涡流场、静磁场、RM、Q3D、Mechanical 及 Icepack 进行联合仿真。

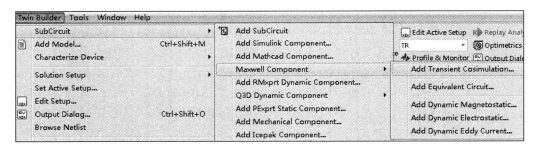

图 10.184　在 Twin Builder 中设置联合仿真

（58）在弹出的对话框中系统会优先选择当前 Maxwell 工程,也可以加载其他工程文件。如图 10.185 所示,确认后会出现如图 10.186 所示的模块,该模块是联合仿真的接口模块,通过它既可以传递电气参数,也可以传递运动参数。在右侧的 Simplorer 中提供了大量的元器件,如图 10.187 所示。

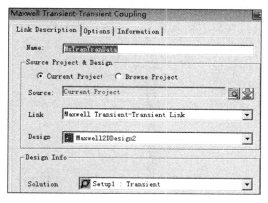

图 10.185 选择加载 Maxwell 工程

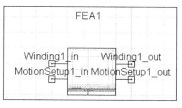

图 10.186 耦合接口模块

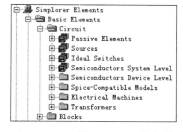

图 10.187 电气及多物理元器件

(59) 由于有限元在进行场量仿真时,会占用大量计算资源及仿真时间,使它在进行多参数优化扫描及多场耦合时存在诸多不便,针对这一问题,Maxwell 提供了抽取等效电路功能。如图 10.188 所示,在 Maxwell2D 中选择 Export Equivalent Circuit,在抽取等效电路时,要求系统至少进行 3 个以上的参数点扫描计算,否则抽取等效电路功能为灰色不可用状态。抽取的等效电路可以到 Simplorer 中进行基于电路的仿真及参数优化,这样便可大大缩短仿真时间。在 Simplorer 中通过 Twin Builder→SubCircuit→Maxwell Component→Add Equivalent Circuit 加载抽取好的等效电路即可。

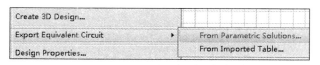

图 10.188 抽取等效电路

10.3.4 Maxwell 磁热耦合仿真实例

【例10.4】 电磁阀磁热耦合仿真

8min

（1）打开上例中的模型，删除多余的静态仿真及 Simplorer 多场耦合仿真，确保 Design Settings 中的耦合选项为关闭状态，并且当前仿真具有仿真结果。将该工程另存为 eg10.4，如图10.189所示。在 Maxwell2D 菜单中选择 Create 3D Design，如图10.190所示。删除计算区域，仅保留实体模型，如图10.191所示。在 Modeler 中选择 Export，将模型导出为 eg10.4.x_t 中性格式文件。保存 Maxwell 工程文件后将其关闭，待后续 Workbench 调用。

图10.189 设置瞬态仿真

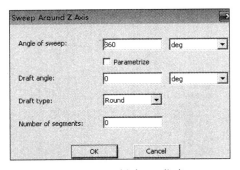

图10.190 创建 3D 仿真

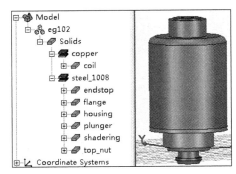

图10.191 保留 3D 实体模型

（2）打开 Workbench，在 File 菜单中选择 Import，便可浏览到刚才的 eg10.4 文件，如图10.192所示，将其导入，注意 Maxwell 应处于关闭状态，否则会导入失败。导入后 Workbench 界面中会有两个电磁场仿真流程，分别对应 Maxwell 中的2个仿真，如图10.193所示。由于 Maxwell3D 仅用于获得 3D 几何模型，可以在 Workbench 中将 Maxwell3D 部分删除。

图10.192 导出模型

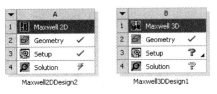

图10.193 加载 Maxwell

（3）如图10.194所示，在工具箱中将一个 Transient Thermal 分析流程拖放到 Maxwell 的 Solution 单元格上，后续磁场的求解结果将作为瞬态热场的边界条件。在 Geometry 单元格上选择 Import Geometry，选择 eg10.4.x_t 中性格式文件。在 Maxwell

仿真流程的 Solution 上右击,选择 Update,将结果传递到 Transient Thermal 中。

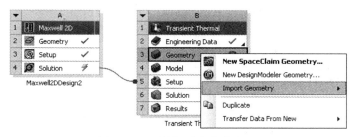

图 10.194　添加瞬态仿真流程

(4) 双击 Engineering Data,打开如图 10.195 所示的材料设置界面。单击 Engineering Data Sources,在材料库中选择 Thermal Materials,并在 Copper 后单击加号,将铜载入当前工程中。

(5) 双击 Model,打开 Mechanical 界面。系统为所有零件添加了 Structural Steel 作为默认材料,选中 coil,将其材料修改为 Copper,如图 10.196 所示。

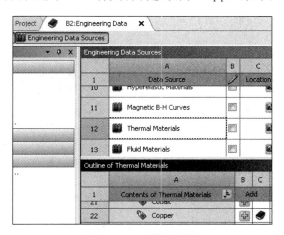

图 10.195　添加材料

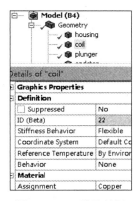

图 10.196　赋予材料

(6) 右击 Contacts,选择 Rename Based on Definition,由于阀芯和法兰之间有间隙,不直接接触,因此删除 plunger 与 flange 之间的接触对,如图 10.197 所示。

(7) 如图 10.198 所示,将 Elements Size 设置为 5.e-004m,将 Use Adaptive Sizing 设置为 No,并将 Capture Curvature 设置为 Yes,其余参数保持默认值,生成网格。

(8) 如图 10.199 所示,右击 Imported Load,选择 Heat Generation,插入体发热源。选择全部几何实体,将其作为发热体,如图 10.200 所示。

(9) 如图 10.201 所示,在 Source End Time 列表中选择 1.e-002s,当磁热耦合时,热场会将瞬态磁场的发热功率导入,然后进行时间平均处理,以平均发热功率作为热载荷。右击 Imported,选择 Import Load,如图 10.202 所示。

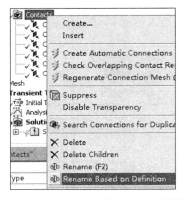

图 10.197　删除无效接触对

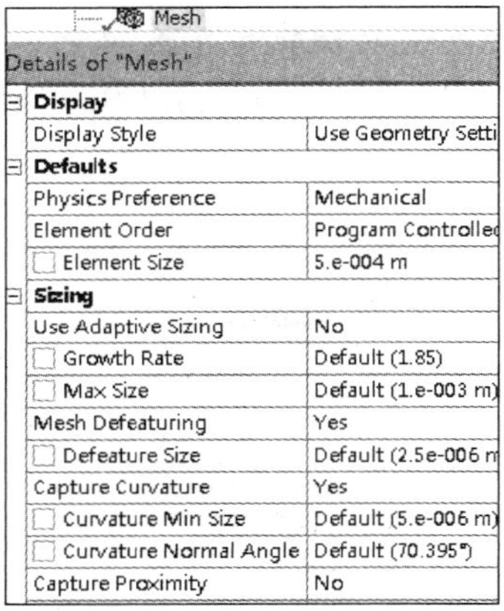

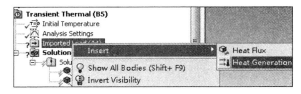

图 10.198　设置网格参数

图 10.199　添加体发热源

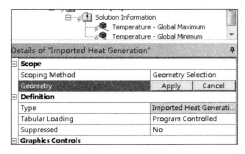

图 10.200　选择发热体

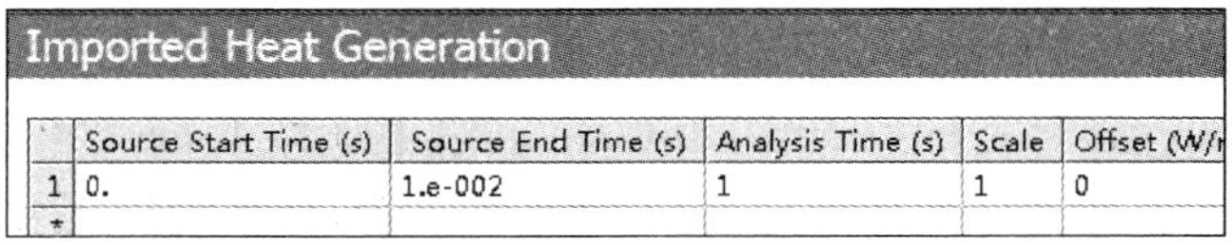

Imported Heat Generation

	Source Start Time (s)	Source End Time (s)	Analysis Time (s)	Scale	Offset (W/m
1	0.	1.e-002	1	1	0
*					

图 10.201　设置发热时间

（10）导入成功后，选择 Imported Load Transfer Summary，此时会显示如图 10.203 所示的列表。由于电磁仿真和热仿真的网格尺寸不同，因此数据会在传递过程中重新映射，误差通过 Scaling Factor 参数表征，该值越接近于 1，误差就越小。当误差较大时，可以通过加密网格提高映射精度，也可以通过调整图 10.201 中的 Offset 值手工修正映射误差。

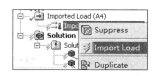

图 10.202　导入热载荷

（11）在工具栏中选择截面工具，创建截面，选择 Imported Heat Generation，可以查看发热功率分布云图，如图 10.204 所示。

Exporting Volume Loss Density With Scaling...		
Object	Total Loss	Scaling Factor
housing	0.0706415W	1.00233
coil	16.449W	1
plunger	0.236208W	1.0018
endstop	0.174035W	1.00095
flange	0.130344W	1.00139
top_nut	0.00163152W	0.999784
shadering	0.0130541W	0.988806

图 10.203　发热体导入功率

图 10.204　查看发热功率云图

（12）在工具栏中选择 Convection，添加对流换热边界条件，切换面选择模式，选中所有面作为对流换热面（更准确的说法应该是排除接触面后），将对流换热系数设置为 5，如图 10.205 所示。

图 10.205　设置对流换热边界条件

（13）在工具栏中选择 Temperature，单击 Solve 按钮进行求解。温度云图及温度随时间变化的曲线如图 10.206 所示。由于发热功率较低,发热持续时间短,所以温升很小。基于 Mechanical 的热分析无法准确设置对流换热系数,其结果仅用于定性分析。

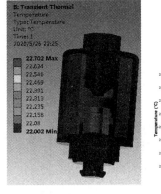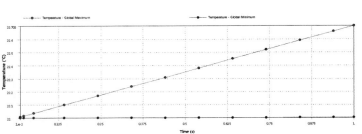

图 10.206　结果后处理

（14）Maxwell 也可以和 Fluent 进行磁-热耦合仿真。如图 10.207 所示,将 Maxwell 的 Solution 作为 Fluent 的 Setup 即可。在 Fluent 界面中,选择 File 菜单中的 EM Mapping 选项即可将 Maxwell 中的发热功率映射到流场中,典型的映射结果类似于图 10.208 中显示的映射信息。

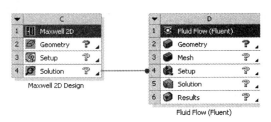

图 10.207　Maxwell-Fluent 磁-热耦合

（15）Workbench 支持 Maxwell 与结构场进行耦合,如图 10.209 所示,由于 Maxwell 进行的是瞬态磁场仿真,因此选择 Transient Structural 瞬态结构场与之耦合。

（16）右击 Geometry,导入 eg10.4.x_t 模型文件。双击 Engineering Data,打开如图 10.210 所示的材料设置界面。选择 GeneralMaterials 中的 Copper Alloy 铜合金,将其加载到当前工程中。

（17）双击 Maxwell2D 中的 Results 单元格,如图 10.211 所示,在后处理 Create Transient Report 中选择 Data Table。选择图 10.212 中的 Force,便可输出数据表格。

（18）如图 10.213 所示,右击获得的数据表格,选择 Edit 中的 Properties。默认的时间单位为 ms,将其修改为 s,再右击数据表格,选择 Export,将数据导出为 CSV 格式的文件。

（19）用 Excel 打开导出的 CSV 数据文件,选中第一列,如图 10.214 所示,该列为 Maxwell 中电磁力的采样时间,结构仿真中导入的力载荷的映射时间应与之匹配。

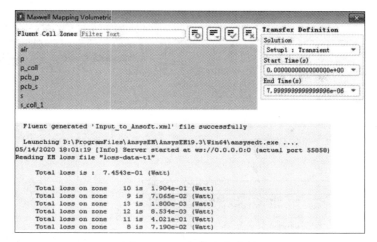

图 10.208 发热功率映射

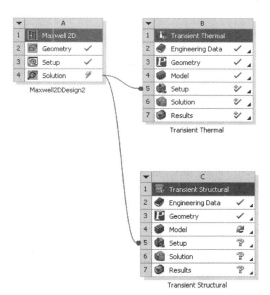

图 10.209 磁场-结构场耦合

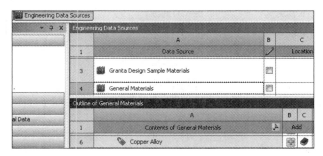

图 10.210 添加材料

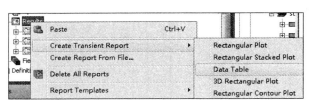

图 10.211　添加数据表格

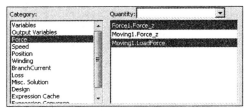

图 10.212　选择表格输出项

Force Table

	Time [ms]	Force1.Force_z [newton] Setup1 : Transient	Moving1.LoadForce [newton] Setup1 : Transient
1	0.000000	6.713194	-5.000000
2	0.500000	6.913761	-5.142766
3	1.000000	7.421664	-5.581748
4	1.500000		-6.326714
5	2.000000		-7.496414
6	2.500000		-9.293639
7	3.000000		-35.775015
8	3.500000		-36.000000
9	4.000000		-36.000000
10	4.500000		
11	5.000000		
12	5.500000		
13	6.000000		
14	6.500000		
15	7.000000		
16	7.500000		
17	8.000000		
18	8.500000		
19	9.000000		

Trace Characteristics ▶
Add Note...
View ▶
Accumulate
Edit ▶ 　Copy Definition
　　　　　Copy Data
Modify Report...　　Paste
Update Report　　　Copy Settings
Report Templates ▶　Reset Settings
Export...　　　　　✕ Delete
Import...
Copy Bitmap Image　Properties...
　　　　　　　　　　Find

Properties: eg10.4 - Maxwell2DDesign2

Data Filter | Data Table | General | Header

Name	
Units	ms
Number Format	fs
Field Width	ps
Field Prec...	ns
Specify Min	us
Min	**ms**
Specify Max	s
Max	min
Pare To	hour
Pare To Value	day

图 10.213　修改数据表单位并导出

Time [s]	Force1.Force_z [newton]	Moving1.LoadForce [newton]
0	6.713193653	-5
0.0005	6.913761009	-5.142766138
0.001	7.421663844	-5.581748475
0.0015	8.791452519	-6.326713759
0.002	6.992299105	-7.496413988
0.0025	-6.505388551	-9.293638727
0.003	-36.19779068	-35.77501532
0.0035	75.44940864	-36
0.004	75.95530974	-36
0.0045	76.04024716	-36
0.005	76.06272839	-36
0.0055	76.07113145	-36
0.006	76.07537562	-36
0.0065	76.07794501	-36
0.007	76.07971225	-36
0.0075	76.0810113	-36
0.008	76.08200358	-36
0.0085	76.08278085	-36
0.009	76.08340065	-36
0.0095	76.08390136	-36
0.01	76.08431014	-36

图 10.214　打开数据表

（20）右击 Maxwell2D 中的 Solution，选中 Update，将数据传递到 Transient Structural 中，双击 Mechanical 单元格。关于网格及接触设置均和上例保持一致。在 Analysis Settings 中，将初始时间步长、最小时间步长及最大时间步长分别修改为 1.e−003、5.e−004、1.e−003，如图 10.215 所示。

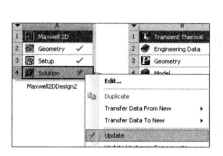

图 10.215　修改分析设置

（21）如图 10.216 所示，右击 Imported Load，选择 Body Force Density。

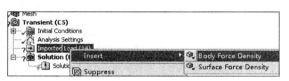

图 10.216　导入体力载荷密度

（22）如图 10.217 所示，在 Body Force Density 表格中修改前两列，将从 Maxwell 导出的表格中力的采样时间复制到 Source Time 和 Analysis Time 列中，右击 Body Force Density，选择 Import Load，如图 10.218 所示。成功导入载荷后，可以查看导入信息，如图 10.219 所示。

Body Force Density			
	Source Time (s)	Analysis Time (s)	Scale	Offset
1	0.	0	1	0
2	5.e-004	0.0005	1	0
3	1.e-003	0.001	1	0
4	1.5e-003	0.0015	1	0
5	2.e-003	0.002	1	0
6	2.5e-003	0.0025	1	0
7	3.e-003	0.003	1	0
8	3.5e-003	0.0035	1	0
9	4.e-003	0.004	1	0
10	4.5e-003	0.0045	1	0
11	5.e-003	0.005	1	0
12	5.5e-003	0.0055	1	0
13	6.e-003	0.006	1	0
14	6.5e-003	0.0065	1	0
15	7.e-003	0.007	1	0

图 10.217　修改采样时间

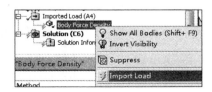

图 10.218　导入力载荷

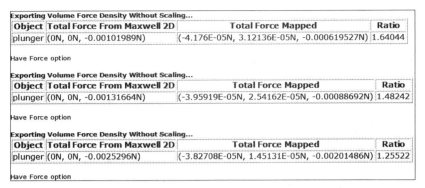

Object	Total Force From Maxwell 2D	Total Force Mapped	Ratio
plunger	(0N, 0N, -0.00101989N)	(-4.176E-05N, 3.12136E-05N, -0.000619527N)	1.64044

Have Force option

Object	Total Force From Maxwell 2D	Total Force Mapped	Ratio
plunger	(0N, 0N, -0.00131664N)	(-3.95919E-05N, 2.54162E-05N, -0.00088692N)	1.48242

Have Force option

Object	Total Force From Maxwell 2D	Total Force Mapped	Ratio
plunger	(0N, 0N, -0.0025296N)	(-3.82708E-05N, 1.45131E-05N, -0.00201486N)	1.25522

Have Force option

图 10.219 查看导入信息

（23）如图 10.220 所示,选择阀芯底面,插入 Force,并将其方向设置为与磁场力方向相反,其大小为 1N。选中电磁阀壳体,为其设置 Fixed Support 边界条件。

图 10.220 添加边界条件

（24）选中阀芯,为其添加沿轴向方向的速度及变形后处理选项,其结果如图 10.221 所示。对应的速度及位移随时间变化的曲线如图 10.222 所示。

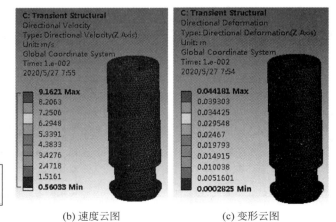

(a) 添加后处理选项　　　　(b) 速度云图　　　　(c) 变形云图

图 10.221 添加结果后处理

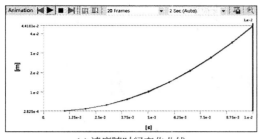

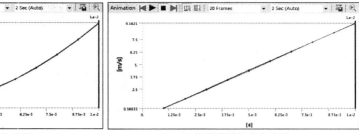

(a) 速度随时间变化曲线   (b) 位移随时间变化曲线

图 10.222 速度及位移曲线

第 11 章

ACT 插件简介

11.1　ACT 插件功能及安装

ANSYS Application Customization Toolkit 简称 ACT,是 ANSYS 系列产品的统一二次开发平台。通用产品无法满足细分领域的全部需求,这时可以二次开发 ACT 插件的方式扩展系统功能。ACT 使用了易于学习但功能强大的 XML 标记语言和 IronPython 编程语言,即使不是专业的编程人员,也能为仿真工作流程创建定制化的应用插件。除了自行开发外,官方还提供了多种常用 ACT 应用供下载,可以在 ACT 应用商店购买后下载并安装。如图 11.1 所示,在 Workbench 的 Extensions 菜单中提供了多种 ACT 功能菜单选项。官方应用商店中的部分 ACT 插件如图 11.2 所示,ACT 插件在安装时需要注意版本的匹配,早期版本的一些插件已经成为正式功能并集成在主程序中,例如 Acoustics 声学插件在 2019 R1 版本中已经集成在 Static Acoustics 和 Modal Acoustics 中,Topology Optimization 插件也集成在 ToolBox 中成为正式功能。

图 11.1　ACT 菜单　　　　　　　　　　图 11.2　ACT 应用商店

11.2　Piezo and MEMS 插件仿真实例讲解

Piezo and MEMS 是压电、压阻陶瓷及微机电系统仿真插件。它们广泛应用在传感器设计行业,例如压电陶瓷传感器、作动器、陀螺仪、加速度计、应变计等。

【**例 11.1**】　压电陶瓷风扇

压电陶瓷风扇是一种应用于电子散热领域的新型风扇,它利用了压电陶瓷的逆压电效应,在驱动电路交变电场的驱动下,直接带动叶片产生弯曲谐振,从而由片端向前方输出高速、平稳的气流,对冷却对象直接进行冷却,其结构如图 11.3 所示。其最大优点是振动频率高、风力集中不扩散、定向性好、速度快、无漏磁。在相同功率下,其风冷效果明显优于传统风扇,此外还具有结构简单、体积小、质量轻、噪声小、寿命长、可断电自动锁死等优点。

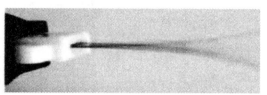

图 11.3　压点陶瓷风扇

（1）打开 Workbench,在 Extensions 菜单中选择 Install Extension,如图 11.4 所示。浏览 PiezoAndMEMS. wbex 插件的位置,选择打开后完成插件的安装。在 Extensions 菜单中选择 Extensions Manager,勾选 PiezoAndMEMS,加载该插件。

图 11.4　安装插件

（2）双击 Modal,添加一个模态仿真模块,再将一个 Harmonic Response 拖放到 Modal上,这样二者便可共享材料、模型和网格,如图 11.5 所示。

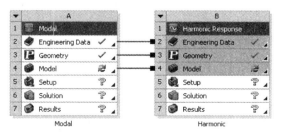

图 11.5　添加仿真流程

（3）双击 Engineering Data，打开材料设置界面，如图 11.6 所示，添加名称为 fan 的自定义材料，将其密度设置为 1400kg/cm³，将杨氏模量设置为 4.48E＋09Pa，并将泊松比设置为 0.25。

A	B	
Property	Value	
🞠 Material Field Variables	📊 Table	
🞠 Density	1400	kg m^-3
🞠 Isotropic Secant Coefficient of Thermal Expansion		
🞠 Coefficient of Thermal Expansion	0	C^-1
🞠 Isotropic Elasticity		
Derive from	Young's Modulus and Poisson's Ratio	
Young's Modulus	4.48E+09	Pa
Poisson's Ratio	0.25	
Bulk Modulus	2.9867E+09	Pa
Shear Modulus	1.792E+09	Pa

图 11.6　添加风扇叶片材料

（4）如图 11.7 所示，添加名称为 FR4 的材料，密度为 1695.4kg/cm³，杨氏模量为 2.2063E＋10Pa，泊松比为 0.2。

A	B	
Property	Value	
🞠 Material Field Variables	📊 Table	
🞠 Density	1695.4	kg m^-3
🞠 Isotropic Secant Coefficient of Thermal Expansion		
🞠 Coefficient of Thermal Expansion	1.6E-05	C^-1
🞠 Isotropic Elasticity		
Derive from	Young's Modulus and Poisson's Ratio	
Young's Modulus	2.2063E+10	Pa
Poisson's Ratio	0.2	
Bulk Modulus	1.2257E+10	Pa
Shear Modulus	9.193E+09	Pa

图 11.7　添加 PCB 材料

（5）添加名称为 piezo 的材料，密度为 7800kg/cm³，添加各向异性弹性属性，参数值如图 11.8 所示。

（6）双击 Model，打开 Mechanical，安装了 ACT 插件后，在工具栏中将会出现与之相关的工具选项，如图 11.9 所示。

（7）如图 11.10 所示，为相应的几何模型赋予材料属性。由于压电材料的极化设置与局部坐标系相关，选中 piezo 模型表面，添加局部坐标系，并将其 Y 轴方向调整为 piezo 的内法线方向，如图 11.11 所示。在模型树中，选中位于顶部的 piezo 对象，将其坐标系修改为刚创建的局部坐标系，如图 11.12 所示。

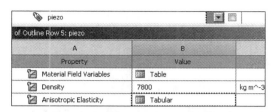

图 11.8　添加压电材料

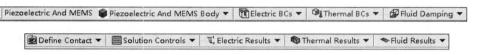

图 11.9　ACT 工具栏

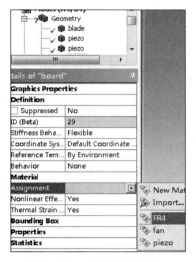

图 11.10　赋予材料属性

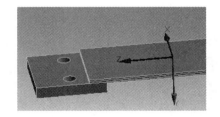

图 11.11　添加局部坐标系

（8）修改网格参数，将 Resolution 设置为 7，如图 11.13 所示。

（9）选中 PCB 模型的两个圆孔，为其赋予 Fixed Support 边界条件。选中两个 piezo 模型，在工具栏中选择 Piezoelectric And MEMS Body 中的 Piezoelectric Body 选项，按图 11.14 设置相应的选项。注意将单位设置为 kg、m、s。

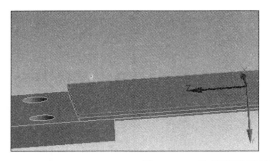

图 11.12　为模型赋予局部坐标系

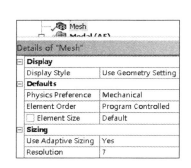

图 11.13　设置网格参数

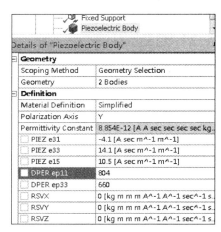

图 11.14　压电本体设置

（10）选中最上方的 piezo 对象，隐藏其他对象，选中其上表面，为其赋予 top 命名选择，选中下表面并为其赋予 bot 命名选择，切换到体选择模式，选中该实体后，为其命名 piezo1 命名选择。选中下方 piezo，隐藏其他对象，为其上表面赋予 mid 命名选择，如图 11.15 所示。

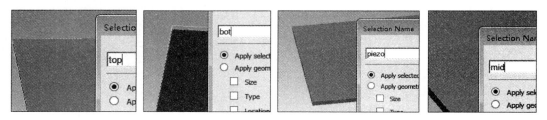

图 11.15　添加命名选择

（11）在工具栏中选择 Electric BCs 中的 Voltage 按钮，将选择类型切换为命名选择，选择 bot，如图 11.16 所示。

(12) 选择工具栏中 Electric BCs 中的 Voltage Coupling,切换到命名选择方式,选择 mid,如图 11.17 所示。

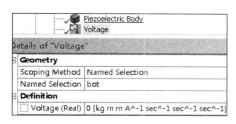

图 11.16　添加边界条件(一)

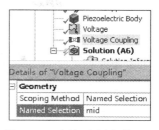

图 11.17　添加边界条件(二)

(13) 单击 Solve 按钮进行求解。求解完成后可以查看各阶模态并查看模态振型,如图 11.18 所示。前 4 阶模态振型如图 11.19 所示。

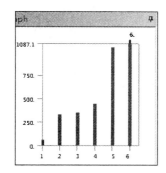

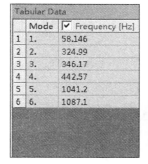

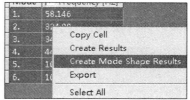

图 11.18　模态仿真结果

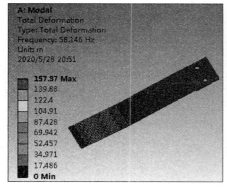

(a) 1阶模态阵型

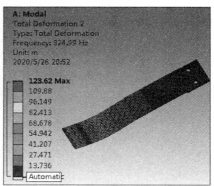

(b) 2阶模态阵型

图 11.19　模态振型

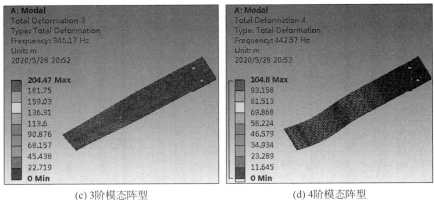

(c) 3阶模态阵型　　　　　　　　　(d) 4阶模态阵型

图 11.19　（续）

（14）在 Harmonic Response 下的 Analysis Settings 中将频率范围修改为 59～61Hz，间隔为 20Hz，将求解方法修改为 Full。将刚度系数修改为随频率变化类型，将频率设置 60Hz，并将阻尼比设置为 0.01，如图 11.20 所示。

（15）将模态分析的 3 条边界条件选中后拖放到谐响应分析中，实现边界条件的快速复制，如图 11.21 所示。

Details of "Analysis Settings"	
Frequency Spacing	Linear
☐ Range Minimum	59. Hz
☐ Range Maximum	61. Hz
☐ Solution Intervals	20
User Defined Frequencies	Off
Solution Method	Full
Variational Technology	Program Controlled
⊞ **Rotordynamics Controls**	
⊞ **Output Controls**	
⊟ **Damping Controls**	
☐ Constant Structural Damping Coefficient	0.
Stiffness Coefficient Define By	Damping vs Frequency
-- Frequency	60. Hz
-- Damping Ratio	1.e-002
Stiffness Coefficient	5.3052e-005

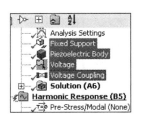

图 11.20　设置谐响应分析选项　　　　图 11.21　拖动边界条件

（16）再添加一个 Voltage 边界条件，将其赋予 top 命名选择，并将其实部设置为 115，如图 11.22 所示。

（17）单击 Solve 按钮进行求解，求解完成后添加频响曲线及最大幅值对应频率处的变形云图，如图 11.23 所示。

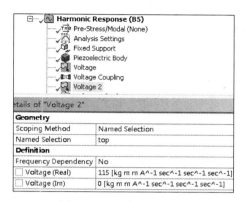

图 11.22 添加边界条件

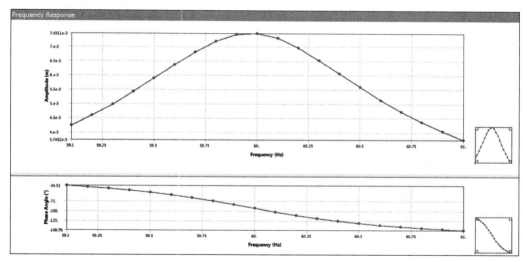

(a) 频响曲线

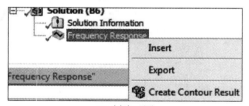

(b) 创建云图

图 11.23 结果后处理

11.3 变压器插件实例讲解

Electronic Transformer ACT 可以用来方便快捷地创建 Maxwell3D 涡流场的铁氧体磁芯平面变压器模型,频率在 100kHz 左右,不适用于工频油浸变压器。可以设置与线性或频率相关的相对磁导率,与频率相关的状态空间模型还可以通过 Network Data Explorer 导到 Simplorer 或 Pspice 中。插件自带 Philips 和 Ferroxcube 厂商提供的 15 种磁芯模型,可以便捷地通过参数创建模型和调用厂商材料数据。如图 11.24 所示,可以在 ANSYS 应用商店下载该插件,其中 V1.1 版本适用于 ANSYS R19.1 及更高版本。

Electronic Transformer
V1.1

Support ANSYS: 19.1, 19.2
Target Application: Electronics Desktop

图 11.24　插件版本

(1) 在 Maxwell 的 View 菜单中勾选 ACT Extensions,将在主界面右侧显示 ACT 控制窗格,如图 11.25 所示,单击 Manage Extensions 按钮,在弹出的界面中选择右上角的加号按钮,可以选择插件安装文件。插件安装好后,需要加载插件,选择下三角箭头可以在弹出的选项中选择 Load,加载后的插件背景为淡绿色。

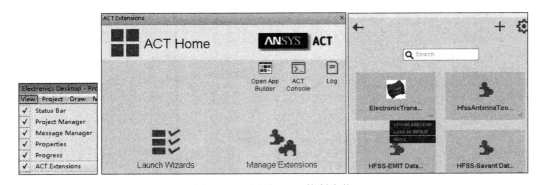

图 11.25　显示 ACT 控制窗格

(2) 单击左侧箭头,返回上一个界面,单击 Launch Wizards,选择 Electronic Transformer,进入如图 11.26 所示的设置界面。

(3) 使用该插件的方式有两种,一种是通过图形界面及向导设置各项参数后创建全新的模型,另一种是加载.tab 文件,该文件中保存了模型及材料等参数。只要在 Maxwell 中添加了 setup,就会在.tab 文件中自动记录信息并保存在 Maxwell 默认的工程文件夹中。通过 Read input File 按钮可重新加载.tab 文件以便实现模型复用。Tab 文件可以用文

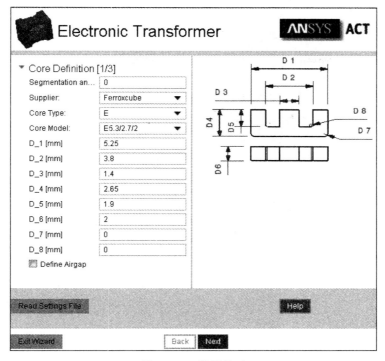

图 11.26　设置界面

本编辑器手工修改其参数。

（4）该插件下载后会自带 4 个案例，通过 Read input File 可以加载这些案例，如图 11.27 所示，以 Demo_IEEE.tab 为例，讲解一下设置过程。

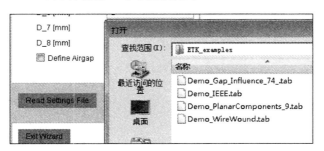

图 11.27　加载案例文件

（5）读取该文件后，单击 Next 按钮进入下一步，再次单击 Next 按钮会按参数值创建模型文件。如图 11.28 所示，此时若单击 Finish 按钮，将创建仅含模型和材料的工程文件，而单击 Setup Analysis 按钮则会创建激励、边界条件、求解域及分析设置。设置好参数后可以单击 Analyze 按钮进行求解。

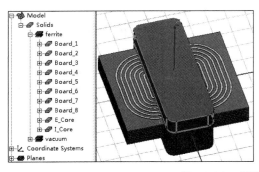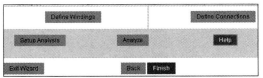

图 11.28 创建模型及分析设置

(6) 通过查看模型树,可以看到,插件会建立详细的磁芯、PCB 及铜线模型,这些模型若手工搭建十分耗时耗力。在设置相关参数时,可以随时单击 Help 按钮查看相关帮助说明。

第 12 章

多物理场耦合

12.1　多物理场耦合简介

多物理场耦合是分析多个物理场之间的交互作用,例如热应力问题、压电、压阻、MEMS、磁流体仿真、流固耦合分析等。早期 ANSYS 多场耦合仿真采用基于经典界面的方式,有些单元节点包含多场自由度,例如 SOLID226 单元,利用它可以进行热-结构、结构-热、压电、压阻、热电耦合仿真。由于多场之间的数据都存储在 1 个单元内,因此可以像常规的单一物理场一样进行建模、仿真,这种方式称为直接耦合法。多场耦合的另一种求解方式是通过不同求解器之间的循环调用实现数据传递与交互,根据数据的传递方向可分为单向传递与双向传递。双向传递又可分为弱耦合与强耦合,二者的区别体现在弱耦合是一次性求解,完成后的数据被另一个场调用,而强耦合则是在每次迭代时都进行数据交互。随着 Workbench 功能的完善,现在多场耦合可以很直观地在 Workbench 中通过不同模块之间的拖曳完成不同物理场之间的数据交互,如图 12.1 所示,将 Static Structural 拖曳到 Fluent 的 Solution 上即可实现流固单向耦合。如图 12.2 所示,系统预置了一些比较常用的单向耦合流程,包括流固耦合、预应力模态等。双向耦合需借助于双向耦合模块,如图 12.3 所示,提供了两种双向耦合模块,可以用它们实现流固双向耦合及磁热双向耦合,如图 12.4 和图 12.5 所示。

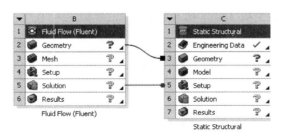

图 12.1　流固单向耦合

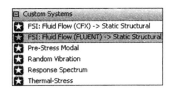

图 12.2 系统预置的单向耦合

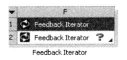

图 12.3 双向耦合模块

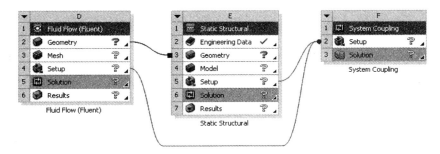

图 12.4 流固双向耦合

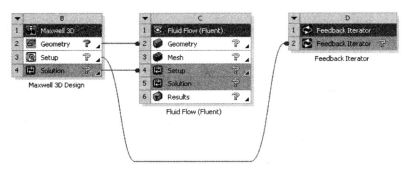

图 12.5 磁热双向耦合

12.1.1 多物理场耦合仿真流程

ANSYS Workbench 可以被看作一个工程项目的管理工具,它提供了不同物理场仿真模块之间数据交互的顶层接口。利用 Workbench 可以轻松地完成几何模型、网格、边界条件、求解数据之间的数据传递及共享。

在 Workbench 中,当进行多物理场仿真时,首先应考虑究竟哪些数据需要传递,以及哪些数据需要共享。如图 12.1 所示,其中几何模型是在流场和结构场之间共享的,而流场的求解数据则作为结构场仿真中的压力边界条件,因此仅需要将流场的求解数据传递给结构场。在 Workbench 中,共享的数据用带方块的连线表示,而数据传递则用实心圆的连线表示。

在 Workbench 中,有多种多场仿真流程可供选择。

(1) 外部数据连接方式:如图 12.6 所示,它仅适用于将外部数据通过 External Data 模块导入结构场中。其中外部数据可以来自 Fluent,以及 CFD-Post 等软件包导出的温度、压力、热通量等数据,既适用于稳态仿真,也适用于瞬态仿真。每次外部数据发生变化都必须重新进行手工更新。当需要进行双向耦合时,可以通过 System Coupling 模块自动完成双向数据传递。虽然 External Data 只能和结构仿真模块之间进行连接,但可以通过 System Coupling 模块间接完成和 Fluent 及 Steady-State Thermal 等模块的数据传递,如图 12.7 所示,此时仅能进行稳态仿真。

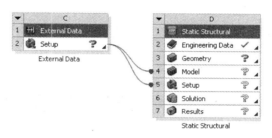

图 12.6　外部连接方式耦合

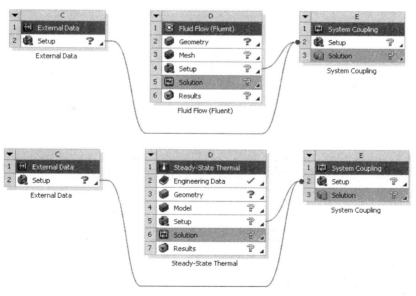

图 12.7　通过 System Coupling 完成外部连接

(2) Fluent Mapping 面板传递方式:在 Fluent 的 File 菜单中可以选中相应的 Mapping 菜单项,打开如图 12.8 所示的几种映射面板。利用映射面板,可以将结构场或电磁场中的仿真数据通过面映射或体映射的方式传递给 Fluent。

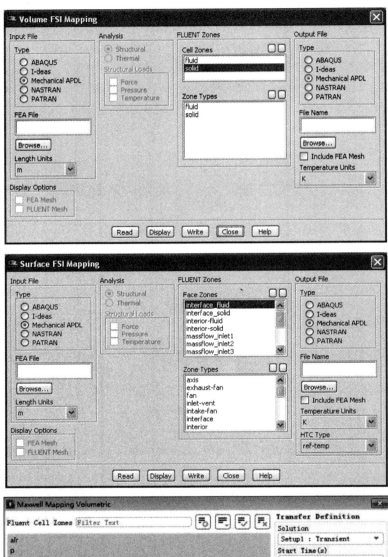

图 12.8　通过 Fluent Mapping 面板完成数据传递

（3）CFD-Post 导出数据的传递方式：在 CFD-Post 的 File 菜单中可以选择 Export 菜单项，打开如图 12.9 所示的数据文件导出对话框。利用导出对话框，可以将流场数据导入数据文件中，后续用于结构场仿真。与之类似，也可以将结构场数据导出为数据文件，然后通过 CFD-Post 导入该数据文件，用于流场仿真。它一般用于流场和 APDL 之间的耦合仿真,所有数据传递均需要手动进行。

（4）在 Workbench 中,通过将一个模块拖到另一个模块的方式,实现系统预设的数据传递。这是 Workbench 中最常用的多场耦合流场创建方式,我们前面几章涉及的多场耦合实例采用的均是这种方法。它最大的特点是所有数据传递均由 Workbench 自动完成,无须用户关心数据保存的格式、单位、保存位置,也无须用户手动更新,这是 Workbench 中最推荐使用的多场耦合方式。

图 12.9　通过 CFD-Post 导出对话框进行数据传递

12.1.2　多物理场耦合仿真实例

单向耦合的设置相对简单,前面几章的实例中已经介绍过结构场-热场、磁场-结构场单向耦合的设置。本章以流固双向耦合为例,讲解 Workbench 中多场耦合的设置方法及求解时的注意事项,其他的多场耦合方法与之类似,感兴趣的读者可以参考相关资料进行更深入的学习。

【例 12.1】　簧片阀流固双向耦合仿真

（1）如图 12.10 所示,由超弹性材料构成的簧片在受到入口高压高速气流冲击的情况下会发生变形,阀口打开,气流随阀口开度变化其流动状态也会发生变化,由此可见二者的状态存在着强烈耦合,需要进行双向耦合仿真,此外还需要求解当入口气流的表压为 15kPa 时,阀口开度多大时流动状态会最终稳定。从图中可以看出,流体壁面会随着固体变形而发生位置变化,并且网格会随之发生变形和扭曲,当网格扭曲到一定程度时需要进行网格重绘,因此需要使用 Fluent 中的动网格功能。

32min

图 12.10　簧片阀流固双向耦合

（2）打开素材文件 eg12.1.wbpz,素材已经提前进行了区域划分并设置好了网格和命名选择。双击 Fluent 的 Mesh 单元格,打开流体网格设置界面。如图 12.11 所示,在模型中已经将固体部分压缩了。为了方便后续进行动网格设置,将流体区域分成了 4 个部分,并将其设置为多体零件,零件之间共享拓扑,无须进行接触对设置。由于 Fluent 中动网格区域要求为一连通域,因此阀门关闭时仍要保持至少一层网格与入口区域相通,如图 12.12 所示,这是划分几何区域时需要特别注意的地方。

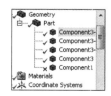

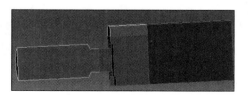

图 12.11　流体模型

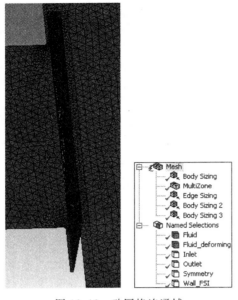

图 12.12　动网格连通域

（3）如图 12.13 所示,对不同的区域分别设置局部网格。为了保证动网格区域的求解精度,可将该区域网格尺寸设置为 0.5mm。分别为入口和出口面设置名称为 Inlet 和 Outlet 的命名选择。Fluid_deforming 为动网格流体区域,Fluid 为其他区域。由于只取一半求解域,因此将对称面选中后命名为 Symmetry。选中流体与固体交接面,将其命名为 Wall_FSI。

（4）返回 Workbench 主界面,右击 Mesh,选择 Update,将网格传递给 Fluent 求解器。

（5）双击 Setup,如图 12.14 所示,勾选 Double Precision,将求解器设置为 Parallel,将 Processes 设置为 6。在 Mechanical 中选中 Tools 下的 Solve Process Settings,在打开的对话框中选择 Advanced,将 Max number of utilized cores 设置为 2,这里需要注意的是双向耦合中流场和结构场求解器均需占用 CPU 资源,因此需要在二者之间合理地分配 CPU 核数,由于结构场的计算量相对较小,本例将 Fluent 求解器设置为 6 核,将 Mechanical 设置为 2 核。

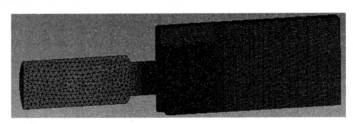

图 12.13　网格设置及命名选择

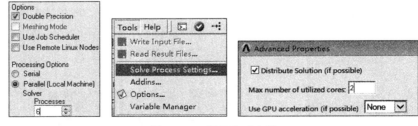

图 12.14　设置启动参数

（6）进入 Fluent 中,由于本例中仅关注簧片最终的平衡位置,为减小计算量,使用稳态求解器,将求解器类型保持为 Steady 类型。

（7）在 Model 中将 Energy 设置为 On。在 Viscous 中将紊流模型设置为 k-epsilon,其类型为 Realizable,壁面函数为 Standard Wall Functions 类型,如图 12.15 所示。

（8）如图 12.16 所示,在材料设置中,将 air 的 Density 属性设置为 ideal-gas 类型。默认的 constant 类型意味着忽略气体的压缩性,此时压力波的传播速度为无穷大。在流固耦合仿真中,同样的位移在不可压缩流体中会产生更大的压力波动,比可压缩流体更难收敛。在瞬态仿真中,若流体域为一封闭区域,则位移变化还会导致无穷大的压力变化,从而产生非物理解。

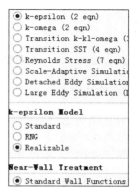

图 12.15　设置紊流模型图

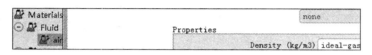

图 12.16　空气改为理想气体

（9）如图 12.17 所示,在 Boundary Conditions 中,右击 inlet,将 Type 修改为 pressure-inlet。打开如图 12.18 所示的入口边界条件设置对话框。将 Gauge Total Pressure 设置为 15 000Pa,将紊流边界条件修改为 Intensity and Length Scale,并将 Turbulent Length Scale 设置为 0.0001m。

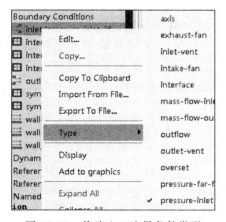

图 12.17　修改入口边界条件类型

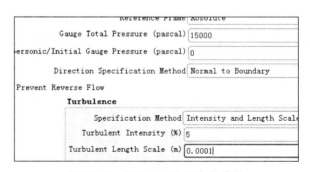

图 12.18　设置入口边界条件参数

（10）双击 outlet,打开如图 12.19 所示的出口边界条件,保持默认表压为 0Pa,将紊流边界条件修改为与入口参数相同。

（11）双击左侧的 Dynamic Mesh。如图 12.20 所示,在出现的面板中勾选 Dynamic Mesh,并勾选 Smoothing 和 Remeshing。这两个选项分别用于对网格进行平滑处理及网格

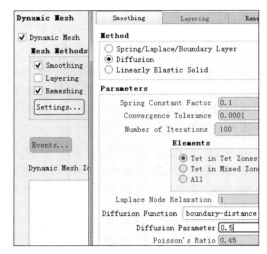

图 12.19 设置出口边界条件   图 12.20 设置动网格

重绘。由于簧片大范围的运动导致原始的网格会在运动过程中发生变形和扭曲,当扭曲超过设定的容差后,系统会对相应网格进行重绘,增加或删除部分网格。平滑处理通常和网格重绘配合使用,让网格更平滑,从而降低网格重绘的次数,并允许使用更大的时间步长,从而降低求解时间。单击 Settings 按钮,打开参数设置对话框。在 Smoothing 选项卡中有 3 种方法可供选择,Linearly Elastic Solid 采用类似塑性材料固体变形的方式处理网格光顺问题,与之相比,Spring 和 Diffusion 更为常用。其中 Diffusion 选项比 Spring 方法计算量更大,但网格质量更高,允许更大的网格变形量。本例中簧片的大变形更适合这种方法。将 Diffusion Function 设置为 boundary-distance。boundary-distance 函数根据网格距离壁面的距离为网格赋予不同的刚度系数,距离壁面近的网格刚度就大,倾向于刚体运动,距离远的网格刚性小,变形大,大部分边界运动被这些网格吸收。扩散系数的范围为 0~2,系数越大,壁面附近网格刚度就越大。该参数的设置需结合网格运动速度、时间步长、网格疏密程度进行设置,最佳数值可能需要数次尝试后确定,本例将其设置为 0.5。

(12) 切换到 Remeshing 选项卡,勾选 Local Cell、Local Face 和 Region Face 选项。单击 Mesh Scale Info 按钮,对话框显示了当前网格尺寸、单元及面扭曲度的统计值。结合这些统计值设置网格重绘的容差,数值如图 12.21 所示。每个迭代时间步内,网格尺寸超过最大值/最小值或扭曲度超过设定值的网格将被标记出来。按 Size Remeshing Interval 设定的重绘频率进行网格重绘,该值通常范围为 1~5,值越小,网格重绘得就越频繁。Local Cell 可以根据单元体积尺寸标记需要重绘的网格,Local Face 则根据扭曲度标记需要重绘的网格。Region Face 可以根据网格面尺寸标记与流固耦合面相邻的面域内需要重绘的网格,在本例中为 symmetry-fluid-deforming。

(13) 单击 Create/Edit 按钮,弹出 Dynamic Mesh Zones 对话框。如图 12.22 所示,在 Zone Names 下拉列表中选择 symmetry-fluid_deforming,将 Type 修改为 Deforming。切

换到 Geometry Definition 选项卡,由于 Fluent 求解器只能根据流动参数计算网格的相关参数,无法像结构仿真一样约束流动区域的变形,因此需要用户指定几何约束条件。由于 symmetry-fluid_deforming 为流场的对称面,因此在 Definition 中将该对称面设置为 plane 约束,并将法线方向设置为(1,0,0),即 X 方向,设定变形区域内的一点(0.1574091,0.1,−0.03),确保网格变形被约束在该平面内。切换到 Meshing Options 选项卡,如图 12.23 所示。前面设置的重绘容差针对全部动网格区域,这里的设置仅针对 symmetry-fluid_deforming,将 Maximum Length Scale 设置为 0.00035m,覆盖全局参数。单击 Create 按钮,创建 symmetry-fluid_deforming 动网格区域。

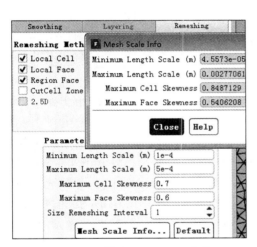

图 12.21　设置 Remeshing 参数

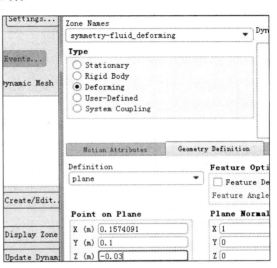

图 12.22　设置变形约束

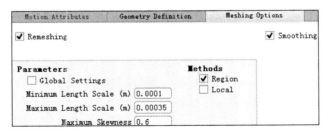

图 12.23　设置局部面域重绘条件

(14)如图 12.24 所示,继续在该对话框中选择 wall_fsi 并将其类型修改为 System Coupling。在 Meshing Options 选项卡中,将 Cell Height 设置为 0.0003m。单击 Create 按钮,创建 wall_fsi 动网格面域。该动网格面域的设置是流固耦合仿真的关键,通过该面域与 Mechanical 之间进行交互,设置的网格尺寸是希望该处在运动过程中保持的尺寸,系统会在网格重绘时调整该区域,让网格动态地维持在该尺寸附近。

（15）如图 12.25 所示，双击 Reference Values，确保 Pressure 的值为 0。在流固耦合仿真中，传递给结构场的压力为表压值与参考压力的差值，为确保传递正确的压力值，需将参考压力值设置为 0。

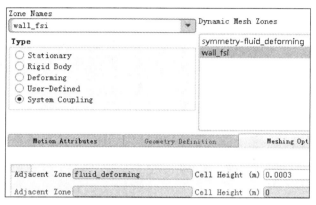

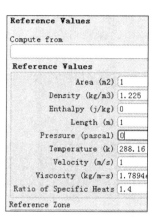

图 12.24　添加流固耦合动网格区域　　　　图 12.25　参考压力值

（16）在 Methods 中，确保 Velocity-Pressure 的 Scheme 为 Coupling 算法，并勾选 Pseudo Transient 和 High Order Term Relaxation，如图 12.26 所示。将 Initialization 设置为 Hybrid 混合初始化算法，单击 More Settings 按钮，本例由于默认的 10 次迭代无法满足初始化收敛条件，所以需要将 Number of Iterations 修改为 15，单击 Initialize 按钮进行初始化，如图 12.27 所示。

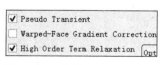

图 12.26　设置 Methods 选项　　　　图 12.27　混合初始化

（17）双击 Calculation Activities，在 Autosave 中设置每 20 次迭代保存一次，如图 12.28 所示。在 Run Calculation 中，将 Number of Iterations 设置为 20。在双向耦合仿真中，这里的迭代为内循环迭代，即每个耦合迭代步内每次结构场将数据传递给流场，也就是流场内部进行的迭代次数。由于流场求解器每 20 次迭代保存一次数据文件，因此保存的数据文件数量和双向耦合迭代次数相等。

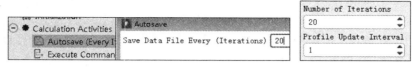

图 12.28　设置保存频率及迭代次数

（18）在界面最上方选择 User-Defined 菜单，单击 Field Functions 中的 Custom，打开如图 12.29 所示的自定义场量计算器。在下拉列表中分别选择 Pressure 和 Static Pressure，单击 Select 按钮。在符号中选择 X 后在下拉列表中选择 Mesh 和 Z Face Area。在下方的 New Function Name 中输入自定义名称 force-z 后单击 Define 按钮。

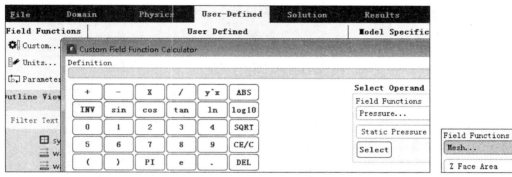

图 12.29　自定义场函数变量

（19）在 Report Definitions 上双击，打开如图 12.30 所示的对话框。选择 Surface Report 并添加 Sum 类型监控量。在弹出的对话框的下拉列表中选择 Custom Field Functions，并选择 wall_fsi 作为定义面。勾选 Report File 和 Report Plot，依次单击 OK 按钮以便退出定义界面，完成监控面的定义。

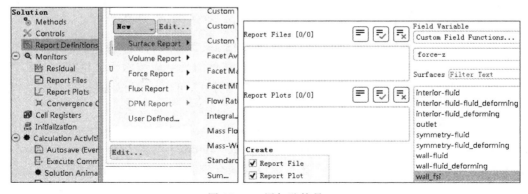

图 12.30　添加监控量

（20）保持 Fluent 界面为打开状态，返回 Workbench 主界面。双击 Engineering Data

进入材料定义界面,如图 12.31 所示,结构仿真中定义了 3 种材料。双击 Model 进入 Mechanical 界面。再单击 Component1 查看簧片的材料定义,该材料为 Rubber 类型,并通过插入 APDL 命令的方式定义材料属性,如图 12.32 所示。从 APDL 命令可以看到,材料定义了 mixed u-P 方程,它非常适合超弹性材料的定义,感兴趣的读者可以查阅相关资料进一步了解 APDL 的用法及 mixed u-P 方程。

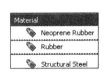

图 12.31　材料定义

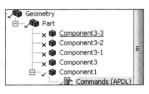 

图 12.32　零件的材料设置

(21) 选中如图 12.33 所示的两个面,添加 Fixed Support 约束。选中如图 12.34 所示的对称面,为其添加 Frictionless Support,保证该面符合对称约束条件。

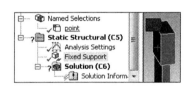

图 12.33　添加固定约束

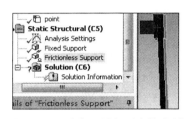

图 12.34　对称面添加无摩擦支撑

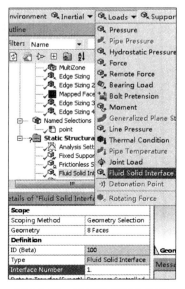

图 12.35　添加流固耦合约束

(22) 如图 12.35 所示,选中剩余的 8 个面,在 Load 中选择 Fluid Solid Interface,为其添加流体耦合约束,该约束是双向流固耦合的关键约束。通过该约束,将流体压力作用在这些面上,反之将这些面的变形传递给流场。

(23) 如图 12.36 所示,在 Mesh 中添加了多种局部网格类型,其目的是生成纯六面体网格。采用切片功能进行模型分块,可以用更直观、更简捷的方式生成六面体网格,读者可以自行尝试。

(24) 如图 12.37 所示,在 Analysis Settings 中,将 Auto Time Stepping 设置为 Program Controlled,让系统根据耦合迭代的收敛情况自动调整步长或子步。将 Large Deflection 设置为 On,保证阀片的大变形能够得到正确处理。

(25) 如图 12.38 所示,选中 Solution Information,在

工具栏中选择 Result Tracker 中的 Deformation，将 Scoping Method 设置为 Named Selection 并选择 point，将方向设置为 Z 方向。添加 Z 方向变形结果跟踪的目的是为后续调整收敛性提供依据。

（26）由于结构场调用的 CPU 核数与流场调用 CPU 核数之和不能超过可调用的总核数，所以需要设置结构场的调用核数，单击 Solution，可以在 Number Of Cores to Use 中设置，如图 12.39 所示。该功能需开启 Beta 选项且此处调用的核数不得超过 Tools 菜单中 Solver Process Settings 中设置的 CPU 核数。

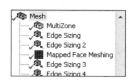

图 12.36　局部网格的设置

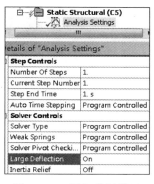

图 12.37　添加分析设置

图 12.38　添加结果跟踪

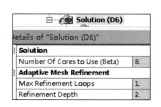

图 12.39　设置 CPU 调用核数

（27）返回 Workbench 主界面，保存工程文件。双击 Toolbox 中的 Systems Coupling 模块，将其添加到主界面。分别将 Fluent 的 Setup 和 Static Structural 的 Setup 拖动到 System Coupling 的 Setup 上，然后右击 Setup，选择 Update，如图 12.40 所示。

（28）双击 System Coupling 的 Setup，在弹出的对话框中选择 Yes，打开系统耦合设置界面。如图 12.41 所示，在 Analysis Settings 设置中将 Number Of Steps 设置为 50，并将 Minimum Iterations 和 Maximum Iterations 均设置为 1。在耦合设置中，可以设置多个分析步，也可以设置多个迭代步。这里建议将迭代次数分配给分析步，因为结构仿真中载荷不是一次性加载全部幅值，而是按分析步逐步增加载荷，分析步越多，载荷变化越平稳，有利于结构场的收敛。

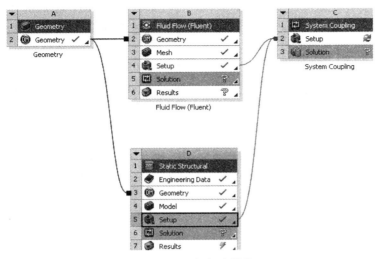

图 12.40　添加耦合模块　　　　　　图 12.41　添加分析设置

（29）按住 Ctrl 键，分别选中 Fluent 和 Static Structural 中的 wall_fsi 和 Fluid Solid Interface 两个耦合相关的面，右击，选中 Create Data Transfer，如图 12.42 所示。分别选择 wall_fsi 和 Fluid_Solid_Interface，在下方视图中会详细地显示各自的输入和输出变量。如图 12.43 所示，从这里可以清晰地看出 Fluent 接收来自结构场的位移，并且将力、温度、对流换热系数、热流量及近壁面温度传递给结构场。结构场接收来自流场的载荷并将位移传递给流场。

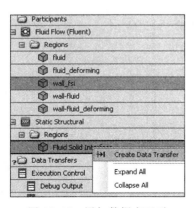

图 12.42　添加数据交互对　　　　　图 12.43　查看输入和输出变量

（30）如图 12.44 所示，选择 Data Transfer，将流场的 Under Relaxation Factor 设置为 0.5。由于结构场中的载荷在多步仿真中逐步增加，因此不需要为结构场设置 Under

Relaxation Factor。由于在双向耦合仿真的过程中存在大量的数据交互,会产生许多中间过程文件,如图 12.45 所示,选择 Intermediate Restart Data Output,并将其设置为 None,表示不保存中间过程文件。

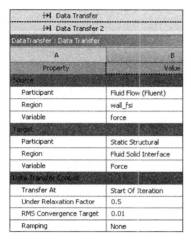

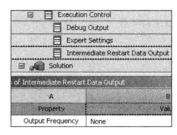

图 12.44　设置欠松弛因子　　　　　　图 12.45　设置过程文件保存选项

（31）在求解前可以先清除缓存文件,如图 12.46 所示,右击 Solution,选择 Clear Generated Data。由于 System Coupling 不太稳定,所以在求解失败时可以通过清除缓存或使用 Restart 多尝试几次。

（32）单击工具栏中的 Update,迭代开始前系统先进行自检,在自检信息中找到如图 12.47 所示的耦合面之间的映射信息,确保结构场和流场耦合面节点之间的映射面积为 100%,否则应对各自网格进行加密。

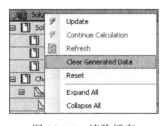

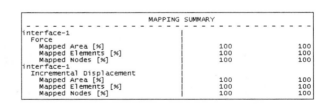

图 12.46　清除缓存　　　　　　　　　图 12.47　查看映射面

（33）如图 12.48 所示,在迭代过程中会实时显示 RMS 曲线,默认的收敛准则为 RMS<0.01,即满足 lgRMS<−2。

（34）仿真结束后可查看位移曲线,如图 12.49 所示。由于结构场中的载荷在多步仿真中是逐步增加的,直到耦合的最后一步载荷才会加载到 100%,因此仿真结束时,载荷并不是按 100% 载荷进行耦合迭代的。为了解决上述问题,通常在首次耦合仿真结束后,再通过

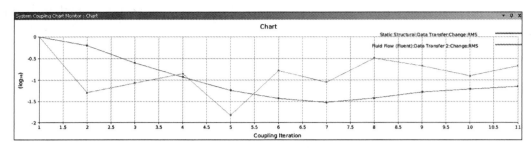

图 12.48   查看收敛曲线

Restart 功能增加若干耦合步,此时结构场加载的载荷将保持在 100％状态。

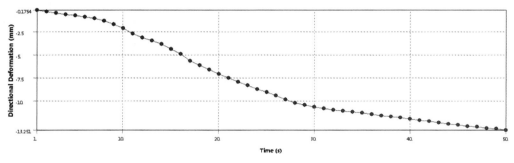

图 12.49   位移曲线

(35)修改 System Coupling 的分析设置参数,将 Number Of Steps 设置为 51,并将 Maximum Iterations 设置为 30,如图 12.50 所示。将 Data Transfer2 的 Under Relaxation Factor 设置为 0.25,如图 12.51 所示。当弹出警告信息时,单击 OK 按钮忽略警告信号即可。

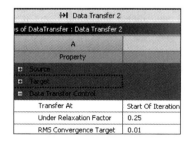

图 12.50   增加分析步   图 12.51   减小欠松弛因子

(36)单击 Update 继续进行求解,如图 12.52 所示,在第 51 个子步迭代过程中,RMS 继续减小。在迭代过程中,载荷始终保持 100％加载状态,降低松弛因子的目的是防止在单一子步迭代过程中出现发散。

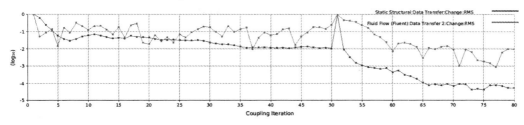

图 12.52　RMS 曲线

（37）返回 Mechanical，位移曲线及在第 51 子步不同迭代过程中的位置值如图 12.53 所示。

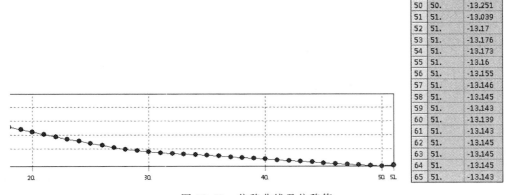

49	49.	-13.112
50	50.	-13.251
51	51.	-13.039
52	51.	-13.17
53	51.	-13.176
54	51.	-13.173
55	51.	-13.16
56	51.	-13.155
57	51.	-13.146
58	51.	-13.145
59	51.	-13.143
60	51.	-13.139
61	51.	-13.145
62	51.	-13.145
63	51.	-13.145
64	51.	-13.145
65	51.	-13.143

图 12.53　位移曲线及位移值

（38）在 Solution 上添加 Total Deformation 和 Equivalent Stress，如图 12.54 所示。

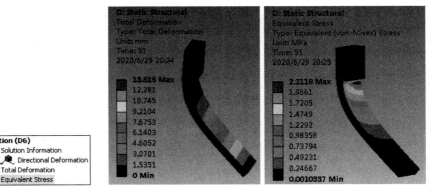

图 12.54　添加变形及等效应力云图

（39）添加 Results 模块，将 Static Structural 和 Fluent 的 Solution 拖动到 Results 模块上，如图 12.55 所示。双击 Results 模块，此时 CFD-POST 会同时加载 Static Structural 和

Fluent 结果文件。

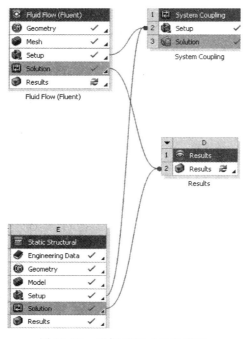

图 12.55　添加 CFD-POST 模块

（40）如图 12.56 所示，勾选 symmetry fluid、symmetry fluid_deforming 两个流体面和 Default Boundary 固体面。双击 symmetry fluid，切换到 Render 选项页，勾选 Show Mesh Lines，单击 Apply 按钮，为 symmetry fluid_deforming 进行同样设置，使流体区域显示网格，如图 12.57 所示。双击 Default Boundary，将 Color 选项页的 Mode 设置为 Variable，并将变量设置为 Total Mesh Displacement，如图 12.58 所示，单击 Apply 按钮，显示如图 12.59 所示的位移云图。

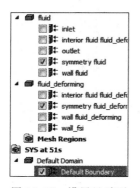

图 12.56　设置显示面

图 12.57　显示网格线

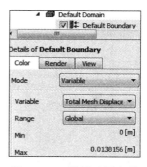

图 12.58　设置云图变量

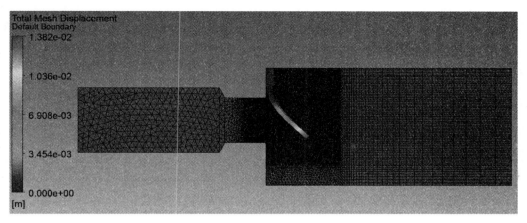

图 12.59 显示位移云图

（41）取消勾选 symmetry fluid、symmetry fluid_deforming。在工具栏中选择 Vector 工具，添加速度矢量图。如图 12.60 所示，选择 Location 旁的按钮，按住 Ctrl 键并选择 symmetry fluid、symmetry fluid_deforming 两个面后单击 OK 按钮，将 Sampling 设置为 Equally Spaced，并将 ♯ of Points 设置为 5000，单击 Apply 按钮，速度矢量图如图 12.61 所示。

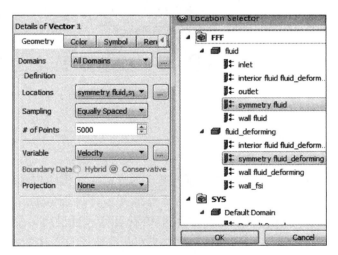

图 12.60 添加矢量图设置

（42）取消勾选 Vector1，在工具栏中选择 Contour，同理将 Location 设置为"symmetry fluid，symmetry fluid_deforming"，将 ♯ of Contours 设置为 33，对应的压力云图如图 12.62 所示。

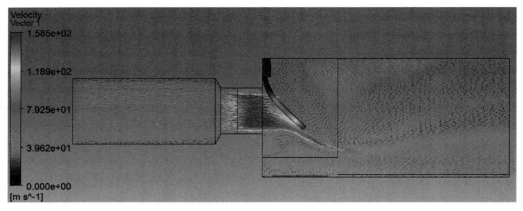

图 12.61　速度矢量图

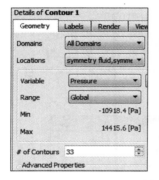 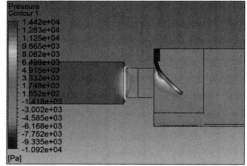

图 12.62　显示压力云图

12.2　AIM 模块简介

ANSYS Discovery AIM 是 ANSYS 旗下基于向导的全新多物理场仿真平台,它可以轻松地在单一界面环境中完成多种物理场的仿真模拟及多场耦合仿真。AIM 的多场耦合仿真功能支持广泛的工业应用领域,例如阀门、流控制设备和过程测量仪器的流体和结构性能;结构体上的风和流体载荷;热交换器、发动机组件和电子设备中的温度和应力;熔丝和母线中的电流分布、温度和应力。这是一些需要多个物理量的应用实例,可利用 AIM 来确定产品设计在现实环境中的运行情况。AIM 内部提供了多种仿真流程模板,通过流场模板基于向导的交互式流程引导用户完成仿真过程,直观、易于上手,容易形成规范化流程并在企业内部推广。

AIM 不在 Workbench 的 Toolbox 中,需通过开始菜单启动,它位于 ANSYS Discovery Suite 中,是 Discovery 套件之一,其他两个分别为 Discovery Live(实时仿真平台)和

SpaceClaim(直接建模平台)。Discovery 套件的最大特点是直观且易上手,能够快速完成模型修改并获得仿真结果,方便设计方案的快速搭建及筛选。其启动界面如图 12.63 所示,首次启动时间较长,需耐心等待,ANSYS Discovery Suite 对显卡要求较高,它的 GPU 加速功能使模型修改与仿真结果同步显示成为可能。

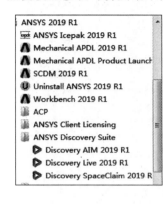
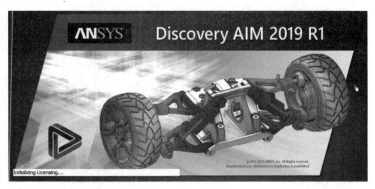

图 12.63 启动 AIM

12.3 AIM 模块实例讲解

【例 12.2】 蝶阀的流固耦合仿真

如图 12.64 所示,模型由弯管、蝶阀、直管及簧片传感器构成。通过簧片与流体之间的相互作用演示流固耦合在 AIM 中的实现方法。为此对模型进行了适度简化、压缩了不相关几何实体并抽取了流道内的流体。

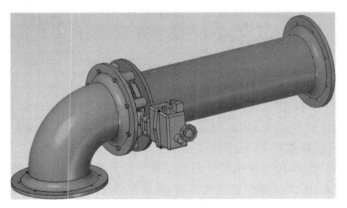

图 12.64 原始模型

(1) 启动 AIM,如图 12.65 所示,系统提供了多种仿真流程模板,这里我们先选择 Fluid-Structural Interaction,然后选择 Start,这样便可以打开工作界面。

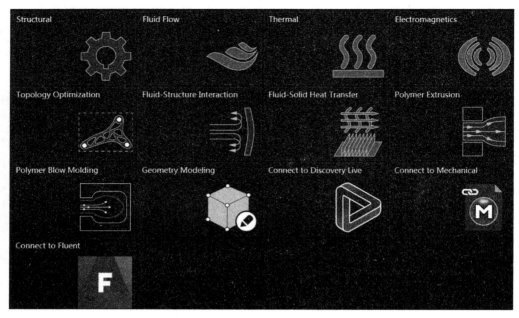

图 12.65　选择模板

（2）ANSYS AIM 对中文支持较好，如图 12.66 所示，在左侧菜单的按钮中选择 Tool 下的 Options 选项，在弹出的选项中选择 Language，在其右侧选择 Chinese，重启软件后即可显示中文界面。

图 12.66　设置中文环境

（3）如图 12.67 所示，进入流固耦合模块后，在左侧向导中，由于模型已经创建好且后续仅有一个零件用于结构仿真，因此可选择导入几何模型选项并取消勾选自动检测接触。单击"下一个"按钮，选择素材文件 eg12.2.scdoc。

（4）如图 12.68 所示，由于模拟的是稳态下簧片变形及簧片位置保持不变时的流动，并且不进行温度场仿真，因此仅选择稳态流流动，单击"下一个"按钮。

（5）如图 12.69 所示，在上方选择模式按钮中，选择实体选择模式，隐藏固体，仅显示流体部分。按图 12.70 设置流体区域及流体材料。采用同样的方法设置固体区域及材料，如图 12.71 所示。

（6）设置好流体、固体区域及材料后，在工作流程中将显示如图 12.72 所示的流程状态图。

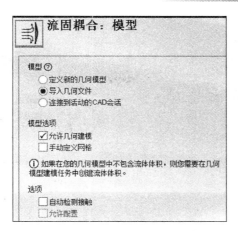

图 12.67 导入几何模型

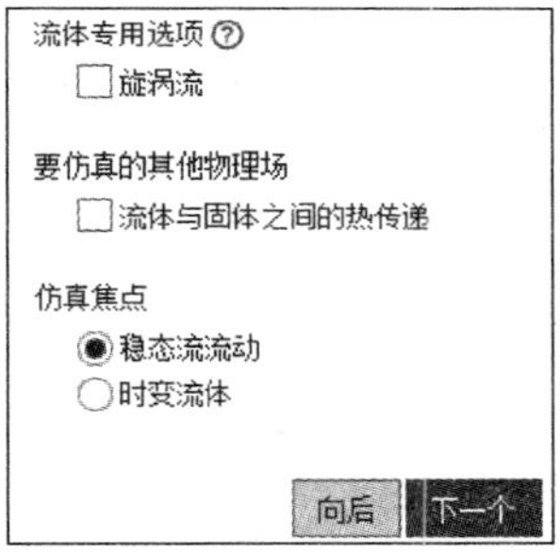

图 12.68 选择求解类型

图 12.69 隐藏固体

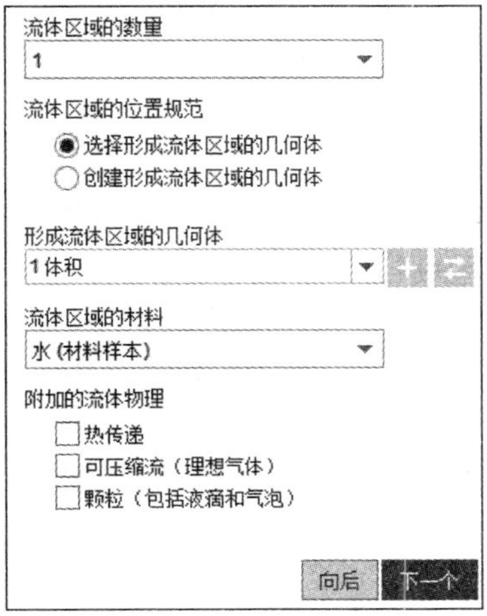

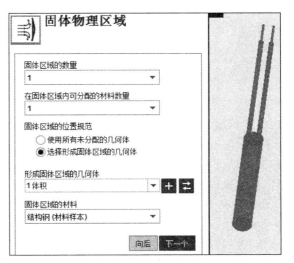

图 12.70 设置流体区域及材料

图 12.71 设置固体区域及材料

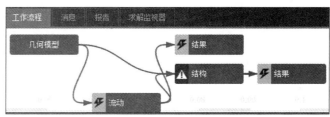

图 12.72　显示工作流程

（7）如图 12.73 所示，单击仿真 1 链接，进入流场设置流程。从任务状态可以看到几何模型已经完成设置，当前需要分别设置与流动及结果相关的选项。

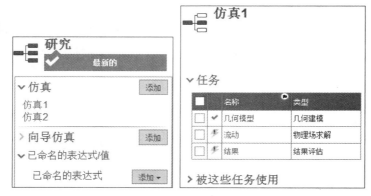

图 12.73　设置仿真 1

（8）单击流动，进入如图 12.74 所示的流动设置界面。选择物理选项，打开如图 12.75 所示的物理模型设置界面，在这里可以设置浮力选择、紊流选择，这里保持默认的 k-ω SST 紊流模型，单击"下一步"按钮进入流动条件设置。

（9）在流体条件中，添加入口边界条件，如图 12.76 所示。切换到面选择模式，选择入口面，将入口类型设置为压力入口，并将其压力设置为 5000Pa，其余选项保持默认值，如图 12.77 所示。继续添加出口及壁面边界条件。

（10）在出口边界条件设置中，选择出口面并将出口压力设置为 0Pa，如图 12.78 所示。在壁面边界条件中，系统会自动选择除入口和出口外的所有面，保持默认参数后选择下一步中的流动，返回流动设置界面，如图 12.79 所示。

（11）保持默认的界面设置选项后，选择初始条件，进入初始条件设置界面，如图 12.80 所示，初始条件相当于 Fluent 中的初始化，这里选择默认参数作为初始条件。返回流动设置，选择求解器设置，可以在进程中设置并行计算，这里保持默认参数，如图 12.81 所示。

图 12.74 流动设置界面

图 12.75 设置物理选项

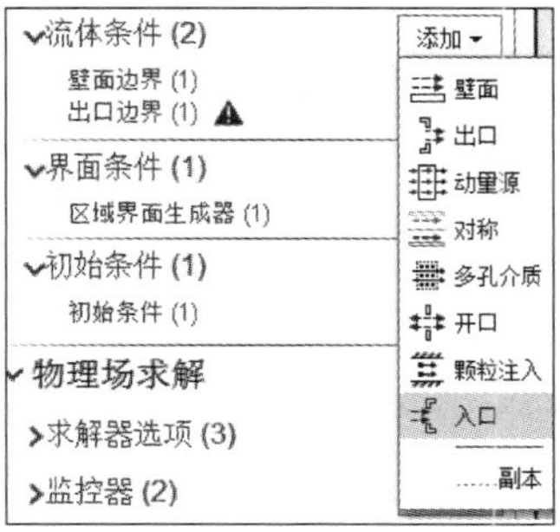

图 12.76 添加入口边界类型

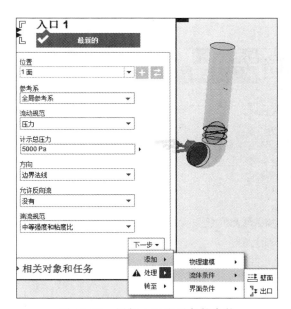

图 12.77 添加入口边界条件参数

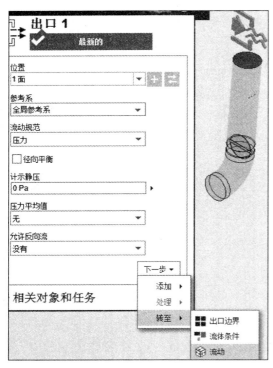

图 12.78　设置出口边界条件

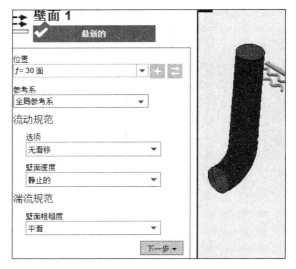

图 12.79　设置壁面边界条件

图 12.80　设置初始条件

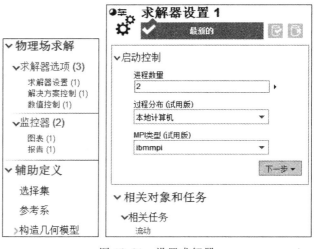

图 12.81　设置求解器

（12）单击"下一步"按钮,依次进入解决方案及数值控制设置,如图 12.82 及图 12.83 所示。相应选项的含义和 Fluent 一致,这里均保持默认值。设置好后单击"更新"按钮开始求解。

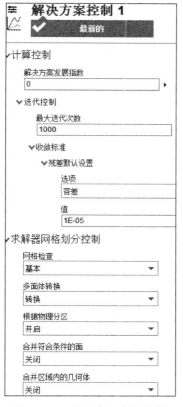

图 12.82 设置求解方案控制

图 12.83 设置数值控制

(13) 求解完成后,按图 12.84、图 12.85 及图 12.86 分别设置图表、流体输出和结果选项。速度云图如图 12.87 所示,可以通过工具栏中的选项设置不同的显示效果。

图 12.84 设置图表

图 12.85 设置流体输出选项

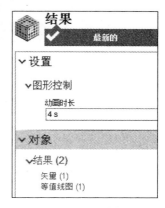

图 12.86 设置查看结果选项

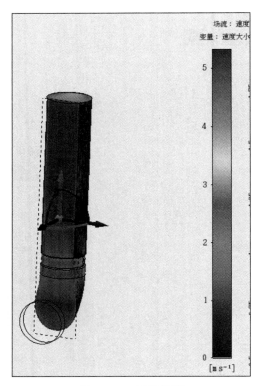

图 12.87　速度云图

（14）切换到工作流程选项页，如图 12.88 所示，选择结构后左侧会显示结构仿真流程向导。如图 12.89 所示，在结构条件上选择添加，在弹出的边界条件类型中依次选择支持和力。

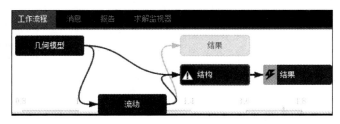

图 12.88　进入结构仿真流程

（15）如图 12.90 所示，选择底面作为支撑面，完成支撑设置。在力传递设置中，系统会自动添加除支撑面外的其他所有面，如图 12.91 所示，保持默认设置即可。

（16）在工作流程中选择结果进行求解，如图 12.92 所示。在结果查看面板中可以添加等值线图等后处理选择，如图 12.93 和图 12.94 所示。

图 12.89 添加结构条件

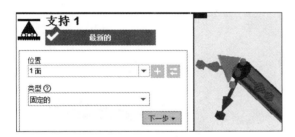

图 12.90 设置支撑边界条件

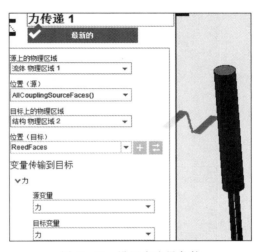

图 12.91 设置力边界条件

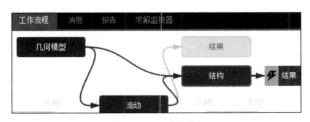

图 12.92 更新求解

图 12.93 查看结果

图 12.94　添加后处理选项

（17）矢量图、位移云图和等效应力云图查看选项分别如图 12.95、图 12.96、图 12.97 所示。

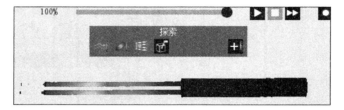

图 12.95　查看矢量图

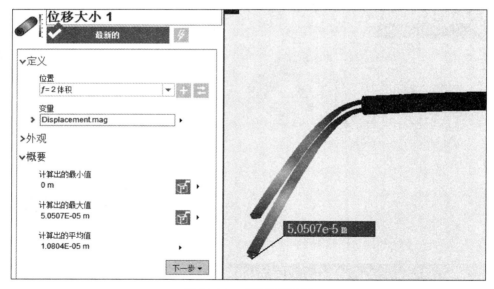

图 12.96　查看位移云图

（18）ANSYS AIM 同样支持参数化仿真。如图 12.98 所示，在结果旁选择添加参数图标 P 即可将其设置为参数。在最上方选择你的项目选项页，即可切换到 Workbench 界面，如图 12.99 所示，双击参数集即可进入参数查看及添加参数点界面，如图 12.100 和图 12.101 所示。

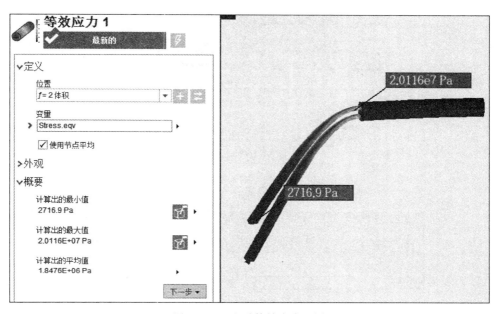

图 12.97　查看等效应力云图

图 12.98　添加参数

图 12.99　进入 Workbench

	A	B	C	D
	ID	参数名称	值	单位
1				
2	⊟ 输入参数			
3	⊟ ▲ 研究 (A1)			
4	⬚ P1	导入源建模 1 DSAngle	0	radian
*	⬚ 新输入参数	新名称	新表达式	
6	⊟ 输出参数			
7	⊟ ▲ 研究 (A1)			
8	⬚ P2	位移大小 1 计算出的最大值	5.0507E-05	m
*	⬚ 新输出参数		新表达式	
10	图表			

图 12.100　查看输入和输出参数

	A	B	C	D	E
1	名称 ▽	P1 - 导入源建模 1 DSAngle ▽	P2 - 位移大小 1 计算出的最大值 ▽	保留	保留的数据
2	单位	radian	m		
3	DP 0(当前)	0	5.0507E-05	☑	✓
*				☐	

图 12.101　添加设计点

图 书 推 荐

书　　名	作　　者
鸿蒙应用程序开发	董昱
鸿蒙操作系统开发入门经典	徐礼文
鸿蒙操作系统应用开发实践	陈美汝、郑森文、武延军、吴敬征
华为方舟编译器之美——基于开源代码的架构分析与实现	史宁宁
鲲鹏架构入门与实战	张磊
华为 HCIA 路由与交换技术实战	江礼教
Flutter 组件精讲与实战	赵龙
Flutter 组件详解与实战	[加]王浩然(Bradley Wang)
Flutter 实战指南	李楠
Dart 语言实战——基于 Flutter 框架的程序开发(第 2 版)	亢少军
Dart 语言实战——基于 Angular 框架的 Web 开发	刘仕文
IntelliJ IDEA 软件开发与应用	乔国辉
Vue＋Spring Boot 前后端分离开发实战	贾志杰
Vue.js 企业开发实战	千锋教育高教产品研发部
Python 人工智能——原理、实践及应用	杨博雄主编,于营、肖衡、潘玉霞、高华玲、梁志勇副主编
Python 深度学习	王志立
Python 异步编程实战——基于 AIO 的全栈开发技术	陈少佳
Python 数据分析从 0 到 1	邓立文、俞心宇、牛瑶
物联网——嵌入式开发实战	连志安
智慧建造——物联网在建筑设计与管理中的实践	[美]周晨光(Timothy Chou)著；段晨东、柯吉译
TensorFlow 计算机视觉原理与实战	欧阳鹏程、任浩然
分布式机器学习实战	陈敬雷
计算机视觉——基于 OpenCV 与 TensorFlow 的深度学习方法	余海林、翟中华
深度学习——理论、方法与 PyTorch 实践	翟中华、孟翔宇
深度学习原理与 PyTorch 实战	张伟振
ARKit 原生开发入门精粹——RealityKit＋Swift＋SwiftUI	汪祥春
HoloLens 2 开发入门精要——基于 Unity 和 MRTK	汪祥春
Altium Designer 20 PCB 设计实战(视频微课版)	白军杰
Cadence 高速 PCB 设计——基于手机高阶板的案例分析与实现	李卫国、张彬、林超文
Octave 程序设计	于红博
SolidWorks 2020 快速入门与深入实战	邵为龙
SolidWorks 2021 快速入门与深入实战	邵为龙
UG NX 1926 快速入门与深入实战	邵为龙
西门子 S7-200 SMART PLC 编程及应用(视频微课版)	徐宁、赵丽君
三菱 FX3U PLC 编程及应用(视频微课版)	吴文灵
全栈 UI 自动化测试实战	胡胜强、单镜石、李睿
pytest 框架与自动化测试应用	房荔枝、梁丽丽
软件测试与面试通识	于晶、张丹
深入理解微电子电路设计——电子元器件原理及应用(原书第 5 版)	[美]理查德·C. 耶格(Richard C. Jaeger)、[美]特拉维斯·N. 布莱洛克(Travis N. Blalock)著；宋廷强译
深入理解微电子电路设计——数字电子技术及应用(原书第 5 版)	[美]理查德·C. 耶格(Richard C. Jaeger)、[美]特拉维斯·N. 布莱洛克(Travis N. Blalock)著；宋廷强译
深入理解微电子电路设计——模拟电子技术及应用(原书第 5 版)	[美]理查德·C. 耶格(Richard C. Jaeger)、[美]特拉维斯·N. 布莱洛克(Travis N. Blalock)著；宋廷强译

图 书 资 源 支 持

感谢您一直以来对清华大学出版社图书的支持和爱护。为了配合本书的使用，本书提供配套的资源，有需求的读者请扫描下方的"书圈"微信公众号二维码，在图书专区下载，也可以拨打电话或发送电子邮件咨询。

如果您在使用本书的过程中遇到了什么问题，或者有相关图书出版计划，也请您发邮件告诉我们，以便我们更好地为您服务。

我们的联系方式：

地　　址：北京市海淀区双清路学研大厦 A 座 714

邮　　编：100084

电　　话：010-83470236　010-83470237

资源下载：http://www.tup.com.cn

客服邮箱：tupjsj@vip.163.com

QQ：2301891038（请写明您的单位和姓名）

用微信扫一扫右边的二维码,即可关注清华大学出版社公众号。

教学资源·教学样书·新书信息

人工智能科学与技术
人工智能|电子通信|自动控制

资料下载·样书申请

书圈